柴油机
电控技术 及 故障维修

母忠林 母哲轩 编著

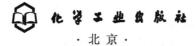

化学工业出版社

·北京·

内 容 提 要

本书较为系统、全面地介绍了柴油机电控技术的相关内容，包括：柴油机电控技术概述、电控柴油机控制系统、电控柴油机传感器系统、电控柴油机燃油系统，以及电控高压共轨柴油机的相关内容，并且从电控柴油机维修的实际需要出发，以图文并茂的形式，讲解了电控柴油机使用与维护保养的要点与技巧，分析了电控柴油机各类故障产生的原因并给出了解决方案。

本书可为从事柴油机使用及维修相关工作的技术人员提供实用性帮助，也可作为大学院校相关专业师生的参考教材和学习指导书。

图书在版编目（CIP）数据

柴油机电控技术及故障维修/母忠林，母哲轩编著. —北京：化学工业出版社，2020.9（2023.1重印）
ISBN 978-7-122-37305-2

Ⅰ.①柴… Ⅱ.①母… ②母… Ⅲ.①柴油机-电子控制-故障修复 Ⅳ.①TK42

中国版本图书馆 CIP 数据核字（2020）第 113868 号

责任编辑：贾　娜　　　　　　　　　　　　文字编辑：赵　越
责任校对：刘　颖　　　　　　　　　　　　装帧设计：王晓宇

出版发行：化学工业出版社（北京市东城区青年湖南街 13 号　邮政编码 100011）
印　　装：北京盛通数码印刷有限公司
787mm×1092mm　1/16　印张 21　字数 521 千字　2023 年 1 月北京第 1 版第 2 次印刷

购书咨询：010-64518888　　　　　　　　售后服务：010-64518899
网　　址：http://www.cip.com.cn
凡购买本书，如有缺损质量问题，本社销售中心负责调换。

定　　价：99.00 元　　　　　　　　　　　　　　　　版权所有　违者必究

前　言

　　柴油发动机具有卓越的动力性、良好的经济性和较低的排放性，不仅广泛应用于卡车、大型客车和工程机械，而且在小客车上的应用也越来越多。愈加严格的柴油机废气排放标准和节能环保要求，给柴油机的燃油喷射系统提出了新的、更高的技术要求。作为满足柴油机排放、节能和提高性能的重要途径，柴油机电子控制技术已成为当前柴油机技术的重要发展方向。随着汽车电子技术的不断发展、进步和完善，电子控制技术在柴油机上的应用日臻成熟，柴油机采用电控技术已成为提高柴油机性能的主要途径，也是今后柴油机技术发展的主要方向。

　　柴油机电控燃油喷射系统可对喷油定时、喷油压力、喷油规律等进行柔性且可控的调节，从而使电控柴油机的经济性、动力性和排放性能都得到大幅度的提高，基本满足国家对机动车排放指标的要求。

　　电控技术的广泛应用，使得柴油机燃油系统的控制技术变得越来越复杂，这给柴油机的使用和维修带来一定困难。为了帮助相关技术人员了解柴油机电控技术，掌握电控柴油机故障诊断及维修方法，我们编写了本书。

　　本书从柴油机使用者和维修者的角度出发，尽可能详细地介绍了电控柴油机（电控单体泵和高压共轨）的电控系统原理、电控元件结构、使用与检修方法、故障诊断与排除过程等相关内容，提供了部分参数（或函数）编程代码、部分电控柴油机的故障码，总结了大量电控柴油机经典故障案例并进行详细解读。本书图文并茂，理论与实践兼顾，具有较强的实用性和操作指导性，不仅可以为电控柴油机使用及维修服务人员提供帮助，还可以作为高等院校柴油机相关专业师生的参考教材和学习指导书。

　　本书由高级工程师母忠林和深圳市世和安全技术咨询服务有限公司母哲轩博士共同编著。

　　本书相关柴油机的技术参数和数据，如有与该柴油机厂家提供的技术参数与数据不符的，以厂家资料为准。

　　因编者水平所限，书中不足之处在所难免，敬请广大读者和专家批评指正。

编著者

第1章　柴油机电控技术概述　/　001

第2章　电控柴油机控制系统　/　034

第6章 电控柴油机使用与维护保养要点 / 234

第7章 电控柴油机故障排除与案例分析 / 266

参考文献　/　326

第 1 章
柴油机电控技术概述

柴油机是用柴油作为燃料而产生动力的内燃机，它属于压缩点火式发动机，也称为狄塞尔发动机。柴油机以其热效率高、功率范围宽广、启动迅速、维修方便、运行安全、使用寿命长等特点，在重型汽车、工程机械、军工和船舶行业中获得了广泛应用。

本章主要就柴油机（包括电控柴油机）的基本结构、工作原理等作简要介绍。柴油机外形结构如图1-1所示。

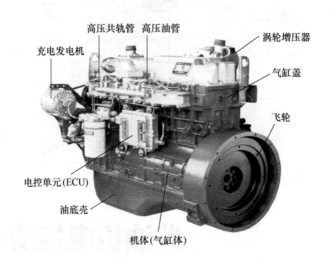

图1-1　（电控）柴油机外形结构示意图

1.1　柴油机的基本概念

柴油机在工作时，通过进气门将空气吸入密闭的气缸内，该空气因活塞的上行运动而受到较高程度的压缩。压缩终了时，气缸内气体的温度可达500～700℃，压力可达3.0～5.0MPa，此时通过喷油器瞬间将柴油以雾状喷入燃烧室（如图1-2所示）内的高温空气中，喷入气缸内的柴油与高温高压的空气迅速混合并形成可燃混合气，自动着火燃烧。柴油燃烧时释放的能量（最大超过13.0MPa爆发力）作用在活塞顶面上，推动活塞（向下）运动并通过连杆与曲轴转换为旋转的机械功而对外输出动力。

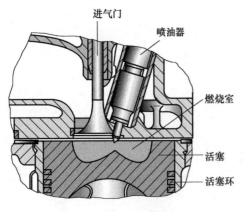

图1-2　柴油机的燃烧室

因此，柴油机实际上是一部将燃料的化学能转换为机械能并对外输出动力的机器。它以柴油为燃料，所以称为柴油机。

1.1.1　柴油机的基本构造与分类

（1）柴油机的基本构造

柴油机是一种将燃料燃烧产生的热能转化为机械能的机器，要完成能量转换的全部过程，就必须有一套相应的转换机构和系统。虽然柴油机有多种形式，具体构造也不完全一样，但无论是单缸船用机还是多缸柴油机，其基本结构大同小异，如图 1-3 所示。

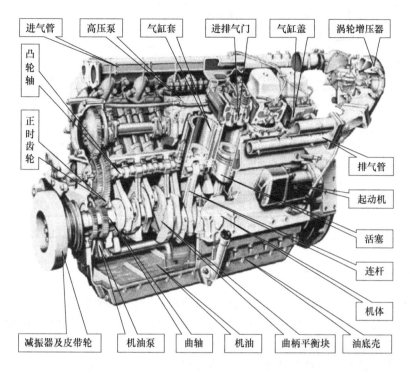

图 1-3　柴油机的基本构造示意图

柴油机的基本结构包括曲柄连杆机构、配气机构、传动机构、燃油喷射系统、润滑系统、冷却系统、启动系统和（电）控制系统。这些系统和机构的良好配合，是柴油机能够产生动力并对外输出动力的关键。

① 柴油机的曲柄连杆机构、配气机构和燃油供给系统，是柴油机的三个最基本的部分，它们的互相配合，完成柴油机的工作循环，实现能量转换。使用过程中，三者技术状态的好坏及相互之间配合的正确与否，对柴油机的性能具有决定性的影响。

② 润滑系统和冷却系统为柴油机的辅助系统，是保证柴油机能够长期正常工作不可缺少的重要部分。如果润滑系统或冷却系统工作不正常，柴油机就会因为得不到润滑和冷却而发生故障，不能正常工作。

③ 启动系统是柴油机由静止转变为工作的关键，主要包括蓄电池和起动机等部件。

④ 对于现代柴油机而言，在上述基本结构的基础上，通过增加增压系统（提高进气压力）而成为增压柴油机，通过对燃油系统进行电控化而成为电控柴油机（包括电控高压共轨柴油机和电控单体泵柴油机等）。

因此，柴油机在使用过程中，必须对以上各部分予以充分重视，不可忽视任何一个部分，否则，柴油机的正常工作将无法保证，甚至会造成柴油机的严重损坏。

（2）柴油机的分类

柴油机的分类见表 1-1。

表 1-1 柴油机的分类

分类方式	详细说明
工作循环	二冲程柴油机、四冲程柴油机
冷却方式	水冷(液体冷却)柴油机、风冷柴油机
进气方式	自然进气柴油机、增压柴油机、增压中冷柴油机
活塞平均速度	低速机 $C_m < 6m/s$;中速机 $C_m = 6 \sim 9m/s$;高速机 $C_m = 9 \sim 13m/s$
转速	高速机($n > 1000r/min$);中速机($n = 350 \sim 1000r/min$);低速机($n < 350r/min$)
燃烧方式	直喷式柴油机、涡流室式柴油机、预燃室式柴油机
气缸数目	单缸柴油机、两缸柴油机、多缸柴油机(气缸数大于3)
用途	船用柴油机、机车用柴油机、汽车用柴油机、工程机械用柴油机、农用柴油机等
布置方式	直列式柴油机、V形柴油机、水平对置柴油机、星形柴油机、王字形柴油机等
燃料	轻质燃料柴油机、重油柴油机等
供油方式	机械式喷油泵柴油机、单体泵柴油机、共轨柴油机、PT泵柴油机、VE分配泵柴油机等
控制方式	机械调速柴油机、电子调速柴油机、电控柴油机等

1.1.2 柴油机的曲柄连杆机构

曲柄连杆机构的作用是将燃料在柴油机气缸内燃烧放出的热能变为机械能,即将活塞承受的爆发压力通过活塞销、曲柄等传给曲轴,使活塞的往复直线运动变成曲轴的旋转运动。曲柄连杆机构是柴油机实现能量转换的关键机构之一。

曲柄连杆机构是柴油机进行功能转换的主要机构。它的功能是实现工作循环,完成能量转换,以曲轴旋转的形式向外输出动力。曲柄连杆机构由机体组、活塞连杆组、曲轴飞轮组三部分组成,如图 1-4 所示。

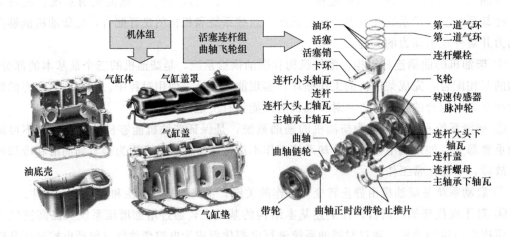

图 1-4 曲柄连杆机构主要零部件

① 机体组 机体组是柴油机的基础部件,主要由气缸盖、气缸体、气缸垫、油底壳、气缸套等零部件制成。

② 活塞连杆组 活塞连杆组由活塞、活塞销、活塞环、连杆、连杆瓦等零部件组成。

③ 曲轴飞轮组 曲轴飞轮组由曲轴、飞轮、带轮和扭振减振器(轮)组成。

1.1.3　柴油机的配气机构

配气机构是柴油机实现能量转换的重要的辅助系统。它是帮助柴油机"吐故纳新"的呼吸机构。其运行状态是否良好，直接关系到柴油机的运转是否平稳、排气烟色是否正常、动力输出及启动性能是否正常等一系列问题。在柴油机使用过程中，对配气机构的维护保养是非常重要的一环。

（1）功用

配气机构的功用是按照柴油机各缸工作过程的需要，定时地开启和关闭进、排气门，使新鲜空气得以及时进入气缸，废气得以及时排出气缸。在压缩与膨胀行程中，保证燃烧室的密封。

（2）类型

配气机构多采用顶置式气门。根据凸轮轴的位置分为下置式配气机构、中置式配气机构和上置式配气机构，如图1-5所示。主要零部件如图1-6所示。

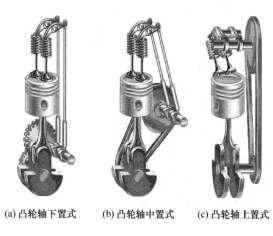

(a) 凸轮轴下置式　　(b) 凸轮轴中置式　　(c) 凸轮轴上置式

图1-5　配气机构的凸轮轴的布置方式

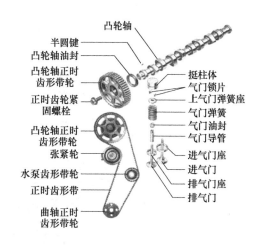

图1-6　配气机构的主要零部件

（3）工作原理

配气机构的工作过程：当气缸的工作循环需要将气门打开进行换气时，由曲轴通过传动机构驱动凸轮轴旋转，使凸轮轴上的凸轮凸起部分通过挺柱、推杆、调整螺钉推动摇臂摆转，摇臂的另一端便向下推开气门，同时使弹簧进一步压缩。当凸轮的凸起部分的顶点转过挺柱以后，便逐渐减小了对挺柱的推力，气门在弹簧张力的作用下开度逐渐减小，直至最后关闭。压缩和做功行程中，气门在弹簧张力的作用下严密关闭。

1.1.4　柴油机的增压系统

柴油机的增压系统包括进气系统和排气系统，柴油机进气增压系统最为常用的有机械增压系统、废气涡轮增压系统和混合增压（机械增压与涡轮增压）系统，在车用柴油机上应用较为广泛的是废气涡轮增压系统，如图1-7所示。

废气涡轮增压系统通过废气驱动涡轮机并带动压气机旋转而提高进入气缸的空气密度和压力，进而可以增加喷油量来提高柴油机的功率并改善经济性能。

柴油机的废气涡轮增压器（简称涡轮增压器）由涡轮机和压气机两个主要部件，以及叶

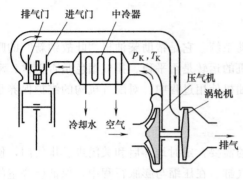

图 1-7　柴油机废气涡轮增压

（中冷）系统示意图

p_K—增压压力；T_K—增压空气温度

轮轴和轴承、密封件、隔热装置等组成。

柴油机的整个进排气系统主要零部件包括空气滤清器、进气管、排气管、废气涡轮增压系统、消声器及排气后处理装置等。

1.1.5　柴油机的润滑系统

柴油机润滑系统的功用是向进行相对运动的零件表面输送定量的清洁润滑油，以实现液体摩擦，减小摩擦阻力，减轻机件的磨损，并对零件表面进行清洗和冷却。

（1）柴油机润滑系统的组成

润滑系统通常由润滑油道、机油泵、机油滤清器、机油散热器及其他辅助部件（如机油压力传感器等）等组成，如图 1-8 所示。

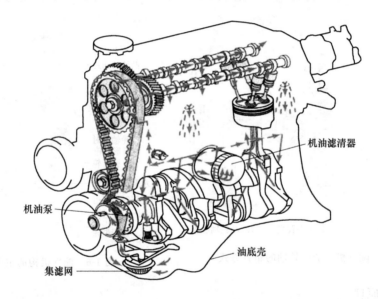

图 1-8　润滑系统结构

（2）柴油机的润滑方式

柴油机常见的润滑方式有下列几种：

① 压力润滑。用压油泵将机油加压后送到各润滑点。

② 飞溅润滑。由曲柄连杆机构等旋转式运动件将机油飞溅到相应的润滑点（如气缸壁面及活塞销的润滑等）。

③ 混合润滑。压力润滑和飞溅润滑的结合。

④ 定期润滑。对一些不太重要、分散的以及不易实施液体润滑的部位，采用定期加注润滑脂的方式进行润滑。

⑤ 自助润滑。近年也有部分柴油机采用含有耐磨材料的轴承（如尼龙、二硫化钼等）代替加注润滑脂的轴承，这种轴承在使用中不需加注润滑脂，故称为自助润滑。

大多数中小功率柴油机的活塞、活塞环、缸套、活塞销等润滑部位为飞溅润滑。曲轴轴颈及主轴瓦、连杆轴颈及连杆瓦、凸轮轴颈及衬套等润滑部位为压力润滑。

1.1.6 柴油机的冷却系统

柴油机的冷却系统有液冷（主要是冷却液或冷却水、机油）方式和风冷方式两大类。使用最为广泛的是冷却水（冷却液）冷却方式，统称为水冷系统。

（1）水冷系统

水冷系统主要由水泵、散热器、风扇、风扇驱动装置、节温器、水管和水道等部件组成，如图1-9所示。

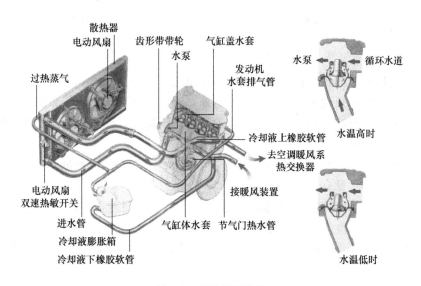

图1-9　水冷系统结构

水冷系统以其结构可靠、冷却效果好、环境适应性强等特点获得广泛的应用。目前大部分的中小功率柴油机和大功率船用柴油机都是采用水冷系统。

水冷系统冷却水的循环方式有三种，即冷却水大循环、小循环和混合循环。无论水冷柴油机的冷却系统的结构如何，冷却水的循环方式基本上都是一样的，如图1-10所示。

① 大循环。当柴油机冷却水温度升高到95℃以上时，节温器（如图1-11所示）主阀门全开，旁通阀门全关闭，冷却水全部经过散热器冷却后再进入水套等部位。此时，冷却强度大而使水温下降或不致过高。由于冷却水的流经路线最长，流量达到最大，故称为冷却水大循环。

大循环时冷却水流经路线为：节温器→水泵→机油散热器→水套→冷却水散热器→节温器。

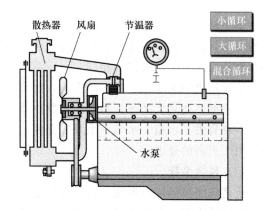

图1-10　水冷系统冷却水循环方式

② 小循环。柴油机冷机启动后热机运行时，如果水温低于83℃，则节温器主阀门关闭，旁通阀门打开，冷却水只能经过旁通管道直接回流到水泵的进水口，又被水泵压入水套。此

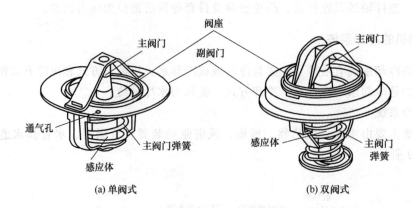

图 1-11　节温器的结构

时冷却水不流经散热器散热，只在冷却水套和水泵之间循环。

因此，此时的冷却强度小，柴油机升温迅速，从而保证了柴油机各部位均匀而迅速地热机且避免了柴油机的过冷运行。由于冷却水的流动路线最短，流量最小，故称此种冷却水的循环方式为冷却水小循环。

冷却水小循环时，冷却水的流经路线为：节温器→水泵→（机油散热器）→水套→节温器。小循环时，冷却水没有散失热量。

③ 混合循环。当柴油机的冷却水温度处于 83～95℃ 之间时，节温器的主阀门和旁通阀门处于半开半闭状态，冷却水部分进行大循环，部分进行小循环。此时冷却水既有大循环的特征，也有小循环的性质，所以称为冷却水的混合循环。冷却水混合循环时，柴油机基本处于热平衡状态。

特别提示　　　一般情况下不得拆掉节温器而弃之不用。如节温器损坏，需要应急运行时，拆掉节温器后一定要暂时堵住小循环孔。否则，可能导致"过热"运行。

（2）机油冷却系统

部分柴油机，如道依茨 BF4M1011F 系列柴油机，既不是水冷，也不是风冷，而是采用机油冷却，即柴油机的缸套、缸盖等散热表面是通过机油循环来冷却的，冷却这些部位的机油与柴油机润滑系统的机油相同。

机油被机油泵压出之后，首先进入缸套、缸盖等散热表面，根据温度情况由节温器控制是进行小循环还是大循环，然后经过散热器和机油滤芯后去润滑曲轴连杆等润滑部位。机油冷却系统省去了水箱、水管、水泵等部件，使冷却系统的结构简单了许多，但也对机油的质量提出了更高的要求。

（3）风冷系统

所谓柴油机的风冷系统，其实就是柴油机的带散热片的气缸套和气缸盖等散热表面直接由风扇压风冷却，系统中省去了水箱、水泵等冷却部件。所以，风冷柴油机没有复杂的水冷系统的管路部件，使得冷却系统的结构简单了许多。

风冷柴油机的冷却系统主要由风扇、风扇驱动装置、气缸套、气缸盖散热表面挡风板及风压室的顶盖板等部件组成，如图 1-12 所示。

风冷柴油机相对水冷柴油机而言，其冷却系统的结构更为简单。风冷柴油机特别适合在干旱缺水地区使用。

对于中小功率机型而言，其特点是冷却可靠、结构简单，适应性强。国内小型单缸柴油机使用风冷系统也很多。但对于大功率柴油机而言，由于散热片布置原因，散热效率可能不足。因此，功率大于400kW以上的柴油机基本没有采用风冷系统。

1.1.7　柴油机的启动系统

要使柴油机由静止状态过渡到工作状态，必须先用外力转动柴油机的曲轴，使活塞做往复运动，使气缸内的空气的压力和温度升高，达到燃油的自燃温度并着火燃烧膨胀做功，推动活塞向下运动使曲轴旋转，柴油机才能自行运转，工作循环才能自动进

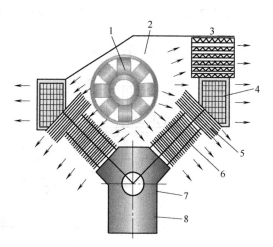

图1-12　某型（B/F8L513）风冷
柴油机冷却系统示意图
1—冷却风扇；2—风压室；3—变速器油散热器；4—中冷器；5—气缸盖；6—气缸套；
7—气缸体（机体）；8—油底壳

行。曲轴在外力作用下开始转动到柴油机开始自动怠速运转的全过程，称为柴油机的启动过程。完成启动过程所需的装置，称为柴油机的启动系统。

根据启动时所用的能量不同，柴油机的启动装置和启动方式也不同。柴油机最常用的启动方法有三种：手摇或拉绳启动、电力启动（起动机启动）和压缩空气启动。

① 手摇启动或拉绳启动。手摇启动或拉绳启动结构十分简单，主要用于小功率单缸机的启动，手摇启动装置由安装在柴油机前端的启动爪和启动摇柄组成。此种启动方式一般在柴油机气门上安装有启动减压装置。减压装置采用降低启动转矩、提高启动转速的方法来改善柴油机的启动性能。

柴油机各缸的减压装置是一套联动机构。中、小型柴油机的联动机构一般采用同步式，即各减压气门同时打开或关闭。大功率柴油机减压装置的联动机构一般为分级式，即启动前各减压气门同时打开，启动时各减压气门分级关闭，使部分气缸先开始工作，预热后其余气缸再开始工作。

减压的气门可以是进气门，也可以是排气门。用排气门减压会导致炭粒吸入气缸，加速机件的磨损，一般多采用进气门减压。

手摇或拉绳启动方式主要用于单缸柴油机。

② 压缩空气启动。船用大功率柴油机绝大多数采用压缩空气启动。因为这种柴油机各运动部件重量大，启动产生的惯性力和阻力很大，用电力装置是不合适的，故都用压缩空气启动。压缩空气启动的原理是将具有一定压力的压缩空气按柴油机发火次序，在工作冲程时送入各气缸，推动活塞，使柴油机转动起来。待柴油机转速达到启动转速，喷入燃烧室中的燃料方能自行发火燃烧，使柴油机运行。压缩空气启动主要用于船用柴油机或其他特种用途柴油机。

③ 起动机启动。以电动机作为动力源。当电动机轴上的驱动齿轮与柴油机飞轮周缘上的环齿啮合时，电动机旋转时产生的电磁转矩通过飞轮传给柴油机的曲轴，使柴油机启动。电力起动机简称起动机，其结构如图1-13所示。它以蓄电池为电源，结构简单、操作

方便、启动迅速可靠。目前，几乎所有的中小功率柴油机都采用起动机启动。

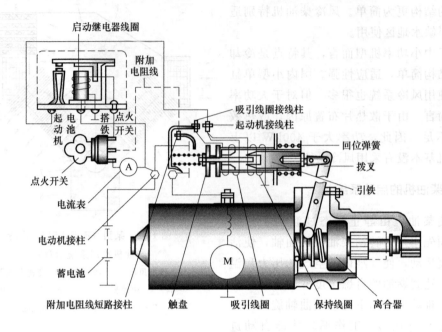

图 1-13　柴油机起动机（系统）结构示意图

启动时，接通启动开关，起动机电路通电，继电器的吸引线圈和保持线圈通电，产生很强的磁力，吸引铁芯左移，并带动驱动杠杆绕其销轴转动，使齿轮移出与飞轮齿圈啮合。与此同时，由于吸引线圈的电流通过电动机的绕组，电枢开始转动，齿轮在旋转中移出，减小冲击。

起动机小齿轮伸出后与柴油机飞轮齿圈啮合，柴油机开始转动。随着起动机转速的增加，柴油机转速也在增加，当柴油机的转速达到最低启动转速要求（150～240r/min）时，柴油机即可着火自行运转，启动过程结束。启动结束后，起动机齿轮退回原位。

1.1.8　柴油机的燃油喷射系统

无论是直列泵燃油喷射系统还是电控共轨式燃油喷射系统，柴油机燃油喷射系统的主要零部件都包括低压油路、高压油路、泵油元件、喷油元件和控制元件等。

（1）功用

柴油机燃油喷射系统的功用是贮存、滤清和输送柴油，并按柴油机各种不同工况的要求定量、定压并定时将燃油喷入燃烧室，使其与空气迅速而良好地混合和燃烧，最后将废气排入大气。

（2）要求

燃油喷射系统是按照柴油机的运行工况和气缸工作顺序，以一定的规律，定时定量地向喷油器输送高压燃油。多缸车用柴油机的喷油系统应满足下列要求：

① 各缸供油量相等，在标定工况下各缸供油量相差不超过 3%～4%。喷油泵的供油量应随柴油机工况的变化而变化，为此喷油泵必须有供油量调节机构。

② 各缸供油提前角必须相同，误差必须小于 0.5°～1°曲轴转角。供油提前角也应随柴油机工况的变化而变化，为此应装置喷油提前器。

③ 各缸供油持续角一致。

④ 能迅速停止供油，以防止喷油器发生滴漏现象。

（3）基本结构

目前，柴油机在用的燃油喷射系统有直列泵燃油喷射系统（如图1-14所示）、PT泵燃油喷射系统（如图1-15所示）、（电控）单体泵燃油喷射系统（如图1-16所示）、（电控）分配泵燃油喷射系统（如图1-17所示）、电控泵喷嘴燃油喷射系统（如图1-18所示）和电控共轨燃油喷射系统（如图1-19所示）。

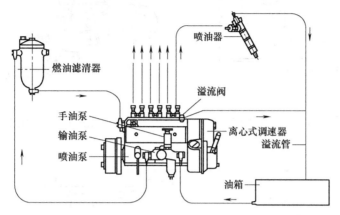

图1-14 直列泵燃油喷射系统

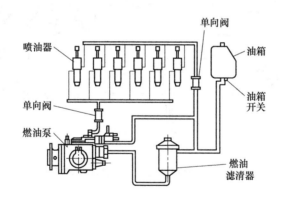

图1-15 PT泵燃油喷射系统

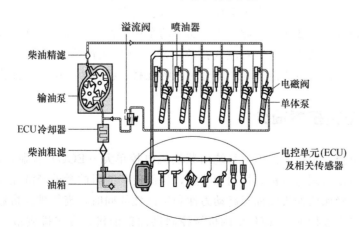

图1-16 柴油机（电控）单体泵燃油喷射系统

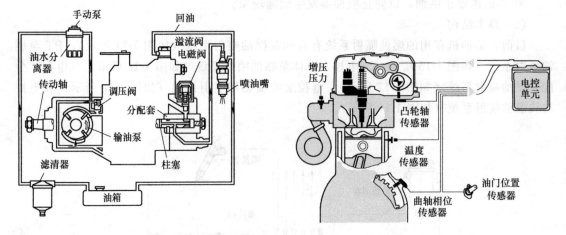

图 1-17　VE 分配泵燃油喷射系统　　　　　图 1-18　电控泵喷嘴燃油喷射系统

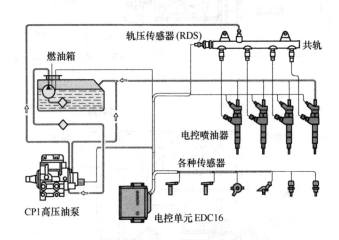

图 1-19　4 缸电控高压共轨燃油喷射系统

随着国家对柴油机排放指标的要求越来越严格，机械控制喷油系统因其控制精度差、排放指标不达标而应用越来越少。由于电控柴油机（包括电控单体泵、共轨等机型）可以满足国家对柴油机的排放指标要求，因此，中小功率的车用柴油机基本都是共轨或电控单体泵柴油机。机械控制喷油柴油机在某些对废气排放要求不是那么严格的场所（如军用或工程机械）仍在继续使用。但可以肯定地说，随着时间的推移，机械控制喷油柴油机必将被淘汰。

1.2　柴油机电控技术简介

所谓柴油机电控，是指燃油喷射系统由柴油机电控单元（ECU）控制，ECU 对每个喷油器的喷油量、喷油时刻进行精确控制和喷射，从而使柴油机的燃油经济性和动力性达到最佳的平衡。而且在确保柴油机保证提高动力性和经济性的同时，废气排放指标可以满足最新环保要求（如国Ⅵ排放标准）。而传统的机械控制供油柴油机，废气排放指标基本上都不能达到最新环保要求。因此，除了某些特殊用途外，柴油机行业已基本电控化。

到目前为止，能够达到和满足国家废气排放标准的柴油机，都是对燃油系统进行了重大改进后的电控（燃油喷射系统）柴油机。能够达到和满足国Ⅴ、国Ⅵ排放标准的电控柴油机燃油系统主要有四大类。

① 电控单体泵燃油喷射系统柴油机；

② 电控分配泵燃油喷射系统柴油机；

③ 电控泵喷嘴燃油喷射系统柴油机；

④ 电控高压共轨燃油喷射系统柴油机（如图1-20所示）。

电控高压共轨柴油机和电控单体泵柴油机是目前（电控）车用柴油机的主要使用机型。

上述电控燃油喷射系统柴油机在各个不同的领域获得了广泛的应用。这些技术代表着柴油机未来的发展方向。随着环保要求越来越高，那些不能满足柴油机排放标准要求的传统燃油喷射系统柴油机将被逐步淘汰。

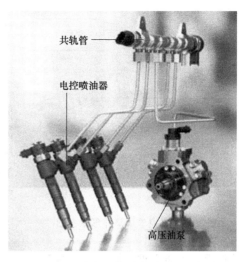

图1-20　电控共轨燃油喷射系统主要部件

1.2.1 电控单体泵燃油喷射系统

作为在国内外都有着成熟应用的电控单体泵技术，其基本构成是：将油泵柱塞驱动与柴油机配气机构所需凸轮轴整合为一体，包含在机体内部，从而实现油泵到喷油器的燃油管路最短化，如图1-21所示。

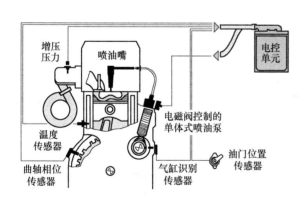

图1-21　电控单体泵燃油喷射系统

电控单体泵系统已在国内很多品牌的柴油机（如道依茨、玉柴等）上广泛使用，被公认为是性能优越、稳定可靠的电控燃油喷射系统之一。

柴油机工作时通过柴油机周围安装的众多传感器来侦测柴油机状态，并将此状态作为控制油泵电磁阀时间的输入信息，对燃油喷射量、喷油正时实行电子控制。其主要工作原理是通过电子系统对喷入气缸的喷油量、喷油正时进行精确、柔性的控制，以及通过油泵结构设计的优化进而实现对喷油气缸喷油压力的提高，从而改善柴油机的燃烧工作过程，从而在有效降低柴油机的排放水平以满足排放法规的同时，还能够较大改善柴油机的燃油经济性、噪声特性。

电控单体泵燃油喷射系统主要包括一个带有出油控制阀的高压油泵、机械喷油器，以及连接所需的燃油管路、滤清系统。其技术的主要特征是在柴油机机体上集成了喷油泵的功能，并通过在油泵上加装电磁阀（图1-22所示）控制其出油时间、油量，从而达到燃油喷射优化的目的。其油泵与柴油机凸轮轴共用一根凸轮轴，从而在结构上最大程度得到简化，并缩短了油泵出油口到喷油器的管路距离。

图 1-22　电控单体泵外形示意图

由于在油泵的出油口加装了能够精确进行燃油计量、时间控制的电磁阀，因而能够对喷油正时和喷油量进行较为精确的控制，有利于燃烧过程的优化。

由于其油泵提升压力原理与直列式喷油泵类似，所以其喷油规律为"三角形"的前缓后急的特征，一定程度上有利于燃烧过程的优化，尽管最高压力可达到 $180\sim200\text{MPa}$，但压力随柴油机转速下降而降低，低转速区域的压力较低，因此不利于柴油机低速性能的提高。

由于其喷油器的喷油开启方式仍是依靠弹簧压力控制，不可能进行多次喷射，故如果进入国 V、国 VI 阶段，可能需重新换用新燃油系统或在排气系统中添加催化器装置，并要求喷油器具有多次喷射能力。

同时，在国内产品应用中，考虑到重新设计柴油机机体需要对现有柴油机的铸造、加工生产线有较大的变动，为控制成本，一般都采用外挂式单体泵，而这种设计，很难避免较大的驱动扭矩，并且噪声较大。

总的来说，电控单体泵基本可以满足排放控制阶段柴油机对燃油系统的要求，但是对国 VI 以后柴油机的开发升级存在较大困难，特别是在国产的外挂式单体泵系统上，未来难以实现燃油多次喷射以满足后处理排放的燃烧系统要求。即便将来部分单体泵将机械喷油器改进为电磁阀喷油器后，也能够实现多次喷射，但由于对喷油器实行二次电子控制，相较于电控共轨系统，结构仍然是较为复杂。

1.2.2　电控泵喷嘴燃油喷射系统

电控泵喷嘴技术是直接将燃油压力提升、正时、油量控制的全部功能都集成起来安装到柴油机气缸盖上的一种方式。该系统主要设计原理是通过气缸盖顶端的顶置凸轮轴直接驱动燃油形成高压，如图 1-23 所示。由于没有了额外的高压燃油管路，消除了管路压力损失并

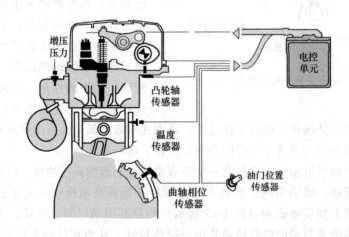

图 1-23　电控泵喷嘴燃油喷射系统结构示意图

避免了管路泄漏的可能。由于燃油增压与喷射装置的一体化，可以在短时间内高效高压完成燃油喷射且对其喷油量、压力、正时进行灵活控制，且其喷油压力超过共轨系统和单体泵系统所能够达到的水平。

但是这种结构需要柴油机进行缸盖顶置凸轮轴的结构设计，加大缸盖的刚度、强度。按国外产品经验，采用该设计的柴油机，气缸内能够承受的最大爆发压力一般需要达到20MPa，其优势是可以形成更高的喷射压力，并直接过渡到国Ⅳ、国Ⅴ产品中，当然其整机也一般都具备满足国Ⅳ、国Ⅴ排放升级的潜力。

电控泵喷嘴系统在国内部分柴油轿车（如宝来）、国外工程机械（如卡特彼勒）等柴油机上均有实际应用。

1.2.3　电控分配泵燃油喷射系统

随着对柴油机排放标准要求的提高，要求分配泵的泵端压力提高到100MPa以上，原有的分配泵机械结构已经不能满足上述要求，分配泵的机械结构面临新的变革。虽然德国Bosch公司和英国Lucas公司等制造厂商的分配泵每年产量数百万台，但他们都放弃了原来大批量生产的分配泵的传统结构，花巨资重新开发第三代电控分配泵。采用内置凸轮、径向对置式柱塞供油、分配转子旋转分配各缸油量的结构；采用高速电磁阀直接控制高压供油量。泵端压力为100MPa，利用高压油管中形成的压力波效应，可使嘴端的喷油压力达到180MPa，供油提前角用高速电磁阀控制，并能控制供油速率和预喷射。

同时，这种泵的液压效率达到了充分优化的水平，即使装用这种泵的柴油机功率比装用常规分配泵的柴油机功率提高了许多，但是其驱动扭矩峰值却仍在相同水平上。

图1-24示出了VP44电控分配泵高压部分的详细结构。其工作原理如下：泵轴分为驱动轴和分配轴两部分，并经传动链或齿形皮带以2∶1的减速比由曲轴驱动。泵轴转动带动一个凸轮环中的两个径向对置式柱塞对向运动实现泵油。

在4缸柴油机用的分配泵凸轮环上，有四个对称布置的凸轮凸起，因此每个柱塞在每转

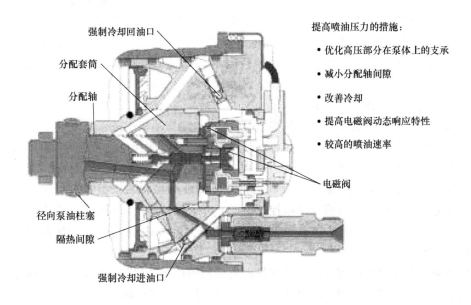

图 1-24　电控分配泵结构

一周中四次抵达凸轮凸起上。凸轮环与柱塞之间的滚轮用来减少摩擦。被对向运动的柱塞压缩的燃油流经一个孔和一个旋转着的分配轴似的出油槽，通过分配套和泵头上的连接管道、出油阀和高压油管进入喷油嘴。燃油的计量由一只电磁阀进行，阀针与分配轴合为一体并一同旋转，而带有线圈的磁铁组件是固定不动的。除了柴油机的ECU之外，分配泵顶部装有一个油泵控制单元（PCU）。PCU仅仅控制电磁阀对喷油量和供油始点的调整，其中的计算基础是转角传感器对信号齿轮进行扫描所发出的信号。PCU经CAN总线由柴油机ECU给出喷油量和喷油始点的额定值。为使泵与柴油机同步，在曲轴上装有一个传感器，柴油机每转一转，该传感器扫描4个参考信号，通过柴油机ECU传给PCU。

VP44电控分配泵最初采用三个径向对置式柱塞供油，柱塞直径为6.0mm，凸轮升程为3.5mm。后来，为了提高部分负荷时的喷油压力，改进为两个径向对置式柱塞供油，柱塞直径加大到7.0mm，凸轮升程加大到4.0mm。每个循环的最大供油量为40～50mm³，预喷射油量在1～3mm³之间，怠速时的喷油量约为4～5mm³，最大供油提前角为15°（油泵轴转角）。它一般可供3～6缸，单缸排量1L以下，最大功率250kW以下的柴油机使用，并可满足欧Ⅲ和欧Ⅳ排放标准的要求。

为了进一步降低部分负荷时的排放，除了油泵采取的上述措施之外，对喷油嘴也进行了重大改进。首次采用了小压力室喷油嘴和双导向针阀，大大改善了喷束的形成，特别是部分负荷时，喷油量和针阀升程较小情况下的混合气的形成。

1.2.4　电控高压共轨燃油喷射系统

（1）电控高压共轨柴油机的基本含义

① 电控。所谓电控是指燃油喷射系统由柴油机ECU控制，ECU（俗称电控单元或电脑）对每个喷油器的喷油量、喷油时刻进行精确控制，能使柴油机的燃油经济性和动力性达到最佳的平衡。而传统的柴油机则是机械控制，控制精度无法得以保障。

② 高压。所谓高压是指喷油压力比传统柴油机要高出2倍多，最高可达200MPa（传统柴油机喷油压力60～70MPa）以上。压力大、雾化好，所以燃料燃烧充分，因而达到了提高柴油机动力性和省油的目的，且大大降低了柴油机有毒气体的排放量。

③ 共轨。所谓共轨是指燃油通过公共油管（共轨管）同时给各缸喷油器供油，喷油量经过ECU的精确计算，在喷油器电磁阀的控制下，按顺序向各缸（喷油器）提供同样品质、同样压力的燃油，使柴油机运转更加平顺，从而优化柴油机综合性能。

（2）电控高压共轨系统的组成

电控高压共轨燃油喷射系统（如图1-25所示）是在柴油机气缸盖上安装了一个燃油钢管，燃油钢管是一个长管状密闭容器，各缸喷油器通过高压油管与此管连接，共同使用这根燃油管，称为共轨或高压共轨。

高压喷油泵通过单向阀不断地向共轨内部泵入高压柴油，共轨类似于制动系统的储气罐。压力传感器将共轨内压力值反馈给控制单元，并通过控制电磁阀使其适当开启泄油以调节共轨内的压力。共轨内的压力就是喷油器的喷油压力，可达140～160MPa甚至更高。油压的产生方式与柱塞泵完全不同。

供油正时由喷油器电磁阀控制，喷油量由电磁阀的持续开启时间控制，所以该系统既不需要提前器，也不需要调速器。所有这些都由ECU系统自动控制。该系统的正常工作要求其喷油器电磁阀必须能够准时、快速、可靠地开闭，并且能承受长期高频率开闭的工况。

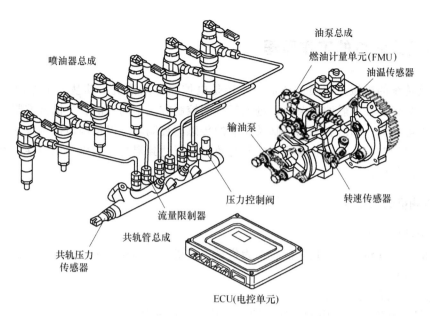

图 1-25　6 缸电控高压共轨燃油喷射系统主要部件

因此，电控高压共轨柴油机的动力性较好，省油，加速时无黑烟，但是电控装置部分的成本较高。

（3）电控高压共轨柴油机的特点

柴油机共轨式电控燃油喷射技术是一种全新的技术，它集计算机控制技术、现代传感检测技术以及先进的喷油器结构于一身。它不仅能达到较高的喷射压力，实现喷射压力和喷油量的控制，而且还能实现预喷射和分段喷射，从而优化喷油特性，降低柴油机噪声和大大减少废气有害成分的排放量。主要特点如下。

① 宽广的应用领域（用于小型乘用车和轻型载重车，每缸功率可达 30kW；用于重型载重车、内燃机车和船舶，每缸功率可达 200kW 左右）。

② 采用先进的电子控制装置及配有高速电磁开关阀，使得喷油过程的控制十分方便，并且可控参数多，利于柴油机燃烧过程的全程优化。

③ 采用共轨方式供油，喷油系统压力波动小，各喷油器间相互影响小，喷射压力控制精度较高，喷油量控制较准确。

④ 高速电磁开关阀频率高，控制灵活，使喷油系统的喷射压力可调范围大，并且能方便地实现预喷射等功能，为优化柴油机喷油规律、改善其性能和降低废气排放提供了有效手段。

⑤ 系统结构移植方便，适应范围广，尤其是与目前的小型、中型及重型柴油机均能很好匹配，因而市场前景广阔。

⑥ 可独立地柔性控制喷油正时，配合高的喷射压力（120～200MPa），目前常用的 BOSCH 公司的共轨系统，轨道压力为 145MPa，可同时控制 NO_x 和微粒（PM）在较小的数值内，以满足排放要求。

⑦ 共轨式电控燃油喷射技术有助于减少柴油机的有害尾气排放量，并具有降低噪声、降低燃油消耗、提高动力输出等方面的综合性能。高压共轨电控燃油喷射技术的应用有利于地球环境保护，加速促进柴油机工业、汽车工业，特别是工程机械相关工业的向前发展，是柴油机今后重点应用的燃油喷射技术之一。

1.3 电控柴油机的工作原理

无论是传统的机械控制喷油柴油机，还是电控喷油柴油机，其基本工作原理都是一样的。不同之处仅仅在于燃油（柴油）进入气缸的控制方式不同。前者为机械控制，供油时间和供油量不够精确。而后者利用电脑及相应的传感器控制，可以精确地控制进入气缸内的燃油量和最佳喷油时间，从而获得最佳的燃烧效果，以达到提高柴油机的动力性、经济性和废气排放标准的目的。

1.3.1 柴油机的工作原理

（1）柴油机的工作循环

柴油机是一部将燃料的化学能转换为机械能的机器。柴油机实现能量转换必须经过下列四个阶段或过程：

① 进气。气缸内吸入新鲜空气。

② 压缩。将吸入气缸内的空气压缩，使其温度和压力升高。

③ 膨胀做功。将燃油喷入已被压缩且温度达到燃油自燃温度的缸内气体中，燃油迅速与空气混合并急剧燃烧。

④ 排气。将已经燃烧并做功后的废气排出气缸。

柴油机每完成上述四个过程即为一个工作循环。无论是二冲程柴油机还是四冲程柴油机均是如此。

如果完成上述四个过程曲轴旋转一圈（360°），活塞上下运行各一次（即两个活塞冲程），称为二冲程柴油机。

而如果完成上述四个过程曲轴旋转两圈（720°），活塞上下运行各两次（即四个活塞冲程），称为四冲程柴油机。

（2）四冲程柴油机工作原理

柴油机的一个工作循环是由进气、压缩、膨胀做功和排气这四个过程组成的。如图1-26所示，四冲程柴油机的工作原理如下。

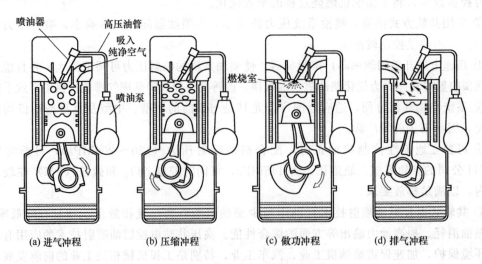

(a) 进气冲程　　(b) 压缩冲程　　(c) 做功冲程　　(d) 排气冲程

图1-26　四冲程柴油机的工作原理

① 进气冲程。任务是使气缸内充满新鲜空气。进气冲程开始时，活塞位于上止点，此时气缸内的燃烧室中还留有一些废气。曲轴旋转时，活塞由上止点向下止点移动，同时进气门打开。随着活塞的向下运动，气缸内活塞上面的容积逐渐增大，形成负压，外面的空气就不断地充入气缸。

进气过程中气缸内气体压力随着气缸的容积变化的情况如图 1-27 所示。图中纵坐标表示气体压力 p，横坐标表示气缸容积 V_h（或活塞的行程 S），这个图称为柴油机示功图。

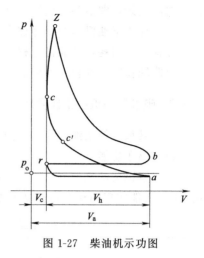

图 1-27　柴油机示功图

图中的压力曲线表示柴油机工作时，气缸内气体压力的变化规律。从图中我们可以看出：进气开始，由于存在残余废气，所以稍高于大气压力 p_o；在进气过程中由于空气通过进气管和进气门时产生流动阻力，所以进气冲程的气体压力低于大气压力，其值为 $0.085 \sim$ $0.095 MPa$，在整个进气过程中，气缸内气体压力大致保持不变。

② 压缩冲程。压缩冲程开始时，活塞从下止点向上止点运动。其功用是：提高空气的温度和压力，为燃料自行着火和膨胀做功创造条件。当活塞上行时，进气门关闭，气缸内的空气受到压缩，容积不断变小，压力和温度不断升高，压缩终点的压力和湿度与压缩比有关。一般压缩终点的压力和温度为：$p_c = 4.0 \sim 8.0 MPa$，$T_c = 750 \sim 950K$。柴油的自燃温度约为 $543 \sim 563K$，压缩终点的温度要比柴油自燃的温度高很多，足以保证喷入气缸的燃油自行着火燃烧。

当活塞运行到上止点前的某个位置时，燃油经过喷油器喷入气缸，喷入气缸的柴油，并不是立即着火，而是经过物理化学变化之后才着火燃烧，这段时间大约有 $0.001 \sim 0.005s$，称为着火延迟期。因此，要在曲柄转至上止点前 $10° \sim 35°$ 曲柄转角时开始将雾化的燃料喷入气缸，并使曲柄在上止点后 $5° \sim 10°$ 时，在燃烧室内达到最高燃烧压力，迫使活塞向下运动，膨胀做功冲程开始。

③ 做功冲程。做功冲程也称为燃烧膨胀做功冲程，在这个冲程开始时，大部分喷入燃烧室内的燃料都燃烧了。燃烧时放出大量的热量，气体的燃气压力和温度便急剧升高，最高点的压力和温度为：$p_z = 6.0 \sim 15.0 MPa$；$T_z = 1800 \sim 2200K$。最高燃烧压力与压缩终点压力之比（p_z/p_c）称为燃烧时的压力升高比，用 λ 表示。根据柴油机类型的不同，在最大功率时 λ 值的范围如下：$\lambda = p_z/p_c = 1.2 \sim 2.5$。

活塞在高温高压气体作用下向下运动，通过连杆使曲轴转动，对外做功。随着活塞的下行，气缸的容积增大，气体压力下降，做功冲程在活塞行至下止点，排气门打开时结束。

④ 排气冲程。排气冲程的功用是把膨胀后的废气排出去，以便充填新鲜空气，为下一个循环的进气做准备。做功冲程中活塞运动到下止点附近时，排气门开起，活塞由下止点向上止点运动，并把废气排出气缸外。

由于排气系统存在着阻力，所以在排气冲程开始时，气缸内的气体压力比大气压力高 $0.025 \sim 0.035 MPa$，温度 $T_b = 1000 \sim 1200K$。为了减少排气时活塞运动的阻力，排气门在下止点前就打开了。排气门一打开，具有一定压力的气体就立即冲出缸外，缸内压力迅速下降。活塞向上运动时，继续将气缸内的残余废气挤压出去。

排气冲程结束之后，又开始了进气冲程，整个工作循环就依照上述过程不断地重复进行。周而复始，即达到不断地对外做功的目的。

在四冲程柴油机的四个冲程中，只有第三冲程即做功冲程才产生动力对外做功，而其余三个冲程都是消耗功的准备过程。为此，在单缸柴油机上必须安装飞轮，利用飞轮的转动惯性，使曲轴在四个冲程中连续而均匀地运转，周而复始，即达到对外做功的目的。

1.3.2 电控柴油机的工作原理

现以某型电控柴油机为例，简要说明如下。

（1）整车功能

要了解该柴油机的电气原理，首先需要了解 ECU 所能实现的整车功能。某型电控柴油机 ECU 所能实现的整车功能见表 1-2。

表 1-2 某型（WP 系列）电控柴油机所能实现的整车功能

序号	功能	描述	备注
1	预热启动功能	利用格栅预热器，提高进气温度，以改善冷启动性能	进气加热继电器
2	空调控制	柴油机根据空调请求，对柴油机转速进行控制	空调开关，继电器
3	起动机控制	控制柴油机的启动，实现空挡保护	启动继电器
4	排气制动控制	排气制动蝶阀的开启与关闭	电磁阀和开关
5	巡航控制	自动控制整车车速，以减轻驾驶员劳动强度	—
6	PTO	动力输出控制	巡航控制开关
7	怠速微调	通过怠速开关提升或降低怠速	—
8	CAN 总线	可与其他控制单元进行通信	—
9	柴油机转速与扭矩控制	控制柴油机转速与扭矩	多态开关
10	故障诊断	以闪码形式显示内存中储存的故障代码	诊断开关，故障灯
11	柴油水位报警	告诉驾驶员处理粗滤器中的积水	水位报警灯
12	车下启动与停机按钮	在钥匙开关以外(车下)控制柴油机的启动与停机	按钮开关

（2）电气原理图

某型（潍柴 WP 系列）电控柴油机的电控系统原理图如图 1-28 和图 1-29 所示。中间部分为柴油机侧面自带的 ECU 电气原理；上部 A100 代表电器装置板，位于驾驶室副驾驶员前部仪表护面内。

① 预热启动功能。ECU 根据柴油机的温度传感器来感应环境温度，通过进气加热继电器（K501）自动控制进行气加热栅格工作，以利于冷启动。

每次接通钥匙开关后，组合仪表上的冷启动信号灯闪烁 3 次，表示 ECU 对柴油机的进气道进行预加热，信号灯熄灭后就可以启动柴油机。

② 空调控制。翘板开关面板上有空调请求开关（S161），当接通开关时，ECU 接到信号并输出信号控制空调继电器（K702）动作，空调继电器的主触点闭合后，空调部分得电才可以工作，同时 ECU 会自动对柴油机转速进行调整，如果在怠速状态，将提升 100r/min。

③ 起动机控制。柴油机进行启动前，必须保证 ECU 的 8、9、2、3、40 接电源正极，10、11、5、6 接电源负极。接通钥匙开关的启动挡，中央电器装置板上的 80/2 位置输出启

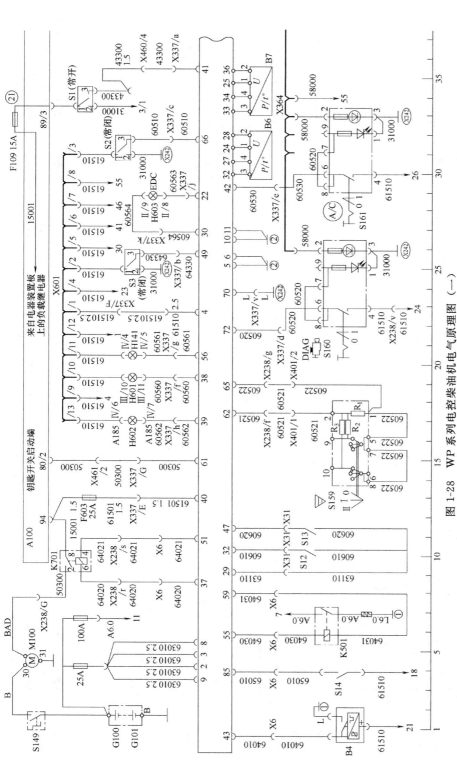

图 1-28 WP 系列电控柴油机电气原理图（一）

A100 (11)—中央电器板; A185 (16)—组合仪表; B4 (1)—油中有水传感器; B6 (32)—机油压力温度传感器; B7 (36)—进气压力温度传感器; 电池 1; G101 (1)—蓄电池 2; H141 (21)—油水混合信号灯; H601 (19)—冷启动信号灯; H602 (17)—报警信号灯; H603 (28)—EDC 诊断信号灯; F603 (12)—启动熔断丝; G100 (1)—蓄 K701 (10)—启动保护继电器; M100 (6)—起动机; S1 (34)—制动信号灯开关; S2 (31)—离合器开关; S3 (24)—冗余制动开关; S12 (10)—车下启动发动机开关; K501 (5)—电加热继电器; S13 (11)—车下停止发动机开关; S14 (3)—空挡开关; S149 (1)—整车电源总开关; S159 (13)—多态选择开关; S160 (21)—诊断开关; S161 (28)—A/C 请求开关; X401 (17)—4 孔插接器; X460 (35)—驾驶室线束上插接器; X601 (24)—61510 集中插接器。
注：图注中件号后括号内数字为图中横坐标大概位置，图 1-29 中也一样。

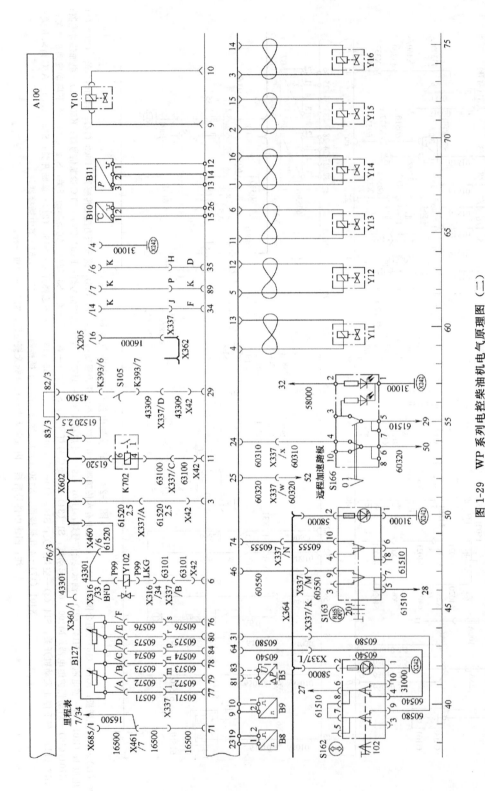

图 1-29　WP 系列电控柴油机电气原理图（二）

B5 (42)—燃油压差传感器；B8 (38)—曲轴转速传感器；B9 (40)—凸轮轴转速传感器；B10 (66)—水温传感器；B11 (68)—共轨压力传感器；B127 (43)—加速踏板传感器；
K702 (53)—空调控制继电器；S105 (57)—排气制动开关；S162 (38)—巡航加/减速开关；S163 (45)—巡航关闭/恢复；S166 (52)—加速踏板转换开关；
X42—发动机 ECU 插接器；X205—数据接口；X337—35 孔插接器；X362—16000 分线器；X364—58000 集中插接器；
X461 (39)—驾驶室线束上插接器；Y10 (72)—高压油系燃油计量单元；Y11～Y16—喷油器；Y102 (47)—排气制动电磁阀

动信号到 ECU 上，并且空挡开关（S14）闭合，柴油机 ECU 接到启动信号后，输出信号到启动保护继电器（K701 位于电器装置板右侧），继电器闭合将启动电源输入到起动机的启动端。

目前，部分电控柴油机的启动保护继电器已经安装到起动机内部，ECU 输出的起动机信号直接输入到启动电机上。

④ 排气制动控制。踩下驾驶员座椅前部的排气制动开关（S105），ECU 接收到信号，并输出信号控制排气制动电磁阀（Y102），当柴油机转速低于 800r/min 时，排气制动自动退出，避免在下坡时压灭柴油机。注意不可以踩着加速踏板来对排气制动功能进行检测，踩下加速踏板会使排气制动功能失效。

⑤ 巡航控制。巡航工作时，柴油机工作范围为 700～2500r/min，变速器挡位最小为 4挡，巡航工作最小启动车速为 25km/h，最大启动车速为 100km/h。巡航工作时车速范围为 20～120km/h。当以上条件满足后，可使用巡航加减开关（S162）激活巡航，巡航处于保持状态后，可松开加速踏板，通过点压或长压巡航加减开关来调整车辆速度。如果需要完全退出巡航，可使用巡航关断/恢复开关（S163）退出巡航，此时不可使用恢复开关，仍要重复以上步骤才可以进入新的巡航。

踩下离合（S2）、制动、排气制动都可以退出巡航，退出后可直接按恢复开关（S163）恢复先前的巡航状态。当踩下加速踏板超车，松开加速踏板后，巡航会自动恢复。

⑥ PTO 控制。PTO 的使用与巡航有些类似，不同的是 PTO 使用时，整车不用行驶，启动柴油机后，点压巡航恢复开关（S163）后，柴油机的转速上升到 1300r/min，压下巡航加减开关，柴油机转速会相应地上升或下降，压下巡航关闭或踩下制动踏板，柴油机转速会回到怠速状态。此外，在 PTO 状态下，离合、排气制动和加速踏板都不会起作用。

⑦ 怠速微调。柴油机在下列情况下能保证怠速提升：①柴油机根据水温调整柴油机怠速，比如水温 40℃ 时怠速为 600r/min，0℃ 时为 770r/min。②开空调时，怠速提升 100r/min。③有车速时，怠速提升 100r/min。

⑧ CAN 总线。汽车驾驶室仪表护面中间偏右的盖板内，有一检测接口（X205），上面已经将柴油机上 CAN 总线（SAE J1939）引出，可与整车其他 ECU 进行通信。

⑨ 柴油机转速与扭矩。通过外接多态选择开关（S159）来限制柴油机转速与扭矩，一般在专用车上使用较多，现在已经是重汽载重国Ⅲ车型的标准配置，该开关位于驾驶室内开关上，分别有 3 个位置，可以实现柴油机低、中、全功率输出，这样用户可根据用车状况进行选择，从而达到节约燃油的目的。

⑩ 故障诊断。驾驶室开关板上的故障诊断开关（S159）为自复位式开关，当长压该开关时，组合仪表上 EDC 诊断信号灯（H603）长亮，表示开关信号灯回路正常。若车辆在使用过程中组合仪表上诊断信号灯长亮，表示整车有故障，按下故障诊断开关后松开，EDC 诊断信号灯会以闪烁方式报出 3 位故障代码，再根据故障代码表可对柴油机进行故障判断并排除。

⑪ 柴油水位报警。整车上带手油泵的粗滤器下部装有油中有水传感器（B4），当粗滤器积水满时，油中有水信号灯（H141）点亮，此时需对粗滤器及时排水。

⑫ 车下启动与停机按钮。除驾驶室外，有些车辆在车架后部或侧面提供了一组柴油机的启动与停机按钮开关（S12、S13），在维修时特别方便。

注意：车速传感器出错时，车下停止开关失效；如果车下熄火开关处在导通状态，则柴油机不能启动。

1.3.3 电控柴油机喷油特性及喷油量控制

（1）普通喷油系统的喷油特性

在普通的喷油系统，例如机械控制分配泵和直列泵中，只有主喷射而没有预喷射和后喷射（如图 1-30 所示），而在电磁阀控制的分配泵中仅可实现预喷射。普通喷油系统中压力的产生和喷油量的计量是通过凸轮和供油柱塞来实现的。

这种方法对喷油特性来讲，通常会产生下列现象：

① 燃油喷油压力随柴油机转速和喷油量的增加而升高；

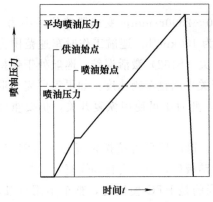

图 1-30 普通喷油系统的喷油特性

② 喷油过程中喷油压力上升，但到喷油终了时又降低到喷油嘴关闭压力。

因此，会产生下列结果：

① 小喷油量时的喷油压力较低；

② 峰值燃油喷油压力是平均喷油压力的两倍以上；

③ 喷油过程曲线近似于三角形，这有利于燃烧完善。

峰值喷油压力对喷油泵及其驱动装置构件承受的负荷具有决定性的影响。对普通喷油系统而言，它是燃烧室中混合气形成质量好坏的评价尺度。

（2）共轨喷油系统的喷油特性

对理想的喷油特性，除了普通喷油特性的要求之外，还有下列要求：

a. 对柴油机的任何一个工况点，喷油压力和喷油量的确定都可以是互为独立的。

b. 喷油开始初期（即喷油开始到燃烧开始之间的着火延迟期内）的喷油量应尽可能小。

显而易见，带有预喷射和主喷射的电控共轨燃油喷射系统可满足上述要求（如图 1-31～图 1-33 所示）。

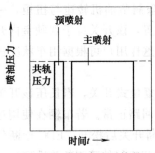

图 1-31 共轨喷油系统的喷油特性

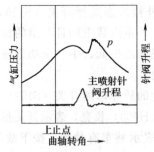

图 1-32 无预喷射时的喷油嘴针阀升程和压力特性曲线

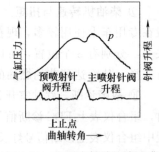

图 1-33 有预喷射时的喷油嘴针阀升程和压力特性曲线

共轨喷油系统采用模块式结构，喷油特性主要取决于下列组件：

① 电磁阀控制的喷油器，用螺纹拧装在气缸盖上；

② 压力存储器（共轨管总成）；

③ 高压泵；

④ ECU（电控单元）；

⑤ 曲轴转速传感器；

⑥ 凸轮轴相位传感器。

在乘用车上使用的共轨喷油系统中，产生喷油压力的高压泵采用径向柱塞泵，其转速以固定的传动比与柴油机转速成正比，而压力的建立与喷油量无关。由于近乎连续的供油，高压泵可设计得比普通喷油系统中用的高压泵小得多，设计时考虑的峰值驱动扭矩也较小。

喷油器通过高压油管与共轨相连，它主要由一个喷油嘴和一个电磁阀构成。ECU 使电磁阀通电，然后就开始喷油。在一定压力下，喷入的燃油量与电磁阀的接通时间成正比，而与柴油机或泵的转速无关（时间控制的喷油方式）。喷油量可通过电磁阀控制的相应设计，并在 ECU 中采用高电压和大电流来控制，以提高电磁阀的响应特性。

喷油正时是通过电控系统中的角度-时间系统来控制的。为此在曲轴上装有一个转速传感器，并且为了识别缸序或相位，在凸轮轴上也装有一个相位传感器。

（3）燃油喷射形式

电控共轨喷油器的喷油过程分为三个步骤。

① 预喷射。预喷射可在上止点前 90°内进行。如果预喷射的喷油始点早于上止点前 40°曲轴转角，则燃油可能喷到活塞顶面和气缸壁上使润滑油稀释到不允许的程度。预喷射时，少量燃油（1～4 mm^3）喷入气缸，促使燃烧室产生"预调节"，从而改善燃烧效率。压缩压力由于预反应或局部燃烧而略有提高，因此缩短了主喷油量的着火延迟期，降低了燃烧压力上升幅度和燃烧压力峰值，燃烧较为柔和。这种效果减小了燃烧噪声和燃油消耗，许多情况下还降低了排放。

在无预喷射时的压力特性曲线（如图 1-32 所示）中，在上止点前的范围内，压力上升尚较平缓，但随着燃烧的开始，压力迅速上升，达到压力最大值时，形成一个较陡的尖峰。压力上升幅度的增加和尖峰导致柴油机的燃烧噪声明显提高。而在有预喷射的压力特性曲线（如图 1-33 所示）中，在上止点前范围内，压力值略高，但燃烧压力的上升变缓。

预喷射间接地通过缩短着火延迟期有助于增加柴油机的扭矩。根据主喷射始点和预喷射与主喷射之间的时间间隔的不同，燃油消耗降低或增加。

② 主喷射。主喷射提供了柴油机输出功率所需的能量，从而基本上决定了柴油机的扭矩。在共轨喷油系统中，整个喷油过程的喷油压力近似恒定不变。

③ 后喷射。对于那些催化 NO_x 的催化器而言，后喷射的燃油充当还原剂，用于还原 NO_x。它在主喷射之后的做功冲程或排气冲程中进行，其范围一般在上止点后 200°内。

与预喷射和主喷射不同，后喷射的燃油在气缸中不会燃烧，而是在废气中剩余热量的作用下蒸发，带入 NO_x 催化器中作为 NO_x 的还原剂，以降低废气中 NO_x 的含量。过迟的后喷射会导致燃油稀释柴油机的润滑油，其喷射范围要由柴油机制造厂通过试验来确定。

（4）燃油喷射量控制

该控制通过在基本喷射量上添加冷却液温度、燃油温度、进气温度和进气压力校正来确定燃油喷射量。柴油机控制器根据柴油机工作条件和驾驶情况计算基本喷射量。如图 1-34 所示。

1）喷射量计算方法

喷射量计算将以下两个值进行比较：

① 调速器模式下由加速器位置和柴油机转速计算得出的基本喷射量。

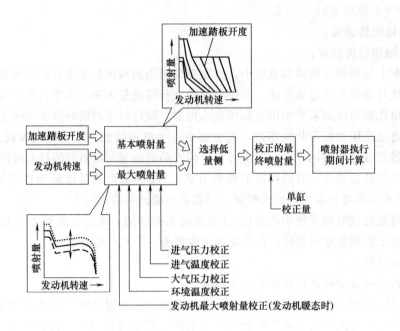

图 1-34 燃油喷射量的控制

② 通过向最大喷射量添加不同类型校正，由柴油机转速得出的喷射量。两个喷射量中较小的用作计算最终喷射量的基数。

2）设置喷射量

① 基本喷射量。该数量由柴油机转速和加速踏板开度决定。当柴油机转速恒定时，如果加速踏板开度增加，喷射量增加；加速踏板开度恒定时，如果柴油机转速增加，喷射量降低。如图 1-35 所示。

② 启动喷射量。该数量根据柴油机启动时的基本喷射量和为起动机开关 ON 时间、柴油机转速和冷却液温度增加的校正来决定。如果冷却液温度低，则喷射量增加。当柴油机完全启动时，该模式被取消。如图 1-36 所示。

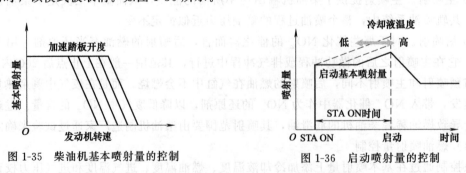

图 1-35 柴油机基本喷射量的控制

图 1-36 启动喷射量的控制

③ 最高转速设定喷射量。最高转速设定喷射量由柴油机转速决定。限制喷射量，以便防止柴油机转速过度增加（超速）。如图 1-37 所示。

④ 最大喷射量。最大喷射量根据柴油机转速和为冷却液温度、燃油温度、进气温度、大气温度、进气压力、大气压力和全程调整电阻（仅用于第 1 代 HP0 系统）增加的校正所确定的基本最大喷射量来决定。如图 1-38 所示。

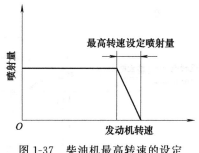

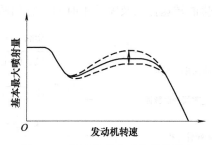

图 1-37　柴油机最高转速的设定

图 1-38　柴油机最大喷射量的设定

⑤ 燃油喷射率控制。尽管采用高压燃油喷射之后，喷射率得到提高，但是点火迟后（从喷射开始到燃烧开始的延迟）无法缩短到低于一定时间。因此，点火发生之前燃油喷射量增加（初期喷射率太高），致使爆炸燃烧与点火同时发生，并使 NO_x 和噪声增加。要阻止这种情况，可采用预喷射使初期喷射保持在最小的需求速率，从而缓解初级爆炸燃烧以及降低 NO_x 和噪声。如图 1-39 所示。

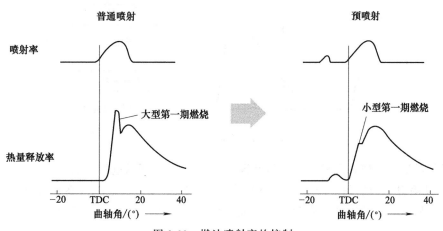

图 1-39　燃油喷射率的控制

⑥ 燃油喷油正时控制。燃油喷油正时由向喷油器施加电流的正时来控制。决定主喷射时间周期之后，也就明确了预喷射和其他喷油正时。

主喷油和预喷油正时控制：主喷油基本喷油正时由柴油机转速（柴油机转速脉冲）和最终喷射量（添加了各种校正）计算，以确定最佳主喷油正时；预喷油正时（预间隔）是通过为主喷油添加预间隔值来进行控制，预间隔根据最终喷射量、柴油机转速、冷却液温度来计算。

柴油机启动时的预间隔通过冷却液温度和柴油机转速来计算。如图 1-40 所示。

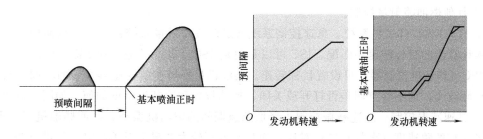

图 1-40　喷油正时的控制

喷油转速控制及喷油正时的计算如图 1-41 和图 1-42 所示。

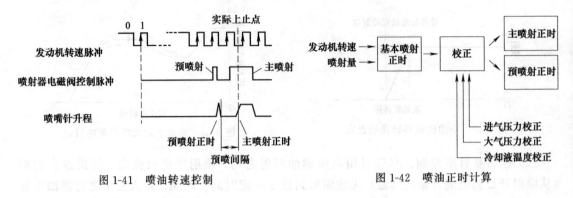

图 1-41 喷油转速控制　　　　　　　　图 1-42 喷油正时计算

预喷射：先导喷射的目的是提高柴油机冷态启动性。在传统的主喷射发生之前，该功能可进行两次或更多次非常少的燃油喷射。如图 1-43 所示。

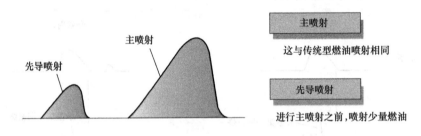

图 1-43 燃油的先导喷射

实际的燃油喷射模式是根据柴油机状况依照如图 1-44 所示进行控制的。

⑦ 燃油喷射压力控制。柴油机控制器计算燃油喷射压力，这由最终喷射量和柴油机转速决定。这根据冷却液温度和启动时的柴油机转速来计算。如图 1-45 所示。

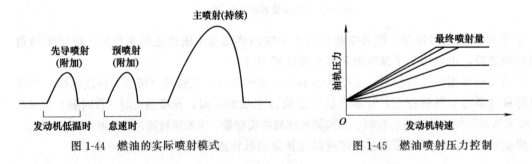

图 1-44 燃油的实际喷射模式　　　　　　　图 1-45 燃油喷射压力控制

⑧ 其他燃油喷射量控制。

a. 怠速控制（ISC）系统。怠速控制系统通过调节喷射量来控制怠速，从而使实际转速与电脑计算出的目标转速相匹配。ISC 可以是自动 ISC，也可以是手动 ISC。自动 ISC 凭借自动 ISC（柴油机控制器）可设置目标转速。柴油机目标转速随变速器类型的不同（自动或手动）而改变，而不管空调是否打开或关闭、换挡位置和冷却液温度如何。如图 1-46 所示。

b. 怠速减振控制。怠速减振控制可降低怠速期间的柴油机振动。要使柴油机工作平稳，就要将气缸的角速度（次数）进行对比，而且在差别较大情况下对单缸喷射量进行调节。如图 1-47 所示。

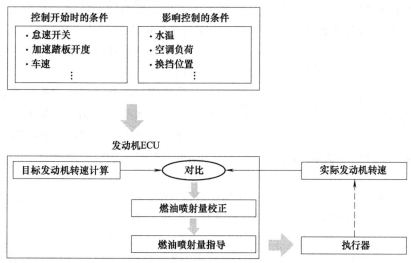

图 1-46　PHO 电控系统的怠速控制

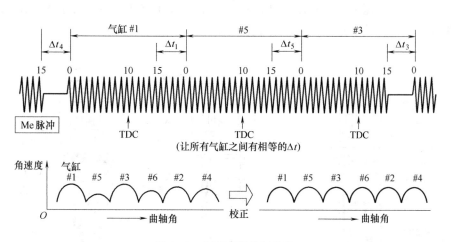

图 1-47　怠速减振控制曲线

1.3.4　电控喷油器的结构与工作原理

电控喷油器也是电控高压共轨燃油系统的关键部件。对喷油量、喷油正时、喷油速率和喷油形式（多次喷射的形式）的控制都是由电控喷油器来实现的。

图 1-48 所示为电控喷油器的工作示意图。喷油器由喷油嘴、喷嘴针阀、控制活塞和喷油器体组成，在喷油器体上端装置了一个喷油控制电磁阀 TWV（双向阀）。TWV 电磁阀接受来自 ECU 的命令。喷油的全过程控制都是通过 TWV 电磁阀来完成的。

喷油器根据 ECU 发出的信号，将油轨中的加

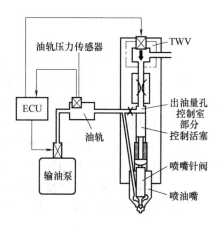

图 1-48　喷油器的工作原理

压燃油以最佳的喷油正时、喷射量、喷射率和喷射方式喷射到柴油机燃烧室中。使用 TWV（双向阀）和量孔对喷射进行控制。TWV 对控制室中的压力进行控制，从而对喷射的开始和结束进行控制。量孔可通过限制喷嘴打开的速度来控制喷射率。

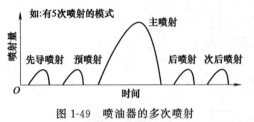

图 1-49　喷油器的多次喷射

控制活塞通过将控制室压力传递到喷嘴针来将阀打开和关闭。

当喷嘴针阀打开时，喷嘴将燃油雾化并进行喷射。多次喷射是指为了降低废气排放和噪声，在不改变喷射量的情况下，用 1～6 次喷射来完成主喷射。如图 1-49 所示。

（1）工作原理

喷油器通过控制室中的燃油压力来控制喷射。TWV 通过对控制室中的燃油泄漏进行控制，从而对控制室的燃油压力进行控制，TWV 随喷油器类型的不同而改变。

① 无喷射。如图 1-50 所示，当 TWV 未通电时，它切断控制室的溢流通道，因此控制室中的燃油压力和施加到喷嘴针的燃油压力为同一油轨压力。此时，喷嘴针阀由于控制活塞的承压面在喷嘴针阀回位弹簧力的作用下而关闭，燃油未喷射。对于 X1 型，外部阀被弹簧力和外部阀中的燃油压力推向阀座，从而控制室的泄漏通道被切断。对于 X2/G2 型，控制室出油量孔直接在弹簧力作用下关闭。如图 1-50（a）所示。

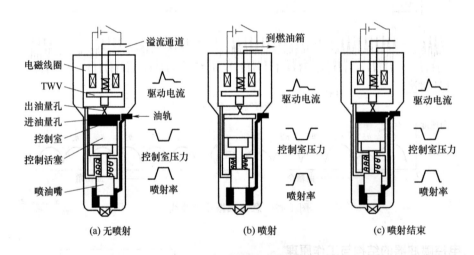

图 1-50　喷油器的工作原理

② 喷射。当 TWV 通电开始时，TWV 阀被拉起，从而打开控制室的溢流通道。当溢流通道打开时，控制室中的燃油流出，压力下降。由于控制室中的压力下降，喷嘴针处的压力克服向下压的力，喷嘴针被向上推，喷射开始。如图 1-50（b）所示。

当燃油从控制室泄漏时，流量受到量孔的限制，因此喷嘴逐渐打开。随着喷嘴打开，喷射率升高。随着电流被继续施加到 TWV，喷嘴针最终达到最大升程，从而实现最大喷射率。多余燃油通过如图 1-50（b）所示的路径返回到燃油箱。

③ 喷射结束。TWV 通电结束时，阀体下降，从而关闭控制室的溢流通道。当溢流通道关闭时，控制室中的燃油压力立即返回油轨压力，喷嘴突然关闭，喷射停止。如图 1-50（c）所示。

（2）驱动电路

为了改善喷油器的敏感度，将驱动电压变为高电压，从而加速电磁线圈磁化和 TWV 响应。ECU 中的 EDU 或充电电路将各自蓄电池电压提高到大约 100V，维持电压 12.8V，它通过 ECU 发出的驱动喷油器的信号而施加到喷油器上。如图 1-51 所示。

（3）喷油器的 QR（或 ID）代码

喷油器上面带有 ID 和 QR 代码，QR（快速响应）代码用来提高校正精度。需要更换喷油器时，必须首先将新喷油器代码写入 ECU。如图 1-52 所示。

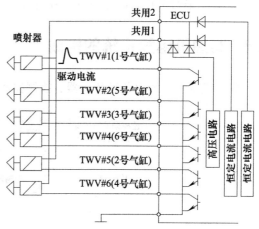

图 1-51　TWV 电磁阀控制电路示意图

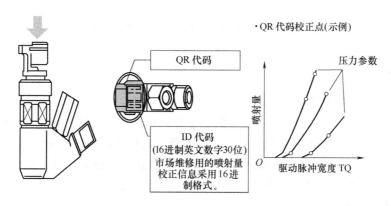

图 1-52　喷油器的 QR（或 ID）码

① QR（或 ID）代码包含喷油器的校正数据，将被写入柴油机控制器中。如图 1-53 所示。

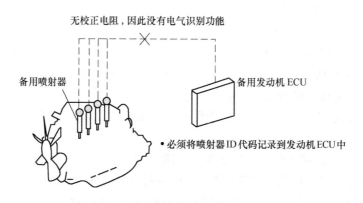

图 1-53　喷油器 QR（或 ID）码的写入

② QR（ID）代码致使燃油喷射量校正点的数目大大增加，从而极大地改善了喷射量精度。该代码是由电装公司开发的一个新的二维代码。

③ 更换喷油器时，必须将更换了的喷油器的 ID 代码登记到柴油机控制器（ECU）中。

④ 更换柴油机控制器必须将所有喷油器的 ID 代码登记到柴油机控制器（ECU）中。

1.4 柴油机电控系统的构成

柴油机电控系统由各种传感器、控制器和执行器组成。如图 1-54 所示。

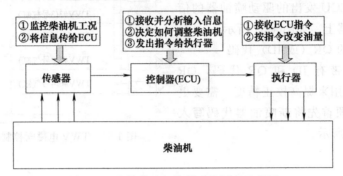

图 1-54 电控柴油机控制系统原理示意图

1.4.1 传感器

电控柴油机的主要传感器如下：

① 曲轴位置传感器。曲轴位置传感器通过飞轮上的信号齿时，传感器内线圈的磁力线将发生变化，线圈中产生电磁信号。此信号可检测柴油机的转速和曲轴位置。

② 凸轮轴位置传感器。凸轮轴位置传感器与曲轴位置传感器一样，也应用了线圈磁力线的变化产生交流电的原理。将曲轴位置传感器脉冲和凸轮轴位置传感器脉冲信号组合，可识别柴油机的第一个气缸。

③ 加速踏板位置传感器。加速踏板位置传感器将加速踏板的踩下角度转变为电子信号发送到 ECU。加速踏板位置传感器多为霍尔器件。

④ 冷却液温度传感器。冷却液温度传感器利用热敏电阻检测柴油机冷却液温度，并将此温度信号转变成电子信号发送给 ECU。

⑤ 共轨压力传感器。共轨压力传感器是由一个半导体元件组成的传感器。利用压力施加到硅元件上时电阻发生变化的压电效应原理制成。输出信号随压力的增加而增大。

⑥ 进气压力温度传感器。进气压力温度传感器提供进气压力与温度参数，进气压力传感器是压敏电阻，它所测量的压力与输出的电压成正比。

⑦ 机油压力温度传感器。可以同时检测机油压力和机油温度，其原理与进气压力温度传感器一致。

⑧ 废气再循环控制阀（EGR）传感器。EGR 技术就是从柴油机排气中，引回部分废气与新鲜空气共同进入柴油机气缸内参与燃烧，既降低气缸内的燃烧温度，又能有效地控制高温富氧条件下 NO_x 的生成，从而大大降低发动机废气中 NO_x 含量。

EGR 系统由柴油机 ECU（电控单元）进行控制。ECU 通过进气温度传感器、进气压力传感器、水温传感器、转速传感器、加速踏板位置传感器以及车辆制动信号等来感知柴油机的各种状态，从而控制 EGR 控制阀的开度和废气再循环比率。EGR 系统的控制原理如图1-55 所示。

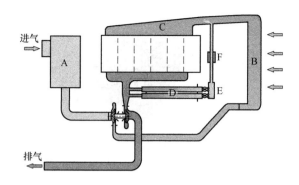

图 1-55　EGR 系统工作原理示意图

A—空气滤清器；B—中冷器；C—进气歧管；D—EGR 冷却器；E—峰值单向阀；F—EGR 控制阀

1.4.2　执行器

电控柴油机的执行器主要是高压泵、喷油器及其辅助零部件。

① 高压泵。高压泵位于低压部分和高压部分之间，它的任务是在车辆所有工作范围和整个使用寿命期间，在共轨中持续产生符合系统压力要求的高压燃油，以及快速启动过程和共轨中压力迅速升高时所需的燃油储备。

② 调压阀。调压阀的任务是根据柴油机的负荷状况调整和保持共轨中的压力：共轨压力过高时，调压阀打开，一部分燃油经回油管返回油箱；共轨压力过低时，调压阀关闭，高压端对回油管封闭。

③ 共轨油管。共轨的任务是存储高压燃油，高压泵的供油和喷油所产生的压力波动由共轨的容积进行缓冲。在输出较大燃油量时，所有气缸共用的共轨压力也应保持恒定，从而确保喷油器打开时喷油压力不变。

④ 电控喷油器。喷油始点和喷油量用电子控制的喷油器调整，它替代了普通喷油系统中的喷油嘴和喷油器总成。

与直喷式柴油机中的喷油器体相似，喷油器用卡夹装在气缸盖中。共轨喷油器在直喷式柴油机中的安装不需要气缸盖在结构上有很大改变。

⑤ 其他相关开关、继电器、EGR 控制阀等动作元件。

1.4.3　控制器

柴油机电控系统的控制器主要是电控单元（ECU）。ECU 是电控柴油机的大脑，柴油机运行过程中的所有要求必须由 ECU 发出。电控柴油机的控制器主要包括：①ECU 的控制功能；②ECU 的硬件；③ECU 的软件等相关内容。

有关电控柴油机电控系统的详细介绍请参考本书其他相关章节。

第 2 章
电控柴油机控制系统

所谓电控柴油机，其实就是柴油机的燃油喷射系统由电子控制。电控系统的电控单元（ECU）以柴油机的转速、负荷及运行状况作为反映柴油机实际工况的基本信号，参照由试验得出的柴油机各工况相对应的喷油量和喷油定时（MAP）来确定基本的喷油量和喷油定时，然后根据各种因素（如水温、油温、大气压力等）对其进行各种补偿，从而得到最佳的喷油量和喷油正时，然后通过执行器进行控制。

柴油机电控系统由相关传感器、控制单元（ECU）和执行机构（高压泵、喷油器等）三部分组成（如图 2-1 所示）。其任务是对燃油喷入气缸的时间和喷油量进行精确的电子控制，实现对喷油量以及喷油定时随运行工况的实时控制。电控柴油机采用转速、温度、压力等传感器，将实时检测的参数同步输入电控单元并与电控单元（ECU）内已储存的参数值进行比较，经过分析、处理和计算，按照最佳参数值对执行机构进行控制，驱动喷油系统定时定量地向柴油机气缸内喷入燃油，使柴油机运作状态达到最佳，以获取良好的经济性能和满足国家废气排放标准的排放指标。

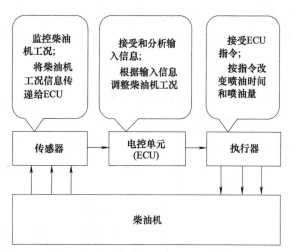

图 2-1　电控柴油机控制系统的组成

通俗地讲，电控柴油机的控制系统的控制原理如下：

① 各传感器对柴油机的运行状态进行监控，并将涉及柴油机运行的所有参数（如冷却液温度、柴油机转速、运行状态、进气压力、喷油压力等）传递给电控单元（ECU）。

② ECU 对来自传感器的信息和数据进行分析，并与预设值进行比较，然后计算出对应工况所需的喷油量和喷油正时，指令执行机构进行增加或减少喷油量。

③ 执行机构（主要是高压泵和喷油器）根据 ECU 的要求，适时将所需的燃油定时定量地喷入气缸。

2.1 柴油机电控系统基础知识

随着环保要求的不断提高，对柴油机废气排放的要求越来越严格。传统的机械控制喷油系统的柴油机，在满足柴油机废气排放要求方面已经力不从心。由于电控柴油机在燃油喷射量的精确量和喷油时刻的精准度方面日臻完美，在保证柴油机具有良好的经济性能和动力性能的前提下，基本可以满足国家当下对柴油机废气的排放要求。所以，电控柴油机（包括高压共轨、单体泵、分配泵等）已经普遍取代并在某些领域完全取代传统的机械控制喷油柴油机。

2.1.1 电控柴油机燃油系统的控制模式

电控柴油机燃油系统的控制模式主要是：位置控制模式、时间控制模式和时间-压力控制模式。

① 位置控制模式。保留了传统喷油系统的基本组成和结构，只是将机械调速器控制改

为电子控制。喷油量依旧通过控制喷油泵齿条位移或滑套位移来控制。喷油正时依旧通过提前器来控制。

② 时间控制模式。采用高速电磁阀直接控制高压燃油的适时喷射。电磁阀关闭，执行喷油；电磁阀打开，喷油结束。喷油始点取决于电磁阀关闭时刻，喷油量则取决于电磁阀关闭时间的长短。

③ 时间-压力控制模式。由高压供油泵、电磁（液力）控制式喷油器和公共油轨（简称共轨）组成。与前两代喷油系统不同的是：高压供油泵并不直接控制喷油，而仅仅是向高压共轨（管）供油以维持计量原理，用高速电磁阀控制喷射过程。

2.1.2 电控燃油系统的基本特点

与传统的机械式燃油喷射系统相比较，电控柴油机燃油系统具有如下特点：

①排气污染降低、经济性提高。高压喷射可提高燃油经济性，显著地减少微粒和烟度；合理地控制喷油定时和喷油量可减少 NO_x 和 HC 排放；电控燃油喷射系统能根据柴油机的工作要求实现喷油量、喷油定时、喷油压力以及喷油速率的综合控制，在满足排放法规的同时获得最佳的经济性。

② 操作控制自动化。电控系统将驾驶员要求转换成相应的控制信号，借助于各种传感器和执行器自动地实现柴油机的管理。如可实现全速自动控制、过渡工况最佳控制等。

③ 改善可靠性。电控柴油机具有智能化自诊断、故障保护和备用功能，能实现故障诊断和处理，电控柴油机还能根据柴油机的运行状况进行相关标定参数的自我修正，以保证柴油机在整个工作寿命内始终处于最佳状态。

④ 独立的燃油喷油正时控制。喷油正时直接影响到柴油机活塞上止点前喷入气缸的油量，决定着气缸的峰值爆发压力和最高温度。高的气缸压力和温度可以改善燃油使用经济性，但导致 NO_x 增加。而不依赖于转速和负荷的喷油正时控制能力，是在燃油消耗率和排放之间实现最佳平衡的关键措施。

⑤ 可变的预喷射控制能力。预喷射可以降低颗粒排放，又不增加 NO_x 排放，还可改善柴油机冷启动性能、降低冷态工况下白烟的排放，降低噪声，改善低速扭矩。但是预喷射量、预喷射与主喷射之间的时间间隔在不同工况下的要求是不一样的。因此具有可变的预喷射控制能力对柴油机的性能和排放十分有利。

⑥ 最小油量的控制能力。供油系统具有高喷射压力的能力与柴油机怠速所需要的小油量控制能力发生矛盾。当供油系统具有预喷射能力后将会使控制小油量的能力进一步降低。由于工程机械用柴油机的工况很复杂，怠速工况经常出现，而电喷柴油机容易实现最小油量控制。

⑦ 快速断油能力。喷射结束时必须快速断油，如果不能快速断油，在低压力下喷射的柴油就会因燃烧不充分而冒黑烟，增加 HC 排放。电喷柴油机喷油器上采用的高速电磁开关很容易实现快速断油。

⑧ 降低驱动扭矩冲击载荷。燃油喷射系统在很高的压力下工作，既增加了驱动系统所需要的平均扭矩，也加大了冲击载荷。燃油喷射系统对驱动系统平稳加载和卸载的能力，是一种衡量喷射系统的标准。而电喷柴油机技术中的高压共轨技术则大大降低了驱动扭矩的冲击载荷。

2.1.3　电控柴油机的未来发展

柴油机电控技术未来的发展趋势是：高的喷射压力以满足排放法规的要求，柴油喷射压力从 100MPa 提高到 200MPa 以上。如此高的喷射压力可明显改善柴油和空气的混合质量，缩短着火延迟期，使燃烧更迅速、更彻底，并且控制燃烧温度，从而降低废气排放。独立的喷射压力控制，传统柴油机的供油系统的喷射压力与柴油机的转速负荷有关。这种特性对于低转速、部分负荷条件下的燃油经济性和排放不利。

如果供油系统具有不依赖转速和负荷的喷射压力控制能力，就可选择最合适的喷射压力使喷射持续期、着火延迟期最佳，使柴油机在各种工况下的废气排放最低而经济性最优。改善柴油机燃油经济性，用户对柴油机的燃油消耗率非常关注。高喷射压力、独立的喷射压力控制、小喷孔、高平均喷油压力等措施都能降低燃油消耗率，从而提高了柴油机的燃油使用经济性。

2.2　电控单元（ECU）

ECU 是电控柴油机控制系统的"指挥中心——大脑"，对来自柴油机上各个传感器的信号与储存的参数值进行比较和运算，确定最佳运行参数，然后指挥执行（喷油）机构元件；执行机构元件按照最佳参数对喷油压力、喷油量、喷油时间、喷油规律等进行控制，驱动喷油系统相关部件工作，使柴油机工作状态达到最佳。

电控单元（ECU）是一个由内部电路板加金属外壳及若干个接线器组成的部件，通过线束与相关的传感器和执行器连接，电路板上安装有若干个电子元器件。目前 ECU 通常都采用贴片（SMT）元器件制作，整个 ECU 组件尺寸很小且非常薄。

图 2-2 所示为某型电控柴油机的电控单元（Bosch 公司 EDC7 系统），在 ECU 外壳上有 3 个插槽，所对应线束分别是柴油机整车线束、传感器线束和喷油器线束。其中传感器、喷油器线束在柴油机出厂时已装好，而整车线束则需要整车厂根据车辆功能的需要来制作。

特别提示

在进行传感器和 ECU 接插件的插拔时，必须断开电源，否则产生的冲击电流可能会造成电控系统的损坏。

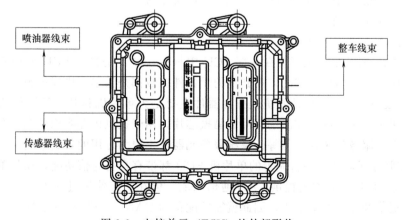

图 2-2　电控单元（ECU）的外部形状

2.2.1 ECU 的基本结构

电控单元（ECU）是电子控制系统的核心，它由单片机硬件电路和控制软件组成，负责信息的采集、处理、计算和执行，并将运行结果作为控制指令输出到执行器，同时与其他的 ECU 进行通信，把某些运行状态进行显示，并对整个控制系统进行故障诊断。

ECU 通过传感器采集的信号不断检查柴油机的状态，计算符合条件的燃油喷射量等，启动执行器以及将柴油机控制到最佳状态，ECU 也具有诊断功能，可用于记录系统故障。电控单元（ECU）的功能控制如图 2-3 所示。

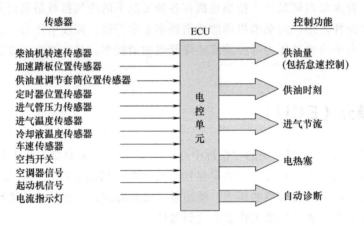

图 2-3　电控柴油机控制功能

（1）主要功能

电控柴油机 ECU 的主要功能是控制燃油喷射时间和燃油喷射量，最主要是喷油时间的控制。

① 喷油量的控制。驾驶人通过电子油门提供驾驶意图，控制器 ECU 决定整个运行范围内的喷油量和最佳供油时刻；可以有几十种喷油量控制模式（稳态和瞬态）。

② 喷油规律的控制。在电控系统设计时，已经考虑了适当的喷油规律，高压共轨系统常以多次喷射来实现。

③ 喷油提前角控制。完全由控制器 ECU 自动控制。

④ 喷油压力的控制。完全由控制器 ECU 自动控制。

（2）ECU 内部构件

ECU 内部的元器件主要有：

① 单片机。所谓单片机就是在一部 ECU 中只有一片，是整个 ECU 的核心部件，所有逻辑处理功能都是其内部完成的，而其他的元器件多数都是为单片机提供服务而设置的。

② 系统服务元器件。所谓系统服务元器件主要是为单片机和其他元器件的工作提供条件，例如：用于提供系统工作激励脉冲的晶振芯片，用于提供内存容积扩充的存储芯片，用于提供系统电源服务的芯片，等等。系统服务元器件主要为专用的集成电路。

③ 通信服务元器件。一台完善的单片机 ECU 都带有自身通信功能，在其单片机内布置有 CAN 模块，可以在内部就提供 CAN 通信功能。但在实际使用过程中，要实现通信功能必须具备对通信线路的驱动能力，因此就需要配备为 CAN 通信服务的外围驱动芯片。

④ 输入通道元器件。输入通道元器件主要用于接收输入信号，起到对输入的信号整形、

传导、保护性隔离等作用，并将这些输入信号安全可靠地送达单片机且不会对系统造成任何安全损害。此类元器件主要是贴片电阻、电容、二极管及光耦合器等。

⑤ 输出驱动元器件。输出驱动元器件用于驱动输出设备。通常单片机输出的控制信号的负载能力有限，为使输出信号能够直接带动执行元器件工作，就必须对单片机输出的控制信号进行功率放大处理，以便安全有效地带动执行器工作。

输出驱动元器件主要是一些大功率的晶体管，它们可以控制高达几十安的工作电流，充分满足柴油机的控制需要。除此之外，还需要一些特殊的电容和电感元件，这些电容和电感元件通过对电能的积蓄和释放，能够在瞬间产生极高的驱动电压（80V 或更高），满足柴油机电控燃油系统的驱动要求。

如图 2-4 所示为一款电控柴油机使用的专用线束接线原理图。ECU 不仅要连接电控柴油机的各个传感器，还要连接各个执行器，所以在柴油机上就需要布置几十条相关导线，如果这些导线布置不当，就可能严重影响电控柴油机的正常工作。在用电控柴油机上一般都是将导线分类制成线束及相应的接插端子，从而很好地保证了所有导线的正确安装和整洁。

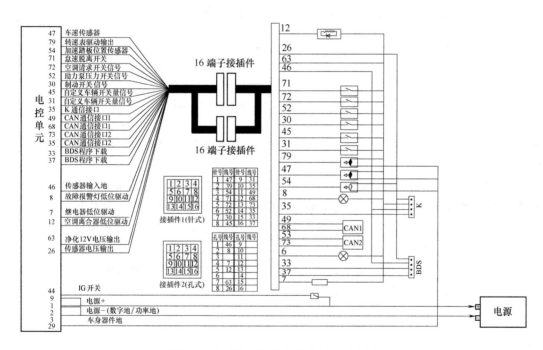

图 2-4　电控柴油机线束接线原理示意图

2.2.2　ECU 的逻辑结构

电控单元（ECU）的逻辑结构框图如图 2-5 所示。

① 模拟量输入。模拟量指的是连续变化的电压信号，相关传感器（如温度传感器、压力传感器、位置传感器等）输出的信号都是模拟量。模拟量传感器需要由外加电源提供工作条件。这类工作条件由 ECU 中的 "输入服务" 部分来满足，也就是对相关传感器的工作需求提供合适电源。此服务还包括对输入信号提供某些保护，限制过高或过低的电平和硬件滤波等。完成输入处理的信号将传到 ECU（单片机）的模拟量输入端口。

② 脉冲量输入。所谓的脉冲量，是指连续变化的开关信号，其信号幅值的精确度不是

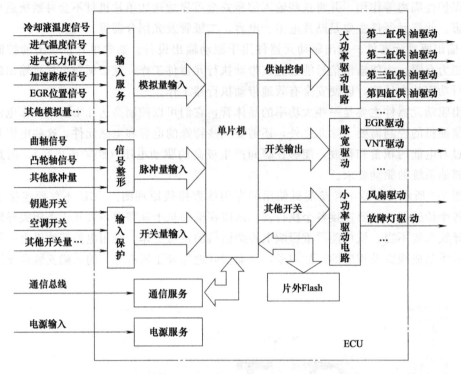

图 2-5　电控单元（ECU）逻辑结构示意图

最重要的，如某些 ECU 将脉冲信号高于 2.7V 的电平认为是高电平，低于 0.4V 认为是低电平。

实际使用的脉冲信号通常都具有如图 2-6 所示的图形。在使用时通常只注意脉冲信号周期 T_i。当脉冲信号为温度时，T_i 为常数。信号为脉冲信号的传感器是曲轴位置传感器和凸轮轴位置传感器，当需要将车速信号接入 ECU 时，如果车速信号传感器采用电磁式或霍尔式传感器，则车速信号也是脉冲信号。

对于不规则的脉冲信号，通常都要经过整形处理，将其转变为规则的（矩形）脉冲信号，如图 2-7 所示。脉冲信号只能输入单片机的特定的输入端口，此类端口处理脉冲信号的信息并具有对信号跳变沿时刻进行捕获的能力。

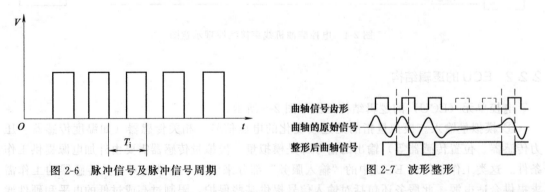

图 2-6　脉冲信号及脉冲信号周期　　　　　　图 2-7　波形整形

③ 开关量输入。开关量只有高、低电位两种输入状态，其信号源一般为一个开关，如点火开关、照明开关及空调开关等。开关信号一般为光耦隔离输入，这可以保护系统内部的

元器件。同时，硬件系统还可以完成对开关信号的消颤处理，处理后的开关信号被送入单片机特定的输入端口。开关信号的作用是通知单片机处理器相关外部设备的状态，处理器根据这种状态执行相应的处理逻辑。例如：当开启车辆空调开关时，系统将会自动适量增加柴油机的循环供油量，使柴油机原有的操作状态不受影响。

④ 电源输入和服务。ECU 的电源通常来源于车用蓄电池，车用蓄电池的最大特点是允许瞬间的大工作电流（最高可达 100 多安）。ECU 对电源的要求与车辆的电源系统的电压有关，多数为 12V 或 24V。由于用于大多数芯片和传感器的驱动电压为 5V，用于个别元器件和传感器的驱动电压为 12V，用于高速电磁阀的驱动电压为高压（60～90V）电源，所以电源供电进入 ECU 后需要进行电压变换，以满足不同元器件对不同驱动电压的需求。为适合应用环境，要求 ECU 对电源的要求有一个适应范围，一般为 9～40V（动态）。

⑤ 通信总线。早期的车用电控柴油机 ECU 一般都有串行通信导线或 K 线接口，用于在 ECU 调试时与计算机（PC）之间进行通信。随着电子技术在车辆上的普及应用，越来越多的车用设备需要使用 ECU 来控制，如车辆刹车防抱死系统、安全系统、自动变速器系统等。这些系统的同时应用提出了对车辆信息的共同需要，例如：上述三个系统与柴油机控制都需要柴油机转速信号，所以实现车辆与柴油机信息共享显得尤为重要；CAN 总线就是这样一种信息共享技术。目前在用 ECU 的单片机芯片都有 CAN 总线的通道，在 ECU 主板上都有 CAN 总线接插端口；有的 ECU 上同时还有 K 线通道，这些通道在 ECU 调试和标定阶段用作与 PC 的通信路径；但在使用 CAN 总线技术协调整车信息时，CAN 总线接口则提供专用的连接通道。

⑥ 供油驱动。电控柴油机的电控单元（ECU）要为各缸提供各路供油驱动；对于电控单体泵系统而言，是驱动高压油泵的泄油阀；而对于共轨系统则是驱动喷油器的回油阀。这两种阀都是高速电磁阀，工作时需要很大的瞬间驱动电流。高速电磁阀的驱动方法是电控柴油机（ECU）设计的难点之一，要实现较大的启动动作电流和较小的动作维持电流，才能在保证所有动作效果的前提下减少驱动功耗。

⑦ 脉宽调制驱动。ECU 对模拟器件的驱动，一般都是采用脉宽调制（pulse width modulation，PWM）方式实现的，主要原因是数字系统较易实现 PWM 且效果较好。PWM 是在保持频率不变的条件下，通过调节输出脉冲中相对于固定时间段内高电平占空比来调节输出有效电压的控制方式；对于有一定工作惯性的载荷，这种控制手段很实用。如 ECU 对废气再循环（EGR）阀和可调增压器喷嘴环（VNT）的控制就是通过 PWM 方式实现的。EGR 阀是由比例电磁铁驱动的，比例电磁铁的性能与其位移与线圈两端电压的有效值成正比，通过 PWM 控制，可以有效地实现对 EGR 的控制。

⑧ 开关驱动。ECU 上的开关输出功能，可以通过控制过程直接操作受控对象的电路通道，也可以通过驱动继电器之类的设备，间接地操控一些大电流设备。例如：ECU 可以根据冷却液温度的变化，打开或关闭冷却风扇，或增加和降低冷却风扇转速，以调节冷却液温度在合适的范围内，保证冷却系统始终处于良好状态。

⑨ 片外 Flash 存储器。所谓 Flash 存储器也就是闪存，它的特点是可以在停电后保存已存入的数据，目前在 ECU 中使用的单片机一般都有 Flash 存储器。但对于某些 ECU，其性能要求可能会因紧靠单片机内的 Flash 存储器容量不足而无法实现，此时可以在电路板上设置附加的 Flash 内存芯片。附加的内存芯片除了在存取速度上低于单片机内的 Flash 存储器和读写操作方式有所不同外，其余功能基本相似。

2.2.3 ECU 对高速电磁阀的驱动

用于控制柴油机运行的 ECU，其最大特点是拥有可以驱动高速电磁阀的大功率驱动功能，这种驱动能力需要 60～90V 的瞬间电压和 30A 以上的瞬间电流。如图 2-8 所示为某型 6 缸柴油机 ECU 的高速电磁阀驱动（示波器）波形，上部为 6+1 齿的凸轮轴信号，下部为相对应的供油信号。

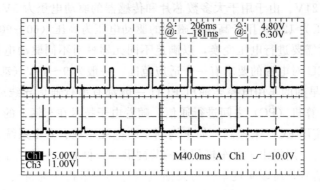

图 2-8　电磁阀驱动电流波形

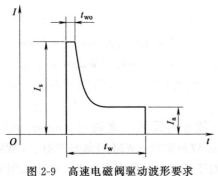

图 2-9　高速电磁阀驱动波形要求

高速电磁阀的响应时间非常短，一般从驱动电压产生到实现动作的时间仅有 0.001～0.002s，有时甚至不到 0.001s。在如此短的时间内要实现高速电磁阀的正常工作且减小功耗，对其驱动电流的波形有着特殊的要求，具体如图 2-9 所示。

如图 2-9 所示，I_s 为阀启动电流，I_a 为维持电流，t_w 为电磁阀驱动脉宽，t_{wo} 为电磁阀启动脉宽。对高速电磁阀进行驱动时要求动作迅速完成，这需要较大的瞬态电流（$I_s>30A$）；电磁阀启动脉宽 t_{wo} 与使电磁阀开启所需的能量大小有关；对于运动质量较大的阀体，需要有较大的 t_{wo} 取值；当动作完成后，需要维持高速电磁阀的位置，此时的维持电流 I_a 一般在 10A 以下；当总的驱动脉宽 t_w 达到预定时间时，电流值回零。此时电磁阀会在弹簧的作用下退回原位置。

2.2.4 ECU 的电特性和环境特性

由于车用电控柴油机需要在较为恶劣的条件下工作，因此配备在电控柴油机上的电控单元（ECU）相关设备，必须能够保证在各种不利的条件下满足工作的可靠性和良好的适应性。用来衡量这些特性的评价指标是 ECU 的电特性和环境特性，这可以通过对某些产品的评价试验来确定。

① ECU 的电特性。所谓 ECU 的电特性是指针对 ECU 所做的一些电特性试验的结构指标。这些试验反映了 ECU 某些自身的电物理性能和对某些外界电物理影响因素的抵御能力。

ECU 的电特性试验主要包括工作电压试验、瞬间电压保护试验、极性反接保护试验、短路保护试验、静电放电测试和电磁兼容性试验等。

上述相关试验的专业化要求高，需要特殊设备，且试验费用昂贵。但为了达到和满足车辆设备的专用技术要求，ECU 在出厂前都必须通过这些试验。

② ECU 的环境特性。所谓 ECU 的环境特性就是 ECU 对外界物理环境变化的承受能力。ECU 对外界物理环境变化的承受能力，也是通过相关的试验来检测的。这些试验从不同的角度设置了条件作用于 ECU 部件，要求在这些环境因素影响下 ECU 能够正常地发挥效能。

ECU 的环境特性试验主要有热冲击试验、低温保护试验、干热高温试验、样品控制试验、跌落试验、灰尘试验、水压试验、化学稳定性试验、温度振动联合试验、湿热试验、海拔高程试验和温度电压环境试验等。

ECU 的环境特性与元器件的选取有关，应选用专业产品，对电路板的制造价格也必须采用严格的 SMT 贴片加工工艺，以保障产品对振动环境的适应性要求。

③ ECU 的外壳。ECU 的外壳一般采用铝合金材料制成，要求不高的采用锻造工艺制造，要求较高的采用精密铸造工艺制造。

对 ECU 外壳的核心要求是外壳的密封性必须对外部水分、灰尘、盐雾、蒸汽等物质绝对隔离，且外壳具有良好的导电性，以对外界电场具有屏蔽作用。

2.2.5　ECU 的软件体系

电控柴油机是根据 ECU 的指令来完成主要工作过程的。因此，ECU 是电控柴油机的"大脑和指挥中心"，柴油机的工作性能不仅需要柴油机自身的结构部件，还取决于控制柴油机运行的指令。这些指令根据柴油机的复杂的工作环境和工作状态，按照柴油机的工作原理，适时适度地指令柴油机各部件的协调工作，以实现最佳的控制效果。为实现这个目标，ECU 中的软件必须具备完整的指令体系和数据体系两个要素，统称为 ECU 的软件体系。

ECU 的软件体系包括了基础软件、控制软件、诊断软件、调试与标定软件。其中基础软件、控制软件和诊断软件是写入 ECU 中真正在柴油机运行过程中对设备进行控制和检查的指令集。调试与标定软件为 PC 端软件，用于 ECU 研发阶段使用 PC 与对 ECU 进行调试和标定，一旦控制数据标定完成并将这些数据写入 ECU 之后，ECU 就可以独立工作了。

（1）ECU 的基础软件

基础软件与硬件系统密切相关，相对于控制软件而言，基础软件只是资源的提供者。属于基础软件的指令集可以分成下列功能模块。

① 系统初始化及时钟设置模块。用于完成系统的初始化和时钟设置。这部分指令根据不同的单片机有不同的形式，且与单片机的性能密切相关。其设计制作必须由对所用单片机十分了解的技术人员来完成。

② 整形输入处理模块。此模块是针对输入线的处理函数。输入信号可以是有一定变形的电脉冲信号，经过输入整形处理后，送入单片机的是较为整齐的脉冲信号。这可用于磁电传感器输入的曲轴和凸轮轴的（形状畸变的）脉冲信号等。

③ 预处理输入模块。此类模块的功能是输入开关量或脉冲量电信号。一般用于输入较为整齐的脉冲信号或开关量；具有这种功能的输入通道能够从自身获得信号（如相邻脉冲的间隔时间、脉宽时间等）的时序信息。

④ 模拟信号采样输入模块。此模块可输入模拟量并实现模数转换，具有一定的转换精

度。例如：精度为 10 位的 MC9S12DJ256 模块，其对模拟信号的幅值要求是 0～5V。

⑤ SCI 串行通信。SCI 串行通信一般用于程序调试和运行监控。可将 SCI 串行通信端口与 PC 相连，利用专用上位机程序，配合下位机程序的运行，可以将下位机的特征变量值按要求送到上位机显示，从而对程序运行的正确性做出判断；也可通过 SCI 串行通信对下位机的变量值进行设置，以对下位机程序的运行状态做出调节。由于这种通信方式的速度较低而被 CAN 通信取代。

⑥ CAN 总线通信。CAN 是车用电子产品中应用最为广泛的一种通信接口，它可在设备间实现有效的通信，不仅如此，它还可以被利用来实现正常工作时与外界的通信，如与其他车辆的 ECU 进行信息交换。

⑦ 其他模块或开关输出。除了上述输入模块外，电控柴油机还有下列输出或控制模块。

a. 低位开关输出。这相当于普通的无触点开关。

b. PWM 功能输出。这可用作对比例电磁铁和直流电动机的控制。

c. 高位开关输出。高位开关采用的是将处在低电位的负载的一端拉到高电位而使负载获得供电的方法。常用于高速电磁阀的启动驱动。

d. 步进电动机控制。此功能可以直接实现对步进电动机的控制。步进电动机主要用于某些精确的定位控制。

e. 电压管理模块。用于实现电源的管理。

（2）ECU 的诊断软件

诊断软件可以分为两个方面来考虑：对于硬件的直接诊断功能，此功能更偏重于基础软件，主要由原厂（或 ECU 服务商）直接提供。而对于柴油机的运行状况的诊断，包括 OBD 标准的功能要求，则更多的似乎是具有控制软件的功能。

诊断软件由多个诊断模块组成，设计制作时将这些制度模块编成任务模块，可以灵活地嵌入到基础软件中实现其相关功能。诊断软件通过多次检测确定持续故障和间歇故障，诊断结果可靠性高。此外，为了便于用户使用，在软件编写时，添加了各诊断模块的使用标志和故障标志屏蔽功能，并提供了若干的开放参数，用户可以通过使用标志选择相关的故障诊断模块，也可以通过故障标志屏蔽控制故障灯的点亮条件。ECU 上电后，所有可诊断的线路，可以静态全检一遍，然后对可动态诊断的线路做定时巡检，做到适时监测。

上述这些诊断主要反映了诊断软件的基础层次，基础层次的故障诊断一般只能发现一些较为极端的硬件故障（如短路和开路故障等），但对因部件功能退化积累而产生的故障不能做出明确的判断。这需要有更高层次的判断策略来解决此类问题。

诊断软件在应用层次上的工作方式通常与某些分析策略相关。例如：如果柴油机在工作一段时间后冷却液温度信号没有出现预期的变化，则认定为冷却液温度传感器出现了功能故障；如果某缸的做功冲程没有引发该阶段角加速度的增加，则可认定该缸出现了缺火（或失火）故障。因此，在应用层次上诊断软件与柴油机的工作原理及机型密切相关，这也就是某型柴油机故障诊断仪通常只适用于某类或某几类柴油机的原因所在。

（3）ECU 的控制软件

ECU 的控制软件是指控制柴油机运行的那部分计算机指令。ECU 的控制软件是柴油机设计者（也包括使用者）需要重点了解并掌握的内容。专业的柴油机（软件）设计者可以根据某个 ECU 技术平台，通过完成控制软件设计制作来实现面向自身产品的控制代码，使柴油机控制过程完全透明化，以达到对柴油机性能的完全掌握。

按照对 ECU 软件体系的区分，可以认为这部分软件既不涉及单片机的系统控制，也不涉及对硬件的直接操作。但要设计和发展这部分软件功能，必须对柴油机原理有深入的了解。因此，掌握柴油机控制软件技术已经成为掌握柴油机技术的重要组成部分。

由于 ECU 控制软件编程的专业化程度很高，所以一般而言，柴油机使用者和操作者只要了解其使用方法和能够实际使用就可以了。

（4）ECU 的调试与标定软件系统

由于 ECU 属于嵌入式计算机系统，没有常备的显示器。在 ECU 工作时，也不需要这类部件。但是在 ECU 为柴油机配套时，相关（研发）人员必须通过监测 ECU 内部变量的变化情况，掌握设备的工作状态；并通过对 ECU 内控制变量的当前值进行动态调整，以满足对工况改变做出控制。这就需要通过专用的软件来实现，即 ECU 的调试与标定软件，这个是运行在（个人）电脑上的软件，也就是所谓的上位机，而 ECU 就称为下位机。调试与标定软件通过上位机与 ECU 之间的通信连线实现与 ECU 的信息交换，并提供调试与标定所需要的相关软件功能。这些功能主要有：

① ECU 的数据读出与显示。将 ECU 的内部参数值（也即程序的变量值）读入到上位机，显示在上位机的屏幕界面上；这种读写操作通过通信线来实现，一般使用 CAN 总线的 SAEJ1939 协议，最快可以达到 1Mbit/s 的速率。受通信速度的限制，上位机屏幕所显示的 ECU 参数值每隔一定时间就会更新一次。

② 对 ECU 数据进行动态改写。这个改写是在 ECU 控制柴油机运行时实施的，可以直接对柴油机运行状态产生影响。注意：通过对 ECU 运行数据的当前值进行改写来影响柴油机的运行状态是通过上位机与下位机的软件配合来实现的。这是因为 ECU 运行时的控制参数，首先可能受到 ECU 内部程序的设定和修改；因此，哪些参数可以通过上位机的操作来修改，以作为控制变量，是 ECU 软件设计制作时就已经设置好了的，不能任意修改。

一般而言，柴油机运行状态的控制参数，可以分为两类：一类是简单变量，在 ECU 程序运行时，这类变量都是内存变量，可以动态修改；另一类控制参数是数组，这些数组通常叫脉谱（MAP），其初始值随 ECU 程序一同写入闪存。这些数组可以分别对同时控制过程产生重要影响，所以需要在配套试验中精确地确定其最佳值，这个过程即称为标定。为对脉谱进行标定，需要将被标定的脉谱从闪存中读出并随机读写到内存区（RAM）中，然后即可通过上位机的人机交互界面对脉谱进行修改。

③ 对脉谱做永久改写。此功能实质上是将存储在 RAM 中完成标定的脉谱写回其在 Flash 闪存中原来的数据区域内，形成数据值的永久改变。这一功能可以将对脉谱的修改记录在 ECU 中，以便在断电后仍能保持。也可以将脉谱的值以文件形式保存在上位机的磁盘中，然后以文件复制粘贴的方式加入到 ECU 的源程序中，然后通过源程序写入的方式永久修改这些脉谱。

④ 其他功能。除了上述功能外，ECU 的调试与标定软件通常还能将下位机的诊断程序生成的故障码读取到上位机进行显示，能够直接观察到相关电气部件的故障情况，这对于原始系统的硬件状态检查有很大的帮助。

2.2.6 ECU 的控制功能

（1）ECU 对柴油机的控制功能

① 启动控制。对于一台柴油机，为确保启动的可靠性和启动烟度排放要求，喷油定时

和启动扭矩必须根据以下方式设定：

喷油定时＝f（转速、喷油量、冷却液温度）；

启动扭矩＝f（转速、冷却液温度、启动时间）。

启动控制功能一直处于激活状态，直到柴油机转速超过启动结束转速进入到怠速控制，此时，驾驶员才能对柴油机进行操作。启动结束转速由冷却液温度和大气压力决定。

② 低怠速控制。当柴油机进入到怠速控制阶段，怠速控制器起作用，控制柴油机的运转。怠速控制器是一个纯 PI 控制器，由该控制器保持怠速转速为一个常数。怠速转速与冷却液温度相关，例如：在柴油机温度低时的怠速转速比温度高时的转速要高。此外，如果加速踏板出现故障，怠速转速将提高，以保持让驾驶员可将车辆开到维修站的最低转速。

③ 驾驶控制。来自加速踏板的值，被解释为：根据当时柴油机的转速，驾驶员对车轮输出扭矩的期望值。可用下列数学式表示：

期望扭矩＝f（加速踏板位置值、柴油机转速）。

④ 扭矩控制。当采用扭矩控制时，来自加速踏板的值被解释为：根据当时柴油机的转速，驾驶员对车轮输出扭矩的期望值。

期望扭矩＝f（油门踏板位置值，柴油机转速）；该方式类似于两极式机械调速器。

⑤ 速度控制。当速度控制起作用时，来自加速踏板的值被解释为：驾驶员对转速的期望值，并且运行于某一调速率下。

转速的期望值＝f（加速踏板的值）；此控制方式类似于全程式的机械调速器。

⑥ 扭矩限制。柴油机输出的最大扭矩可用以下方式进行限制。

a. 烟度限制。最大扭矩的限制与吸入的空气压力和空气温度有关，这两个参数决定进气量。由最大进气量限制最大扭矩，防止柴油机冒黑烟。

b. 柴油机保护。不管在什么状态下，一旦冷却液温度超出上限，最大扭矩必须作相应的减小，以防止柴油机过热。

c. 应急扭矩限制。当诊断出电控系统有严重问题时，柴油机将降低最大扭矩，迫使驾驶员去维修站修正错误。以下的错误类型可能导致该功能发生：加速踏板传感器故障、转速信号故障或电磁阀驱动故障。

⑦ 喷油定时控制。喷油定时的调整是为了满足排放法规和燃油经济性的需要，同时还兼顾到冷启动和低噪声。喷油定时的调整与柴油机性能和附加修正有关。可表示为：

喷油定时＝f（转速、喷油量、冷却温度、进气压力、大气压力）。

⑧ 各缸均匀性。由于喷油器的制造公差，引起燃油喷射量不同，各缸均匀性功能对其进行补偿。

⑨ 冷启动辅助控制。在低温环境下，为提高柴油机的冷启动性能，电控单元会根据当前柴油机的温度，来决定是否需要进气预热以及预热时间长短，这是通过对进气预热继电器的控制实现的。冷启动功能在以下条件下不发生作用：

a. 已经使用了一个独立的加热单元；

b. 已经使用了一个火焰预热器；

c. 已经使用了独立的空气进气加热系统。

⑩ 燃油温度补偿。随着温度的升高，柴油机性能下降。原因是：燃油密度下降和黏度的下降；喷油泵的泄漏量增加。通过测量燃油温度和进行相应的调整控制补偿来平衡温度对喷油量的影响。

　　某些系统还会设置燃油加热（非 ECU）功能，因为柴油机的喷油泵靠燃油润滑，因此要求燃油温度不能低于一定值，燃油细滤器中的控制器会根据当前柴油机温度启动燃油加热器。燃油加热器集成在柴油机燃油细滤器上。

　　⑪ 性能降低处理。一旦检测到电控系统自身有问题时，柴油机将启动性能降低功能。相应的性能下调量与超出或低于设定值的偏差有关。例如柴油机冷却液温度太高，ECU 会做出降低扭矩的要求。

　　⑫ 柴油机停车。在异常的条件下，如果操作者在启动开始时就诊断出有问题，系统将阻止启动，柴油机将被停机。以下几种条件下会导致停机：

　　a. 冷却液温度太高；

　　b. 柴油机燃油系统有致命故障；

　　c. 低压油路有泄漏或供油不畅。

　　（2）ECU 对柴油机的保护功能

　　① 性能降低处理。一旦检测到电控系统自身有问题时，柴油机将启动性能降低功能。相应的性能下调量与超出或低于设定值的偏差有关。以下的任何一种或几种情况都将导致性能下降功能启动：

　　a. 冷却液温度太高；

　　b. 机油压力太低（可选项）；

　　c. 通过 CAN 发送了降低性能的指令。

　　② 柴油机停车。在异常的条件下，操作者打算停机或在启动开始时（即诊断出有问题）系统阻止启动，柴油机将被停机。以下几种条件下会导致停机：

　　a. 冷却液温度太高；

　　b. 机油压力太低（可选项）；

　　c. 通过 CAN 发送了停机的指令；

　　d. 通过 CAN 发送了阻止启动指令。

　　（3）ECU 对整车的控制功能

　　① 柴油机排气制动。一旦电控单元检测到有来自排气制动开关的信号，根据当前柴油机转速，将启动排气制动功能，同时燃油系统将立刻停止喷油。

　　② 最大车速限制。最大车速限制功能设定最大的行车速度限制，防止驾驶员超速行驶。最大车速值由电控系统预先编程设定。

　　③ 巡航功能。车辆按照一个恒定的转速行驶，不需要驾驶员控制加速踏板。驾驶员通过巡航控制开关调整车速。

　　（4）电控系统（EDC16 系统）的通信接口

　　① ISO 接口。ISO 通信接口采用 ISO9141（K 线）标准串行数据通信方式，可实现与控制单元之间的数据交换。它包括以下功能：

　　a. 诊断数据的交换；

　　b. 控制系统的编程（读取和编程有关参数）；

　　c. 实现柴油机测试功能；

　　d. 读出测量值和计算值。

　　② CAN 接口。CAN 采取 SAE J1939 标准，是一种高速串行通信方式，该通信主要用于不同的电控单元之间。它包括以下功能：

a. 诊断数据的交换（错误信息，清除出错列表）；

b. 读出测量参数值和计算值；

c. 喷射限制；

d. 柴油机制动操作；

e. 降低性能操作；

f. 输入默认值或性能特征量（替代加速踏板功能等）。

③ 转速接口。转速接口用于向转速表或变速箱控制单元传送转速信号，这样可以不必再装一个转速传感器。转速信号为数字式，并且信号脉冲计数可预先设置。

2.3　柴油机的控制策略

目前国内中小功率电控柴油机应用最为广泛的是电控高压共轨系统、电控单体泵系统和电控分配泵系统。对于 4 缸电控柴油机而言，无论采用何种电控技术，其基础控制模型大同小异，如图 2-10 所示。

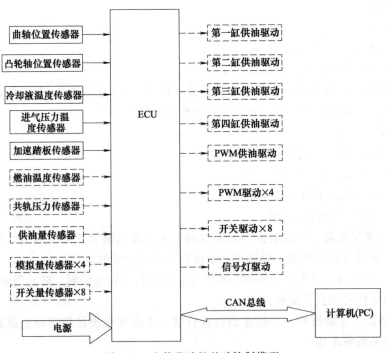

图 2-10　电控柴油机基础控制模型

柴油机电控系统的硬件包括所有传感器、执行器和控制器。ECU 控制程序必须能够满足这些硬件的操作要求。

① 电控（4 缸）柴油机的传感器主要有曲轴位置（转角）传感器、凸轮轴位置（转角）传感器、冷却液温度传感器、燃油温度传感器、加速踏板传感器、共轨压力传感器（高压共轨系统）、滑套位置传感器（电控分配泵系统）和供油量传感器（电控分配泵系统）。

用于传感器扩展的有 4 个模拟量输入口和 8 个开关量输入口。

② 电控（4 缸）柴油机的执行器是电控单体泵（电控单体泵系统，每缸 1 个）、带电磁阀的电控喷油器（电控共轨系统，每缸 1 个）、共轨压力调节电磁阀（电控共轨系统）、油量

控制滑套调节电磁阀（电控分配泵系统）。

用于执行器扩展的有 4 个 PWM 驱动输出口、8 个开关控制输出口和 1 个信号输出口。

特别提示　　对于不同的系统，以上传感器和执行器可能只是部分需要。图 2-10 中，虚线框内的内容都是根据不同技术方案有不同的选择。

2.3.1 ECU 软件框架和控制软件

ECU 的软件是一些指令和数据的集合。通常是在个人电脑上建立一个集成的开发环境（integrated development environment，IDE），然后在这个环境中对代码的源程序进行设计、输入、调试、编译和连接生成目标代码，再由开发环境中提供的写入功能，将 ECU 的软件写入到 ECU 的 Flash 存储器中。

一般而言，不同生产厂家的单片机产品系列，都有着不同的 IDE 系统。如飞思卡尔公司单片机系列的 IDE 系统（称为 Codewarrior），针对 8 位、16 位和 32 位的产品系统就有着不同的 Codewarrior 版本。

（1）ECU 软件框架

① ECU 软件框架的构成。图 2-11 所示为 ECU 软件系统基本结构示意框图。如图 2-11 所示，将单片机系统控制有关的部分进行了集中表示。系统工作任务集合和系统工作中断集合包括了单片机系统工作的基础软件部分。而其他的部分可以看成是控制软件部分。初始化任务集合则既有系统初始化内容也有控制初始化内容。

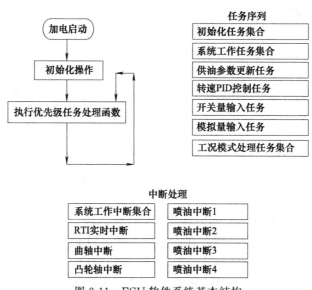

图 2-11 ECU 软件系统基本结构

② 任务和中断处理程序。任务是指一段计算机子程序（在有的计算机语言中称为过程，在 C 语言中称为函数）。该子程序受任务处理函数调用，用于完成某项特定的控制工作。通俗而言，任务是一种可以通过软件调用的子程序。在程序中，与任务对应的子程序是否被执行，要由这项任务对应的状态标志来决定。状态标志是一个逻辑量，例如：当状态标志的值为 1 时，该任务就处于"激活"状态；如果状态标志为 0，则该任务处于"休眠"状态。当

任务处于"激活"状态时，会进入任务的执行队列中等待执行。

中断处理程序是由硬件事件引起的一段计算机子程序。这种硬件事件是由系统初始化程序或事件发生前执行的其他程序设定好的。例如：当曲轴传感器产生的脉冲信号出现下降沿时，将产生相应的中断。ECU 程序将停止当前的程序执行，保护好当前的工作现场，然后跳转到曲轴中断服务子程序来执行。当这一子程序执行完成后，会返回到原来转出的程序位置，恢复原来的工作现场，然后接着执行原来的指令序列。不同的硬件事件将引向执行不同的处理程序，有时在中断处理程序执行时，可能会有新的中断发生，这称为中断的嵌套。

这种中断的嵌套会造成中断处理程序的嵌套，每一层嵌套的中断处理完成后，将返回上层中断处理程序继续执行。实际应用时，应注意避免中断处理过程时间过长。因为在处理某个中断信号时，对于该中断都是先做屏蔽的。如果在该中断信号下一次发生前未能完成处理，系统对下一次发生的中断信号将不会响应。如果中断处理过程时间过长，会在逻辑上造成混乱。例如：由曲轴信号齿下降沿信号引发的曲轴中断，如果在下一齿信号到来时中断服务程序还未执行完，则下一齿信号将被忽略，这就会造成在中断服务中的齿计数出现遗漏，造成错误。不过，目前的单片机系统由于工作速度很快，只要在设计时注意不要让中断处理程序执行时间太长，一般都不会出现这种问题。

任务与中断处理程序的相同之处在于：都是为实现一些功能而设置的计算机子程序，都可看作存在休眠和激活状态，处在激活状态时才能被执行，执行完成后都会返回到原来的程序位置执行下一句指令，并退出激活状态。其不同之处在于：任务是靠乞讨程序中的语句来激活的，而中断处理程序是靠硬件事件来激活的；任务在被激活后，对应的程序会进入任务执行队列等待执行，而中断处理在被激活后会立即开始执行。

（2）ECU 软件的运行机理说明

图 2-11 中由"加电启动"框开始的框图是 ECU 程序主流程示意图。对于启动过程几乎是完全相同的：加电过程或复位过程使一个称为 reset（复位）的端口线被拉到低电平，这一动作会导致所有寄存器复位，并使指令地址寄存器处于全 0 状态，然后从指令地址寄存器所指向的 0 地址开始调用指令，在程序形成时，总是在 0 地址内放一条跳转指令，跳到所设计的指令入口地址。不过上述过程对于我们从事控制软件的工程人员而言不必过问，编译和连接程序会自动完成这些配置。

加电启动后，进入程序的初始化过程。初始化过程既有系统的初始化，又有控制的初始化。系统的初始化由基础软件部分来完成，而控制的初始化则需要在控制软件中实现。控制初始化主要是对一些控制变量赋初值。

完成初始化后，ECU 系统将进入一种正常的工作状态。在我们的实例中，系统中断处于正常工作状态，将有以下中断功能存在：实时中断 RTI 每 $256\mu s$ 产生一次；曲轴中断对曲轴信号下降沿响应；凸轮轴中断对凸轮轴信号下降沿响应。

上述的工作状态会为完成柴油机工作控制创造必要的条件：RTI 实时中断的操作，完成一些传感器信号的输入，这主要有进气压力和温度传感器、冷却液温度传感器、加速踏板传感器；曲轴中断响应机制能够捕获曲轴脉冲信号中的每一个下降沿，凸轮轴中断响应机制能够捕获凸轮轴脉冲信号中的每一个下降沿，这两者的综合处理能够确定柴油机的转速和相位，而依据转速和相位信号，柴油机供油驱动就可以工作了。

初始化后进入程序的主循环，对于大多数自动控制程序几乎都是这样。主循环中主要是执行一个任务处理函数。由于循环是无穷尽的，因此，任务处理函数被无限地循环执行，其实，这个任务处理函数的工作内容只有一项，就是将现有被激活任务按优先级排序后，执行其中优先级最高的任务，然后让这一任务回到休眠状态。

简单来说，当程序处在主循环过程中，会由于硬件中断引发 ECU 执行对应的服务程序，这些服务程序会激活一些任务进入执行队列。所有这些硬件中断服务程序和任务的协调就能够实现柴油机的工作控制：输入传感器信号，根据信号完成处理获得控制数据实现对供油系统定时、定位、定量的供油控制等。

（3）控制软件的主要变量及相关因素

对柴油机的控制受一些关键性的参数量值的影响，这里列出这台 EDBM ECU 的部分变量参数。对于基础软件中用于自身层次工作使用的变量，是完全封闭在基础层内的，控制层用户可以不过问，但基础软件中也有部分变量是提供给控制层使用的。对于这些变量，控制层只能利用而不能改变；其他的变量是控制层定义并使用的。这里所说的在控制层用到的变量都是指全局变量。为了便于叙述，在这里对变量做了简单说明。在后面对其做应用时，会进一步了解到它们的意义和实际使用方法。

① 基础层软件变量参数。表 2-1 列出的基础层软件变量参数是由基础层软件定义并运用，但其值在控制层要进行引用的变量。

表 2-1　基础层软件变量参数

变量参数	变量含义及简要说明
A_T_Unit	基础软件时间常数代表的时间值。例如：对于 9S12 系列芯片，这个时间可以是 $0.8\mu s$ 或 $3.2\mu s$ 等，在实例中将它设为 $3.2\mu s$，即自由运行计时器每增加 1 的时间间隔为 $3.2\mu s$。而 A_T_Unit 的值以 $0.1\mu s$ 为单位，因此应取值为 32。如果对基础软件参数做了不同的设置，使时间常数值发生了变化，则 A_T_Unit 也需要重新赋值。A_T_Unit 对控制层的计算有重要作用，是涉及时间量计算过程的基础数据，必须确保其正确性
A_FTV	自由计时变量（free time variable）
A_FTVO	溢出计数变量（FTV overflow） 　　A_FTV 是一个自由变量。针对 16 位系统，自由运行计时器总是从 0～65535 不断增加，每次增加 1，到了 65535（即 16 位为全 1），会产生一次溢出中断。利用这一功能，使用 A_FTV 和 A_FTVO 可以实现较精确的计时。具体地说，A_FTV 是一个系统变量，它代表自由运行计时器的当前值。A_FTV 总是每隔 $3.2\mu s$ 增加 1，在 0～65535 间不断增加，到了 65535 时，下一次会变为 0（溢出）。这时，溢出计数变量 A_FTVO 会增加 1。A_FTVO 也是 16 位的变量，增加到 65535 后会返回 0 　　由此可看出，利用 A_FTV 这个变量可实现 $65536\times3.2\mu s=209715.2\mu s\approx209.7ms$ 的计时，而配合 A_FTVO 这个变量，则可以实现 $209.7\times65536ms=13742899.2ms\approx3.82h$ 的长计时。在利用 A_FTV 和 A_FTVO 实现的时间控制中，可设定时精度达到 $3.2\mu s$，能够满足柴油机控制的精度要求 　　A_FTV 和 A_FTVO 只是两个在软件控制层工作的全局变量。它们自系统初始化后就自动开始工作，随时提供对应的相关数据
A_Voltage	电源电压
A_ErLi	故障灯控制变量
A_MapSet	用于实现脉谱标定的控制变量（包括：A_MapSet0、A_MapSet1）

② 控制层参数变量。控制层参数变量见表 2-2。

表 2-2　控制层参数变量

变量参数	变量含义及简要说明
A_Mode	工况模式。这是一个数值标记，用以区别当前柴油机的工况状态。0 为停止，1 为启动，2 为急速等。具体工况的设定与控制策略有关
A_WorkMo	信号模式。值为 0 时，要使用曲轴信号。否则不使用曲轴信号

变量参数	变量含义及简要说明
A_ShaPeCrl	曲轴每循环平均转速(根据曲轴信号算出) 柴油机的转速属于较复杂的概念范畴。由于柴油机气缸工作的间歇性及各气缸工作的不平衡性,柴油机的转速可分为瞬时转速、每转平均转速、每循环平均转速及每缸平均转速等,柴油机运行时这些转速都有一些动态差异 另外,当使用前面提到的曲轴和凸轮轴信号盘时,依靠曲轴信号和凸轮轴信号都能算出转速。由于曲轴的信号更细致(每齿6°),因此一般就需要依托曲轴信号来计算转速,而凸轮轴信号只用于判别相位。但利用凸轮信号不仅可算出转速,还能确定相位。如果曲轴信号出现问题,可以只依靠凸轮轴信号控制柴油机实现"缓慢回家"的功能。由于这些原因,所以实际使用的转速变量也有若干个
A_ShaPeCr2	曲轴每转平均转速(根据曲轴信号算出)
A_ShaPeCa	曲轴每循环平均转速(根据凸轮轴信号算出)
A_CrankTeeth	当前的曲轴齿号
A_CrankCyc	曲轴信号周期。这是一个整型量,其单位是 A_T_Unit
A_CrankCycL	上次曲轴信号周期。在本次曲轴信号处理完后,这一变量与 A_CrankCyc 的值相同。但在下次进入曲轴中断服务程序后,A_CrankCyc 的值先被更新为新值,而 A_CrankCycL 还保持上次的值,可通过两者的比较完成某些判断,如缺齿的判断
A_CrankTime[120]	曲轴信号周期数组。用于记录每循环所有的脉冲周期,用于转速计算和更细致的控制。其单位是 A_T_Unit
A_CamTeeth	当前的凸轮轴齿号
A_CamCyc	凸轮轴信号周期。由于凸轮轴信号周期时间较长,因此可将其设为长整型量,其单位是 A_T_Unit
A_CamCycL	上次凸轮轴信号周期。在本次凸轮轴信号处理完后,这一变量与 A_CamCyc 的值相同。但在下次进入凸轮轴中断服务程序后,A_CamCe 的值先被更新为新值,而 A_CamCycL 还保持上次的值,可通过两者的比较完成某些判断,如多齿的判断
A_Cam_Time[4]	凸轮轴信号周期数组。长整型变量,其单位是 A_T_Unit
A_InjAdvance	供油提前角控制量。这里所说的供油提前角控制是从控制方面确定供油时机的参数。它的实际含义是在启动供油电磁阀的时刻,曲轴相位与压缩上止点位置的夹角,以上止点之前为正,上止点之后为负。但是要注意,它并不是燃油实际喷入气缸的时机。由于燃油压力的建立和传输都要一定时间,所以燃油实际喷入气缸的时机要晚一些,有一个滞后角度 φ。对于不同的燃油系统(如单体泵系统或共轨系统),这个 φ 值是不同的。即使是对于同一种燃油系统不同的工况,这个 φ 值也有不同。事实上,我们都是通过对 A_InjAdvance 这个量的调整来实际改变喷油提前角。为了工程应用方便,通常将供油提前角控制量称为供油提前角,只是应明确它不同于燃油实际进入气缸的角度
A_InjAdTime	供油提前时间。供油提前角对应的曲轴运行时间,对于相同的供油提前角,这个参数值随转速升高而减少
A_InjRadian	供油持续角。用角度表示的供油持续期
A_InjWidth	供油脉宽。用时间量表示的供油持续期,其单位是 μs,实际控制精度不会高于 A_T_Unit(在实例中是 3.2μs)
A_InjOilMo	每次供油量,单位是 mg A_InjRadian、A_InjWidth、A_InjOilMo 的控制用途都是用于控制柴油机每次供油量。燃油系统工作原理的不同,对变量的使用方式是不一样的。对于电控柱塞泵系统(电控单体泵、电控分配泵),每次有效供油量基本上与供油行程成正比。因此,主要是通过控制供油行程来调整每次供油量。而对于高压共轨供油系统,如果轨压不变,每循环有效供油量基本上与供油脉宽成正比。因此,主要是通过控制供油脉宽来调整每次供油量。但由于影响每次供油量的因素比较复杂,由前两个变量到第三个变量的定量关系常常可能受到燃油的温度、压力、黏度和密度等因素影响,故表现得与正比关系有一定的偏差。实际上常常只能通过供油系统的油泵台架试验获得控制动作与实际供油量的关系,再根据这种关系实现控制
A_GoalPre	用于共轨轨压控制时的目标轨压
A_Rail_PID_Array[]	共轨轨压控制时的工作数组
A_RailPreDr	共轨轨压控制时的驱动强度(占空比)
A_SliPosi	在使用电控分配泵时,用于表示油量控制滑套的目标位置值。它是个百分数
A_SPo_PID_Array[]	滑套位置控制时的工作数组
A_SliPosiDr	滑套位置控制时的驱动强度(占空比)
A_InjWidth_T	做过燃油温度修正后的供油脉宽

变量参数	变量含义及简要说明
A_Oil_T	燃油量温度修正系数
A_OilTeeth	供油齿号。当前齿号等于这一齿号时,会执行供油函数
A_Dtql	供油时间量。自齿中断时刻到供油低位开关打开
A_Dtq2	供油时间量。自低位开关打开到高位开关打开
A_Dtq3	供油时间量。自高位开关打开到高位开关关闭
A_Dtq4	供油时间量。自高位开关关闭到低位开关关闭

表 2-3 是一组用于高压共轨系统多次喷射控制用的变量。

表 2-3　用于高压共轨系统多次喷射控制用的变量

变量参数	变量含义及简要说明	变量参数	变量含义及简要说明
A_OS1	第 1 次喷射持续时间	A_0S5	第 5 次喷射持续时间
A_OS12	第 1 次喷射与第 2 次喷射间隔	A_JeTi	多次喷射次数
A_OS2	第 2 次喷射持续时间	A_JeMl	第 1 次喷射油量百分比
A_0S23	第 2 次喷射与第 3 次喷射间隔	A_JeM2	第 2 次喷射油量百分比
A_0S3	第 3 次喷射持续时间	A_JeM3	第 3 次喷射油量百分比
A_0S34	第 3 次喷射与第 4 次喷射间隔	A_JeM4	第 4 次喷射油量百分比
A_0S4	第 4 次喷射持续时间	A_JeM5	第 5 次喷射油量百分比
A_0S45	第 4 次喷射与第 5 次喷射间隔	—	—

表 2-4 是用于模拟量采样的变量。

表 2-4　用于模拟量采样的变量

变量参数	变量含义及简要说明	变量参数	变量含义及简要说明
A_MAPD	进气压力采样值数字量瞬态量[1]	A_Pedal_D	加速踏板传感器采样值数字量瞬态量
A_MAP_S	进气压力采样值对应电压瞬态量	A_Pedal_S	加速踏板传感器采样值对应电压瞬态量
A_MAP_SF	进气压力采样值对应电压整定值[2]	A_Pedal_SF	加速踏板传感器采样值对应的电压整定值
A_MAP	进气压力物理量值[3]	A_Pedal	加速踏板开度值
A_MAPar[6]	进气压力采样值滤波用数组	A_Pedalsi	加速踏板开关传感器采样值[4]
A_IAT_D	进气温度采样值的数字量瞬态量	A_Pedlar[6]	加速踏板采样值滤波用数组
A_IAT_S	进气温度采样值对应电压瞬态量	A_Fuel_D	燃油温度采样值的数字量瞬态量
A_IAT_SF	进气温度采样值对应电压整定值	A_Fuel_S	燃油温度采样值对应的电压瞬态量
A_IAT	进气温度物理量值	A_Fuel_SF	燃油温度采样值对应的电压整定值
A_IATar[6]	进气温度采样值滤波用数组	A_Fuel	燃油温度物理量值
A_CWT_D	冷却液温度采样值数字量瞬态量	A_Fueltar[6]	燃油温度采样值滤波用数组
A_CWT_S	冷却液温度采样值对应电压瞬态量	A_Rail_D	轨压传感器采样值的数字量瞬态量
A_CWT_SF	冷却液温度采样值对应电压整定值	A_Rail_S	轨压传感器采样值对应的电压瞬态量
A_CWT	冷却液温度的物理量值	A_RailP_SF	轨压传感器采样值对应的电压整定值
A_CWTar[6]	冷却液温度采样值滤波用数组	A_RailP	轨压的物理量值
—	—	A_RailCar[6]	轨压采样值滤波用数组

[1] 所谓瞬态量是针对每次采样所获得的即时值,由于这一值可能由于外部干扰等原因产生临时的误差,因此需要对其做滤波处理后才能用于实际控制。对于其他模拟量输入时的瞬态量,也是同样含义。

[2] 即对于瞬态量通过滤波获得的结果值。整定值才是用于物理量计算的值。

[3] 进气压力采样值来自进气压力传感器,这类传感器一般是在电路上控制输入电压在 0~5V 的范围,而通过一个 10 位模数转换器,转换为 0~1023 的数字量。但对于具体的物理量传感器,除了断路或短路,输入值不会很极端,一般在 50~950 之间。进气压力采样值通过一个换算表来实现与进气压力值之间的换算,控制过程一般直接使用进气压力值来实现。针对不同的进气压力传感器,只要更新这一换算表,就可以实现控制程度的通用。对于其他的物理量传感器,如轨压、气温等,情况和方法都是类似的。

[4] 当加速踏板有动作时为 1,无动作时为 0。但有的加速踏板部件无这一信号,而将加速踏板传感器采样低于一定值(如 150)时认为加速踏板无动作。

表 2-5 所列的全局变量只是对于电控分配泵系统才有用，用于处理油量调节滑套位置传感器的数据。

表 2-5　处理分配泵滑套位置传感器参数

变量参数	变量含义及简要说明
A_Posi_D	滑套位置传感器采样值对应的数字量瞬态量
A_Posi_S	滑套位置传感器采样值对应的电压瞬态量
A_Posi_SF	滑套位置传感器采样值对应的电压整定值
A_Posi	滑套位置的百分比量值
A_Posiar[6]	滑套位置采样值滤波用数组

表 2-6 是 4 组（？表示 1～4）可用于扩展使用的模拟量输入变量组。这 4 组变量可以在对模拟量项目做扩展时使用。

表 2-6　用于扩展的模拟量输入变量组

变量参数	变量含义及简要说明
A_In?_D	采样值对应的数字量瞬态量
A_In?_S	采样值对应的电压瞬态量
A_In?_SF	采样值对应的电压整定值
A_In?ar[6]	采样值滤波用数组

表 2-7 是用于开关量采样的变量。

表 2-7　用于开关量采样的变量

变量参数	变量含义及简要说明
A_Swit1F～A_Swit7F	8 个开关量输入口的采样值瞬态量，是逻辑变量。可取值 0 与非 0，代表两个逻辑值
A_Swit1～A_Swi7	8 个开关量输入口的采样值的整定值。开关量瞬态量由于机械开关颤动的原因，可能在输入时产生误差。必须进行消颤处理，以获得整定值
A_Swit1_c～A_Swit7_c	8 个开关量输入处理时用的计数变量

表 2-8 是一些常用的控制变量。

表 2-8　一些常用的控制变量

变量参数	变量含义及简要说明
A_InjEnable	供油使能标记。当该标记为 0 时，会禁止供油动作，而该标记为 1 时，可以实现供油。因此这一变量可以简单地用来阻断供油
A_NoRotTi	无转速计时量。当转速为 0 时，用这一计时量计时，当其值大于设定值时，会按停机动作，将控制量完全初始化，为再次启动做准备。这是对于意外停机的一种处理方式
A_CrankStop	曲轴转动测试变量。这一变量可在曲轴中断服务过程中被置 0。而在其他进程中，可以利用它对曲轴是否转动做测试
A_CamStop	凸轮轴转动测试变量。这一变量可在凸轮轴中断服务过程中被置 0。而在其他进程中，可以利用它对曲轴是否转动做测试
A_WorkMo	喷油工作方式标记。当该标记为 0 时表示依托曲轴信号确定供油相位，为 1 时依托凸轮轴确定供油相位。正常运行总是依托曲轴信号来实现对供油相位的判定，这样做是由于曲轴信号盘上有 60 个基本齿，齿间距角为 6°。因此，依托曲轴信号确定相位，定位精度较高。如果依托凸轮轴信号来确定相位，则由于凸轮轴齿不可能设置较大的信号盘，因此信号齿较少，齿间距角也较大。例如，EDBM 中凸轮信号齿只有 4 个基本齿和 1 个多齿。基本齿的间距角对应 180°的曲轴转角，这对于供油相位的精确定位有较大影响。因此，一般是在曲轴传感器发生故障时才启用"依托凸轮轴信号确定供油相位"的功能，只是为了实现所谓"跛行"或"缓慢回家"控制

变量参数	变量含义及简要说明
A_Hour	计时时间量，小时
A_Minute	计时时间量，分钟
A_Second	计时时间量，秒
A_Cyclinder	停止运行气缸号。A_Cyclinder 是用于作停缸控制的变量，如果 A_Cyclinder 为 0，则所有气缸正常工作；当 A_Cyclinder 为某一气缸号时，对应气缸停止供油。这种控制可在电控单体泵和共轨系统中有效
A_HiSS	启动成功转速
A_HiSt	启动成功判定时启动成功转速检测连续通过次数
A_PaTist	实际检测启动成功转速通过次数
A_OilSpe	最小供油转速
A_Start	开始启动转速。由停止工况转向启动工况的转速
A_LowSt	最低启动转速。由启动工况转回停止工况的转速
A_IdGoS	当前急速目标转速
A_IdKe	急速工况保持标记。急速工况处理结束时被置位，退出急速工况时被复位。该变量用于判断本次急速处理是否为由外工况进入急速的第一次处理，以获得初始油量值
A_Idle_PID_Array[]	急速 PID 控制时所用到的数组变量
A_LtSp	最低运行转速。由急速工况和常规工况转向停止工况的转速
A_NeSp	额定转速。正常工作时的最大转速
A_LimS	限速转速。由常规工况转向限速工况的转速
A_OverS	超速转速。由限速工况转向超速工况的转速
A_RaPr_Time	共轨系统轨压 PID 控制时间量
A_SlPo_Time	分配泵滑套 PID 控制时间量
A_Idle_Time	急速运行 PID 控制时间量
A_RP_Flag	轨压修订标记。当其为 0 时，按照查找轨压脉谱 RailPre 的方式确定目标轨压；而当其为 1 时，按照上位机标定的方式确定目标轨压
A_IOM_Flag	每次供油量修订标记。当其为 0 时，按照查找油量脉谱的方式确定每次供油量；而当其为 1 时，按照上位机标定的方式确定每次供油量
A_IA_Flag	供油提前角修订标记。当其为 0 时，按照查找供油提前角脉谱 OilAngle 的方式确定供油提前角；而当其为 1 时，按照上位机标定的方式确定供油提前角

③ 结构参数变量。结构参数是指对于曲轴与凸轮轴传动关系相位的不同位置关系。在电控柴油机中，这种位置关系既与燃油泵的安装位置有关，也与传感器的安装位置有关。

注意：这里介绍的结构参数内容只涉及电控共轨系统和电控单体泵系统。而对于电控分配泵系统，没有这样的结构特征，控制过程的相关要素有些不同。

在结构安装完毕后，这两种传感器输入的信号相对于曲轴相位的关系就确定了。如图 2-12 所示。在这一实例中，图中反映的是一个柴油机工作循环内的曲轴信号与凸轮轴信号的关系，上边是曲轴信号，下边是凸轮轴信号。曲轴信号重复了两次（两圈），对应着一圈凸轮轴信号。

从曲轴信号左侧第一个缺齿处开始曲轴齿计数，缺齿后第一齿定为 0 号齿，向右顺序编为 1、2……缺齿也要进入齿计数，直到第一缺齿处最后一个缺齿编为 119 号齿。TDC 对应

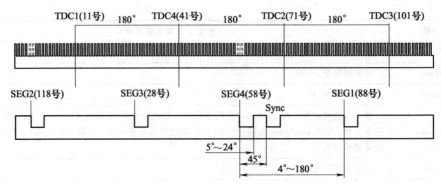

图 2-12　曲轴和凸轮轴信号图

气缸压缩上止点位置。例如：在上例中，当曲轴传感器接收到第 11 号齿的信号（下降沿）时，曲轴的位置位于第 1 缸上止点。

在对凸轮轴齿计数时，将多齿后第一齿定为 1 号齿，顺序编为 2～4 号齿，对于 4＋1 凸轮齿结构，只有 4 个有效齿。在图 2-12 中，我们设定 ECU 捕获的都是下降沿信号。要确定柴油机工作相位，有两个结构角度需要确定。一是当曲轴处在第一缸上止点时，曲轴传感器对应的齿位置。也可以说第一缸上止点对应的齿位置。二是凸轮轴第一齿对应的曲轴传感器的齿位置。这就有了 A_DePoI、A_DeCam 这两个变量，都用整齿号表达，见表 2-9。

表 2-9　结构参数变量

变量参数	变量含义及简要说明
A_DePoI	第 1 缸上止点对应的齿位置[①]
A_DeCam	凸轮轴第 1 齿对应曲轴齿位置[①]
A_TDCAngle	凸轮主齿信号下降沿与下一工作气缸上止点所夹的曲轴转角。在本书实例中，这一角度为 78°（13 个齿）
A_FireSeq[]	柴油机发火顺序。这是一个数组，用于表达气缸发火顺序。例如当控制对象是 4 缸机时，数组定义为：int A_FireSeq[5] 在本书的实例 EDBM 中，4 缸机的发火顺序为 1→4→2→3→1，用 A_FireSeaq[] 表达为： A_FireSeq[1]＝4、A_FireSeq[4]＝2、A_FireSeq[3]＝1、A_FireSeq[2]＝3 即数组元素的标号对应气缸号，变量值对应下一发火气缸号
A_iMax	最大气缸号。对于 4 缸机，A_iMax 应为 4
A_iR	当前气缸号。某缸达到压缩行程中间位置时，A_iR 获得该缸缸号。此后该变量值可作为下一供油缸号
A_TDC[]	上止点齿号。数组元素 1～A_iMax 对应表示 1～A_iMax 气缸的上止点齿号。在处理柴油机结构时应保证上止点能够对应整齿号

① 在图 2-12 中可看出第一缸上止点对应的齿号是 11；而凸轮轴第一齿对应曲轴齿号是 88。上止点和凸轮轴第一齿位置都正对着曲轴齿的下降沿。这使对这两个位置的描述得到了简化（用整齿号即可）。在实际设计结构时，也确实应该尽量做到这一点。如果难以做到，则这两个变量就无法用整齿表达，会给后续的处理造成一点麻烦。通过以上介绍也可以看出，A_DePoI 描述了曲轴传感器与第一缸上止点的相对相位，A_DeCam 描述了凸轮传感器与曲轴传感器的相对相位。

（4）控制软件所需要的基础软件资源

要完成对本章实例中电控柴油机基础模型 EDBM 工作的控制，就需要 ECU 基础软件部分提供一些对硬件操作的基本功能和可用资源。这些功能和资源用于完成对电控系统硬件的直接操作，与硬件有直接联系。ECU 系统都应能够提供类似的基础软件功能和资源。例如：

对于后文介绍的功能函数,在实际上任何一种 ECU 系统中都有类似的功能资源,但是这些功能不一定都对用户开放。作为柴油机控制软件开发人员,可以直接使用这些功能完成设计而不必关心这些基础软件功能的具体实现过程。相关基础软件资源见表 2-10。

表 2-10　控制软件的基础软件资源

序号	基础软件资源	叙述或说明
1	实时中断功能 (real time interrupt, RTI)	其实大多数自动控制系统都有这样一个功能模块。在我们的实例中,基础软件中有一个 RTI 模块。系统每隔 $256\mu s$ 产生一次中断,中断时程序运行转向 RTI 服务程序执行。RTI 模块既要为系统提供服务,也是控制层的应用资源
2	曲轴中断功能 (crank shaft interrupt, CSI)	基础软件中配置的基本功能之一,它能够响应曲轴转角传感器的下降沿信号产生中断响应,完成对应的处理功能。曲轴中断功能主要是要获得两次中断的时间间隔,并完成齿计数。但由于柴油机主要正时控制都与柴油机相角位置有关,而曲轴中断反映了柴油机齿位置的变化。因此,与相位有关的控制(主要是供油控制计算)任务也常在曲轴中断功能中激活
3	凸轮轴中断功能 (cam interrupt, CI)	基础软件中配置的基本功能之一,它能够响应凸轮轴转角传感器的下降沿信号产生中断响应,完成对应的处理功能。凸轮轴中断功能主要是要获得两次中断的时间间隔,并完成齿计数。凸轮轴中断功能的特殊问题之一是由于中断时间间隔较大,可能会产生自由计时计数器的溢出,必须有针对性的处理方式。由于要考虑在曲轴信号传感器有故障时能够仅依靠凸轮轴信号实现"跛行回家",因此,在凸轮轴中断处理中要考虑与曲轴信号处理中的类似问题(如按一定条件启动供油任务)
4	供油驱动功能(oil supply drive, OSD)	对于驱动电控柴油机的单体泵和共轨系统,都毫无例外地需要较大电流的驱动功能。实现这一功能的方法在不同的 ECU 系统有不同的方式。在这一技术方案中,利用专门的比较输出(compare output, OC)通道实现供油过程。按本技术方案,供油输出由 4 个驱动函数来实现,函数名为 Oil_Supply1()～Oil_Supply4(),每个函数用于完成一个气缸的供油控制。实际通过使用供油中断来完成供油的过程被包装在供油函数内部。供油函数是作为 ECU 底层资源提供的 对于具有多次喷射功能的高压共轨系统,还可使用多次喷射驱动函数:Oil_Mul_Supply1()～Oil_Mul_Supply4()。这一函数需要较多控制参数
5	任务服务功能 (task server, TS)	任务服务功能可将基础层和控制层的所有任务统一进行管理。前面说过,所谓任务是指一段独立的程序,这段程序是否被执行取决于它的标记变量的状态。当这一标记变量为 0 时,它处在休眠状态,不会被执行;而当标记变量为 1 时,这段程序将被执行。对任务的执行控制是由 TS() 函数实现的,TS() 函数处在程序主循环中重复执行。TS() 函数完成建立任务队列、对任务优先级排序、顺序执行队列中的任务并将执行过的任务的标记变量置为 0 的整个过程,实现对执行任务的需求 对于具体的控制系统,必须将可能发生的各项任务做出编号,并设置对应的控制项变量。在 EDBM 模型中,我们将 01～19 号任务编号留给系统本身使用。系统外控制层任务的编号范围可以是 20～99
6	模拟量输入任务组 (analogue input task, AIT)	在 EDBM_ECU 中,有多个模拟信号量需要输入,即进气温度、进气压力、燃油温度、冷却液温度、油轨压力、滑套位置和加速踏板等。在模拟量输入任务中,对模拟信号量做采样,获得采样值。但由于信号的不稳定性和干扰造成的影响,这些信号中有一些随机的误差,需要通过滤波处理获得较可靠的输出信号。通过滤波可以获得各模拟量的当前值,供实际控制过程使用 实际控制中由于各种模拟量对于控制变化的反应速度不同,需要的采样频率也不同。如燃油温度、冷却液温度变化得较为缓慢,而进气温度、进气压力等随工况变化速度可能较快。因此,有时需要对不同的模拟量采样任务设定不同的采样时间间隔。在 EDBM_ECU 中,可有如下模拟量采样任务 AIT_MAP——进气压力采样任务;AIT_IAT——进气温度采样任务 AIT_CWT——冷却液温度采样任务 AIT_Pedal——加速踏板采样任务

序号	基础软件资源	叙述或说明
6	模拟量输入任务组（analogue input task，AIT）	AIT_Fuel——燃油温度采样任务 …… 对于电控单体泵和电控分配泵，由于燃油温度对供油压力重建影响较大，需要有一定的补偿，因此需要对燃油温度做测试；而对于电控高压共轨系统，燃油温度的影响可以不考虑，但轨压影响较大，因此必须对油轨压力做采样并引入控制
7	开关量输入任务（switch input task，SIT）	在电控柴油机基础模型 EDBM_ECU 中，设定 8 个开关量输入口。柴油机自身并没有设置明确的开关量输入任务，但实际上，开关量总是需要的。例如对于点火开关信号（属于电源的范围）的处理，这一开关信号如果处在关闭(0)状态，则柴油机会停止运行 开关量输入任务的功能是：采集开关量的当前值，并对可能有硬件开关振颤的情况做消颤处理，获得开关量的当前整定值 在 EDBM_ECU 基础软件中，对应每个开关量输入口，可设置相应的输入任务。这些任务用 SIT_Sl～SIT_S8 表示
8	PWM 输出函数 PWM_OUT	在 EDBM_ECU 基础软件中，设置了 4 个 PWM 输出函数 PWM_OUT?，? 可为 1～4。这 4 个函数可用于对 4 个确定的 PWM 输出口做设置，改变输出口的状态，实现对受控电器的驱动。这 4 个 PWM 输出函数的声明为 void PWM_OUT?（int SPS）；//PWM 输出底层函数。? 可为 1～4，分别代表 4 个 PWM 输出函数声明中，形参 SPS 是一百分数值，表示 PWM 输出的占空比
9	开关输出函数（Switch_OUT?）	在 EDBM_ECU 基础软件中，设置了 8 个开关控制输出函数 PWM_OUT?。这里? 可为 1～8。这 8 个函数可用于对 8 个确定的开关输出口做设置，改变输出口的状态，实现对受控电器的驱动。这 8 个开关输出函数的声明为 Void_Switch_OUT?（char Swi）；//开关输出底层函数。? 可为 1～8，分别代表 8 个开关输出函数。声明中，形参 Swi 是逻辑量，表示开关输出状态。这一组函数执行后会影响一组全局变量 A_Swi_Cond?，它们对应表达 8 路开关输出的状态，当其值为 0 时，表示开关关闭，其值为 1 时表示开关打开
10	信号灯输出辅助函数（ErLi）	用于协调控制 ECU 信号灯的函数。它的声明为 void ErLiAsi()；用于基础层对信号灯变量 A_Erli 的控制 void ErLiAsi_Sub()；用于控制层对信号灯变量 A_Erli 的控制 这一函数只是给出信号灯变量 A_ErLi 的值。而根据 A_ErLi 的值对信号灯的控制由底层自动完成
11	Sys_Flash_Write 函数	用于完成将一个字节数据写入 Flash 存储器指定位置 声明：char Sys_Flash_Write(int Add，char Data)；//在基础软件层声明 返回量：字符型。返回量为 0 时，表示写入成功；否则为写入失败 参数：Add 是一个 16 位地址，是基于一个安排好的数据区地址 $A 的偏移量。Data 是个字符型数据，当希望写入 Flash 的数据不是字符量时，可先将这些数据转为字符量再调用 Sys_Flash_ Write 写入 Flash 功能：将数据 Data 写入地址为 $A＋Add 的 Flash 单元
12	Sys_Flash_Read 函数	用于从指定的 Fash 地址读出一个字节数据 声明：char Sys_Flash_Read(int Add)；//在基础软件层声明 返回量：字符型。表示读出的数据 参数：Add 是一个 16 位地址，是基于一个安排好的数据区地址 $A 的偏移量。返回量是一个字符型数据 功能：从地址为 $A＋Add 的 Flash 单元中读出数据并作为返回参数可赋给其他变量。在本书实例中这两个函数将在"持续运行计时"中得到应用。但它们的实际用途还有很多。例如在 ECU 脉谱标定时，将新脉谱写入原数据区

（5）控制软件的功能函数

在基础软件资源的支持下，控制软件部分可以获得对硬件的操作能力。控制软件必须利用这些能力实现对柴油机的控制，这才是 ECU 控制软件部分的任务，也是作为柴油机专业人员的目标。下面列出控制软件需要实现的一些功能，其中有的功能是根据实际需求可选择的。详见表 2-11。

表 2-11　控制软件的功能函数

序号	功能函数	叙述或说明
1	外部输入量采样和整定	对于外部输入的传感器信号，必须对其可靠性做一些考察。对于模拟量，要通过软件滤波方式，去除一些偶然干扰对采样数据造成的影响，使采样结果稳定可靠；对于开关量，主要采用延迟再采样的方式，消除开关簧片振动的影响
2	将模拟量采样值换算为对应物理量	通过模拟量采样获得的各模拟量当前值只是"采样值"。对于 10 位的模数转换器而言，只是一个 0～1023 之间的数值量。对于具体的传感器，这一数值量与其测量的物理量的某值相对应。例如：对于确定的温度传感器，其某一采样值对应着一个实际温度。但是对于用于同一用途不同型号的温度传感器，同一采样值对应的实际温度不同。这就要求建立采样值与实际物理量的转换表（脉谱），并在模拟量采样获得采样值后，通过查表换算，获得实际的物理量。控制过程使用的是这些实际物理量的值。这样做在实际工程中是最有利的：当需要有另一种传感器部件更换原部件时，只要将新的传感器脉谱替换原脉谱即可，所有的程序部分都不需要修改 对于模拟量处理获得的实测物理量，一般要保留一定的小数精度。实际程序中常用整型量的方式表达，这样可在程序中主要通过整数处理来实现。例如：将 30.2℃ 表达为 302（0.1℃）
3	供油参数更新任务（oil supply task，OST）	对于供油参数的控制，主要表现为确定当前每次供油量（A_InjOilMo）和供油提前角（A_InjAdvance）。这与传统柴油机是相似的。对于共轨系统，如果要实现多次喷射，还有更复杂的控制参数 对于不同的柴油机运行工况（转速和转矩）和操作要求（加速踏板位置），柴油机每次供油量不同；在同样的每次供油量条件下，获得理想燃烧效果的最佳供油提前角也不同。因此，要在每次喷油之前，确定本次供油的实际供油量和供油提前角，进而确定实际开始供油和结束供油的时刻，用于控制实际供油过程。一般的做法是：在两次供油时刻之间，启动执行下一次供油的参数计算更新任务
4	工况模式处理任务（condition mode process task，CMPT）	这是实现柴油机控制的核心任务，柴油机针对不同工作状态的控制策略将主要在这一任务中得到体现，因此，也称为工况控制。工况模式处理任务的主要功能是 ①按柴油机当前工况模式进入对应的子任务 ②在子任务中，对当前工况做出判断。如果工况条件已经属于另一工况模式，则对工况模式做出修改，转回①；否则进入下一步 ③按照本工况既定的策略，实现当前操作条件（加速踏板开度）、运行条件（转速）、环境条件（进气温度、进气压力、冷却液温度等）、负荷条件（外负荷）下对供油要素的确定，主要是要确定每次供油量和起始供油相位（供油提前角）。对于有的供油系统，还有更为复杂的控制参数。例如：对于高压共轨供油系统的多次喷射控制，可以分别设定预喷射、主喷射和后喷射的时机和供油量。供油参数确定后，在下一次执行工况模式处理任务之前供油参数将保持在本次确定的值。但是，如果在柴油机转速控制上采用了 PID 方式，工况模式处理任务中并不直接确定其供油参数，而只是先确定目标转速，然后由 RTI 功能调用转速 PID 控制任务确定供油参数 工况模式处理任务 CMPT 执行的时间间隔，有采用定时间隔和定位间隔两种方式。定时间隔方式采用固定两次执行 CMPT 任务之间时间间隔的方法，例如：每 40ms 执行一次；而定位执行方式采用固定两次执行 CMPT 任务之间曲轴转角的方法。例如：每隔若干个柴油机工作循环执行一次。从柴油机控制逻辑方面来讲，定位执行方式更为合适。具体使用时，也可以结合两种方式来执行 CMPT

序号	功能函数	叙述或说明
5	转速 PID 控制任务	PID 的含义是比例-积分-微分,PID 控制方式是一种反馈控制。用 PID 方式控制柴油机转速时,其基本的精神是针对一个柴油机目标转速,通过对当前柴油机转速的测量,获得当前转速与目标转速之差变化的比例量、微分量和积分量,再根据这些量值计算出对于供油量的修正量。重复以上过程使转速维持在目标转速附近 在电控柴油机控制程序中,PID 控制是一种重要的控制方式。对于应用在道路车辆上的柴油机,在柴油机启动后,对加速踏板还没有任何操作动作时,柴油机要维持稳定的急速运行。按照工作性能要求,柴油机急速时仍可能会有一些额外载荷。例如:可能在柴油机急速时将车内的空调机打开;也可能在不操作调整加速踏板的情况下开动车辆等 在这种情况下,一般在急速时采用 PID 控制的方式自动调整柴油机的每次供油量,使之能够实现转速的基本稳定。而对于有的工程车辆,则是采用全程 PID 控制方式进行控制,即希望调整转速时,先调整目标转速值,由 PID 功能控制供油量调整,使柴油机转速逐渐达到目标转速 转速 PID 控制任务是实现 PID 控制的功能函数。当 PID 控制启动后,每隔一个较短的时间间隔执行一次 PID 控制调整。每执行一次会对当前的每次供油量做一次调整,调整的结果会使柴油机转速更接近目标转速
6	PWM 输出驱动函数	通过 PWM 输出的方式驱动一些设备。这些设备的工作效果依赖于其驱动电源的有效电压。最典型的例子如 EGR 阀,同类驱动的设备还有许多
7	开关输出驱动函数	可以作开关输出,直接控制电器或通过继电器控制电气开关。这种功能除了用于柴油机外围设备控制外,还主要用于以电控柴油为动力的车辆和其他设备的一体化控制。这种控制具有日益广泛和深入的使用需求
8	脉谱查找函数	所谓脉谱是一种数据表,在柴油机控制中用得很多。常用的脉谱有一维和二维两种。数据表中可以根据一定的纵、横坐标值查出对应的数据。对于数据表两节点之间的坐标值,则采用线性插值的方式获得查表值。脉谱服务的作用是通过给定的脉谱坐标值调用查找函数,返回查表值。但为了实现这一功能,需要对脉谱的结构定义方式和存储方式做一些特殊的设定。这里先给出它的函数声明 int LookUp_Map(int * Map_Name,int X_Para,int Y_Para); 函数中的三个形式参数的意义分别为 Map_Name——脉谱数组名称,用于确定查找的脉谱对象 X_Para——要查找数据的横坐标值 Y_Para——要查找数据的纵坐标值。对于一维脉谱,这一参数无意义

9	脉谱查找子函数	LookUp_Map 会根据需要调用两个函数,LookUp_Map_Subl 用于查找一维脉谱,LookUp_Map_Sub2 用于查找二维脉谱。两个函数的声明分别为:
		int LookUp_Map_Subl(int * Map_Name,int X_Para,unsigned int X_Num);
		int LookUp_Map_Sub2(int * Map_Name,int X_Para, int Y_Para,unsigned int X_Num,unsigned int Y_Num);

10	模拟量输入滤波函数	int AIT_Filter(int A_Arrary[],int NewData);这一函数有两个参数,前一个是用于滤波的数组变量,后一个用于传递本次新获得的采样值
11	PWM 输出口的 PD 控制函数	void PWM_OUT1_PID(int Open_Scale);这一函数在后面实例中用于控制 EGR 阀的开度,函数的参数为 EGR 阀开度的目标值
12	供油参数计算函数	void OilAngle();供油角参数计算函数,用于计算与供油控制相关的控制参数,在每次供油前执行这一函数,满足供油过程中实时控制的需求
13	失火检测函数	void MisFire();这一函数在后面实例中用于对发生失火的气缸做出检测判断,并通过信号灯输出结果

(6) 控制软件的程序结构

在实例中,需要设置用于指导程序设计的基本程序结构。为了便于控制软件的设计人员实现设计制作,为这种设计工作提供技术支持的开发系统一般都提供基本的程序结构框架。

在这一框架中既包括基础软件部分，也为控制软件确定了设计结构。下面采用虚拟的 ED-BM _ ECU 作为开发平台，同时为控制软件开发提供了简明的框架。EDBM _ ECU 的控制软件程序模块详见 2-12。

表 2-12　控制软件的程序结构

序号	程序模块	叙述或说明
1	EDBM_ECU_Base_declare. h	这一模块是基础软件中的函数和全局变量说明
2	EDBM_ECU_Control_Comm_declare. h	这是基础软件为实现 ECU 与上位机的通信而设置的模块，它包含了基础软件提供的与上位机通信的宏定义。用户也可以利用它的结构，来设定控制层软件需要与上位机通信的全局变量的相关宏定义
3	EDBM_ECU_Control_Map_Declare. h	这是基础软件为实现用户脉谱标定而设置的模块，它包含了用户设定的所有脉谱数据
4	EDBM_ECU_Control_Function_Declare. h	这是为控制软件中的函数说明准备的模块，用于添加控制软件中的函数定义
5	EDBM_ECU_Control_Variable_Declare. h	这是为控制软件中的全局变量说明准备的模块，用于添加控制软件中的全局变量定义
6	EDBM_ECU_Control_Function. c	这一模块用于容纳控制软件中函数，可称为控制功能模块。用户也可根据这一模块的结构，增加新的控制功能模块

（7）上电和关电

ECU 上电即给电控系统接通电源控制开关；关电则是指断开这一控制开关。这种操作其实并不是直接对为 ECU 供电的电源进行，而是操作控制回路打开或关断主回路。这就可以使对 ECU 的实际供电用一些较复杂的逻辑来控制。例如：在加电时，系统会在完成了一些必要的初始化操作后再对主回路接通电源；而在关电时，系统不会立即关掉主回路的电源，而是在完成一些必要的后处理后再真正关闭电源。

可以理解为：在上电时，系统要先执行系统主函数 main（）；而在关电时，则要先执行一个系统关电函数 Sys _ Off（）。这两个函数都属于基础软件，但它们都为控制层留了"接口"。例如对于 main（）函数，在该函数的语句中有一函数执行语句：

```
main_Sub ( );        //执行 main_Sub ( ) 函数
```

这一函数虽然是在基础软件函数 main（）中调用的，却是给控制层使用的。这一函数在 EDBM _ ECU _ Control _ Function. c 中定义：

```
void main_Sub ( )
{              //在此加入控制层需要在初始化时完成的语句;
  }
```

对于 Sys _ Off（），也对应一个 Sys _ Off _ Sub（）函数。

这样，当加电后执行 main（）函数时，控制层的初始化功能也得以实现。关电时的情况也相似：Sys _ Off _ Sub（）函数供用户加入自己的控制层代码，在关电时先执行完成这些代码才会最后关闭电源。

2.3.2　电控系统的中断服务体系

ECU 的中断服务功能是为了满足一些需要及时响应的控制需求。中断有外部中断和内部中断两类。外部中断一般是由某些输入线上电平的突变引发的，而内部中断则是由 ECU 微处理器内产生的某类条件引发的。对于外部中断而言，ECU 的某些输入线具有这样的功能：当输入线上的电平发生突变，就会引发对应的中断。

引发中断的可以是电平的上升沿，也可以是下降沿，或者是上升沿与下降沿都引发中断。这就是前面提到的单片机输入捕获（input capture，IC）功能。一般的单片机都有若干个具有 IC 功能的输入口线，通过 ECU 的接口与外部器件连接。在 ECU 基础软件系统初始化过程中，可以对输入捕获功能做出设置。例如可以设置成上升沿触发、下降沿触发，或者是上升沿与下降沿都触发。

中断触发后，程序会暂停当前的程序执行，转移到与中断对应的服务程序继续运行。在中断服务程序中，完成该中断功能对应的工作任务。一般中断服务程序不宜过长，不能影响下一个同类中断信号的接收。在计算机原理课程中有对中断管理的较详细阐述，这里不再详细说明。由于目前我们用于柴油机控制的单片机的处理功能都很强，所以只要注意别将太多的工作放在中断服务执行，一般就不会引起对下一中断执行的屏蔽。

（1）曲轴信号中断

曲轴信号是曲轴上的信号轮轮齿与曲轴信号传感器相对运动而产生的，它与凸轮轴的信号有固定的相位关系，如图 2-12 所示。这里假设单片机自由运行计数器设置的时间常数 C_t 是 $3.2\mu s$。

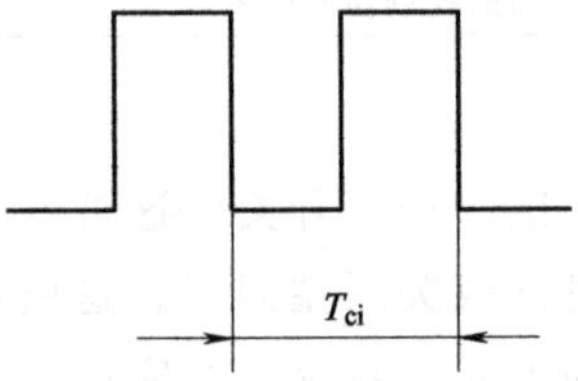

图 2-13　曲轴信号周期

在初始化时，设定捕获的是曲轴信号的下降沿，如图 2-13 所示。在这种情况下，曲轴中断服务程序会给出本次中断与上次中断的时间间隔量 T_{ci}。根据这一间隔量可以算出曲轴转过一个齿的时间，进而算出曲轴转速 n。

例如：如果这一间隔量为 200，则单齿（占据 $6°$ 曲轴转角）的转动耗时为：

$$S = 200 \times 3.2 = 640 \ (\mu s)$$

曲轴转速为：

$$n = (6/640) \times 10^6 \times (60/360) = 1562.5 (r/min)$$

曲轴中断是柴油机电控中最重要的组成要素之一。它不仅用于计算转速，而且用于较精确的相位定位控制，这种相位的控制基于对信号轮齿本身的计数。针对 $60-2$ 的信号齿轮对齿的计数可以达到 $6°$ 的齿轮转角精度，更高的转角控制精度可以在此基础上通过时间量的控制来实现。

对 T_{ci} 值的动态采样和处理，可以离散化地计算曲轴的运动规律。由于曲轴齿较密，每转有 60 个齿位，因此能够比较连续地反映曲轴运行规律的变化。常用 T_{ci0} 信号的连续采样计算出曲轴的每转平均转速、每循环平均转速、每缸平均转速、齿的瞬时转速、齿的角加速度及在一段转角间的平均角加速度等。这些数据对于柴油机控制是最根本的依据，只有保证这些数据的准确，才能谈得上控制实施的正确。

对于曲轴信号的处理源于对单片机内自由运行计数器的计数。例如：当经历某次曲轴中断时自由运行计数器中的值 T_{ci} 是 300，而下次曲轴中断时 T_{ci} 的值是 500，则两次间差值即为 200。这就是两次中断间的时间间隔量。

这里要注意一个问题，就是所谓计数器的"溢出"问题。例如：如果是 16 位的计数器，则其能够表达的最大值是 65535，即 16 位全为 2 进制的 1。达到此数后，计数器会回到全 0 状态再开始按时间递增，依此循环。由此可以区分三种情况：

① 前后两次中断落入同一次计数循环过程中。这种情况，其两次中断的间隔自然是后次减前一次。

② 后一次中断落入下一次计数循环过程中，且计数值小于第一次中断的计数值。这种情况，由于后一次的值减前一次的值时发生借位，本位减法的结果小于计数器的最大值，因此结果仍是正确的。例如：第一次计数是65530，第二次是194。则时间间隔为：

$$65536+194-65530=200$$

③ 后一次中断落入下一次计数循环过程中，且计数值大于第一次中断的计数值。后一次中断时刻符合这种情况或再靠后，都无法通过简单的本位减法求得正确的时间间隔。这是因为两次中断时间间隔大于计数器的本位最大计数能力，这就是所谓的"溢出"现象。在这种情况下，为计算两次中断时间间隔必须考虑两次中断间经历的"溢出"次数。

以时间常数 C_t 是 $3.2\mu s$ 为例，上述的16位自由运行计数器的最大计时量为：

$$65536\times3.2=209715.2(\mu s)\approx0.21s$$

而对于曲轴脉冲信号，即使是在较慢的10r/min的转速下，脉冲周期仍有0.1s的较低值，即两次脉冲间隔不会超过16位自由运行计数器的最大计时量，所以几乎不需要在处理曲轴信号时考虑溢出问题。但是要注意到这一问题的存在，对于特殊情况下这一问题可能造成的影响要有必要的认识，避免发生意外。

（2）凸轮轴信号中断

凸轮轴信号在形式上与曲轴信号较为相似，也是通过对脉冲信号跳变沿采样的方式获得相邻信号沿的时间差值，并由此进行进一步的利用。凸轮轴信号轮在不同的电控发动机上有几种不同的结构形式：有的在一周内只能提供一个脉冲，这种结构形式只能使凸轮轴信号起到辅助确定曲轴相位的作用；较常用的倒是我们在EDBM中设定的图2-12中这种4+1型，它不仅能起到辅助确定曲轴相位的作用，也能通过它的信号完成柴油机转速的计算，并达到一定的精度。这种利用凸轮轴信号完成转速计算的方式，主要能够在两种情况下有用。一种情况是针对电控单体泵的泵台试验，由于这时根本没有曲轴信号，只能靠凸轮轴信号来确定转速和相位；另一种情况是针对柴油机车辆在行驶时曲轴信号传感器的失效，此时要依靠凸轮轴信号维持使车辆实现"缓慢回家"的功能。

对于利用凸轮轴信号齿做转速计算的这种情况，前面提到的计数器溢出问题会影响到计算过程。EDBM中设定的凸轮轴是4+1齿的。考虑4个齿产生的脉冲间隔时间，当柴油机转速为60r/min时，凸轮轴的转速为30r/min，即齿速为120齿/min，即2齿/s。齿与齿间隔约为500ms，这大大超过了16位自由运行计数器的最大计时量0.21s，产生了溢出。因此，处理用凸轮轴信号齿做转速计算问题时，除了使用A_FTV变量之外，还必须利用A_FTVO。这两者联合使用可以表达更长的时间周期，满足凸轮轴信号齿做转速计算的需求。

（3）供油输出驱动的中断控制

对于供油输出驱动中断的设置有不同的实现方式。此处介绍的是一种较典型的处理方式。针对实际受控环境，无论是针对电控单体泵的供油驱动还是共轨系统的喷射驱动，都可以认为是同一种大功率的电驱动脉冲实现方式，目的是产生如图2-14所示的驱动波形。要在确定的相位产生上述的驱动波形，要把握如下要素：

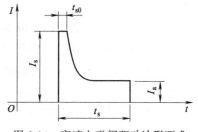

图2-14 高速电磁阀驱动波形要求

① 低位开关开启时刻 t_{q1}。

② 高位开关开启时刻 t_{q2}。

③ 高位开关关闭时刻 t_{q3}。

④ 低位开关关闭时刻 t_{q4}。

这里所提到的低位开关和高位开关都是在电路中用于控制产生大功率驱动脉冲的电路。大功率驱动脉冲是依靠这两个开关与一些 IC 电路的配合而实现的。而上述的 4 个时刻不仅决定了驱动脉冲开启与结束的时机，也决定和影响了驱动脉冲的形状特征。

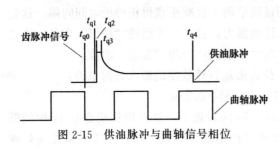

图 2-15 供油脉冲与曲轴信号相位

为进一步说明上面这些时间量，请参考图 2-15。

齿脉冲信号中断源取自齿脉冲信号的下降沿。在一般情况下，供油信号的相位根据供油提前角计算出来，应该是相对于某一齿之后的某一位置 t_{q1}，滞后于齿脉冲信号 $t_{q1}-t_{q0}=dt_{q1}$ 时间段。dt_{q1} 被用于作为时间量在齿脉冲信号处理过程中设置一个比较输出中断（OSCOI），对这一时间做倒计数。当倒计数达到 0 时，即产生中断，转入中断处理程序。

在中断处理程序中，首先打开低位开关，然后用 $t_{q2}-t_{q1}=dt_{q2}$ 作为时间量重设置比较输出中断（OSCOI），再执行中断返回。当下一次 OSCOI 中断发生时，时间刚好过去 dt_{q2}，程序将重新转入中断处理程序。

在这次的中断处理程序中，首先打开高位开关，然后用 $t_{q3}-t_{q2}=dt_{q3}$ 作为时间量重设置比较输出中断（OSCOI），再执行中断返回。当下一次 OSCOI 中断发生时，时间刚好过去 dt_{q3}。程序将重新转入中断处理程序。

在这次的中断处理程序中，首先关闭高位开关，然后用 $t_{q4}-t_{q3}=dt_{q4}$ 作为时间量重设置比较输出中断（OSCOI），再执行中断返回。当下一次 OSCOI 中断发生时，时间刚好过去 dt_{q4}。程序将重新转入中断处理程序。

在这次的中断处理程序中，首先关闭低位开关，再执行中断返回，供油过程即告结束。在控制多缸柴油机过程中，每缸要有 1 个独立的上述这种输出比较中断控制 OCI，以满足供油控制需求。

在 EDBM_ECU 软件资源中，实现上述功能的函数较为简单。用户只需执行简单的函数调用，OSCOI 中断功能就在这一函数中得到运用。这一函数为：

void Oil_Supply?（）

其中？表示对应各缸的函数，如第 1 缸为 1、第 2 缸为 2 等。另外定义的变量有以下含义：

A_Dtq1＝dt_{q1}－dt_{q0}；自齿中断时刻到供油低位开关打开

A_Dtq2＝dt_{q2}－dt_{q1}；自低位开关打开到高位开关打开

A_Dtg3＝dt_{q3}－dt_{q2}；自高位开关打开到高位开关关闭

A_Dtq4＝dt_{q4}－dt_{q3}；自高位开关关闭到低位开关关闭

这 4 个变量都是全局变量，在 Oil_Supply?（）执行过程中会受到这 4 个变量的控制，产生不同的效果。

2.3.3 柴油机的控制策略

（1）控制策略的含义

在自动控制领域中，针对任何一个受控对象，都会有相应的控制目标。为了实现这些控制目标，必须有对应的控制方法。这些控制方法总的集合被称为控制策略。

在前文的叙述中，我们已了解到电控柴油机的一些执行器，其中最重要的是电控燃油系统。对这些执行器实现有效的控制，是使柴油机实现正常工作、发挥最大效能、保持最小油耗、获得最佳排放效果的必要条件。针对任何一种控制需求，必须制订对应的控制策略。

在 ECU 软件工程中提到的控制策略，常包含着更广的含义。我们常将处理任何一种通过控制过程实现的信号采集、处理、控制输出的方法统称为控制策略。因此，可将控制策略理解为 ECU 软件为实现一项工作（信号采集、处理、控制）而制订的具体方法。对于电控柴油机的控制策略，可以做以下区别：

1）结构设置策略

结构设置策略是与柴油机结构布局设置有关的方法和规划。例如：对于曲轴的信号齿，必须考虑它的结构设置。前面介绍的 60-2 曲轴齿、4+1 凸轮轴齿的设置就是一种使用较多的结构。不同的选择将有不同的使用结果。有的电控发动机的凸轮轴信号齿在一个循环内只产生一个脉冲信号，我们称单齿信号结构。

如果将前面所提到"60-2"与"4+1"相配合，可以使柴油机不仅可依靠曲轴和凸轮轴信号的配合实现正常工作逻辑，而且仅依靠凸轮也能使柴油机实现较正常的运行，实现在曲轴信号故障时"缓慢回家"。而单齿信号凸轮则难以实现这一功能。尽管这一功能并不是车辆必需的，但从结构设计时就考虑清楚其对功能的影响是很重要的，避免到了后期实现时受到限制。从前面对于"60-2"与"4+1"结构的介绍中可以看出，由于曲轴信号每循环内重复两次，即使用有缺齿的信号轮，也无法通过曲轴信号实现对相位的确认。凸轮轴周内只转一圈，通过凸轮齿上的特征位置可以确定相位起点。

凸轮轴信号轮一般都较小，不易在凸轮轴信号轮上布置太多的齿，因此常用的方法是通过凸轮齿上的特征确定曲轴相位的起点，而由曲轴齿计数来实现对相位的较准确定位。了解了这一点后，也可以在对曲轴齿和凸轮轴齿的结构设计上采用不同的策略。例如：在曲轴信号轮上不设置缺齿，这样可以简化加工工艺。但这样在曲轴和凸轮轴的信号波形上就不易判别工作相位的正确与否，只能完全靠设计和安装的正确性来保证。另外，一种结构布局策略还要影响相应的软件设计方案，需要细致地加以规划。

对于常用的 60-2 这种带有缺齿的方案，在结构设计时要注意：曲轴缺齿的安装位置要保证当缺齿通过传感器时，所有气缸都不会处在供油位置区域。这是由于在缺齿位置时无法对供油时机做精确定位，因此无法满足供油定位需求。

2）信号传感器设置策略

为柴油机控制提供一种外界输入信号，就必须设置对应的传感器。在电控柴油机基础模型 EDBM 中设置了以下传感器：

① 曲轴转角传感器和凸轮轴转角传感器。设置这两个传感器的共同作用是通过它们提供的信号，获得柴油机转速数据、相位数据和角加速度数据。

② 进气温度压力传感器。设置这个传感器的目标是获得进气温度和压力数据，通过结

合气缸容积完成热力学计算，获得气缸的进气量。这一进气量是控制每缸每循环最大允许供油量的基本依据，可实现避免柴油机工作时产生黑烟。用一个进气流量传感器也能取得同样的效果。但进气流量传感器的价格远高于进气温度压力传感器，因此一般较少采用。

③ 冷却液温度传感器。冷却液温度指标可表达当前的柴油机热状态，根据柴油机热状态可设置不同的怠速目标和对供油量、供油提前角做不同的调整。这些都会决定柴油机运行质量的细节。

④ 燃油温度传感器。在电控单体泵系统和电控分配泵系统中都配有这一传感器。这是由于当燃油温度升高后油泵的有效供油行程会下降。因此，需要根据燃油温度做一定量的补偿。

⑤ 轨压传感器。在共轨系统中设置这一传感器，用于结合供油时间，确定供油量。

⑥ 加速踏板传感器。对传统的柴油机，加速踏板应该属于车辆的组成部分。但对电控柴油机来说，柴油机工作已经密不可分地与加速踏板的动作结合在一起，因此，应将加速踏板看作柴油机的一个"分离的"部件。

电控柴油机设置上述传感器，可以看成是传感器配置策略的最基本方案。如果需要更多的性能，则必须设置更完备的传感器策略。

如果要使用 EGR 部件来降低氮氧化物，则会增加 EGR 阀的位置传感器。

如果要使用 VNT（可调喷嘴环增压器）设备，则会增加喷嘴环位置传感器。

如果要引入对空调、动力转向、空气压缩机等功率设备的协调控制机制，则要分别设置对应的开关信号传感器。

3）信号输入策略

这里是指各传感器信号的输入。传感器信号是 ECU 实现控制的依据，因此必须及时地向 ECU 提供最新的传感器信号。输入策略包括信号的输入频度或称采样频率、输入信号的时机选择、输入信号的滤波等。实际执行时要综合考虑信号输入策略的影响。

信号的采样频率反映信号更新的速度。较高的采样频率可以使 ECU 及时得到最新的信号数据。但由于采样操作也会占用 ECU 的能力资源，因此，过快的采样频率会无谓地耗费 ECU 的能力。ECU 对输入信号的利用是间歇进行的，如果输入的速度快于输入信号的利用频度，则这种快速输入没有意义。

例如：对某信号数据，ECU 在柴油机一个工作循环内只利用一次，则如果安排在柴油机一个工作循环内输入两次这一数据，则必将有一次还未利用就被新读入的数据覆盖掉，原来读入时消耗的资源就全都浪费了。另外，有的物理量（如冷却液温度、燃油温度等）在柴油机工作时自身的变化速度不会太快，一般在以秒计的时段内都不会发生突然的显著变化，对于这样的数据当然也不需要频繁地读入。

输入信号的时机选择上也要有一定的考虑。输入信号时要占用一定的处理器资源，而有时处理器资源必须先满足一些最重要的处理工作。对于目前的柴油机控制而言，最重要的控制是供油控制。因此，如果考虑将信号读入操作的时机选择在不可能出现供油操作的曲轴相位区域，就可以保证对供油控制不会有影响。将信号读入操作和后续的处理都放在处理器较空闲的时间内做合理的分布安排，处理器的能力资源就会得到较好的利用。

对于目前实际系统在输入信号采样方面的情况的观测告诉我们，模拟量输入信号常会由于一些不易预知的偶然原因产生采样偏差。因此要采用必要的技术手段将一些可以判知为异常的数据剔除掉，这就是数据的滤波。目前常用的方法是通过软件处理实现滤波。当然，这也会消耗一定的处理器资源。在处理这些工作时也要考虑到建立任务的时机。

以上所述的只是一般的原则。针对早期的处理器，对这些原则的把握常常能够成为系统成败的关键。但近年来由于单片机自身功能的快速发展，其处理能力越来越强。在控制柴油机运行这样的任务中，对于建立任务时机的考虑已经不是太重要的问题了。从已经在使用中的一些柴油机控制系统的运行情况看，对于输入功能的集中使用并没有给系统功能带来不利影响，而这种处理方式简化了程序的逻辑结构，提高了软件编制工作的效率。但适当注意这一问题仍是有益的。

4）信号处理策略

信号的处理策略与信号的输入策略是配合工作的。例如：柴油机的转速传感器早期多用同步电动机来产生与转速成正比的电压信号。尽管这种设备能够直接获得转速数据，但其作用也仅限于获得转速数据。采用信号齿轮结合传感器的方案，尽管得到的信号要经过特定的处理过程才能得到转速数据，但是，通过不同的数据处理策略，可以得到多种转速数据满足不同的需求。如：可以求出瞬态转速，从中可以看出转速随相位的波动；可按每气缸分别计算平均转速，从中分析出各气缸工作的一致性；可以求出曲轴运行的角加速度，从而解决单缸失火等运行故障判别问题等。

对于多种由模拟信号电压值的输入，如冷却液温度、进气温度与压力和燃油温度等，输入后表现为电压值的模拟信号量被模数转换器转为数字量。对于目前采用的 16 位单片机而言，大多使用 10 位的模数转换器。所获得的数字量是一个 0～1023 之间的数。对于有的模拟量而言，这一转换后的值可以直接被用于控制。例如对于加速踏板而言，可以直接利用其输入值来完成控制。但对于大多数具有确定物理含义的信号而言，一般都采用输入信号→对应物理量→控制利用的策略过程。例如：先获得冷却液温度的输入信号数字量，再将这一数字量转换为对应的温度值，然后将这一温度值利用于控制过程。这种做法有两方面的好处。一是可以得到直观的、习惯使用的物理量值，便于调试时的决策。例如：针对 50℃ 的冷却液温度，在控制上应采取何种策略更合适？专业工程人员可以直接做出判断。但如果只根据冷却液温度的数字采样值则难以直接决策。二是有利于元件的代换。实际实现输入信号→对应物理量的过程时，一般都采用关系脉谱的方式来计算确定。对应一种传感器，即有相应的关系脉谱明确其信号量与物理量的对应值。但对于不同产品型号，关系脉谱是不同的。对于某一电控系统，如果更换冷却液温度传感器，只要将对应的关系脉谱更新一下即可，其他的软件部分都不需做任何更改。

如表 2-13 所示是某型冷却液温度传感器用在某型 ECU 上关系脉谱的简化表达。

表 2-13　某型柴油机冷却液温度传感器脉谱表

信号值	18	20	61	107	184	218	251	528	659	762	840	920
温度值/℃	130	100	80	61	47	41	34	0	−10	−20	−30	−40

关系脉谱是软件系统的一部分，目前许多系统这部分是向用户（柴油机生产商）开放的。柴油机生产商可以根据自己的实际需要采购传感器，通过测试标定获得关系脉谱，然后即可在系统中使用这种传感器。

（2）控制策略的实施方法

对于柴油机控制软件的设计制作而言，其最基础的工作就是制订合理的、可行的控制策略；然后针对确定的控制策略编制对应的程序算法；接着才是通过使用计算机语言编写实际的控制程序。

1）策略制订

制订柴油机控制策略的前提是对柴油机的工作过程控制需求要有深入的了解。近年来，由于柴油机电控技术的普及，许多原来从事柴油机性能研究的专业人员在了解计算机控制技术的前提下，开始介入了柴油机电控的策略制订工作。这促进了柴油机电控技术的实用化。

柴油机控制策略主要需要解决以下控制问题：

① 输入必需的信号并完成这些信号的处理，获得综合的控制数据。

② 定时、定位地产生控制动作，主要是输入动作、供油动作和其他输出控制动作。其中定时主要依赖于软件中的实时中断 RmI 和自由运行计数器，而定位主要依赖于曲轴中断中的齿位并可配合时间计算来确定。

根据操作要求，对于供油的量和时机做出调节。

上述的控制问题是互相关联的。例如：供油的量会影响到供油时机的调整。控制供油是电控系统最主要的任务。因此，一般先根据主要的条件（转速、加速踏板位置）确定每次供油量，然后针对一些相对次要的条件（冷却液温度、燃油温度、电源电压、进气量等）对每次供油量做出补偿或限定，再确定对应的供油提前角。这种方法适用于大多数情况。

针对柴油机怠速时的控制有一些要特殊处理的要求。此时由于加速踏板没有动作，柴油机完全在自动控制的条件下工作，要自动地处理此时发生的一些运行情况。例如对于目前的电控柴油机车辆，不仅需要在怠速下启动和行驶，还必须在怠速下满足空调、动力转向、空气压缩机等系统的工作条件。因此要想满足对怠速运行的性能需求，就需要详细地制订在怠速条件下针对各种工况变化情况而采取的处理策略。

2）程序算法规划

针对控制策略的算法规划，是实现控制策略的下一步工作。算法规划涉及对处理器资源的利用，是具体实现控制策略的实际步骤。由于柴油机工作过程控制决策有时涉及较多计算量，故如何在极短的时间内完成这些计算也是算法规划所要解决的问题。例如：在控制每次供油量时，要涉及"最大供油量"的限值。有如下公式：

$$gcyl = m/(\alpha L)$$
$$= \{[(p_k V_s \varepsilon)/(10^{-6}\varepsilon - 10^{-6})]/[(RT_k)/(\alpha L)]\}/1000$$
$$Vcyl = gcyl/\gamma$$

式中　p_k——进气压力，MPa；

T_k——进气温度，K；

V_s——单缸排量，cm^3；

ε——压缩比，取 14；

m——单缸进气量，g；

R——空气气体常数，$J/(kg \cdot K)$；

α——最小过量空气系数，取 1.5；

L——理论空燃比，g/g，取 14.3；

gcyl——单缸每循环最大供油质量，g；

γ——燃油密度，g/mm^3，取 $0.0005 g/mm^3$；

Vcyl——单缸每循环最大供油体积，mm^3。

这个公式已经能够较好地满足对最大供油量的限定需求，不会给动力性带来太多不利影响。但是，这个计算式增加了一定的计算量。在柴油机运行的过程中，每缸工作一次都要完成这种计算会对处理器造成很大负担。如果此类的计算负担太大，则 ECU 难以完成相关的控制工作。

实际处理这类问题的算法规划时，一般都采用脉谱化的处理方式。如：针对上一问题有：gcyl＝$f(p_k, T_k)$。对 p_k 和 T_k 按一定的间隔在其有效值范围内取值，然后按上式完成计算，形成 gcyl 的二维数据表。即：

p_k 取值：p_{k1}, p_{k2}, …, p_{kn}

T_k 取值：T_{k1}, T_{k2}, …, T_{km}

而有 gcyl$[p_{ki}, T_{kj}]＝f(p_{ki}, T_{kj})$，这将会获得 $n \times m$ 个 gcy 值，形成一个平面矩阵，对于任意的（p_k, T_k）变量值，可以用线性插值的方式求得对应的函数值，即：

如有：$p_k \leqslant p_k \leqslant p_{ki+1}$；$T_k \leqslant T_k \leqslant T_{kj+1}$

则有：

$$\text{gcyl} p_1 = \text{geyl}[p_{ki}, T_{kj}] + (\text{geyl}[p_{ki+1}, T_{kj}] - \text{geyl}[p_{ki}, T_{kj}])(p_k - p_{kj})/(p_{ki+1} - p_{kj})$$
$$\text{gcyl} p_2 = \text{geyl}[p_{ki}, T_{kj+1}] + (\text{gcyl}[p_{ki+1}, T_{kj+1}]) - (\text{gcyl}[p_{ki}, T_{kj+1}])(p_k - p_{ki})/(p_{ki+1}, T_{kj})$$
$$\text{gcyl} = f(p_k, T_k) = \text{gcyl} p_1 + \text{gcyl} p_2 - \text{gcyl} p_1(T_k - T_{kj})/(T_{kj+1} - T_{kj})$$

以上是较简单的线性插值计算，对比原公式的计算量大大减少。这种方式在实现控制的过程中被普遍采用。

3）程序实现

对于用计算机程序来实现算法，是具体实现策略的技术手段。在这一过程中主要应注意要充分运用对程序的优化和简化，尽量减少源码的容量，以利于在嵌入式系统中实现。实现查表操作的功能时，建立和使用公共的服务函数，这样会很大程度上减少源代码，也有利于源码的调试。

（3）电控柴油机常用控制策略

1）曲轴信号和凸轮轴信号输入策略

处理曲轴齿信号和凸轮轴齿信号的基本需求是为了获得当前齿号。对于曲轴齿号来说从 0 到 119 的齿号可以将相位精度定位在 6°范围内。进一步的处理可获得更高的位置精度或者时间精度。

利用曲轴信号脉冲的下降沿引发中断，来使 ECU 捕获发生中断的时机；通过针对缺齿部分脉冲的甄别，能够判别齿计数的开始位置。由于缺齿位置少了 2 个齿，从图 2-12 中可看出其对应的脉宽是正常脉宽的 3 倍。

尽管这是在柴油机匀速转动时的情况，但由于齿夹角只有 6°，可以认为邻齿间转速改变不会太大。因此可以确定以下策略：在曲轴中断处理程序中，对每个齿的脉宽都进行记录。当本次脉宽超过上次脉宽 2 倍时，则认为当前齿为缺齿后第 1 齿，可编为 0 号或 60 号齿。由于曲轴信号在一个工作循环内重复两次，图 2-12 中曲轴的两处缺齿信号是曲轴信号轮上同一处缺齿引发的。因此单靠曲轴信号尽管可以确定缺齿后第 1 齿，但无法确定是 0 号齿还是 60 号齿。

为了确定是 0 号齿还是 60 号齿，我们同时考虑对凸轮轴齿信号的处理。在我们的模型中，凸轮轴齿是 4＋1 布局，其中多齿下降沿在前后两齿下降沿的前 1/4 处。当柴油机转动时，每个工作循环凸轮轴齿信号循环一次。每当输入口捕获到下降沿信号时，会如同曲轴信号处理那样记录本次信号与上次信号间的脉宽。如果发现本次脉宽小于上次脉宽的 $1/2$，则判定当前齿是多齿，齿计数不变；如果发现本次脉宽大于上次的 2 倍，则认为当前齿是 1 号齿。其他的情况齿计数加 1，在配合凸轮轴计数时，曲轴的 0 号齿可以很容易地确定：当明确当前曲轴齿是缺齿后第 1 齿时，检查当前的凸轮齿号，如果当前凸轮齿号是 2，则当前曲轴齿号是 0，否则应是 60。

通过这样的计数，相位定位可达到齿一级的精度。但是，由于在我们的模型中，每一齿的曲轴转角为 6°，也就是说，这种定位的精度不会过 6°曲轴转角。要实现更细的控制精度，就要考虑进一步的策略。

通过齿计数（针对曲轴和凸轮轴信号齿）和对应的齿脉宽，可以求得动态的平均转速和角速度。以计算每循环平均速度为例：使用 120 个元素的数组记录每个齿对应的脉宽，求得这些脉宽的累加和，即为曲轴转两圈的累计时间。由此可以算出当前每循环平均转速。当计数到下一个齿的脉宽时，在原来的脉宽累加和中减去原数组中对应本齿的原脉宽值，加上本次新的本齿脉宽值，可以算出新的累加和，并得到新的每循环平均转速。同时，用新的齿脉宽值替代数组中对应齿的脉宽值，为下一轮计算准备好数据。以上方法称为移动平均计算法，用类 C 语言表达为：

```
……                                    //在曲轴脉冲中断处理程序中
i++;                                    //当前齿号为 i
P_Wsum= P_Wsum - P_W[i] + P_Wi;         //P_Wsum 是 120 个脉宽的累加和, P_W[i]
                                          是上一循环第 i 齿脉宽, P_Wi 是本次循环
                                          第 i 齿脉宽
n= k₁/P_Wsum                            //n 为每分钟转速, k₁ 是比例系数
Anglespeed= k₂/P_Wsum                   //Anglespeed 角速度 1/s, k₂ 是比例系数
P_W[i]= P_Wi;                           //用新值替代数组中旧值, 为下次计算做好数据
                                          准备
……                                    //继续后续处理
```

2）输入信号处理策略

从传感器输入的信号主要有开关信号和模拟信号两类。对于开关信号，在普通的自动控制技术中一般要通过一定的延时来重复读入，来消除由于开关振动引起的信号抖动。对于模拟信号，则需要对输入的信号做软件滤波处理，通过多次采样的结果，过滤掉其中由于偶然的信号波动造成的无效数据。

① 信号的输入时机。由于大多数信号都是处在动态变化的过程中，所以需要每隔段时间就更新原来输入的数据。对于开关信号，也可以通过中断的方式输入，例如：一旦在输入线上出现高电平就引发中断，转到中断服务程序上做对应处理。但事实上对于目前大多数 ECU 中的处理器而言，有中断功能的输入口一般都较少，需要用于必须快速响应的处理项目。而对于一般可能有的开关信号输入，如空调开关、空气压缩机开关、助力转向开关和前照灯开关等，由于需要的响应速度都不是太快，因此都是与模拟信号的输入方式一样，采用定时执行输入口扫描的输入操作方式来实现的。

在 RTI_Sub 函数中加入以下代码：

```
void RTI_Sub ( )
{……                         //前面的代码
A_IAT_Time+ + ;              //这一全局变量用于统计时间
if ( A_IAT_Time= = 1953 )    //1953×256≈0.5s
{IA_IAT_TaskFlag = 1;        //具备了执行条件，将对应任务标记置位
A_IAT_Time = 0;             //计时量归0，开始下一轮计时
}
……                          //后面的代码
}
```

这一段代码的含义，是每隔约 0.5s 执行一次进气温度值的输入任务。

对于目前 ECU 中常用的单片机，其信号采集速度是非常快的。例如：对于飞思卡尔 9s12DJ256 芯片而言，用于一次模数转换过程的时间只有 $7\mu s$；而对开关信号的采样时间远不到 $1\mu s$。因此，在实际的 ECU 软件中，可以每隔一个短时间将所有的开关信号和模拟信号统一输入更新一次。常用的有两种方法：一种是定时式；另一种是定位式。上一段代码中反映的就是定时式的方式。无论在柴油机的任何工况下，都是每隔一固定时间输入一次信号。这种方法简单易行且只要 ECU 开始运行信号输入就开始工作；而定位式的方式是针对曲轴位置实现对输入操作的控制，一般可以柴油机每工作循环或若干个循环采样一次。

通过在曲轴中断处理函数中的齿计数，将输入数据的时机定位在某一个齿位置。这种方法的好处是随着柴油机转速的上升，采样速度也随之同步加快，数据的更新速度与转速的加快相适应，能够完成更及时的控制。但这种方法显然只是当曲轴转动时才有机会执行输入操作。而当柴油机无转速时则输入数据也都不更新了，这会无法满足启动过程对数据的需求。因此，在柴油机停止时不能采用这种信号输入方式。

② 模拟信号输入后的滤波。前面提到了由于输入过程的不稳定可能产生个别异常的信号，造成模拟输入量信号失常，这些异常的信号应通过软件滤波的方式去除掉。这里介绍一种常用的软件滤波方式的算法。

设定数组变量 Data [6] 和 Data1 [6]，用最初的 4 个输入量填入 Data [1] ～Data [4]，将它们的平均值填入 Data [0]。然后每次输入数据后：

a. 采集新的输入量填入 Data [5]，将 Data 数组元素对应赋值给 Data1 数组元素。

b. 对 Data1 数组元素做排序。

c. 对 Data1 数组中 Data1 [1] ～Data1 [4] 求出平均值，将这一值赋给 Data [0]，执行 Data [2]→Data [1]、Data [3]→Data [2]、Data [4]→Data [3]、Data [5]→Data [4]。

d. 将 Data [0] 作为本次采样的输出值。

由以上算法策略中可以看出，对于异常值将会在排序后被舍弃掉，不会对其后实际得到的平均输出值有影响。

3）基本控制过程策略

在此对电控柴油机基础模型 EDBM 的基本控制过程做一下描述。参照本章图 2-5，从主程序流程图开始。

当 ECU 加电后，软件从主程序开始执行。主循环开始之前，主要是先完成一些系统初始化功能，也会完成控制层的初始化设置，如对某些变量置初值等。当然，也可能会有较复

杂的控制任务开始执行（例如机内时钟启动等）。在完成初始化基本设置后程序会打开各个中断标记（称为开中断），然后程序会进入主循环部分。

在主循环中，主要是单纯地重复执行任务服务函数 TS。这一函数的功能在前文已介绍。它只是使当前任务队列中排在最前的任务得到执行。如果当前没有被激活的任务，则 TS 什么也不做，只是做循环运行，等待任务来临和响应中断。

当开中断后，所有已经设置好的中断功能都会开始工作。这主要是实时中断（RTI）、曲轴信号中断、凸轮信号中断和供油计时中断等。但如果此时柴油机未启动，曲轴信号等运行中断信号都还不会有，只有实时中断开始工作。实时中断中会执行对传感器信号输入任务的定时激活，激活后这些信号输入任务会在主循环中得到执行。因此，各模拟量和开关量传感器的信号输入更新都开始正常实现了。至此我们已经能够获得了动态的冷却液温度、进气温度、进气压力、燃油温度和加速踏板位置这些数据。开始启动后，曲轴信号中断、凸轮信号中断都开始发生。每发生一次这些中断，就会进入一次对应的服务程序，完成对应的工作。这些工作的完成实现了以下目标：提供了实时的转速值；提供了当前的齿号，而齿号从结构上定位了柴油机的当前相位；提供了供油控制参数；还能提供更进一步的数据，如曲轴角加速度等。不过这些数据是用于更细化的控制的，对于基本的运行控制还用不上。

当启动转速达到一定值时，按柴油机控制的需求，应该向气缸内供油了。以后的工作过程都要靠供油来保证。但是，柴油机不同的运行状态，对于供油方式的要求有很大不同。例如：启动时的运行目标是实现顺利地启动，此时加速踏板位置处在完全放开的状态；而启动实现后，加速踏板如果还是处在完全放开的状态，我们一般说柴油机进入怠速暖机过程。这时的控制目的有着不同的要求，对于供油的方式也有不同的要求；如果加速踏板被踩动，则可理解为操作者希望提供更多的油量，满足车辆启动、负载增加的需求。

总之，启动后对供油控制的要求，必须细分为不同的情况。可以说表现出了柴油机控制中针对不同情况的不同要求。为了实现满意的控制，目前的处理方式是将柴油机工作状态根据当前的运行数据和加速踏板值做出判断，将其归入某一"工况"。而针对每个工况设置不同的控制策略通过软件实现控制，以满足各工况不同的具体控制需求。

4）工况区分策略

在我们的实例中，用全局变量 A _ Mode 来描述柴油机工况。针对 A _ Mode 的不同值，实施不同的控制策略。但各工况之间的转换是有特定条件的，对柴油机的运行工况做以下区分：

① 停止工况（stop condition）。设定 A _ Mode 值为 0。基本描述的是柴油机停止运行时的工况状态。当柴油机 ECU 加电后，在初始化运行时会将 A _ Mode 置为 0。

② 启动工况（start condition）。设定 A _ Mode 值为 1。描述的是柴油机启动运行时的工况状态。

③ 怠速工况（idle condition）。设定 A _ Mode 值为 2。怠速工况描述的是启动完成后加速踏板没有动作时的工况状态。

④ 常规工况（normal condition）。设定 A _ Mode 值为 3。常规工况描述的是操作加速踏板对柴油机实现正常工作操作的工况状态。

⑤ 限速工况（limit condition）。设定 A _ Mode 值为 4。限速工况描述的是柴油机转速进入限速区后的工况状态。

⑥ 超速工况（Overspeed Condition）。设定 A _ Mode 值为 5。超速工况描述的是柴油机

转速超过最高限速时的工况。

各工况之间的转换关系如图 2-16 所示。

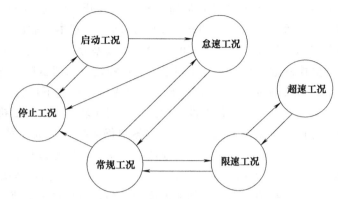

图 2-16　各工况状态转换示意图

停止工况是开机后就会进入的一个工况状态。启动时，当转速的提高达到某一限定值时，则会进入启动工况开始供油；如果在启动工况时转速下降到限定值则会回到停止工况。启动工况只可能由停止工况进入，如果启动失败将会回到停止工况；如果启动过程成功则会进入怠速工况。

怠速工况可由启动工况由于启动成功而进入，如果在怠速状态下由于载荷过大造成转速过低，则会回到停止工况；在怠速工况下如果踩下加速踏板，则会进入常规工况；在常规工况下如果松开加速踏板，则会回到怠速工况。

常规工况可由怠速工况通过操作加速踏板而进入。在常规工况下，如果松开加速踏板将会回到怠速工况；如果由于载荷过大造成转速过低则会回到停止工况；如果转速升高超过限速转速则会进入限速工况，在限速工况下如果转速降低则会回到常规工况。

限速工况是为了对速度超限做限制而设置的。其基本的控制目标是使转速不再上升，但应尽量保持转速平稳。在常规工况下如果转速上升超过限速转速，则会进入限速工况；在限速工况下如果转速下降，则会回到常规工况。

超速工况是一种最终保护状态。通过中断供油避免转速的上升。

在实际使用时，还要对各工况间的转换条件做细化的描述。另外，在实际应用中，常常对工况的区分做更细致的处理。一般来说对工况的区分做得越细致，则对柴油机的控制策略就可能越有针对性。因此，工况区分的细致程度常可以反映策略方案的完备程度。

5）各工况处理策略

对各工况的设置和区分的目标是针对不同工况分别制订对应的控制策略并在控制软件上加以实现。各工况的控制策略，其控制的对象主要是供油量、供油时机和喷油规律。其控制的依据都是根据输入数据和输入数据处理所得到的工况状态。

① 停止工况。进入停止工况后，必须切断供油，并重新初始化所有的供油参数，为启动做好准备。

② 启动工况。处于启动工况时，主要是根据当前转速、冷却液温度来设置合适的每次供油量和供油提前角，满足启动时对于动力性和排烟限制的要求。另外，要设置由启动工况进入怠速工况的条件（例如：连续若干次转速测试值高于某值）。一旦条件满足，则认为启动成功，进入怠速工况；如果连续若干次转速测试值持续下降，则认为启动操作失败，转为

停止工况。

③ 怠速工况。怠速工况控制要满足以下几方面的工作目标。

a. 稳定运行。由于怠速工况的特征是加速踏板完全放开，因此，必须由控制系统自动控制供油过程。目前一般采用在怠速下的转速 PID 控制，其基本控制原理为：设定一个目标转速，通过计算获得当前转速与目标转速的差分和二级差分，根据这些差分值确定对每次供油的调整量。PID 的控制效果是使转速能够尽可能地稳定于怠速目标转速值。

b. 暖机过程。对于柴油机而言，暖机是指开机后通过在怠速下运行一段时间来实现热状态的建立和平衡，为承受较大负载做好准备的过程。对于较大型的柴油机，暖机是必须严格执行的操作步骤。即使是小型柴油机，在严寒的冬季仍应执行暖机过程以保证设备安全。对于电控柴油机而言，一般用设定怠速目标转速的方式来控制怠速过程。当柴油机在较冷状态（ECU 系统能够从冷却液温度值做出判别）下启动后，为了能稳定地实现怠速运行，一般都设置较高的怠速转速目标值。随着冷却液温度的升高，可将这一怠速转速目标值逐步降低。最终完成暖机后，在较低的转速下实现稳定的怠速。

c. 怠速带载。怠速下带载的情况主要有怠速下开启较大的功率设备（空调、空气压缩机、前照灯、动力转向泵等）和怠速下起步。怠速下带载也是通过 PID 控制来实现的，但是，在怠速下起步或行驶，如果载荷较大，会对 PID 控制的调节能力有较高的要求。为了能实现较大的 PID 调节能力，有时需要将目标转速调高一些。

④ 常规工况。车辆正常行驶时，一般多数时间运行在常规工况下。在常规工况下每次供油量将主要由操纵者通过加速踏板来控制。一般较大的加速踏板位移量对应较大的每次供油量。但具体实现的加速踏板策略则会有许多细节考虑。例如：在较低的速度下操纵，要求对油量的调节比较细致，单位加速踏板位移量可对应较少的油量改变量；而在较高的速度下操纵，可以让单位加速踏板位移量对应较多的油量改变量。另外，由于要考虑突发性的阻力减小造成车速的自动上升，故可以采用在同一加速踏板位移下，供油量随转速上升而下降的策略，这可以增加操作上的稳定性。

⑤ 限速工况。当柴油机转速接近设定的上限时，要使每次供油量随转速上升而较大幅度地减小。这样会有效地遏制转速继续上升，使转速无法通过加速踏板的控制而继续增加。

⑥ 超速工况。这是为意外事件设置的工况。有了限速工况的制约，柴油机转速一般难以在限速之上继续上升。但如果由于外部原因（如阻力过小）造成转速达到超速转速，则超速控制策略会完全切断燃油的供给，使柴油机停止主动运行。

6）供油时机控制策略

在供油时机选择上，我们实际需求的精度要求要远远高于 6°。例如：我们希望供油提前角为 11°。在图 2-12 中我们可以看出，上止点对应的位置是缺齿后第 11 齿（从 0 号开始编号）的下降沿位置，供油提前角的 1°，将对应第 9 齿后 1° 的位置。为了解决这一定位精度问题，我们制订如下的曲轴信号处理策略。

先确定供油提前角的 11° 对应第 9 齿整齿号，确定 11° 的供油提前角位置在第 9 齿整齿后的某一时间到达。由于整齿时都有中断处理发生，故可以准确确定时间。为确定整齿后到达供油位置的时间，设当前的平均角速度为 AngleSpeed（单位是 1/s）。考虑到在 1 个齿的短时间内，平均角速度 AngleSpeed 不会发生太大变化，我们将当前平均角速度 AngleSpeed 看作常数，这样可以得到曲轴转过 x（在此 $x=1°$）的时间应为：

$$t_A = x/(\text{AngleSpeed} \times 180/3.1416) \text{ (s)}$$

前面供油驱动中介绍的 dt_{q1} 时间段，其实就对应着 t_A 时间段。获得 t_A 值后，可以用于实现较精确的供油控制。

要获得上述 t_A 值的前提是先得到 AngleSpeed（当前角速度）量，因此要求能够及时提供柴油机转速信号供完成上述策略计算时使用。在本小节"曲轴信号和凸轮轴信号输入策略"一段中我们介绍了按齿更新 AngleSpeed 值的计算方法。用此方法求得的角速度值能够满足对供油提前角精确定位的需求。

2.3.4　控制策略的细化和拓展

在柴油机控制策略的制订和改进过程中要注意到，控制策略是为了满足实际柴油机控制需求的，必须通过实践的检验过程和调试改进过程才能确定其有效性。

① 控制策略的验证。实践证明，无论控制策略在其制订环节上的逻辑性多么严密，由于柴油机运行影响因素的多样性，都很难事前对控制策略的有效性做出结论。必须通过在柴油机试验台架上的运行检测，或是在实际柴油机车辆上的行驶检测，才能切实证明某项柴油机控制策略的实用意义。

② 控制策略的完善。针对一款柴油机的控制策略，由制订实现到最终完善，要经历一段逐步渐进的过程。特别是目前对于国内的生产商，由于在这方面的积累还不多，在面向多种柴油机机型的控制策略方面还不很成熟，更是需要在具体机型的实践中通过较大量的试验过程对控制策略做出检测、修订和改进，直到实现控制意图。

③ 控制策略的扩展。如果基于一种基本的控制框架，实现了基本的控制功能，则在此基础上，可以对这一框架做出广度上和深度上的扩展。在广度上的扩展，是指对框架本身功能的扩展，增加更多的控制对象，在基本控制对象的基础上增加更多的控制功能，例如在 EBDM 的基础上，我们还可以增加对于 EGR 阀、冷启动装置等设备的控制；而在深度上的扩展是指在控制策略上可以做得越来越细，如可以分离设置出更多、更细致的工况状态，针对每个工况状态设置专门的控制策略，这将更好地改进控制效果。例如在控制上常用的急加速工况和急减速工况，就是针对工况策略进行扩展的实例。

2.4　ECU 的驱动功能与输出控制处理

ECU 工作的最终目标是要让执行器按控制要求正常工作。也可以说，对电控燃油泵工作的控制是控制柴油机工作中最主要的部分。随着电控技术的深入和广泛的发展，可控制的对象越来越多。按受控对象的驱动方式可以分成三种：

（1）高压驱动

这一般是针对高压共轨喷油器的驱动，或是对于电控单体泵供油电磁阀的驱动。这种驱动电压峰值可达 $60\sim90\mathrm{V}$，最大电流可在 40A 以上。这种驱动是柴油机 ECU 所特有的能力。高压驱动的调节主要是调节驱动脉宽，驱动脉宽的值决定了供油时间的长短。

（2）脉宽驱动

脉宽驱动主要针对受控对象按照驱动电压有效值实现动作调整的情况。在目前针对中小型电控柴油机的应用中，脉宽驱动主要的应用对象有：a. 电控分配泵的供油量控制；b. 高压共轨油泵的比例电磁阀控制；c. 电控分配泵供油提前角控制；d. 废气再循环阀（EGR）的控制。

（3）开关驱动

开关驱动类似于简单地打开和关闭一个开关。这种驱动逻辑含义简单，在控制中需求却最多。在柴油机燃油供给这一最核心的控制环节实现后，越来越多的外围控制需求被提出并应用，这些控制需求中的大多数都是使用开关驱动。

开关驱动用于小功率设备（如信号灯等）时，可以直接用 ECU 的输出来驱动。对于较大功率的设备（如空调机、压缩机、冷却风扇等），可以用 ECU 来控制继电器开关，由继电器来控制相关设备。

在实际应用中，特别是柴油机与车辆的配合方面，ECU 的开关驱动能力可以在很大程度上反映出它的功能潜力。因此，一般柴油机 ECU 都预留有多个开关驱动输出口，以备在装车阶段对某些设备进行功能整合。可以说预留开关驱动输出口的数量是 ECU 功能品质的重要指标。

由于开关信号的控制逻辑一般都很简单，所以 ECU 在控制柴油机主体工作时，其处理能力利用相对于时间的实际分布都很不均衡。也就是说，ECU 的功能利用存在很多空闲区。适当地利用这些空间区的处理能力，实现对更多的开关量的控制，既能更充分地应用好 ECU 的功能，又能使受控设备与柴油机实现更好的配合，获得更优异的总体性能。

本节主要介绍 ECU 用于对执行器进行输出驱动的底层资源函数的使用方式。

2.4.1 电控油泵和喷油器的驱动函数

对于控制柴油机而言，最为重要的驱动函数是针对燃油系统供油的驱动功能。这主要有：针对电控共轨系统，驱动喷油器高速电磁阀动作实现喷油；针对电控单体泵系统，驱动油泵内高速电磁阀实现供油；针对电控分配泵，驱动油泵内滑套实现对油量的调节。

注意：前两种控制将同时调节供油的始点和供油量，而后一种则只能调节供油量。另外，电控分配泵是一种"电调"泵，它继承了原机械系统的油量调节基本结构，要依靠滑套的运动来调节油量，因此其调节速度较慢，要经历几个循环才能调节到位。而对于前两种系统，供油量和供油相位都能实现立刻调整，即调节指令执行后的下一次供油就会按指令的要求调节到位。这方面的差异会使采用不同油泵组装的柴油机有不同的控制特性。

（1）电控单体泵系统高速电磁阀的驱动

供油驱动函数为：void Oil_Supply? （）；其中？表示对应各缸的函数，如第 1 缸为 1、第 2 缸为 2 等。另外定义的变量有以下含义：

A_Dtq1＝dtq1-dtq0；自齿中断时刻到供油低位开关打开

A_Dtq2＝dtq2-dtq1；自低位开关打开到高位开关打开

A_Dtq3＝dtq3-dtq2；自高位开关打开到高位开关关闭

A_Dtq4＝dtq4-dtq3；自高位开关关闭到低位开关关闭

以上 A_Dtq? 都必须大于零。

A_Dtq2 和 A_Dtq3 是全局变量，A_Dtq2 确定了高位开关打开的时机，因而会影响驱动上升的形状；而 A_Dtq3 确定了高位开关开启的持续时间，会对驱动波形开始阶段的形状造成影响。对于不同的驱动设备，A_Dtq2 和 A_Dtq3 会对输出的驱动波形产生影响。但一般都在 ECU 与电磁阀做驱动配合的初期阶段将这两个值确定下来，而在实际工作过程中一般不需要再对这两个值做调整。当然，如果有必要，根据工作状态需要调整这两个值也是可以实现的。

在 A_Dtq2 和 A_Dtq3 已确定的前提下，A_Dtq1 和 A_Dtq4 的值就明确了供油脉冲开始和结束的时刻。执行 Oil_Supply?（）之前，需要先计算出 A_Dtq1 和 A_Dtq4 的值。

需要重点说明的是 Oil_Supply?（）函数是基础软件中重要的功能函数，它们是与底层的比较输出功能（OC）配合使用的。Oil_Supply?（）函数只是起到了底层的比较输出功能（OC?），供油过程需要 OC? 的中断服务函数来最终控制实现。Oil_Supply?（）函数虽然使用了 A_Dtq? 变量，但这些变量只是在执行时传递给了 OC? 的中断服务函数。当 Oil_Supply?（）函数执行完毕后，对应的 OC? 中断服务函数就接管了后续的供油控制。此后 A_Dtq? 变量值的改变不会影响到原 Oil_Supply?（）的执行效果，尽管此时实际供油过程可能并未结束，甚至尚未开始。

至于相关驱动函数的具体模式和要求，这里不做叙述。有兴趣可以参考本书参考文献 [1]。

（2）电控共轨系统喷油器的驱动

驱动电控共轨系统喷油器的方式与驱动电控单体泵的方式没有原则上的不同，具体区别可能在于：

① 最大驱动电压大小不同；

② 驱动脉冲前部形状不同；

③ 维持电压电平值不同。

以上差别，有时需要通过对硬件和基础数据调整来做出适配，但对实现控制过程逻辑没有实质性影响。因此当我们只需要一次供油喷射时，完全可以用前面用于控制单体泵系统供油的程序来控制共轨系统的供油。

但是，共轨系统具有相对于单体泵系统更为优异的工作性能，最反映其特殊效果的功能就是多次喷射。因此，在其控制功能上也要具备这种能力。所谓多次喷射是在柴油机一个工作循环内的供油过程中实现多于一次喷射的供油方式。目前只有共轨系统有能力实现这种多次喷射功能。

图 2-17 是关于共轨系统多次喷射功能的示意图。图 2-18（a）是多次喷射的供油脉冲，反映相对于时间，喷油器驱动电流的大小；图 2-18（b）是多次喷射的供油率随转角的变化规律。对于这种通过多次喷射的方式来改进燃烧效果的做法，近年来已经进入了实际产品阶段。

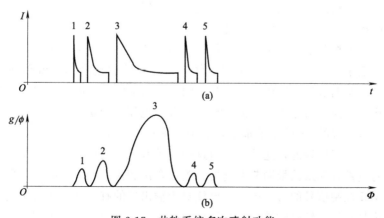

图 2-17　共轨系统多次喷射功能

1—预喷射一；2—预喷射二；3—主喷射；4—后喷射；5—补充喷射

多次喷射的意义主要表现在两个方面：对于预喷射，主要是为了改进供油前期的供油规律，使其更加理想化。目的在于使早期供油量较少，滞燃期内生成的可燃混合气也会较少，这样会避免急燃期内燃烧速度过快引发压力快速上升，使柴油机工作过程变得柔和；对于少量的后喷射，会造成过高温度下产生的不完全燃烧产物（NO_x 等）在较低温度下充分实现互相的氧化还原作用，转化为完全燃烧产物（N_2、CO_2、H_2O 等），这将降低柴油机的有害排放。有关多次喷射的研究工作目前正在不断深入，其意义也越来越多地被认识到。但多次喷射本身会使喷油器工作频率增加，机械负荷增大，从而对使用寿命造成一定负面影响。对于多次喷射的调试与标定工作也更为复杂。

在设定的控制系统底层资源中，能够实现 5 次喷射的控制功能。对应的供油控制函数为 Oil _ Mul _ Supply1 ()～ Oil _ Mul _ Supply4 ()。具体说明形式为：

void Oil _ Mul _ Supply? ()

这一函数会涉及以下的全局控制变量：

A _ OS1——第一次喷射持续时间；

A _ OS12——第一次喷射与第二次喷射间隔；

A _ OS2——第二次喷射持续时间；

A _ OS23——第二次喷射与第三次喷射间隔；

A _ OS3——第三次喷射持续时间；

A _ OS34——第三次喷射与第四次喷射间隔；

A _ OS4——第四次喷射持续时间；

A _ OS45——第四次喷射与第五次喷射间隔；

A _ OS5——第五次喷射持续时间。

以上全局变量取值都应大于等于 0，当有任一值等于 0 时，后面的参数都作为 0 处理。原来的控制变量 ADtq? 依然有效，但含义有所变化：

A _ Dtq1——自齿中断时刻到第一次供油低位开关打开；

A _ Dtq2——自低位开关打开到高位开关打开；

A _ Dtq3——自高位开关打开到高位开关关闭；

A _ Dtq4——自高位开关关闭到本次喷射低位开关关闭。

业内有很多评价认为，多次喷射的功能在改进柴油机工作性能和排放性能方面有较深层次上的意义。但目前在国内多次喷射的实际应用机型还不多。

（3）驱动电控分配泵的油量控制滑套

前面提到过，电控分配泵的供油调节是针对油量调节滑套的控制来实现的。这一滑套受到旋转电磁铁（近来也有的国内公司采用直线电磁铁）的驱动沿轴线做移动，从而改变油量。而电磁铁对油量调节滑套的作用强度与其线圈上所加的有效电压有关：有效电压越高则对滑套的移动作用越强。对于 ECU 输出的驱动有效电压是靠通过脉宽驱动（PWM）的方式来调整的。尽管一般的 ECU 系统都配备若干个 PWM 驱动口，但针对分配泵油量调节滑阀的驱动口一般是专门设置的，这是由于对这一驱动有较高的精度要求和驱动强度。

实际实现对电控分配泵油量调节滑套的调整在资源利用上也有较简单的形式。通过调节输出驱动的 PWM 控制信号的占空比，它会使对应输出口的有效电压输出达到一个确定的强度。但是，无论是对于旋转电磁铁还是直线电磁铁（它们都属于比例电磁铁），驱动强度与目标位置都不是严格对应的。因此在实际使用时都需要采用位置传感器反馈控制的方式，通过 PID 的方式实现对目标位置的较精确定位。因此，在控制层必须制作控制函数：

```
void sliPosiPID（）；　　//这一函数通过 PID 工作方式给出当前滑套位置控制量
```

调用这一函数后将实现对分配泵油量调节滑套的调节。不过这种调节不是一次性的，而是按照 PID 控制方式，持续地、以一定的频率调用以上函数才能实现 PID 的控制效果。

2.4.2　脉宽驱动函数

（1）脉宽驱动的概念

脉宽调制驱动（PWM）其实用的也是开关量输出口，这种输出口具有如下特点：

① 有高电平（1）和低电平（0）两种输出状态；

② 有一定的负载能力；

③ 可以在两种输出状态间做较快速的切换。

其中第③项要求有别于普通的开关量输出口，是 PWM 输出口特有的功能要求。PWM 输出口电平可以快速切换，并能通过软件控制。先确定一个固定的转换频率，常采用 0.1～10kHz。对于机械部件的驱动，选定转换频率主要取决于受驱动对象的运动惯性，较小的惯性应使用较高的频率。然后根据称作占空比的参数来对输出的有效电平做调整。占空比是指在输出波形中有电流输出时的电平在所有时间段中所占的比例。在中小型电控柴油机上，一般在 PWM 驱动控制时选用 12V 的输出高电平值。很容易说明，输出电平频率不变时，输出的有效电压与占空比成正比，当占空比由 0%变化到 100%时，有效电压将由 0V 变为 12V。

PWM 驱动的功能很大程度地替代了以前使用的数模转换器输出驱动。对比数模转换器，PWM 方式既容易实现又有较好的应用效果，因此得到了广泛应用。

（2）脉宽驱动的实现

PWM 驱动的功能在 ECU 中是最常用的输出功能之一。在 ECU 底层也有对应的操作功能函数。

在我们的实例中，底层资源里有四个用于 PWM 输出驱动的资源，包括硬件接口和底层函数，输出高电平都是 12V。底层函数的说明为：

```
void Pwm_OUT?（int SPS）；
                //PWM 输出底层函数? 可为 1～4，分别代表四个 PWM 输出函数
```

PWM OUT? 函数的功能是对其相关的输出口的输出状态做设置，使其以 SPS 占空比输出 PWM 信号。运行这一函数后，对应输出口状态会维持在设定的输出状态持续工作，除非用新的占空比再次运行这一函数，输出状态不会改变。

目前在中小型电控柴油机上的主要 PWM 驱动对象如下：

① 电控分配泵的供油量控制。通过对 PWM 的占空比的调节，可使旋转电磁铁旋转角度改变，实现对滑套位置的调整。上节提到过，由于对分配泵油量调节的控制有较高的精度要求，因此常设置单独的函数来实现。

② 废气再循环（EGR）阀的控制。由于柴油机的排气温度较高，因此一般采用真空调节式 EGR 阀。使用这种 EGR 阀，ECU 的控制对象其实是一个真空阀。通过对真空阀开度的控制，调整 EGR 阀真空腔的真空度，从而控制了 EGR 阀的开度。

③ 高压共轨泵的比例电磁阀控制。这种电磁阀存在于大连新风集团生产的高压共轨系统中，是一种较新型的控制系统。它被用于自低压油路向高压燃油泵供油的油路中，通过对比例电磁铁的 PWM 控制，实现对燃油泵供油量的控制，从而实现对轨压的调整和控制。

④ 电控分配泵供油提前角控制。电控分配泵的供油提前角是依靠一个泄油电磁阀来实现控制的。在稳态运行时，这个电磁阀的开度越大，供油提前角就会越小。对于此电磁阀的开度控制也是通过 PWM 驱动来实现的。当 PWM 输出的占空比增加时，电磁阀的开度增加，电控分配泵的供油提前角随之变小。

⑤ 可调喷嘴环（VNT）的控制。这种系统目前在国内应用还不多，但被认为是一种很有前途的部件。对这种设备的控制也是通过 PWM 方式实现的。

通过 PWM 方式的控制方法，无论是控制旋转电磁铁、比例电磁铁还是真空电磁阀，都会由于一些原因（如磁滞作用、气流波动等）造成驱动强度与控制效果的关系偏差，也就是说，一定的驱动强度并不严格对应着某一驱动效果。实际应用中为了解决这一问题，实现受控对象位置的较精确定位，一般都在受控对象上装有位移传感器。

利用传感器对受控对象的位移值做监测，并通过 PID 反馈控制，实现对位移量的较准确控制。目前在实际的中小型电控柴油机中，一般只用得到上述的一种或两种 PWM 驱动。随着对电控柴油机性能控制要求的提高，可能会有多种控制要求同时提出。例如：用新风集团电控高压共轨系统配置柴油机，需同时设置轨压调整比例电磁阀控制、EGR 控制、VNT 控制。这就需要有三种 PWM 驱动功能在工作。较熟练地掌握 PWM 控制的运用方法，有助于实现对这些新型电控柴油机部件的综合运用，可以较大地提升柴油机的工作品质。

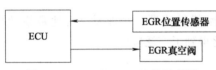

图 2-18 EGR 与 ECU 连接示意图

（3）脉宽驱动的实例——控制 EGR 阀

为实现对 EGR 的控制，必须完成以下步骤：

① 连接好控制 EGR 的导线。如图 2-18 所示，从 EGR 阀上的位置传感器引出 ECU 信号传入 ECU 的模拟量输入口；从 ECU 引出控制线连接 EGR 真空阀控制端口。

② 设置 EGR 位置传感器的输入任务。对于 EGR 位置传感器的输入采用扩展的第 1 个模拟信号输入通道。任务号为 51，任务名为 AIT_In1。可以与其他模拟量输入任务同时启动本任务，也可以选择另外的时机启动本任务。

如果采用前一种方法，则可在以前的程序中增加内容：

```
AIT_Sub ( void )
{……                          //前面可能有的语句
A_Ts_class [ 41 ] = 51;       //设置进气压力输入任务的优先级
A_Ts_flag [ 41 ] = 1;         //激活进气压力输入任务 A_MAP
A_Ts_class [ 42 ] = 51;       //设置进气温度输入任务的优先级
A_Ts_flag [ 42 ] = 1;         //激活进气温度输入任务 AIT_IAT
A_Ts class [ 43 ] = 51;       //设置冷却液温度输入任务的优先级
A_Ts flag [ 43 ] = 1;         //激活冷却液温度输入任务 AIT_CWT
A_Ts_class [ 44 ] = 51;       //设置加速踏板输入任务的优先级
A_Ts_flag [ 44 ] = 1;         //激活加速踏板输入任务 AIT_PedalT
```

```
A_Ts_class [ 45 ] = 51;          //设置燃油温度输入任务的优先级。 共轨系统没有
A_Ts_flag [ 45 ] = 1;            //激活燃油温度输入任务 AIT_FuelP。 共轨系统没有
A_Ts_class [ 46 ] = 51;          //设置轨压输入任务的优先级。 共轨系统才有
A_Ts_flag [ 46 ] = 1;            //激活轨压输入任务 AIT_Rail。 共轨系统才有
A_Ts_class [ 47 ] = 51;          //设置滑套位置输入任务的优先级。 分配泵系统才有
A_Ts_flag{47] = 1;               //激活滑套位置输入任务 AIT_Posi。 分配泵系统才
                                    有本次增添的语句
A_Ts_class [ 51 ] = 52;          //设置 EGR 输入任务的优先级
A_Ts_flag [ 51 ] = 1;            //激活 EGR 输入任务 AIT_In1
……                              //后面可能有的语句
}
```

③ EGR 位置采样值处理。执行采样函数 AIT _ In1 （）后，得到两个全局变量 A _ In1 _ D 和 A _ In1 _ S，其中 A _ In1 _ D 是 EGR 位置采样值的数字量，而 A _ In1 _ S 获得这一数值量对应的输入电压值。我们采用输入电压值来实现处理。先要定义一个 EGR 开度与 EGR 采样值换算的脉谱 EGRPosi。与其他模拟量采样换算脉谱一样，这一脉谱是一维的，对应于输入量的取值，给出对应的 EGR 开度。如果有条件，这一脉谱应通过试验标定，形成稳态下与流量成比例的开度数据。在扩展函数 AIT _ In1 _ Sub 中加入语句：

```
void AIT_In1_Sub ( )      //EGR 位置采样扩展函数
{ A_In1_SF=  Ait_Filter ( A_In? Par, A_In1_S );
                           //对 A_In1_S 做滤波处理。 这一函数有两个参数，前
                              一个是用于滤波的数组变量，后一个是用于传递本次
                              新获得的 EGR 位置采样值
A_In1=  LookUp_Map ( EGRPosi, A_In1_SF, 0 );
                           //用当前的采样值调用脉谱查表功能。 查 EGR 开度，
                              获得当前的 EGR 开度 A_In1。EGRPosi 是 EGR 开
                              度脉谱数组名，An1SF 是滤波后信号整定值
}
```

通过这一步的程序制作可实现 EGR 阀开度的动态测量。

④ 实现对 EGR 阀的控制。设我们利用第 1 个 PWM 驱动通道来进行 EGR 驱动，输出函数为 PWM _ OUT1。这一函数的说明为：

```
void PWM_OUT1 ( int_SPS );     //PWM 输出底层函数
```

函数功能为：对 EGR 控制输出口给出占空比为 SPS 的 PWM 驱动脉冲。由于前面提到过的磁滞作用等原因，一定占空比的 PWM 驱动脉冲无法获得固定的 EGR 开度，这会使对 EGR 阀的定量控制难以实现。因此，实际使用 EGR 阀时都采用 PID 控制的方式来实现对 EGR 阀的定量控制。这里要用到函数：

```
void PWM_OUT1_PID ( int_Open_Scale );  //通过 PID 位置控制调节 EGR 阀
                                           开度的专用函数
```

这一函数是通过 PID 位置控制来实现对 EGR 阀的定位。针对这一函数的使用，需要定义一全局数组变量 EGR_PID_Array [ ]。它的定义如下：

int_A_EGR_PID_Array [4]

这一数组四个元素的作用分别为：

A_EGR_PID_Array[0]——PID 比例项系数；

A_EGR_PID_Array[1]——PID 积分项系数；

A_EGR_PID_Array[2]——上次目标偏差；

A_EGR_PID_Array[3]——上次 PWM 占空比。

对于 PID 比例项系数和 PID 积分项系数，可以作为常数来调整；也可以设置专门的脉谱，在函数中通过调用脉谱来确定。在此采用第一种方式，在函数中将 PID 比例项系数和 PID 积分项系数作为常数来对待。第二种方式在以后的实例中也有涉及。EGR 阀位置的 PID 调节函数的定义如下。

```
void PWM_ OUT1_ PID ( int Open_ Scale )        //专用函数定义
{int Error,  Derror,  Output;                  //定义工作变量
Error = Open_ Scale-A_ In1 ;                    //本次偏差（积分项差）
if ( Error < 2&&Error> -2 )  return;            //如果位置误差小于 2%则
                                                不做调整
Derror= Eror - EGR_ PID_ Array [2];           //二次偏差（比例项差）
Output= A_ EGR_ PID_ Array [o] * Derror;      //PID 运算
Output+ = AEGR_ PID_ Array [1] * Eror;        //得到 PID 输出
Output+ = A_ EGR_ PID_ Array [3];             //对当前占空比值做调整
PWM_ OUT1_ Output;                             //重新设置 PWM 占空比
A_ EGR_ PID_ Array [2] = Errort;              //记录本次偏差（积分项差）
                                                供下次用
A_ EGR_ PID_ Array [ 3= Output;              //记录本次调整后的 PWM
                                                占空比供下次用
```

关于 EGR 阀位置 PID 调节函数的使用，要注意以下问题：

a. EGR 阀位置采样。EGR 阀位置采样与其他模拟量采样的方法基本相同。但其采样值与 EGR 阀实际开度值的对应关系，对于不同型号的 EGR 阀产品可能不同。EGR 阀当前开度一般是指其当前流通截面与最大流通截面的比值。在同一工况下，EGR 阀流量主要取决于 EGR 开度（即通道截面积）。由于不同的 EGR 阀结构不同，其开度值与几何升程的关系也不同，但大体应是二次曲线的关系。EGR 阀位置采样是根据其升程值采样，采样后通过脉谱换算获得其开度。这不仅是为了避免复杂计算，而且是由于即使得到了精确的开度值，也并不意味着开度值能精确地对应 EGR 流量。因此，这一脉谱的标定最好是通过专门的试验来实现。通过实际流量值，来标定对应的"开度值"，即使这一"开度值"与几何意义上的开度值有所不同，我们仍能通过使用标定后的脉谱实现对 EGR 阀的较精确控制。

b. 函数调用。基于离散化的 PID 调整原理，EGR 阀位置 PID 调节函数只能采用定时设置的方式。在 RTI_ Sub () 中设置定时控制机制，考虑到 EGR 阀的响应速度，PID 调整周期不宜过短，一般不应低于 50ms。

c. 任务设置。在以上 EGR 阀 PID 控制中直接调用了 EGR 阀控制函数 PWM_ OUT1，这

固然也可以。但这种直接调用任务的方式不易多用，因为会对系统的实时工作造成影响，例如造成更紧急的处理任务滞后。也可以设置一项任务并在此将任务激活，由任务管理系统来统一安排任务的执行，但这对满足 PID 任务执行的等间隔要求，会因为本任务在队列中的等待而有一定影响。我们实际使用的结果证明：采用任务执行的方式，能够得到满意的使用效果。

2.4.3　电控分配泵供油提前角的控制

对比电控高压共轨系统和电控单体泵系统的供油提前角参数控制方式，电控分配泵对于供油提前角的调整有很大不同。

（1）分配泵供油提前角调节方式

机械分配泵原本是通过内腔油压推动提前角调节活塞，压迫弹簧使供油提前角向正方向调整。内腔油压会随转速和每次供油量增加而增加。而电控分配泵是在此基础上，通过对内腔的泄流，使调节活塞在弹簧的作用下，向减小提前角的方向移动。在此，通过对内腔的泄流量的调整，相比原机械泵，可以向减小提前角方向定量地对供油提前角做调整。

（2）分配泵供油提前角的调节范围

在柴油机启动时，由于分配泵内腔油压尚未建立，供油提前角处在最小的位置（初始值）。这一位置是在分配泵安装时确定的，一般为 5°～8°曲轴转角。柴油机启动进入怠速后，分配泵内腔油压初步建立，如果不加调节，供油提前角也会稳定在一个新的位置上。随着转速上升和每次供油量的增加，供油提前角会随内腔油压升高而加大，亦可随着卸压阀的调节强度升高而减小，但其最小值不会小于初始值。因此，分配泵供油提前角可能的调整范围，只是在当前工况下的最大提前角和初始值之间。

（3）目前分配泵供油提前角调节中的问题

目前分配泵供油提前角的调节机制中存在较突出的问题：一是传动路线存在柔性，也就是液压传动部分；二是存在周期性的反作用，这是由分配泵的滚轮与凸轮传动的特点造成的。这两个因素的共同作用使分配泵的供油提前角始终不稳定，而是在一个平均位置做振动，这是影响分配泵性能调整的重要因素。目前正在开展的某些改进性的研究和设计规划，可能会对分配泵这种性能的改进带来有益作用。

（4）分配泵供油提前角调节的特点

由上所述可知，分配泵的供油提前角调整不同于共轨和单体泵系统。对于后两者，对供油提前角的调整只是调整在供油阶段的起始时间，只要在执行前确定时间，就可以在本次供油中实现所要求的供油位置。可以说这是一种无惯性的调整。但对于分配泵系统，由于它的供油提前角具有位置调整的特征，任何调整都只能随着驱动活塞的逐渐运动而实现，调整过程可能在若干个工作循环内才能完成，不可能做到像共轨和单体泵系统那样在希望调整后的下一次供油就能得以实现。

（5）分配泵供油提前角的测量

如图 2-19 所示，分配泵的轴上固定装有信号齿轮，这一信号齿轮上有 8 个信号齿。在泵信号齿轮体的固定位置上装有一个霍尔传感器，一般将它称为转速传感器。因为它的主要作用是获得泵轴的转

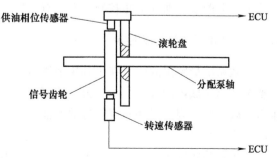

图 2-19　分配泵供油提前角测量示意图

速。分配泵轴上还套装有滚轮盘，滚轮盘可以在提前角控制活塞和弹簧驱动下在小范围内做往复转动，这种转动造成了滚轮盘与凸轮盘相对位置的改变，从而改变了供油提前角的相位。

当滚轮盘发生转动时，安装在滚轮盘上的另一个霍尔传感器（称为供油相位传感器）相对于信号齿轮的圆周向位置也会发生改变，因此它测得的相位也发生了变化。通过比较两传感器信号相位的变化，可以得到滚轮盘角度改变量的值，如图 2-20 所示。

针对转速传感器信号的处理固然可以得到转速信号，但同时转速传感器的信号也被作为信号基点。当 ECU 同时采集到转速传感器和相位传感器信号时，会选定两个相邻的上升沿（当然也可以是下降沿）信号计算出的相位差。图 2-20 中的相位传感器信号 1 和信号 2，就是当滚轮盘处在不同位置时，采样得到的信号。

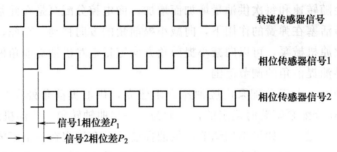

图 2-20　传感器信号的相位差变化

设相位传感器信号 1 与转速传感器信号的相位差为 P_1，相位传感器信号 2 与转速传感器信号的相位差为 P_2，则两次采样间供油提前角相位差的时间量为：

$$\Delta P = P_2 - P_1 (\mu s)$$

而此时曲轴转速为 A_ShSPeCrl，得两次采样间供油提前角改变为：

$$\Delta \theta = A\_ShSPeCr1 \times 360/(60 \times 10^6) \times \Delta P \quad (°)$$

由此算法可看出，要实现对分配泵供油提前角的测算，必须在刚启动时就测定一个初始信号 1，才能通过其后的改变做出测算。

（6）供油提前角的调控

供油提前角的实际改变通过对分配泵供油提前角调整泄流阀的控制来实现。在控制上应使用 EDBM_ECU 的 PWM 输出功能来完成。PWM 的占空比较大时，泄流作用较大，供油提前角会变得较小。具体实现过程类似于前面介绍的对 EGR 阀控制方式，先设定供油提前角目标位置，然后通过 PID 控制对泄流阀的驱动强度进行调整，使供油提前角逐步接近目标值。分配泵供油提前角控制问题还有其他的复杂影响因素，这里不做进一步的叙述了。

2.4.4　共轨系统轨压的控制

共轨系统最突出的优势在于其供油压力可以独立于柴油机的转速，也就是说，可以实现在整个转速区域内的稳定供油压力。特别是在柴油机低速区，传统的供油设备所实现的供油压力一般较低，因此无法实现较好的燃油雾化效果，而使用共轨系统则可以在基本工作性能上改变这种情况。

由于对共轨系统来说，轨压独立于转速，因此必须针对其轨压的建立和释放的过程，建立独立的控制机制，才能使轨压稳定在需要的范围内，为柴油机工作提供保障。

（1）目标轨压脉谱

共轨系统的目标轨压脉谱 RailPre 是一个二维脉谱，它根据每次喷油量和转速确定共轨系统的目标轨压，见表 2-14。

对于目标轨压的设置，主要是根据试验效果来决定。但也要满足共轨系统性能试验中确定的范围，超出范围则实际上系统无法实现。表 2-14 被用于提供轨压目标。ECU 控制层软件必须设置一个独立工作的部分，该部分的功能就是通过对当前工况状态的检测，通过查表获得当前目标轨压；再根据对当前轨压的检测，获得实际量与目标量的差值；然后通过控制调整，使得当前轨压值逐渐与目标值接近一致。

表 2-14　目标轨压脉谱 RailPre 实例

目标轨压/bar① 喷油量/mg 转速/(r/min)	5	10	15	…	30	40	…	60
600	1200	1200	1200	…	1200	1200	…	1200
800	1200	1200	1200	…	1200	1200	…	1200
1000	1200	1200	1200	…	1200	1200	…	1200
1200	1400	1400	1400	…	1400	1400	…	1400
1400	1500	1500	1500	…	1500	1500	…	1500
…	…	…	…	…	…	…	…	…
2800	1600	1600	1600	…	1600	1600	…	1600
3000	1600	1600	1600	…	1600	1600	…	1600

① 1bar=0.1MPa。

（2）目标轨压的 PID 控制

通过一个实例来说明目标轨压的控制方式。这一实例是针对共轨系统高压油泵上的比例电磁阀的控制强度调整来实现轨压稳定的。在柴油机运行时，共轨系统高压油泵上的比例电磁阀受 ECU 对应的 PWM 输出驱动控制，当 PWM 输出较强时，会有更多的高压油被传输到共轨，使共轨压力上升；而当 PWM 输出较弱时，共轨压力会下降。

从前文对 PID 控制的介绍中可以明确了解，对于共轨系统轨压的控制可以通过如下方法来实现：

① 获得目标轨压。通过查找 RailPre 脉谱来得到目标轨压。RailPre 是二维脉谱，根据每次供油量和转速确定共轨系统的目标轨压。

② 设定 PID 控制任务。按照柴油机的控制策略要求，制作一个任务函数。该任务函数按照 PID 控制策略实现对于轨压的 PID 调整。具体的过程是：通过当前轨压传感器采样，得到轨压值 A_RailP。根据当前轨压和目标轨压，结合前两次本 PID 任务中得到的数据，完成 PID 数据处理，得到本次的 PID 输出。针对本任务，输出的应该是一个用于调节的百分数改变量。当然，必须给本 PID 任务分配一个任务号。

③ 设定一个定时执行本 PID 任务的机制。依赖的 PID 控制模型的处理时间间隔必须是常量。也就是说，必须定时执行本 PID 的控制任务。可以在 ECU 的实时中断服务中设置定时执行本任务的机制。

④ 对 PID 的比例系数和积分系数做实用化的扩展。在实际的电控柴油机 PID 控制试验中发现，能够实现较理想的 PID 控制效果的 PID 参数往往其针对的范围是有限的。例如对

轨压的控制，可以针对一个具体目标轨压和一个确定的输出油量找到较理想的比例系数和积分系数，但如果当前目标轨压和（或）输出油量变化了，则达到较好控制效果的 PID 系数也会改变。

为了满足这种控制需求，常采用建立系数脉谱的做法：针对轨压的小范围变化，处理函数通过查找 PID 系数脉谱，获得当前工况下的 PID 系数，用于实现 PID 控制。为此需要设置两个对应的二维脉谱 RaPrPID_P 和 RaPrPID_I：

RaPrPID_P——轨压控制 PID 比例系数脉谱；

RaPrPID_I——轨压控制 PID 积分系数脉谱。

这两个脉谱的结构是根据每次供油量和目标轨压在数据区提供 PID 比例系数和积分系数。这些比例系数和积分系数的具体值也都是根据专门试验确定的。

(3)轨压 PID 控制函数和任务

在此根据前面的要求，具体来实现轨压控制的函数，并建立对这一函数做定时调用的任务。控制轨压是通过控制比例电磁阀来实现的，而控制比例电磁阀是通过 PWM 方式实现的。

假设利用第 2 个 PWM 驱动通道来进行轨压调节的驱动，第 2 个 PWM 驱动通道输出函数为 PWM_OUT2。这一函数的说明为：

```
void PWM_OUT2（int SPS）；        //PWM 输出底层函数
```

当执行本函数时，就会将第 2 个 PWM 驱动通道输出的脉冲信号的占空比调节为 SPS（单位是百分数）。

① 轨压控制的函数 RailPrePID（）。建立用于轨压 PID 控制的函数，它的定义为：

```
void RailPrePID（）        //这一函数通过 PID 工作方式给出当前轨压
                          控制量
```

这一函数针对轨压控制的函数功能类似于下列函数：

```
void PWM_OUT1_PID（int Open_Scale）；        //通过 PID 位置控制调节 EGR 阀开度
                                            的专用函数
```

但两者不同的是 RailPrePID（）针对第 2 个脉宽控制输出口实施控制，是针对轨压控制而建立的。另外，由于我们这里希望通过执行任务的方式来实现 PID 调用，因此我们不采用形式参数，而是用全局变量的方式来传递目标轨压。针对这一函数的使用，也需要定义一全局数组变量 A_Rail_PID_Array[]。

int A_Rail_PID_Array[0]~int A_Rail_PID_Array[4]；

这一数组 4 个元素的作用分别为：

A_Rail_PID_Array[0]——PID 比例项系数；

A_Rail_PID_Array[1]——PID 积分项系数；

A_Rail_PID_Array[2]——上次目标偏差；

A_Rail_PID_Array[3]——上次 PWM 占空比。

对于 PID 比例项系数和 PID 积分项系数，可通过调用脉谱来确定。

```
void RailPrePID ( );                        //这一函数通过 PID 工作方式给出当
                                              前轨压控制量
{int Error, Derror, Output;                  //定义工作变量
                                            //确定目标轨压, 并判断是否做轨
                                              压初始调节
A_ ( GoalPre= LookUp_Map ( RailPre, A_InjOilMo, A_ShaSPeCr1 );
                                            //获得当前目标轨压
Error= A_GoalPre - A_RailP;                  //本次轨压偏差 (积分项差)
if ( Eror< 20&&Error> -20 ) return;          //如果轨压偏差误差小于 2MPa 则不做调整
Derror= Error-A_Rail_PID_Array [ 2 ];        //二次偏差 (比例项差)
A_Rail_PID_Array [ 0 ] = LookUp_Map ( RaPrPID_P, A_InjOilMo, A_ShaSpeCr1 );
                                            //获得当前 PID 比例项系数
A_Rail_PID_Array [ 1 ] = LookUp_Map ( RaPrPID_I, A_InjOilMo, A_ShaSpeCr1 );
                                            //获得当前 PID 积分项系数
Output= A_Rail_PID_Array [ o ] * Derror;     //PID 运算
Output+ = A_Rail_PID_Array [ 1 ] * Emor;     //得到 PID 输出
A_RailPreDr= Output+ = A_Rail_PID_Array [ 3 ];
                                            //对当前占空比值做调整
PWM_OUT2 ( A_RailPreDr );                     //重新设置 PWM 占空比
A_Rail_PID_Array [ 2 ] = Errort;             //记录本次偏差 (积分项差) 供下次用
A_Rail_PID_Array [ 3 ] = Output;             //记录本次调整后的 PWM 占空比供下次用
}
```

本函数所利用的全局变量: A_InjOilMo、A_ShaPeCr1、A_GoalPre、A_Rail。本函数所改变的全局变量: A_GoalPre、A_Rail_PID_Array[]、A_RailPreDr。本函数使用的脉谱: RailPre、RaPrPID_P、RaPrPID_I。

② 轨压 PID 控制任务的建立。为了让 RailPrePID () 函数真正实现对轨压的调整, 我们建立能够让它等时间间隔工作的机制。为此我们赋予它一个任务编号 52, 并设置一个用于计时的全局变量 A _ RaPr _ Time。在实时中断扩展函数中为它设置每 20ms 激活一次的功能。

```
void RTI_Sub ( void )                         //实时中断服务扩展函数名
  { ……                                        //前面可能有的语句
A_RaPr_Time+ + ;                              //中断次数统计量加 1
if ( A_RaPr_Time> 78 )                        //如果超过了 78 次则意味着计时达到了 20ms
  {A_Ts_class [ 52 ] = 30;                    //设置轨压 PID 控制任务的优先级
  A_Ts_flag [ 52 ] = 1;                       //激活轨压 PID 控制任务
  A_RaPr_Time = 0;                            //时间计数清零
  }
……                                           //后面可能有的语句
}
```

在任务调度扩展函数中，加入此任务的执行。

```
void Ts_Sub（int_Task_Number）//任务调度扩展函数，在被 TS（）执行时
                            其参数由 TS（）用通过上面算法确定的
                            Task_number 替换，含义相同
{ switch（Task_Number）
  {……                    //前面的语句
case52: RailPrePID（）; beak;  //轨压 PID 控制任务
  ……
  }
}
```

采用任务调度的方式，会使轨压 PID 控制函数被执行的时间比它被激活的时间稍晚些。由于 PID 控制策略的等间隔要求，用任务调试的方式会使执行时间有少量的不定性。为减小这种影响，应将 PID 控制任务的优先级设定得高一些。实际应用效果证明了采用任务调度的方式对 PID 过程做控制能够得到理想的效果。

2.4.5　供油提前角的确定和供油时机控制

供油提前角的原意通常说的是某缸高压燃油泵开始供油时，其曲柄与上止点位置所夹的曲轴转角。而喷油提前角则是指某缸喷油器开始喷油时，其曲柄与上止点位置所夹的曲轴转角。在实际使用时，这两个参数都用于确定燃油被喷入气缸的时机。喷油提前角反映了燃油进入气缸的时机，是影响燃烧效果的重要参数。但由于喷油提前角必须用较特殊的设备才能测试出来，因此在工程上使用供油提前角较多。由于高压燃油压力传递速度的限制，供油提前角并不直接反映燃油被喷入气缸的时刻，只是间接反映这一参数。

在电控柴油机中一般说到的供油提前角，是有其特定含义的：

对于电控高压共轨系统，是指某气缸喷油器驱动脉冲起始时刻，曲柄与上止点位置所夹的曲轴转角。

对于电控单体泵系统，是指某气缸单体泵高速电磁阀驱动脉冲起始时刻，曲柄与上止点位置所夹的曲轴转角。

对于电控分配泵，是指针对某气缸供油凸轮升程达到 0.05mm 时刻，曲柄与上止点位置所夹的曲轴转角。注意：

① 当供油提前角在上止点前时，这一角度值为正。供油提前角可以是 0，也可以是负值。在某些追求低 NO_x 排放的控制过程中，为了降低燃烧温度，供油提前角甚至经常是负值。

② 正如前面所说，供油提前角只是反映了喷油提前角。即使是针对高压共轨系统，电控喷油器的针阀开启与驱动脉冲相比也有一定的滞后，因此，供油提前角反映的也不是油进入气缸的时刻，当然也不等同于喷油提前角。

针对某些研究工作需求而言，如果需要确定喷油提前角，必须借助其他的专用设备（如针阀升程传感器等）。在工程上一般只需通过供油提前角反映出相对的喷油相位关系，即可通过试验标定柴油机，使之获得最佳工作点。

③ 供油提前角在实现控制时一般是人为指定的量，通过试验证明其效果后将它记在脉谱中，以后在同样的工况下就将其作为参数取来应用。供油提前角的计算，是指根据已经确

定的供油提前角，计算相关的供油参数。

④ 真正对可燃混合气生成有影响的参数是供油提前时间 A_InjAdTime，在供油提前角 A_InjAdvance 和柴油机转速 A_ShaSPeCr1 已知的条件下：

A_InjAdTime ＝A_ShaSpeCr1×3600/(60×1000×1000×A_InjAdvance)

式中，A_ShaSPeCr1 的单位是 r/min；A_InjAdvance 的单位是 0.1°；A_InjAdTime 的单位是 μs。

（1）电控高压共轨和单体泵系统的供油提前角计算

在电控高压共轨和单体泵系统柴油机中，要实现对于供油提前角的控制，就需要根据已知的供油提前角数据，确定供油驱动脉冲的时间控制量。实现供油动作需要有供油函数 Oil_Supply1()～ Oil_Supply4()，这一组函数工作时需要一组全局变量来支持：

A_Dtq1＝dtq1－dtq0；　　自齿中断时刻到供油低位开关打开

A_Dtq2＝dtq2－dtq1；　　自低位开关打开到高位开关打开

A_Dtq3＝dtq3－dtq2；　　自高位开关打开到高位开关关闭

A_Dtq4＝dtq4－dtq3；　　自高位开关关闭到低位开关关闭

如果在对应曲轴信号的某齿范围（本齿信号和下齿信号间）内开始供油，将这一齿称为供油齿。而 A _ Dtq1 是本齿信号时刻到开始供油时刻的时间。在 EDBM 模型中，可以通过以下计算步骤来完成供油参数计算：

① 确定供油齿。根据已确定的供油提前角 A _ InjAdvance 和希望进行供油的气缸 i，确定开始供油的整齿数。不失一般性，只讨论 i＝1 的情况，用 A _ OilTeeth 表示供油齿。

当 A_InjAdvance/6 为整数时，A_OilTeeth＝11－A_InjAdvance/6；

当 A_InjAdvance/6 为非整数时，A_OilTeeth＝11－int(A_InjAdvance/6)－1。

参考图 2-12，上式中 11 是第一缸上止点对应的齿号，6 是每齿的对应转角，以（°）为单位。int(A_InjAdvance/6) 表示对 A_InjAdvance/6 计算的结果给出不大于括号内数值的最大整数。

② 确定供油偏移时间 A_Dtq1 的值。A_Dtq1 是从供油齿沿到开始供油的时间，可以由以下算法来算出它。

当 A_InjAdvance/6 为整数时，A_Dtq1＝0。

当 A_InjAdvance/6 为非整数时，有：

设转速为 A_ShaSPeCr1，单位是 r/min，可以变换为：

N ＝A_ShaSPeCr1×360/(60×1000000)[(°)/μs]

A_Dtq1 ＝[(11-A_OilTeeth)×6-A_InjAdvance]/N(μs)

以上计算基于假定柴油机以 A_ ShaSPeCr1 为转速做匀速转动。事实上，柴油机的转速是不均匀的，而且有时柴油机的平均转速也是可能变化的，例如：可能做加速运动。但是，由于在一个齿的转动范围内，柴油机转速来不及做太多改变。假设在一个齿内的转速是匀速转动，不会带来太多误差，在工程上能够满足需求，计算量也不会太大。

例 2-1　设 A_InjAdvance＝9°，A_ShaPeCrl＝1000r/min，则：

A_OilTeeth＝11 －int(A_InjAdvance/6)－1＝9

即针对第 1 缸，第 9 号齿是供油齿。而：

N ＝A_ShaSPeCr1×360/(60×1000000)＝1000×360/(60×1000000)

　　＝6/1000[(°)/μs]

$$A\_Dtq1 = [(11 - A\_OilTeeth) \times 6 - A\_InjAdvance]/N$$
$$= [(11 - 9) \times 6 - 9)]/(6/1000) = 500(\mu s)$$

例 2-2 设 A_InjAdvance = -9°，A_ShaSPeCr1 = 1000r/min，则：

$$A\_OilTeeth = 11 - int(A\_InjAdvance/6) - 1 = 12$$

即针对第 1 缸，第 12 号齿是供油齿。而：

$$A\_Dtql = [(11 - A\_OilTeeth) \times 6 - A\_InjAdvance]/N$$
$$= [(11 - 12) \times 6 - (-9)/(6/1000)] = 500(\mu s)$$

供油齿确定后，在运行中只要齿计数达到这一齿，即可启动供油函数。例如：在第一缸的情况下，运行 Oil_Supply1()。供油函数会依据 A_Dtql 的值，确定精确的供油时刻。

按照以上的算法，我们来实际完成供油提前角处理函数 OilAngle()。这一函数的作用是通过当前的供油提前角 A_InjAdvance，来计算出下一供油齿 A_OilTeeth 和供油时间量 A_Dtql。OilAngle() 的声明为：

void OilAngle()；以下是 Milange 函数的定义：

```
void OilAngle ( )                              //供油角参数计算函数
{ int_TDCT;                                     //定义工作变量，表示上止点齿号
float Va_1: int Va_2                            //定义工作变量
TDCT= A_TDC [A_iR];                             //TDCT 获得下一工作气缸上止
                                                  点的齿号
Va_1= (float) A_InjAdvance/6;                   //求出浮点商
Va_2= A_InjAdvance/6 ;                          //求出整数商
if (Va_1= = Va_2)                              // A_InjAdvance/6 是整数时
  { A_OilTeeth= TDCT - A_InjAdvance/6;          //确定供油齿号
A_Dtq1= 0;                                      //确定供油偏移时间
  }
  else                                          //不是整数时
{ A_OilTeeth= TDCT-int (A_InjAdvance/6) - 1;    //确定供油齿号
Va_2= (int)(((long) A_ShaSpeCr1 * 6)/1000000); //单位: (°)/μs
A_Dtq1= ((11- A_OilTeeth) * 6-A_InjAdvance)/va_2; //确定供油偏移时间
  }
A_Dtq4= A_InjWidth-A_Dtq2-A_Dtq3;              //确定自高位开关关闭到低
                                                  位开关关闭时间
}
```

该函数的输入量为当前气缸号 A_iR 和下一缸供油提前角 A_InjAdvance，根据气缸号而确定的上止点齿号为 A_TDC[A_iR]。

该函数的输出量为下一个要工作的气缸对应的供油齿号 A_OilTeeth、针对这一齿的供油时间偏移量 A_Dtq1 和后持续时间 A_Dtq4。

与供油控制关系密切的其他两个时间量 A_Dtq2 和 A_Dtq3，一般针对一种电控泵，通

过油泵试验台试验来调整确定。确定后作为初始化数据写入程序，在工作过程中不再改变。

（2）供油提前角的计算时机和供油的执行

针对电控高压共轨和电控单体泵的供油提前角参数计算函数 OilAngle（），在控制层软件中是作为任务来实现的。这一任务的执行时机一般应在两次气缸供油的中间位置。在这样的位置上，需要实时处理的较少，可以将非实时任务集中在这些相位空间内来完成。在曲轴中断服务扩展函数中加入对任务调用的语句，可以适时地激活供油提前角参数计算任务。

```
void CSI_Sub（void）                    //曲轴中断服务扩展函数
{statics long int S_Time_Sum1, S_Time_Sum_2;   //定义 2 个静态变量
                                               统计时间累加值
int i_Vary;                             //定义工作变量
……                                    //前面的语句
A_Crank_Time［A_CrankTeeth］= A_CrankCyc;   //将本次本齿的信号周期
                                           保存在数组中的对应变
                                           量中，供滚动计算使用

A_CrankCycL= A_CrankCyc;                //更新"上次曲轴中断周期"，
                                           为下次中断服务做准备

if（A_CrankTeeth = = 0）;               //当前齿号如为 0
A_iR= 1;                                //下一工作气缸是第 1 缸
if（A_CrankTeeth= = A_TDC［A_iR］+ 15    //如果当前齿号等于某缸
                                           压缩上止点后 9°
A_iR= A_FireSeq［A_iR］;                //修改当前缸号为当前的
                                           下一发火缸号
  if（A_CrankTeeth= = A_TDC［AiR］-12）  //如果当前齿号等于本缸上
                                           止点前 12 齿（72°）
{A_Ts_class［30］= 52;                   //设置 OilAnge（）任务的优先级
A_Ts_flag［30］= 1;                      //激活 OilAngle（）任务
}
if（A_CrankTeeth= = A_OilTeeth）        //如果曲轴当前齿号等于
                                           下一供油齿号
  Oil_Sup（）;                          //执行供油
  ……                                  //后面可能有的语句
  }
```

在此为供油参数计算函数选定的任务号为 30。为使这一任务得到执行，在任务调度扩展函数 Ts_Sub（）中加入执行语句：

```
void Ts_Sub（int Task_Number）         //任务调度扩展函数，在被 Ts（）执行时其
                                         参数由 Ts（）用通过上面算法确定的 Task_
                                         Number 替换，含义相同
{ switch（Task_Number）
  { ……
```

```
case30:   OilAngle ( ) ;   break;      //加入的供油参数计算任务
  ......
  }
}
```

由以上设置可以得到一种执行效果：每当曲轴转到某缸压缩上止点前 15 个齿（距上止点 90°转角）时，激活针对下一缸供油参数的计算。

这一计算根据已确定的供油提前角，确定了下缸工作时的供油齿号和偏移时间量。在真正实现供油时，就会按照这两个参数确定具体时机。

从以上程序段中可以看出：尽管顺序执行了供油参数计算任务和实际供油的指令，但由于针对齿数的控制，上两种指令不会同在一次中断过程中被执行。前者在上止点前 90°后附近被执行，而后者在进入可能的供油角范围（约−10°～30°）内后才可能被执行，此时，与后者执行有关的参数，已经由前者准备完毕，可以实现所希望的控制。

特别提示　以上有关函数和指令等仅供读者参考。对此类参数感兴趣的读者，请参阅本书参考文献 [1]。

2.5　电控单元（ECU）的故障检修

柴油机电控单元（ECU）本身及线路不良，都会造成柴油机启动困难或不能启动、怠速不稳甚至熄火、加速不良、排气管冒黑烟等故障。其主要原因是电控单元（ECU）线路接触不良、接头氧化或脱落、外来水分进入电控单元内部等造成电控单元损坏或维修时操作不当而烧坏电控单元等。

电控单元及其控制线路的故障，可用该车型的电控单元检测仪或通用于各车型的汽车电控单元解码器来检查。如果没有这些检测设备，也可利用万用表测量电控单元一侧插座上各端子的电压或电阻，以判断电控单元及其控制线路有无故障。用这种方法检测电控单元及控制线路的故障必须以被测车型的详细资料为依据。

这些资料包括：该柴油机的 ECU 接线图或电路图（如图 2-21 和图 2-22 所示）；电控单

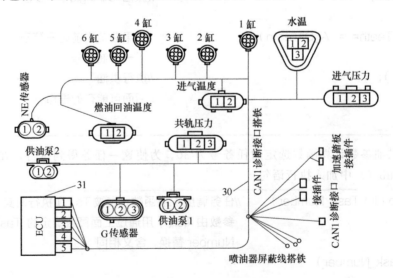

图 2-21　ECU 接线示意图

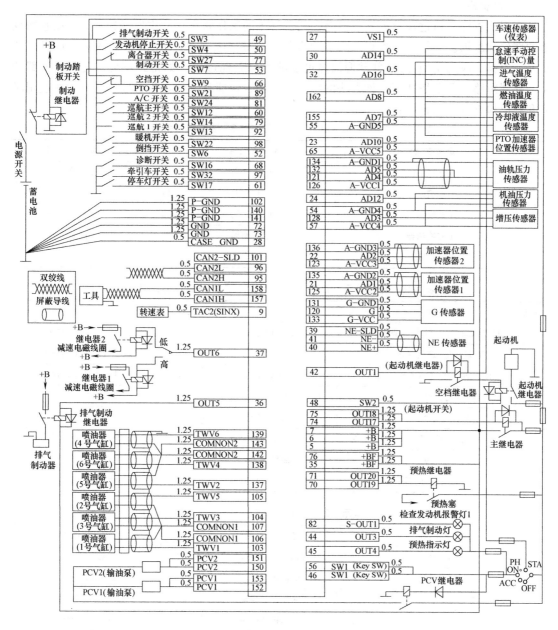

图 2-22 ECU 外部接线图

元线束插头中各接插端口（见表 2-15～表 2-17）与控制系统中的哪些传感器、执行器相连接；各接插端口在柴油机不同工作状态下的标准电压值。检测时如发现异常则表明有故障：与执行器连接部分异常，则表明电控单元有故障；与传感器连接部分异常，则可能是传感器线路故障。

（1）故障检测诊断方法

对于 ECU 检修作业的关键在于判断 ECU 故障原因和 ECU 故障部位的诊断，至于维修作业，主要是通过更换和电路焊接来处理。下面给出九种故障检测诊断方法，使用者可以根据自己的实际情况做相应的选择。

1）直观检查法

直观检查法是通过视觉去观察电路、元器件等的工作状态，从中发现异常，直接查找故障的部位和原因。这是所有检查法的基础步骤。通过仔细观察，了解 ECU 的基本信息（如型号、引脚、应用车型等），并掌握故障可能的外部表现迹象，如密封不良、进水、外部断路、外部短路、严重烧蚀等。该方法的特点是简单、快捷且方便，但收效相对低，在使用时应和其他检查方法紧密结合。

表 2-15　电控单元（ECU-EDC7 系统）3# 接插端口引脚定义

引脚	定义或说明	引脚	定义或说明	引脚	定义或说明
1	5 缸喷油器	6	2 缸喷油器	13	1 缸喷油器
2	6 缸喷油器	9	燃油计量单元	14	4 缸喷油器
3	4 缸喷油器	10	燃油计量单元	15	6 缸喷油器
4	1 缸喷油器	11	2 缸喷油器	16	5 缸喷油器
5	3 缸喷油器	12	3 缸喷油器	—	—

表 2-16　电控单元（ECU-EDC7 系统）2# 接插端口引脚定义

引脚	定义或说明	引脚	定义或说明	引脚	定义或说明
3	电源（风扇、排气制动、空调）	12	轨压传感器	25	大气压力传感器地
4	CRID 加热器（进气预热）	13	轨压传感器电源 5V	26	冷却液温度传感器地
5	CRID 加热器（进气预热）	14	轨压传感器信号	27	机油压力传感器信号
6	排气制动	15	冷却液温度传感器信号	29	风扇转速信号
7	风扇继电器	18	风扇转速地	32	机油压力传感器电源
9	凸轮轴转速	19	曲轴转速	33	大气压力传感器电源 5V
10	凸轮轴转速	23	曲轴转速	3	进气压力信号
11	空调压缩机继电器	24	机油压力传感器地	36	进气温度信号

表 2-17　电控单元（ECU-EDC7 系统）1# 接插端口引脚定义

引脚	定义或说明	引脚	定义或说明	引脚	定义或说明
2	电源 24	25	冷却液温度传感器电	46	启动信号
3	电源 24	26	油位传感器电	51	起动机继电器 L
4	电源输出 +5V	28	油位传感器地	55	柴油机制动 2
5	地	33	柴油机转速表	56	机油指示灯
6	地	34	B_D_CANL	58	柴油机制动 1 地
8	电源 24	35	B_D_CANH	59	柴油机制动 2 地
9	电源 24	37	起动机继电器 H	61	启动信号 T50
10	地	38	巡航指示灯	62	燃油含水量开关电
11	地	39	冷却液指示灯	64	停机信号
13	柴油机制动 1	40	电源+信号 T15	65	燃油含水量开关地
24	冷却液温度传感器地	42	燃油堵塞传感器信号	89	B_D_TSOK

2）接触检查法

接触检查法是 ECU 在工作状态下，检查人员通过直接接触去寻找故障点。在与待查电控元件接触的过程中通过触觉感知温度，通过嗅觉感知气味，确认是否有异常表征。该方法方便、简单、实用、针对性强，能够直接发现故障部位，但必须要有丰富的检查经验，才能获得准确的检查结果。为了避免引发新的故障，在检查过程中，ECU 要放置平稳，注意电路板或电子元件与其他部分尤其是车身底盘部分保持安全距离，以免线路搭铁，造成不可修复的故障。

3）故障再生法

故障再生法是有意识地让故障重复发生，并力图使故障的发生、发展、转化过程变得比较缓慢，以便提供充足的观察机会、次数、时间和过程，在观察过程中发现影响故障的因素，从而查出故障部位和原因。对于 ECU 来说，间歇性故障几乎都是在一些特定的环境下出现的，因此，为了让故障再现，就需要采取一些必要的措施，模拟故障显现环境。结合汽车和工程机械的使用条件，通常采用的方法有四种：

① 振动法。通过轻轻地振动、拍打、敲击 ECU，拉动 ECU 连接线束，再现振动条件下发生的间歇性故障。

② 水淋法。用水浇淋风窗玻璃或发动机罩，再现 ECU 因受潮而发生的间歇性故障。注意绝对不能将水直接浇到 ECU 上。

③ 加热法。可以用电吹风或热风枪对 ECU 或分析部位进行加热，再现因温度过高而发生的间歇性故障。这个操作要注意，温度不能超过 85℃ 风口，与 ECU 电路板要保持 20cm 以上的安全距离。

④ 电器全接通法。将 ECU 从车上拆下，接通汽车全部用电设备，再现 ECU 因电路电流过大而发生的间歇性故障，故障重现后及时诊断排除故障。此方法主要适用于间歇出现的故障，即 ECU 时好时坏的情况，对于一直处于不良状态的情况，则不宜采用。

4）参照检查法

参照检查法是一种利用比较手段来寻找故障部位的检查方法。通常用一个性能良好的 ECU，测量其关键部位的参数，包括电压、电阻等。运用移植、比较、借鉴、引申、参照等手段，查出不同之处，以便诊断故障部位和原因。大部分故障都可以采用此方法检测出来，因为有一个 ECU 作为参照物对比检测，就能发现故障 ECU 的不同之处，从而查明故障部位和原因。

参照分为实物参照和图纸参照两种。实物参照需要用两辆同型号的车辆，对其两块 ECU 进行性能和检测参数对比。图纸参照操作起来比较容易，但大部分 ECU 的电路图查找起来比较困难。当通过参照检查法已经将故障范围缩小到局部的集成电路时，可按 ECU 的型号查找技术资料，了解其余电路、各引脚功能等。通常各种型号 ECU 的主要应用电路是相同的或相近的，这样就可以参考典型电路来指导维修。

5）替代检查法

替代检查法的基本思路是用一个性能可靠的元器件去替代一个待查的元器件或电路，如果替代后工作正常，说明待查元器件出现故障。如果替代后故障现象不变，则可排除待查元器件的故障可能性，进一步缩小故障范围。替代检查法适用于各种故障诊断，但在采用时要有针对性，这样会节省诊断时间，提高诊断成功率。在运用替代法检查的过程中，还应注意以下几点：

① 在特殊情况下，一个故障是由两个或两个以上故障点造成的，此时若只替代了其中一个元件则故障现象仍然不变，必须同时替代两个或多个待查元件直到故障现象消除，然后

逐一尝试替换为原元件，结合伴随的现象来判断故障部位。

② 替代检查法对仅有一两个元件存在故障的情况较为实用，通常是在其他方法诊断出具体的方向和范围之后采用。盲目的替换往往会对电路板、元器件造成二次损坏。

③ 对于集成电路这样的多引脚元器件，采用替代检查法需要特别慎重，通常是在有明确的结论后才进行替代检查。同时，在替代操作过程中，若要焊接作业，必须在断电的情况下进行。

6）电压检查法

电压检查法主要是对 ECU 内关键点的电压进行实时测量，以找出故障部位。这些关键点主要是各集成电路的供电电源、线路中连接蓄电池的主电源、受点火开关或电源开关控制的电源、内部经过集成稳压器或调整三极管输出的稳压电源。电路中的数字电路、微处理器等基本上都工作在 5V 或更低的工作电压下，12V 的蓄电池电压是无法直接加到这些元件的电源引脚上的，必须由稳压电路为其提供合适的工作电压。稳压电路在降低电压的同时可滤掉脉冲类干扰信号，以避免对数字电路的工作带来影响。

对于这些关键电路的电源电压，工作期间是固定不变的，但为了提高测量的可靠性，测量应确定在点火开关或电源开关接通而柴油机不启动的状态下进行。采用数字万用表对 ECU 的集成电路的电压进行检测，能掌握各电路及元器件的工作状况。

7）电阻检查法

电阻检查法是利用万用表，通过检测线路的通断、阻值的大小以及元器件的好坏，来判别故障原因和故障部位。此种方法主要适用于元器件和铜箔线路的检测。

① 对于元器件的检测，除了常规的电阻、二极管、三极管外，一些集成电路也可以采用此种方法进行检测。对于集成电路来讲，如引脚功能结构相同、外电路结构相似，其对地电阻应十分接近，因此可以采用万用表对其进行正反向的测量，然后比较测量值，找出故障点。这种测量方法对于找不到芯片资料，而元件外部连线结构形式相同的集成电路来说，是一种有效的测检方法。

② 铜箔线路经常发生开裂和断路故障。开裂的原因主要是车辆的冲击、振动。而 ECU 进水受潮是造成铜箔腐蚀断路的主要原因。很多车辆的 ECU/ECM/PCM 安装于驾驶室地板下或侧面踢脚板的旁边，在雨天和潮湿的条件下 ECU/ECM/PCM 很容易进水，如不及时处理，铜箔在水汽的作用下渐渐腐蚀故障的可能性就越来越大。在实际操作时，必须查清铜箔线路的走向，这可通过线路两端电阻检测来判别。

8）波形检查法

波形检查法是采用专用或通用示波器，对 ECU 关键点的波形进行测量和检查，对微处理器 MCU 的相关引脚波形进行测量，从而判断 ECU 是否正常。因正常状态下，四个信号波形是相同的，仅时间轴略有差异。通过对输入信号波形的测量比较，就可判断故障是否来自 ECU。不仅如此，波形检查法也可对传感器的输入信号、经输入电路后送给 MCU 或 A/D 转换器的信号、输出信号及各种驱动器的输入/输出信号进行检测分析。

9）信号输入检测法

信号输入检测法是采用信号发生器给电路输入相同或相近信号，在输出端观察执行器的动作情况，或在输出端连接示波器或万用表，根据指示波形或显示信号高低来判断故障范围。采用该方法应对电路结构原理有全面的认识，对相应的波形要有所了解，并需要专门的仪器设备，且操作麻烦，但对于解决疑难故障来说，是一个行之有效的方法。

（2）ECU 维修注意事项

① 在对 ECU 检修之前，必须认真检查外电路，排除外电路故障，确认外电路正常之后方可对 ECU 进行检修。

② ECU 故障主要有电源电路故障、输入/输出电路故障、存储器故障和一些偶然因素造成的特殊故障。

③ ECU 的检测诊断方法有直观检查法、接触检查法、故障再生法、参照检查法、替代检查法、电压检查法、电阻检查法、波形检查法、信号输入检测法等九种（如前所述）。

④ 各种检测诊断方法都有一定的使用特点和范围，同一故障可能交叉采用几种方法，也可能几种方法都能采用，选择时应结合柴油机型号或车辆型号、ECU 的特点和故障特征来选择合理的方法，以便检测诊断安全、快速、准确。

第 3 章
电控柴油机传感器系统

　　电控柴油机的传感器是电控柴油机控制系统的主要感知零部件。ECU 是通过相关传感器的信号来实现对柴油机运行进行控制的。因此，了解并掌握电控柴油机各传感器的结构、用途及某些扩展功能，是柴油机维修人员和相关技术人员的必备要求。电控柴油机主要传感器的安装位置如图 3-1 所示，传感器及其功能见表 3-1。

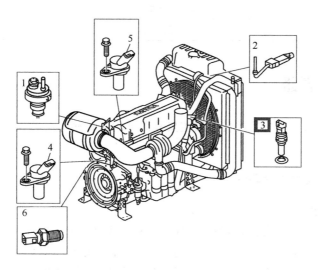

图 3-1　电控柴油机主要传感器的安装位置示意图

1—空气流量计；2—进气压力传感器；3—冷却液温度传感器；
4—凸轮轴位置（转速）传感器；5—大气压力温度传感器；
6—曲轴位置（转速）传感器

表 3-1　柴油机电控系统相关传感器及其功能

类型	传感器	功能或用途
位置（角度）类传感器	曲轴位置传感器	检测曲轴转角和输出柴油机转速信号
	凸轮轴位置传感器	检测凸轮轴位置
	加速踏板传感器	检测加速踏板的开度
温度类传感器	进气温度传感器	检测进气（通过涡轮增压器后）温度
	冷却液温度传感器	检测柴油机冷却液温度
	燃油温度传感器	检测燃油温度
	进气温度传感器	检测进气压力和温度
	排气温度传感器	检测柴油机排气温度
	润滑油温度传感器	检测机油温度
	环境气温传感器	环境温度监测
压力类传感器	进气（增压）压力传感器	监测进气（增压）压力
	机油压力传感器	检测机油压力
	燃烧压力传感器	检测气缸内燃烧压力
位移类传感器	分配泵滑套位置传感器	检测分配泵滑套位移量
	废气再循环阀开度传感器	检测 EGR 阀的开度
	喷油器针阀升程传感器	检测喷油器针阀的升程

续表

类型	传感器	功能或用途
其他传感器或开关	热线式空气流量传感器	检测进气量
	热膜式空气流量传感器	
	扳动式开关	—
	外部开关量发生器	—

3.1 位置类传感器

按表 3-1，电控柴油机位置类传感器主要有曲轴位置传感器、凸轮轴位置传感器和加速踏板传感器。

3.1.1 曲轴转速（位置）传感器

（1）功能或用途

气缸内的活塞位置对获得正确的喷油正时极为重要。由于柴油机的所有活塞都是由

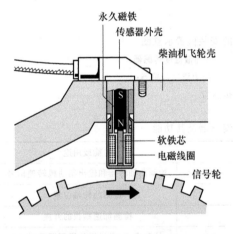

图 3-2 曲轴转速（位置）传感器的结构

连杆和曲轴连接的，因此曲轴转速（位置）传感器能提供所有气缸内活塞位置的信息。转速是指曲轴每分钟的转数。此重要参数由 ECU 从电感式曲轴转速传感器的信号算出。其结构如图 3-2 所示。

① 信号的产生。在柴油机曲轴飞轮侧面装一个铁磁式传感信号轮，轮上应该有 60 个齿，去除 2 个齿（如图 3-3 所示），留下的大齿隙相应于第一缸活塞上止点位置。曲轴转速传感器按齿序对传感信号轮进行扫描。它由永久磁铁和带铜导线绕组的软铁芯组成。由于齿和齿隙交替地越过传感器，使其内部的磁流发生变化，感应出一个正弦交变电压。该交变电压的振幅随转速的上升而增大。从 50r/min 的最低转速起就有足够大的振幅。

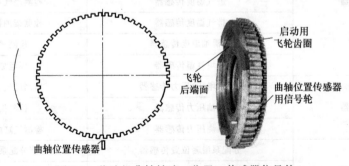

图 3-3 柴油机曲轴转速（位置）传感器信号轮

② 转速的计算。柴油机气缸的点火次序是互相错开的，曲轴旋转两圈（720°）后，第

一缸又开始新的工作循环。着火间隔是均匀分布的，即：在 4 缸柴油机上，着火间隔为 180°，也就是说，曲轴转速传感器在两次着火间隔之间扫描 30 个齿。由该扫描时间内的平均曲轴转数即可算出曲轴的转速。

（2）安装与检测

① 安装。电控单体泵柴油机曲轴转速传感器通常安装在柴油机飞轮端。通过测量柴油机飞轮上齿信号向 ECU 提供的柴油机瞬时转速，就可以对柴油机进行精确的供油定时和油量控制。

a. 引脚：A27（信号），A12（信号负），A07（屏蔽）；

b. 测量范围：50～4000r/min；

c. 传感器连接器中 1 号引脚与 2 号引脚间的电阻在 1kΩ 左右（如图 3-4 所示）。

② 检测。曲轴转速传感器属于信号发生传感器，检测时主要是看它们能否正确地发出信号。为使传感器信号相位正确，必须保证传感器的机械安装精度以及传感器与信号盘的间隙在技术要求范围内。

a. 检查曲轴传感器的安装间隙是否为（0.6±0.1)mm。

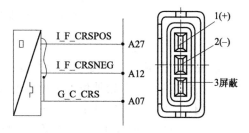

曲轴转速传感器安装间隙：(0.6±0.1)mm

图 3-4　曲轴转速传感器引脚示意图

注意：不同的电控系统，其曲轴转速（位置）传感器的安装间隙是不一样的，不能一概而论。

b. 测量接插件的引脚 1（A27）、2（A12）间的电阻值，应在 1kΩ 左右。若电阻值过小，则传感器内部电磁线圈可能短路。

特别提示　　曲轴转速传感器属于磁电式传感器，内部有永久磁铁。如果取下，存放时要避免在铁质货架上存放，可以在木质货架上保存以避免消磁。另外，曲轴位置传感器还容易吸附铁屑，安装时要及时清除以免影响传感器工作质量。

3.1.2　凸轮轴位置传感器

（1）功能或用途

凸轮轴控制进、排气门，它以曲轴转速的一半转动，其位置确定了向上止点运动的活塞是处于压缩冲程上止点还是排气冲程上止点。在启动过程中，仅从曲轴位置信号是无法区分这两种上止点的。而与此相反，在车辆运行时，由曲轴转速传感器产生的信号已足以确定柴油机的状态。这就是说，若凸轮轴位置传感器在车辆运行过程中失效，ECU 仍然能够判别柴油机的状态。

凸轮轴位置传感器利用霍尔效应来确定凸轮轴的位置：在凸轮轴上设置一个铁磁材料制成的齿，它随同凸轮轴转动。当该齿经过凸轮轴位置传感器中流过电流的霍尔效应半导体薄片时，传感器的磁场将霍尔效应半导体薄片中的电子流向偏转到与电流方向垂直，从而短时内形成一个电压信号，此信号告知 ECU：此时第一缸正好处于压缩冲程上止点。

凸轮轴位置传感器信号轮多采用凸齿式，也有采用凹孔式。电控柴油机的凸轮轴位置传感器信号轮的齿数广泛采用的是缸数＋1个，6缸机用的凸轮轴位置传感器信号轮如图 3-5 所示。

注意： "0 标识用"的多齿，用于判断 1 缸处于压缩上止点。

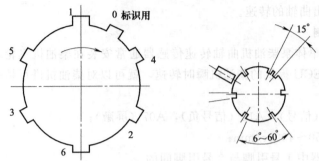

图 3-5　凸轮轴位置传感器凸齿式信号轮

（2）安装与检测

① 安装。凸轮轴位置传感器的安装位置视凸轮轴的位置不同而异。当凸轮轴下置或中置时，电控柴油机的凸轮轴位置传感器通常安装在高压油泵上（称为高压油泵相位传感器）或电控单体泵上；当凸轮轴上置于缸盖时，凸轮轴位置传感器位于缸盖上。如图 3-6 所示。

而某型（CA6DE3）电控单体泵柴油机凸轮轴位置传感器安装在柴油机后端，动力转向泵下面（如图 3-7 所示）。

注意： 传感器与信号轮的间隙必须在 0.3～1.2mm 范围内。

图 3-6　共轨柴油机的凸轮轴位置传感器安装位置

a. 凸轮轴位置传感器连同曲轴转速传感器给 ECU 提供正确的第一缸上止点信号；

b. 引脚：A10（信号），A50（信号负），A20（屏蔽）；

c. 测量范围：50～4000r/min；

d. 传感器连接器中 1 号引脚与 2 号引脚间的电阻在 1kΩ 左右。

② 检测

a. 外线路检查。用万用表的电阻挡分别测量 1 号引脚与 A20 引脚、2 号引脚与 A50 引脚、3 号引脚与 A10 引脚之间的电阻值，来判断外线路是否存在短路及断路故障。注意：1 号引脚与 2 号引脚之间的电阻应在 1kΩ 左右。

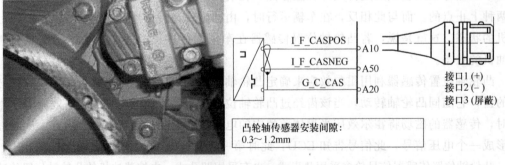

图 3-7　凸轮轴位置传感器的安装与检修

b. 传感器电压值测量。关闭点火开关，拔下凸轮轴位置传感器插头，点火开关转至 ON，测量传感器侧插头 3 号引脚与搭铁间的电压应为 5V，2 号引脚与搭铁间的电压应也为 5V 压，1 号引脚与搭铁间的电压为 0V。

c. 波形检测。可以用故障检测仪测量凸轮轴位置传感器的输出波形。

d. 凸轮轴位置传感器与信号的安装间隙应符合 0.30～1.30mm 要求。

e. 凸轮轴位置传感器属于磁电式传感器，内部有永久磁铁，如果取下存放时要避免在铁质货架上存放，可以在木质货架上保存以避免消磁。

注意：因凸轮轴位置传感器是永久磁铁，因此，该传感器还容易吸附铁屑，使用时要及时清除以免影响传感器性能。

3.1.3　加速踏板（油门位置）传感器

电控柴油机部分控制传感器的监测信号是在一个有限的角度变化范围内由往复的角度变化而获得的，此时可使用电位器实现的角位移传感器。近年来较成熟的是用精密导电塑料制成的电位器，它具有寿命长、精度高、重复性好、工作可靠等优点，得到了广泛应用。新推出的产品也多有采用霍尔元件制成的加速踏板传感器，由于无触点，性能更加可靠。

对于电控柴油机而言，不同于传统柴油机采用调速器与加速踏板通过弹簧共同调节油量。电控柴油机的加速踏板，只是单纯反映操控者的操作意愿，然后通过 ECU 根据柴油机状况给出实际操作。目前，一般采用由导电塑料制成的电位器，通过加速踏板绕转轴的转动，带动电位器触点的移动，使其电阻值变化。

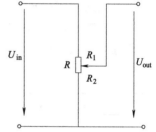

图 3-8　加速踏板原理图

加速踏板中的电位器传感器，具有如图 3-8 所示的电气含义。

按图 3-8 所示，显然有：

$$U_{out}=U_{in}R_2/R$$

这样传感器有三个接线端，其中一个是公共地线，一个接 ECU 提供的 5V 传感器电源（即 U_{in}），当踩下加速踏板时，输出电压（U_{out}）将在 0.5～4.5V 间发生变化。对于 10 位（0～1023）的模数转换器，实际上的采样值一般在 100～930 之间。

（1）功能或用途

加速（油门位置）踏板传感器的主要功能或用途如下：

① 将驾驶员意图传递到 ECU；

② 怠速或正常运行；

③ 智能动力控制；

④ 诊断与跛行回家（limp home）；

⑤ 单电位器式；

⑥ 带怠速开关；

⑦ 五个输出端子。

加速踏板传感器及引脚定义如图 3-9 所示。

（2）检测要点

① 点火开关打到"OFF"，拔下与加速踏板对接的线束插件，分别检查 K22（与 A 脚对应）和 K46（与 D 脚对应）与搭铁间的电压是否为 4.5V 左右，K30（与 C 脚对应）和 K08

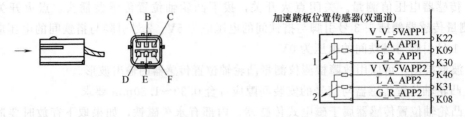

引脚	说明	颜色
A	信号1"正"	红
B	信号1输出信号	绿
C	信号1"负"	黑
D	信号2"正"	白
E	信号2输出信号	橙
F	信号2"负"	灰

图 3-9　加速踏板传感器

（与 F 脚对应）与搭铁之间是否导通；如果实测值有偏差，则应检查 ECU 输出电压或线束连接是否正常连通。

②当加速踏板传感器失效时，ECU 会自动执行"跛行功能"，急速会稳定在1200r/min左右，保证驾驶员将车辆开到就近的维修站维修。

③加速踏板传感器的特性。加速踏板传感器的特性参数见表 3-2。

表 3-2　加速踏板传感器特性参数表

序号	引脚	电阻值/kΩ	油门开度/%	信号电压/mA	运行误差/%
1	A-B	1.6	0	390	±5.0
2	A-B	2.8	100	3284	±5.0
3	A-B	2.9	130	3845	±5.0
4	B-C	1.1	—	—	±5.0
5	D-F	∞	0	200	±5.0
6	D-F	1.18	100	5000	±5.0

④检测加速踏板的开度。加速踏板位置传感器把检测到的加速踏板角度变化转换成线性电压送给 ECU，确定基本喷油量和扭矩需求。加速踏板位置传感器由两路非接触式的霍尔传感器组成，没有急速开关。

电控单元（ECU）通过比较两路传感器输出信号的数值确定加速踏板开度。加速踏板传感器参数见表 3-3。

表 3-3　加速踏板传感器技术参数表

参数名称	数值/V	参数名称	数值/V
供电电压	5.0±0.25	传感器1和传感器2同步误差	（信号1-信号2）×2＝±0.07
传感器1急速电压	0.7±0.05	传感器1全负荷电压	3.84±0.25
传感器2急速电压	0.375±0.05	传感器2全负荷电压	1.92±0.30

3.2　温度（压力）类传感器

柴油机电控燃油系统中的温度传感器能够对温度变化做出反应。在柴油机电控燃油系统中，需要对多种温度变化做出反应，以应对不同的控制策略。柴油机电控系统中可以应用的温度传感器种类较多，主要有金属热电阻式、热敏电阻式及热电偶式等。它们分别基于不同的工作原理，适用于不同的工作场合。所有的温度传感器都由敏感元件加封装组成。其中封装的作用一是保护敏感元件不受破坏；二是为传感器在柴油机机体上的安装提供结构条件。

柴油机电控系统中的压力传感器，近年中一般都采用半导体压敏电阻构成的单臂电桥式，也有采用电容式的。

3.2.1　冷却液温度传感器

冷却液温度传感器一般安装在冷却液循环通道的出口位置。这一位置的冷却液温度可以说集中代表了一种平均热负荷状态，即在柴油机上与燃烧和热功转换有直接关系的部件（活塞、气缸、气缸盖等）的工作温度和冷却强度的共同效果。对于要求较低的柴油机电控系统，常将冷却液温度作为润滑油温的替代指标。这是由于它们有一定的相关性。例如：在冷机时，冷却液温度较低，反映了此时润滑油温度较低，燃油温度也较低。因此，将在对应的控制策略中做出相应的设置，例如：增加供油提前角，在必要时限制每次供油量等。但应注意，冷却液温度不可能细致准确地反映润滑油温。所以，对于要求较高的系统（如大型柴油机），应考虑单独设置润滑油温传感器。

（1）冷却液温度对于控制的影响

① 供油提前角。冷却液温度与柴油机燃烧室温度相关联，因此可以认为冷却液温度会反映燃烧室温度。而燃烧室温度对于喷入燃烧室油滴的气化过程有影响，当温度较低时，油滴的气化过程所需时间较长，需要较多的燃烧准备时间，因此应将供油提前角适当提前。当温度较高时则相反。

② 暖机状态。当柴油机启动时，如果冷却液温度较低，则可认定是冷机启动。对于无干预的冷机启动，一般希望能够执行自动的暖机过程。特别是对于大型机更是这样。对于这种自动的暖机过程而言，一般要求先在一个较高的转速下运行，以满足冷态时的运行条件。随着冷却液温度的提高，润滑油温度也会随之上升，这时可以逐渐地降低转速，最终当冷却液温度达到一个预定值时，认为暖机过程结束。此后柴油机将以一个较低的稳态转速做怠速运转。

③ 过载和故障保护。如果冷却液温度达到设定的上限值，则认为是柴油机载荷过大，或是出现了某种故障。此时应采取负荷限制、停机或信号报警等措施。

（2）冷却液温度传感器的使用

① 温度传感器实例。常用的冷却液温度传感器一般是用热敏电阻作敏感元件，热敏电阻的阻值会随着温度的变化而改变。现在一般使用半导体材料制成的负温度系数的热敏电阻，其特点是随着温度上升电阻值相应下降。如图 3-10 所示的是某型实用的冷却液温度传感器零件图。

如图 3-10 所示，主视图中大六角螺母左侧部分是装入柴油机上的安装孔内的部分，最左侧的部分是传感器探头部分，然后是用于安装固定的螺纹部分，这两部分都采用金属封

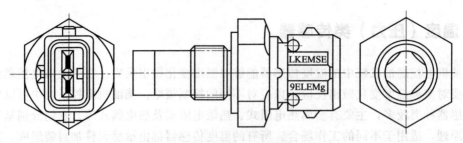

图 3-10　冷却液温度传感器零件图

装，安装时要加装密封垫防止泄漏。大六角螺母右侧部分是电插座，右视图中可以看出有两个插头端子。由于温度传感器内部只是一个热敏电阻，因此，需要有一定的电路元件配套才能获得控制所需的电信号。

② 电气连接和输出信号计算。冷却液温度传感器的典型接线方式如图 3-11 所示。

图 3-11 中 R 是分压电阻，是 ECU 中的元件，R_{RT} 是温度传感器中的热敏电阻，U 是电源电压，U_x 是信号电压。对于这种需要外加电源的传感器，一般常称为"无源"元件。对于控制器而言，实际获得的信号是 U_x，因此必须根据 U_x 求出对应的温度值。

由电路可知：

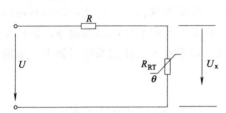

图 3-11　冷却液温度传感器接线图

$$U_x = U\frac{R_{RT}}{R+R_{RT}} \qquad (3-1)$$

推得：

$$R_{RT} = U\frac{U_x R}{U-U_x} \qquad (3-2)$$

通过此式可以根据从传感器获得的电压值算出此时对应的热敏电阻值 R_{RT}，然后即可根据该值查表 3-4 并通过插值运算得到当前的温度值。

表 3-4　冷却液温度传感器性能参数

温度/℃	−40	−10	15	20	80	130
电阻/kΩ	45.3	9.2	3.06	2.50	0.33	0.09

例如：在式（3-2）中，已知 U 和 R 这两个值，设 U_x 取值范围为 0～5V，这是目前控制器标准模拟信号的电压范围。令 U_x 的值以一定的密度间隔发生改变，计算出对应的 R_{RT}，并通过对表 3-4 的插值计算求出对应的温度。以上计算可在普通的计算机上使用表处理软件轻易完成。然后，即可得到 U_x 值与温度对应值的脉谱。

③ 功能或用途　冷却液温度及燃油温度传感器向 ECU 提供柴油机冷却液和燃油温度信号，敏感元件为负温度系数的热敏电阻（如图 3-12 所示），燃油温度传感器借用冷却液温度传感器。

④ 安装及检测

a. 安装。冷却液温度传感器一般安装在节温器上；燃油温度传感器一般安装在回油管上。引脚：A58（A52）信号，A41（A39）接地；测量范围：−40～128℃；供电电压：5V。

b. 检测

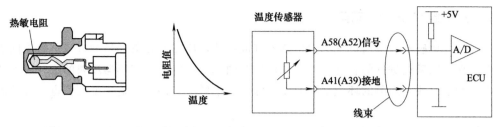

图 3-12　温度传感器的结构与检测

（a）点火开关打到"OFF"，拔下传感器接插件，将点火开关打到"ON"，测量传感器接插件 1 脚与搭铁间电压是否在 4.9～5.1V 范围内。如果测量结果不正确，则应检查蓄电池是否供电正常，或是否出现了 ECU 输出电压不正常的状况，或线束是否出现断路或接触不良等状况。测量传感器电阻，并记录。

（b）测量传感器接插件 2 脚与搭铁之间是否导通，如果不导通则应检查线束是否断路或接触不良。

（c）点火开关打到"OFF"，插上传感器接插件，拔下 ECU 上的 A 端线束接插件，找到对应的 A58（A52）与 A41（A39），测量它们之间的传感器电阻，若测得结果与步骤 a. 测得结果偏差较大，则说明线束出现故障的可能性较大。根据当时的温度情况查找传感器电阻温度对照表，若实测的电阻值与理论值出入较大，则传感器出故障的可能性较大。

（d）冷却液（燃油）温度传感器温度与电阻值的对应数值。不同温度下传感器温度与电阻值的对应值见表 3-5。

表 3-5　温度传感器的技术检测参数

温度 t/℃	电阻 R/kΩ	温度 t/℃	电阻 R/kΩ
−40	40.49～50.14	50	0.80～0.87
−30	23.58～28.65	60	0.57～0.62
−20	14.10～16.83	70	0.42～0.45
−10	8.64～10.15	80	0.31～0.33
0	5.47～6.23	90	0.24～0.25
10	3.54～4.04	100	0.18～0.19
20	2.35～2.65	110	0.14～0.15
25	1.94～2.17	120	0.11～0.12

（3）使用冷却液温度传感器应注意的问题

冷却液温度传感器前端用金属封装，这一方面保证热量能够顺利传导，使内部敏感元件所处的温度与外部一致；另一方面能够隔绝液体的渗入，保证内部的工作条件不受破坏。因此，使用中如对冷却液温度传感器做检查，应首先仔细观察其前端的金属封装是否完好。如果有锈蚀、破损、穿孔等现象，则需更换。对于冷却液温度传感器的工作性能，除采用专用检测仪器做测量外，也可通过简单的方法检查其性能。如：可将冷却液温度传感器前端放入热水中，在热水逐渐变冷的过程中，多次测量其电阻。如果阻值有预期的变化，则说明其功能正常。

3.2.2 进气温度与压力传感器

进气温度传感器一般与进气压力传感器制成一体，应安装在柴油机的进气总管中间靠后的位置，它可以反映进气的状态。对于非增压柴油机，进气温度传感器反映的这一温度值还在一定程度上反映了当前的环境空气温度。即使对于增压柴油机，这一温度值也与环境温度有关。

进气温度传感器一般使用由环氧树脂封装的热敏电阻，其使用特点与冷却液温度传感器很相似。有效工作温度范围一般在−40～125℃，较典型的特性曲线如图 3-13 所示。使用进气温度传感器的方法与上面提到的冷却液温度传感器的使用方法相似，可参考上面的方法处理。

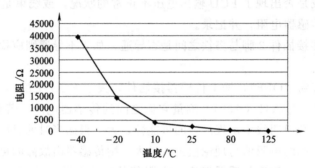

图 3-13　某型进气温度传感器特性曲线图

进气压力传感器一般采用半导体应变片电桥技术制成。图 3-14 是它的输出特性曲线。可以看出这种进气压力传感器的一个突出的特点就是良好的线性特性：输出电压与所受到的压力呈较完美的线性关系。

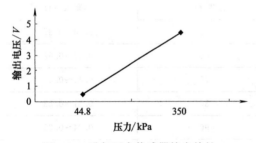

图 3-14　进气压力传感器输出特性

（1）进气温度与压力对于控制的影响

进气温度与进气压力共同反映了进气总管内的气体状态。进气温度对柴油机燃烧过程的影响主要有两个方面。一是与进气压力共同影响了柴油机气缸每循环的进气量，在进气压力不变时，温度较高则气体密度较低，气缸进气质量较少，温度较低则气缸进气质量较多。对于柴油机在高负荷条件下工作时，较多的进气质量有利于燃油的燃烧。二是进气温度会影响压缩终点温度，这一温度会对气缸内可燃混合气生成的过程有较大影响，适当提高温度有利于可燃混合气的生成。在控制策略中，柴油机气缸每循环的进气量主要会影响柴油机的每循环最大允许供油量，即由进气量、最小允许过量空气系数所确定的每循环喷入气缸的燃油量。柴油机一般处在稀燃状态，低于这个限制的每次供油量都符合这个限定条件。

（2）进气温度和压力传感器的使用

进气温度是与进气压力共同对进气造成影响的。在实用条件下一般近似认为进气温度与进气压力就是气缸内压缩始点的气体状态。尽管有燃烧室对进气加热的因素，但考虑到存在一定的扫气过程冷却了气缸壁且进气过程进行得较快，上述近似处理在实际条件下是可以接受的。因此，气缸内每循环进气量可用如下方法获得。压缩始点气体状态方程：

$$p_a V_a \approx p_k (V_s + V_c) = m R T_k \tag{3-3}$$

式中　p_a——进气门（阀）关闭时气缸内压力；

　　　V_a——进气门（阀）关闭时气缸内容积；

　　　p_k——进气压力；

　　　T_k——进气温度；

　　　V_s——工作容积；

　　　V_c——余隙容积；

　　　R——空气气体常数；

　　　m——空气质量。

由式（3-3）得：

$$m = \frac{p_k (V_s + V_c)}{R T_k} \tag{3-4}$$

设 α_{min} 为允许的最小过量空气系数，L 为理论空燃比，g_{cyc} 为每次最大允许供油量。则：

$$m = g_{cyc} L \alpha_{min}$$

由此得：

$$g_{cyc} = \frac{m}{L \alpha_{min}} = \frac{p_k (V_s + V_c)}{L \alpha_{min} R T_k} \tag{3-5}$$

由式（3-5）可看出，由于对于具体的柴油机只有 p_k 和 T_k 是可变化的，因此，每次最大允许供油量是 p_k 和 T_k 的二元函数。分别以 p_k 和 T_k 为横、纵坐标，将 p_k 和 T_k 的可用值域范围分为一定的间隔，通过对式（3-5）中 p_k 和 T_k 做双重循环计算，将获得的 g_{cyc} 计算结果做成二维表，在实际控制时用于对最大供油量做限定，可以保证实际的过量空气系数不低于 α_{min}。

（3）功能或用途

进气温度与压力传感器向 ECU 提供柴油机中冷后的进气温度和进气压力信息。压力敏感元件为硅膜片，温度敏感元件为负温度系数的热敏电阻。

① 引脚含义：A14（电源），A40（压力信号），A23（接地），A53（温度信号）；

② 测量范围（压力）：0.05～0.4MPa；

③ 输出信号：0.5～4.5V；

④ 测量范围（温度）：−40～128℃。

（4）测量或检测

① 当怀疑进气温度与压力传感器有问题时，首先检查传感器的电源（3脚）、地（1脚）是否正常。方法是：先将点火开关打到"OFF"，拔下进气温度与压力传感器接插件，再将点火开关打到"ON"，测量线束接插件对应图 3-15 所示的 3 脚和 1 脚间的电压是否正常（4.5V 左右），若电压不正常，则需将点火开关打到"OFF"，拔下 ECU 上 A 端接插件，检查从 A 端到进气温度与压力传感器接插件的对应导线是否正常导通。

② 对于进气温度与压力传感器的检测可以分成对温度传感器检测和对压力传感器检测两部分。温度传感器的主要组成部分是负温度系数电阻，可以先测量传感器 1、2 引脚间的

电阻，然后查表 3-6 得出温度值，若与当时的实际温度值偏差较大，则温度传感器发生故障。当温度在 -20~110℃ 时，电阻在 15.61~0.14kΩ。

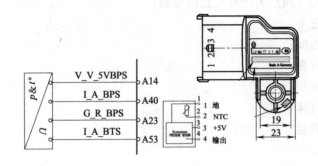

图 3-15　进气温度压力传感器电路图

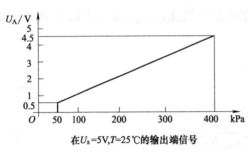

在 $U_s=5V,T=25℃$ 的输出端信号

图 3-16　进气温度压力传感器温度电阻曲线

③ 对于传感器压力部分的检测，由于传感器内部集成了整形补偿电路，所以不能用万用表测量 4 脚与其他针脚间的电阻值。因为用万用表测量电阻时，万用表本身会对被测电路施加一个电压，有可能将传感器内部的整形补偿电路击穿，造成传感器损坏。

④ 进气温度与压力传感器压力与输出电压的对应关系。进气温度与压力传感器实测压力与输出电压对应关系如图 3-16 所示。

⑤ 进气温度与压力传感器温度电阻对应值。不同温度下进气温度与压力传感器的电阻对应值见表 3-6。

表 3-6　进气温度与压力传感器温度电阻参数表

温度 t/℃	电阻 R/kΩ	R 偏差/%	温度 t/℃	电阻 R/kΩ	R 偏差/%
-30	26.85	±5.60	50	0.85	±3.75
-20	15.61	±5.31	60	0.61	±3.58
-10	9.43	±5.04	70	0.12	±3.43
0	5.89	±4.78	80	0.33	±3.28
10	3.79	±4.55	90	0.25	±3.20
20	2.51	±4.33	100	0.19	±3.00
30	1.72	±4.12	110	0.14	±3.13
40	1.20	±3.93	120	0.11	±3.25

（5）进气温度与压力传感器的安装

如图 3-17 所示，进气温度与压力传感器主体结构由强化塑料构成，前端带窗孔的管形体中安装着用环氧树脂封装的进气温度传感器，管形体内底部有一个小孔通向压力传感器的气室。进气压力传感器安装在后端小方盒内气室中。

整个传感器一共接出四条引线，分别是压力信号、电源电压（为压力传感器提供）、温度信号和地线。安装时，进气温度传感器部分插入到进气总管上的安装孔内，O 形密封圈会起到密封作用，然后用螺栓通过安装孔固定在进气总管上。

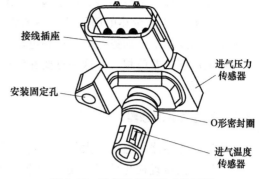

图 3-17　进气温度和压力传感器

3.2.3　燃油温度传感器

某些电控燃油系统，燃油温度会对每次供油量造成影响。当燃油温度发生变化时，燃油的黏度也发生变化，造成在同样的压力、时间条件下，供油量发生改变。这就要求控制系统必须根据温度的改变量适时适量地改变供油控制。

例如，当燃油温度升高、燃油黏度下降时，对于柱塞式油泵，会造成在同样的供油行程内实际供油量下降。而控制系统会根据燃油温度的升高，增加供油时间，从而使柴油机每次供油量不会因燃油温度的变化而改变。

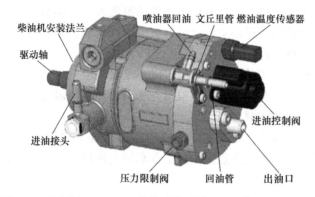

图 3-18　德尔福（Delphi）共轨系统的燃油温度传感器安装位置

燃油温度传感器的结构性能等同于冷却液温度传感器。由于这两种传感器工作温度范围相近，因此，可以用同一类型和封装的温度传感器。

燃油温度传感器的安装位置因柴油机不同而有所不同。某些电控柴油机燃油温度传感器安装在柴油机滤清器上，而某些电控柴油机的燃油温度传感器则安装在高压油泵上。如图3-18 所示。

3.2.4　润滑油（机油）温度传感器

润滑油（机油）温度传感器用于感知柴油机润滑油的温度。不同的润滑油，允许工作温度范围也不同，只有当柴油机润滑油温度在其允许的正常工作范围内时，柴油机才能长时间正常运行。一般选用利用热敏电阻原理制成的元件来充当润滑油温度传感器。润滑油温度的高低很大程度上可以通过冷却液温度来反映，所以较简单的电控柴油机系统一般只安装冷却液温度传感器而不安装润滑油温度传感器，通过冷却液温度来间接判断润滑油的温度。

3.2.5　排气温度传感器

常用的排气温度传感器主要有热敏电阻式和热电偶式等类型。由于柴油机排气温度较高，故用于测量排气温度的热敏电阻式传感器一般为高温型的器件，常用的有锆固体电解质型传感器和电子传导型传感器。热电偶式温度传感器的用途非常广泛，使用历史也很长。较常用的有镍铝-镍镉合金热电偶元件。热电偶在使用时不需要外电源，而是由两种合金的焊接部分感受温度产生电动势。但是这种电动势并不是与温度的高低直接相关，而是与被探测温度与环境温度的差值相关。这一点要在使用时注意。对于中小型柴油机电控系统，一般不配置这种传感器。

3.2.6 环境气温传感器

环境气温传感器（也称为大气温度传感器）有时作为 ECU 的配件装在 ECU 的电路板上，也可以单独布置在与外界环境较接近的合适位置。它的作用是对环境温度做基本的探测，以决定一些相关的控制策略。

环境温度主要反映了柴油机运行时吸入空气的温度，这一温度会影响到进气温度、压缩终点温度。特别是在高寒环境下，环境温度不仅会影响到启动的顺利完成，还会对整个运行过程带来相关的特殊影响。

例如，当环境温度太低时，会造成压缩终点的温度太低，影响到可燃混合气的生成和发火过程顺利完成。有时必须根据环境温度的取值采取特殊的控制策略。例如，如果进气温度太低，则减小中冷器的热交换量等。

目前，在普通环境中使用的柴油机一般可以不设置环境气温传感器。但针对特别为高寒地区或高温地区设计制造的柴油机，则可根据需求设置环境气温传感器，同时根据工作环境要求设置与环境温度对应的控制策略。

使用环境气温传感器时应注意传感器所在位置是否能够提供可靠的环境数据。大体上说，应与环境相交互但又不能太剧烈。如果是在车辆上使用，则不要将环境气温传感器暴露在行驶气流中。

3.2.7 润滑油（机油）压力传感器

即使在传统的机械控制柴油机中，润滑油（机油）压力传感器也起着重要的作用。一般都是提供单纯的润滑油压仪表信号供操作者监控。在电控柴油机中，如果采用润滑油压力传感器，可以通过 ECU 控制实现实时保护。当润滑油压没有达到理想值时，或是由于润滑系统故障而造成润滑油压力下降时，柴油机将无法启动或不能加载运行。但目前针对中小型柴油机电控系统还很少配置润滑油压力传感器。一般采用半导体应变片式润滑油压力传感器来检测润滑油压力。

3.2.8 燃烧压力传感器

对燃烧压力的解析可以实现柴油机工作状态的精确分析和评价。事实上，只有每工作循环气缸内压力变化的动态数据，才能全面反映热功转换的实际效果，从而了解柴油机的热功转换效率、机械效率和附加设备损失。由于成本和安装工艺的制约，一般只是在对柴油机做性能分析时才使用燃烧压力传感器。用于燃烧压力测量的一般有半导体应变片式燃烧压力传感器和压电陶瓷式燃烧压力传感器。

3.2.9 压差传感器

压差传感器近年来在柴油机的排气过滤装置上有应用。当采用微孔过滤原理的后处理器工作一段时间后，废气中的颗粒物会逐渐将过滤器的微孔堵塞，影响废气的流动。这时，过滤装置的两端压力降会较大，一般需要采用一定的方法将堵塞微孔的颗粒烧光。这称为过滤器的"再生"。而压差传感器可以辅助确定引入过滤器再生的时机。当过滤器两端压差高于预定值时，则说明存在了颗粒积累，需要引入再生操作。

3.3　位移类传感器

所谓位移类传感器，主要是指测量某些部件位移量的传感器，这类传感器主要有分配泵滑套位置传感器、喷油器针阀升程传感器和废气再循环（EGR）阀开度传感器等。简要介绍如下。

3.3.1　分配泵滑套位置传感器

分配泵滑套位置传感器是一种用于测量电控分配泵油量控制滑套位置的传感器，一般采用与控制滑套位置的旋转电磁铁同轴安装的半差动式传感器。

这种传感器从输出信号性质上看，属于模拟信号传感器，但在电特性方面与常用的其他模拟量传感器有很大不同。因此，ECU 上针对分配泵滑套位置传感器的输入口常常是特别设计制作的。也有的柴油机采用直线形变阻器型位置传感器，其电特性的通用性较好，信号的输入传递更为方便。

（1）作用

分配泵滑套位置传感器（G149）又称调节活塞位移传感器，主要用来监测油量控制滑套和喷油提前器的位移（如图 3-19 所示）。

（2）组成及工作原理

分配泵滑套位置传感器利用电磁感应原理，将被测对象的位移变化量转换成线圈自感电动势或互感电动势的变化，进而由测量电路转换为电压信号。

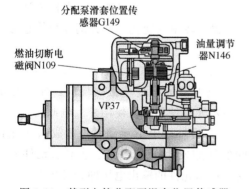

图 3-19　某型电控分配泵滑套位置传感器

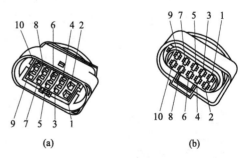

图 3-20　喷油器接插器引脚排列

1～10—引脚

（3）失效策略

分配泵滑套位置传感器失效后，柴油机出现的故障现象为：

① 行驶特性恶化直至柴油机熄火；

② 预热时间控制灯 K29 闪烁。

电阻测量：

① 检查分配泵滑套位置传感器 G149：关闭点火开关，拔出喷油泵 10 针接插器，如图 3-20（a）所示，检测喷油泵接插器引脚 1 与 2 间及引脚 2 与 3 间的电阻，应为 4.9～7.50Ω。若阻值不符合要求，则更换喷油泵。

② 检查油量调节器：关闭点火开关，拔出喷油泵接插器，如图 3-20（b）所示，检测喷油泵接插器引脚 5 与 6 间的电阻，应为 0.5～2.5Ω。若阻值不符合要求，则需要更换分配式喷油泵。

3.3.2 废气再循环阀开度传感器

电控废气再循环阀（即 EGR 阀）是一种较新型的柴油机部件。它通过在排气与进气间形成短路通道，将少量废气引到进气道内，以实现减慢燃烧速度，最终减少 NO_x 排放量的目标。废气再循环阀开度对应废气再循环阀打开的升程。废气再循环阀的阀杆上部直接接触开度传感器的探测杆，探测杆被弹簧压在阀杆上，当阀杆移动时，探测杆会随着移动，从而带动内部的位移电位器。这里测量的只是直线移动量。目前，废气再循环阀开度传感器内部的电位器一般多采用精密导电塑料制成。导电塑料电位器的电阻体是由塑料粉及导电材料粉混合经压塑成型，其特点是线性精度较好、分辨率高、旋转力矩小且使用寿命长。如美国 Alps 电气公司使用黏合树脂、碳膜和填充剂制成的电位器传感器具有 10 多亿次的振动循环寿命。目前，电控柴油机车辆上这种电位器制成的传感器使用得较多。

3.3.3 喷油器针阀升程传感器

（1）作用

在电控分配泵燃油系统中，喷油器针阀升程传感器被用于检测针阀升程与转角之间的位置关系变化规律。

通过确认这一规律，能够对燃烧进行的速度实现有效的控制，以达到减短滞燃期、降低压力升高率、避免敲缸现象、减小燃烧噪声、避免后燃增多的目标。可通过对电控燃油系统高速电磁阀驱动脉冲波形做调整的方式来影响针阀升程随转角的变化。但针阀升程传感器只用于对柴油机性能做研究的阶段，不在产品中使用。

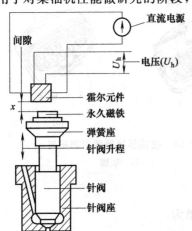

图 3-21 针阀升程传感器的结构原理

针阀升程传感器一般采用霍尔元件来作为感应元件。霍尔元件能够对通过的磁通量变化做出反应，使输出的电压发生改变。霍尔元件使用时需使用外加电源。

如图 3-21 所示，当针阀上下运动时，造成永久磁铁与霍尔元件之间的间隙发生改变，使穿过霍尔元件间的磁通量发生改变，霍尔元件的输出电压即会发生改变。

（2）失效策略

针阀升程传感器失效后，车辆将出现下列不正常现象：功率损失、排放恶化、故障灯闪烁、无废气再循环功能、柴油机工作粗暴及抖动。

（3）电阻检测

① 关闭点火开关，拔下针阀升程传感器插头；

② 检查导线之间是否彼此短路及检查传感器导线的

连接是否牢固可靠。

③ 测量插头两端子间电阻值。标定值：80～120Ω，若达不到标定值，更换带针阀升程传感器的 3 缸喷油器。

④ 检查接线盒与插座间导线是否断路。端子 1 与插口 109，端子 2 与插口 101，导线电阻最大 1.5Ω（如图 3-22 所示）。

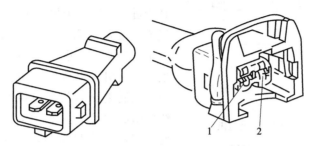

图 3-22　针阀升程传感器插头与插座

1,2—端子

（4）波形测试

启动柴油机后，测试传感器波形；针阀升程传感器标准波形如图 3-23 所示。若达不到标准值，需要更换带针阀升程传感器的喷油器重新检测。

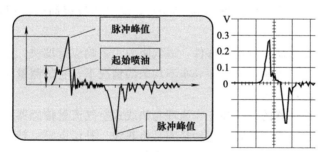

图 3-23　某针阀升程传感器的标准波形

3.4　其他传感器或开关

电控柴油机的传感器，除了上述的传感器之外，某些机型还配有其他一些传感器、开关或流量计。

3.4.1　空气流量传感器

柴油机上如果使用空气流量传感器（空气流量计），则其最重要的作用是用于计算通道内流过的空气量。对于非增压机，就可由此算出单气缸每循环的供气量。对于增压机，则由于扫气过程的影响，无法由通道内流过的空气量推得气缸每循环的供气量，但是可以由此了解增压器的气流量，为调整可调喷嘴增压器的工作点提供依据。内燃机常用的流量计主要有热线式和热膜式两种，其共同的原理都是利用空气流的冷却作用，通过将冷却强度转换为电流来产生测试信号。

（1）热线式空气流量传感器

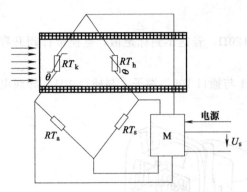

图 3-24　热线式空气流量传感器原理

U_s—输出电压信号；RT_h—热线电阻；

RT_k—温度补偿电阻；RT_a—电桥电阻；

RT_s—精密电阻；M—控制电路

热线式空气流量传感器的原理示意如图 3-24 所示。

RT_h 是热线电阻，RT_k 是温度补偿电阻，它们都被制成线状，都是热敏电阻。当传感器工作时，控制电路会保证热线电阻 RT_h 的温度高于进气温度一个恒定值。当气流从左侧进入，气流流过 RT_h 和 RT_k。气流的散热作用带走了一定的热量，会引起热线温度下降，电阻值发生变化，引发电桥的平衡发生变化。这种变化会被控制电路转化为对供电电压的调整，使热线电阻的电流发生改变，电桥重新实现平衡。此电流的改变量也被转化为电压信号的变化，作为流量传感器的输出 U_s。气流自身温度变化对热线温度的影响，由 RT_h 产生的同样变化对电桥的另一臂做同样的变化补偿，可消除此因素对输出的作用。

热线式空气流量传感器是利用热线表面的热交换来工作的。热线表面的灰尘沉积造成的热交换系数的改变，会引发测试结果的误差。因此，控制电路都具备再生功能，可以适时地提供较大的加热电流，使热线的温度达到 1000℃，烧尽热线表面的沉积物，恢复原有的表面热交换性能。

热线式空气流量传感器没有运动部件，进气阻力小，响应速度快。这种流量传感器应用很广泛。但热线很细时，流速在横截面分布不均匀的情况下，它的测量误差会比较大。

（2）热膜式空气流量传感器

热膜式空气流量传感器的结构和工作原理与热线式空气流量传感器基本相同，其主要的区别是将发热体由热线改成了热膜。这种热膜是将热线、补偿电阻、精密电阻用厚膜制造工艺生成在一块陶瓷基板上。测定的加热电流无需修正，可直接作为空气质量流量的度量值，测量误差较小。由于发热元件不直接承受空气流动所产生的作用力，因此热膜式空气流量传感器的可靠性较高且工作寿命较长。

（3）空气流量传感器使用特例

图 3-25 为 HFM5 空气流量传感器的电路示意图。

部分乘用车共轨柴油机（如 D4EA 共轨柴油机、GW2.8TC 共轨柴油机等）安装了可变截面增压器（VGT），因此，要求安装使用（带进气温度传感器）的空气流量传感器，应安装在增压器进气涡轮侧进气管上（如图 3-26 所示）。

特别提示　当采用可变截面增压器（VGT）时，必须加装增压压力传感器，方可实现对增压压力的闭环控制。

3.4.2　开关量发生器

开关量发生器也就是开关量传感器。它在工作逻辑上极为简单，只是提供一个简单的开关电平。例如：当电平为高时，认为是逻辑 1；当电平为低时，认为是逻辑 0。当然，逻辑上的认定也可以完全相反。这一电平被送入 ECU，作为开关控制量影响后续的控制动作。

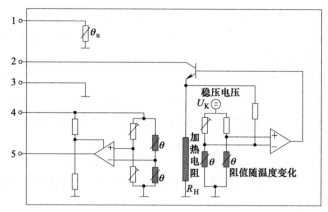

图 3-25　HFM5 空气流量传感器电路图

1—附加温度传感器（部分车型悬空不用）；2—+12V 加热电源；

3—接地；4—+5V 参考电压；5—信号输出

　　在电控柴油机工作时，特别是当电控柴油机被配装在车辆上时，有多种开关量可对柴油机的工作造成制约。而且随着电控车辆技术的发展，这些开关量的数量越来越多，也意味着与发动机有关的车辆控制项目越来越多。

　　例如：在柴油机安装到载人车辆上后，要求车门锁定开关能够影响柴油机的工作，当此开关没有提供有效信号时（车门未关），则加速踏板的操作会完全无效，这就使柴油机只能工作在怠速状态。有时，希望对柴油机针对不同的环境温度条件设置"高怠速"和"低怠速"，也需要利用开关量通知 ECU 这种执行选择。

图 3-26　空气流量传感器的安装位置

3.4.3　扳动式开关

　　此类开关是常用的控制部件。如点火钥匙，它不但可以接通 ECU 的电源，还通过专用的开关量输入口，向 ECU 提供特定的开关量信息。它能将一个信号电平输入 ECU，常用于通知 ECU 一些特殊的信息。

　　例如，有的 ECU 系统设定，当电源开关连续开闭 3 次后，会自动进入内部检测诊断程序，并利用闪码输出的方式，将系统的故障表示出来。普通的电源开关也用于提供开关信号。例如，驱动车辆的柴油机都要带动用于车厢调温的空调机。由于这是与车辆行驶阻力无关的额外载荷，所以它的加入会造成柴油机的载荷突然增加。

　　实际控制时，打开空调的开关会先给 ECU 的特定开关量输入通道输入一个开关电平，ECU 会在随后增加每次供油量并同时接通空调启动主电路。这样，额外增加的载荷将不会对转速造成明显的影响。

3.4.4　外部开关量发生器

　　柴油机之外的许多车辆设备都会提供对柴油机操纵有相关影响的一些控制用开关量。例如，已经有广泛应用的车辆倒车测距雷达，能够对靠近车辆行进方向的障碍物产生报告。当这些障碍的距离已经达到危险时，会输出一个控制信号电平。这一电平被引入 ECU 后，能够控制车辆不再向危险方向移动。

这一类的外部开关量发生器还在不断发展，有的甚至已经很有些"后现代"的效果。如"远程车辆锁定"技术，可以通过公共无线通信网发出控制信号，经车载接收设备接收后产生简单的开关信号输入 ECU，能够使 ECU 立即停止工作，柴油机熄火，车辆制动也被锁死。而且不经有权限人员处理，柴油机就无法重新启动运行。

这种装置目前几乎没有技术实现上的障碍，成本也不高。随着电控柴油机技术的深入应用，将会很快得到普及，通常认为这种技术在柴油机上广泛的应用会完全杜绝车辆被盗抢的事情发生。

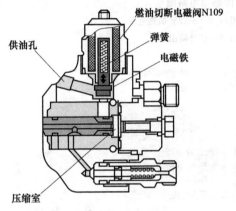

图 3-27　燃油切断电磁阀位置

燃油切断电磁阀N109

供油孔

弹簧

电磁铁

压缩室

3.4.5　分配泵停油电磁阀

电控分配泵停油电磁阀（也称为燃油切断电磁阀）如图 3-27 所示。

① ST：柴油机启动时，电磁阀由蓄电池供电，电压较高，克服弹簧力迅速开启。

② ON：柴油机正常运转时，电磁阀一直通电。为了减少电磁阀发热，延长电磁阀的使用寿命，串联了一个降压电阻，使电磁阀电压减小到能保持阀芯吸住在开启位置的最低值。

③ OFF：电磁阀断电，阀芯在弹簧力的作用下落座，切断进油通道，柴油机停机。

3.5　传感器信号的输入和处理

在了解了柴油机相关传感器的结构、用途（功能）等作用后，如果你是电控柴油机专业维修人员，适当地再了解一些与传感器相关的信号输入（函数）、输出（函数）及处理方法，绝对是受益匪浅的，也是非常有用的。

3.5.1　传感器信号的输入

在柴油机电控系统中的输入信号，主要是指通过各种传感器输入的电量值，一般是电压的值。在控制器中，为了将电量的物理变化转化为对应的数字量，需要做出一些转换处理。这种处理需要先直接通过对控制器物理接口的操作获得输入信号，再根据硬件特性和设计约定转换出输入信号的数字量或逻辑值。这一过程涉及对硬件系统的直接操作，所涉及的软件与硬件系统性能有直接关系。本书只介绍通过利用系统基础软件资源实现输入信号并完成预处理的方式。而实现基础软件功能，是开放式 ECU 技术服务商的责任。

（1）曲轴和凸轮轴信号

1）曲轴转角信号

获得曲轴传感器的输入信号，是实现各种转速计算的基础。

在基础软件资源中，有专用于曲轴中断的功能（crank shaft interrupt，CSI）。CSI 在软件中实际上是一段专用的程序函数。当 ECU 加电并完成系统初始化后，ECU 将能够响应曲轴信号而产生硬件中断，可以采用上升沿或下降沿响应的方式，在实例中，选择下降沿中断的方式。当发生曲轴信号中断时，ECU 的程序将转到 CSI 函数来执行。

CSI 函数的声明为：

void CSI ()；

执行这一函数会有以下功能：

① 获得本次中断发生时的自由计时变量 A_FTV（free time variable）和溢出计数变量 A_FTVO（FTV overflow）这两个值。

② 通过本次中断时获得的 A_FTV 和 A_FTVO 这两个量与上次中断时的这两个量做运算，得到当前的曲轴信号周期——两次中断的时间差。曲轴信号周期用全局变量 A_CrankCyc 来表示。由于这一时间差对应转过一个曲轴信号齿，因此可以从此求得曲轴转速等数据。

③ 在函数中对 AFV 和 AFVO 这两个量做保存。

④ 函数中最后将执行 CSI_Sub () 函数。这一函数是向控制层用户开放的，控制层的设计者可在 CSI_Sub () 函数中添加所需要的程序语句，实现自己需要的功能。

⑤ CSI () 函数是影响全局的变量。CSI () 函数执行完毕后，会有如下结果：

a. A_CrankCyc 的值变为"本次凸轮轴中断周期"，即本次中断时刻与上次中断时刻的时间差。应注意这一周期的单位是 $3.2\mu s$。

b. A_FTV_Crank 和 A_FTVO_Crank 分别等于刚发生中断时的 A_FTV 和 A_FTVO 的值，这两个数据主要是供下一中断时 CSI () 函数计算 A_CrankCyc 使用由控制层用户编制的 CSI_Sub () 函数，由于是最后执行的，因此上面提到的 A_CrankCyc 将成为 CSI_Sub () 函数利用的数据来源，供控制层用户使用。

由于曲轴中断周期较短，按照相关原理，可知 A_FTVO 变量在处理曲轴中断时是很少用到的。这是由于自由运行计数器一般不会出现计数溢出。

CSI () 函数改变的三个全局变量，可以在其他用户函数中引用，但不允许在其他用户函数中对它们做任何修改，否则将会造成错误。这一原则对于其他基础层全局变量也适用。

在控制层的程序设计中，对于全局变量的改变要特别小心，一般都在专门的函数中完成，在其他函数中只能引用。

2）凸轮轴转角信号

凸轮轴信号采集在形式上与曲轴信号采集是相似的，都是通过信号齿与传感器的相互作用产生脉冲信号，然后将脉冲信号传到 ECU 的输入口，再由输入口捕获脉冲信号的上升沿或下降沿。

但是凸轮轴信号与曲轴信号也有许多不同。首先是频率较小而周期较长，在实例中，由于采用 4+1 齿结构，在柴油机一个工作循环中，只产生 5 个脉冲。

在基础软件资源中有专用于凸轮轴中断的功能（cam interrupt，CI）。当 ECU 加电并完成系统初始化后，ECU 将能够响应凸轮轴信号而产生硬件中断。在实例中，针对凸轮轴中断也采用下降沿响应的方式。当发生凸轮轴信号中断时，ECU 的程序将转到 CI 函数来执行。

CI 函数的声明为：

void CI ()；

执行这一函数会有以下功能：

① 获得本次中断发生时的自由计时变量 A_FTV（free time variable）和溢出计数变量 A_FTVO（FTV overflow）这两个值。

② 通过本次中断时获得的 A_FTV 和 A_FTVO 这两个量与上次中断时的这两个量做运算，得到当前的凸轮轴信号周期——两次中断的时间差。凸轮轴信号周期用全局变量 A_CamCyc 来表示。由于这一时间差对应转过一个凸轮轴信号齿，因此可以从此求得凸轮轴转速等数据。

由于凸轮轴信号周期较长，A_CamCyc 变量一般应是一长整型量（4B）。在此可做一估算：在曲轴转速为 10r/min 时，凸轮轴转速只有 5r/min，每转时间为 12s，凸轮信号齿周期为 3s。当时间单位是 3.2μs 时，3s/3.2μs＝937500，远大于 2B 的整型变量的最大表达能力。

③ 在函数中对 A_FTV 和 A_FTVO 这两个量作保存。

④ 函数中最后将执行 CI_Sub（）函数。这一函数是向控制层用户开放的，控制层的设计者可在 CI_Sub（）函数中添加所需要的程序语句，实现自己需要的功能。

⑤ CI（）函数是影响全局的变量。CI（）函数执行完毕后，会有如下结果：

a. A_CamCyc 的值变为"本次凸轮轴中断周期"。

b. A_FTV_Cam 和 A_FTVO_Cam 分别等于刚发生中断时的 A_FTV 和 A_FTVO 的值，这两个数据主要是供下一中断时 CI（）函数使用由控制层用户编制的 CI_Sub（）函数，由于是最后执行的，因此上面提到的 A_CamCo 将成为 CI_Sub（）函数利用的数据来源，供控制层用户使用。

由于凸轮轴中断周期较长，按照相关原理，可知 A_FTVO 变量在处理凸轮轴中断时常要用到。这是由于自由运行计数器在两次中断间可能产生计数溢出。

3）其他 IC 类输入

将曲轴与凸轮轴信号输入都归于 IC 类，即输入捕获（input capture）功能。这种类别信号的输入都是通过捕获脉冲信号的突变沿来实现的，而且测量目标一般也只是两次输入间的信号周期。

例如，为了针对车辆的行驶状况实现对于柴油机的控制，一种简单的实例是当车辆超速时，应限制柴油机的供油。要实现这一目标必须将车速信号引入柴油机 ECU。车速测量传感器的实现可以是在车轮轴上装信号齿轮并在其侧面加装传感器，将产生的脉冲信号引入 ECU 的 IC 输入口。

通用 ECU 开发平台为这样的需求提供了可扩充资源。如果有对 IC 类信号的输入需求，则只需选择一个对应的输入口，连接好传感器与 ECU 之间的信号线，即可在软件中只通过简单的设置来开启这一接口的 IC 功能，实现与上述曲轴和凸轮轴信号输入类似的功能，并获得反映对应信号周期的变量值。这一功能对应的扩展函数也为用户增添自己的控制语句提供了合适的位置。

（2）模拟信号输入和处理

如前所述，各种模拟量的信号值变化速度很不一样。从对中央处理器资源有效利用的角度来说，应该根据实际需要设置模拟信号的输入频度。但由于单片机目前的处理速度已经很快了，因此在实用中，为了让控制程序有更简明的结构，常将所有模拟量安排在同一任务中执行。将这种情况称为任务组，即在一个任务中解决本应由多个任务完成的工作。

在 EDBM 模型中，采用这种方式来实现模拟信号输入。在基础软件资源中有针对模拟信号输入的任务组函数 AIT（analogue input task），这是一个模拟量输入任务组，任务号 40。为了让这一任务被激活，要先将 Ts_class［40］赋值为一个 0～999 之间的数值作为优先级的量，再将 A_Ts_flag［40］赋值为 1。然后 AIT 任务将进入等待执行队列并在随后被执行。

执行 AIT 任务就是调用 AIT（）函数。这一函数实际上完成的工作是激活 AIT 任务组所涉及的模拟信号采样任务。这包括：将对应的采样任务的优先级别量即对应 Ts_class 数组的变量赋值为一个 0～999 之间的数值，再将其对应的激活标记量 A_Ts_flag 赋值为 1。如果没有特殊情况，应该将所有的模拟量输入操作都纳入这个 AIT 任务组。但如果有的模拟量输入有特殊的要求，则也可以单独作为一个任务来处理。

AIT 函数本身属于基础软件范围，对于控制层的设计制作者而言，它只提供调用的接口，而在源码层次是不透明的。但就像其他的底层资源一样，它也为控制层用户扩展功能提供了接口。在 AIT 函数的最后，要执行一个对控制层用户开放的 AIT_Sub（）函数，控制层的设计制作者可以将自己的扩充语句加入这个函数，实现后续功能的扩展。事实上，激活各分项模拟量输入任务的指令都是由控制层的设计制作者根据需要加入 AIT_Sub（）函数的。

AIT 函数大都给出两个结果值：一个是实现将输入的电压模拟量转换为数字量后的变量值，对于实例中的 16 位机，其模数转换器是 10 位的，会将输入的 0～5V 电压转换成 0～1023 的数值量；另一个是利用这一数值量换算出的电压值。为了能用整数表达这个电压且有必要的精度，可用毫伏（mV）来作为这个电压值的单位。

1）进气压力

进气压力采样任务，任务号为 41，函数名为 AIT_MAP（）。

AIT_MAP（）执行后，将影响两个全局变量 A_MAP_D 和 A_MAP_S，其中 A_MAP_D 是进气压力采样值的数字量，它获得一个 0～1023 的数值，而 A_MAP_S 获得这一数值量对应的输入电压值。对于底层软件的基础功能，只需获得这两个单纯的采样值，其他的处理由控制层完成。

AIT_MAP（）也同样是基础层的函数，它也有自己的扩展函数 AIT_MAP_Sub（），这函数也是对控制层开放的，供控制层制作者在此填入自己的扩充语句。

2）进气温度

进气温度采样任务，任务号为 42，函数名为 AIT_IAT（）。

AIT_IAT（）执行后，将影响两个全局变量 A_IAT_D 和 A_IAT_S，其中 A_IAT_D 是采样值的数字量，它获得一个 0～1023 的数值，而 A_IAT_S 获得这一数值量对应的输入电压值。

AIT_IAT（）是基础层的函数，它有自己的扩展函数 AIT_IAT_Sub（）。

3）冷却液温度

冷却液温度采样任务，任务号为 43，函数名为 AIT_CWT（）。

AIT_CWT（）执行后，将影响两个全局变量 A_CWT_D 和 A_CWT_S，其中 A_CWT_D 是采样值的数字量，它获得一个 0～1023 的数值，而 A_CWT_S 获得这一数值量对应的输入电压值。

AIT_CWT（）是基础层的函数，它的扩展函数为 AIT_CWT_Sub（）。

4）加速踏板位置

加速踏板采样任务，任务号为 44，函数名为 AIT_Pedal（）。

AIT_Pedal（）执行后，将影响两个全局变量 A_Pedal_D 和 A_Pedal_S，其中 A_Pedal_D 是采样值的数字量，它获得一个 0～1023 的数值，而 A_Pedal_S 获得这一数值量对应的输入电压值。

AIT_Pedal（）是基础层的函数，它的扩展函数为 AIT_Pedal_Sub（）。

5）燃油温度信号

燃油温度采样任务，任务号为 45，函数名为 AIT_Fuel（）。

AIT_Fuel（）执行后，将影响两个全局变量 A_Fuel_D 和 A_Fuel_S，其中 A_Fuel_D 是采样值的数字量，它获得一个 0～1023 的数值量，而 A_Fuel_S 获得这一数值量对应的输入电压值。

AIT_Fuel（）是基础层的函数，它的扩展函数为 AIT_Fuel_Sub（）。

6）轨压信号

油轨压力采样任务，任务号为 46，函数名为 AIT_Rail（）。

AIT_Rail（）执行后，将影响两个全局变量 A_Rail_D 和 A_Rail_S，其中 A_Rail_D 是采样值的数字量，它获得一个 0～1023 的数值，而 A_Rail_S 获得这一数值量对应的输入电压值。

AIT_Rail（）是基础层的函数，它的扩展函数为 AIT_Rail_Sub（）。

7）滑套位置信号

滑套位置采样任务，任务号为 47，函数名为 AIT_Posi（）。

AIT_Posi（）执行后，将影响两个全局变量 A_Posi_D 和 A_Posi_S，其中 A_Posi_D 是采样值的数字量，它获得一个 0～1023 的数值，而 A_Posi_S 获得这一数值量对应的输入电压值。

AIT_Posi（）是基础层的函数，它的扩展函数为 AIT_Posi_Sub（）。

8）其他信号　除了以上在 EDBM 模型中已经涉及的模拟量输入信号外，在实际的电控柴油机系统中，还可能包括一些其他的模拟输入量，如废气再循环阀开度、润滑油温度信号及润滑油压力信号等。

对于开放的 ECU 平台，会有一些可供扩展使用的模拟量输入口，这些输入口只是规定输入模拟量的输入规范，且常常适用于主流应用的工业传感器的信号。应用人员只需将希望输入的传感器输出端接入所选定的模拟量输入口，而对应的模拟量输入口在基础软件中已存在相关的输入函数，这些函数都是基础软件资源的组成部分，其应用方式也与前面所提到的那些函数相似，可以供控制层软件的设计制作者根据需求选用。因此，如果需要增加模拟量输入信号，可以按照类似前面提到的方式，首先选定硬件输入口并连接好传感器，然后将激活对应任务函数的指令加入 AIT_Sub（）函数。在此只假设另有 4 路可供扩展的模拟量输入口。且有以下模拟量采样任务：

AIT_In?

? 在此表示 1～4。对应的任务号为 51～54，函数名为 AIT_In?（）。

AIT_In?（）执行后，将影响两个全局变量 AIT_In?_D 和 AIT_In?_S，其中 AIT_In?_D 是采样值的数字量，它获得一个 0～1023 的数值，而 AIT_ln?_S 获得这一数值量对应的输入电压值。

AIT_In?（）也是基础层的函数，有自己的扩展函数 AIT_In?_Sub（）。

（3）开关类信号输入和处理

在 EDBM 模型中没有列出作为输入的开关信号。这是由于单纯对应于柴油机本体的工作控制而言，可以不涉及开关信号的应用。但实际情况也不完全是这样。例如：有的加速踏板本身带有怠速开关，开关断开时，系统会认为此时加速踏板未被踩踏，会将工况状态认定为怠速工况。而对于柴油机在车辆上的应用，都需要将一些外部的开关信号引入 ECU 来实现较圆满的控制。

在基础软件资源中有针对开关信号输入任务组函数，任务组的名称是 SIT（switch input task），任务号 60。

SIT 函数也属于基础软件范围。在 SIT 函数的最后，要执行一个对控制层用户开放的 SIT_Sub（）函数，控制层的设计制作者可以将自己的扩充语句加入这个函数，实现后续功能的扩展。激活各分项开关量输入任务的指令由控制层的设计制作者根据需要加入 SIT_Sub（）函数。

由于外部信号的不确定性，关于开关信号的输入，带有更多的与具体应用相关的影响因素。对于一般的 UECU 开发平台（如 HTU 等），都有多路可选开关量输入口，对应每个输入口都设有对应的输入函数，通过设置任务的方式来调用。前面提到过，在基础软件资源中，开关量的输入任务设置了一组共 8 个，任务名为 SIT_S1～ST_S8，其任务编号为 61～68，对应的任务函数也在基础软件中，函数名分别为 SIT_S1（）～SIT_S8（）。与其他许多基础软件函数类似，开关量输入函数也有它们对应的扩展函数，供用户来实现功能上的扩展，其名称分别为 SIT_S1_Sub（）～SIT_S8_Sub（）。

当启用开关量输入任务时，对应任务会进入任务执行队列，当这一任务被执行后，A_Swit1～A_Swit7 中的对应变量会被改变。例如：如果执行了开关量输入函数 SIT_S1（），则逻辑变量 A_Swit1 将会变为 1 号开关量输入口的状态值（逻辑 1 或逻辑 0）。

（4）执行输入动作的时机设置

如前所述，对于输入信号的输入动作，从控制角度只是适时地激活对应任务。但在激活任务的时机选择上则有不同的处理方式。原则上说，这些输入量的值都可能是随时改变的，但是，在短时间内这种改变一般不会引发控制上的突变。因此，实际输入这些信号量值时，都是隔一段较短的时间输入一次，输入新值后更新当前值。常用的输入时机设置方式有两种：定时设置与定位设置。

1）定时设置

定时设置的方式是指每隔一段固定的时间（例如 20ms）激活一次输入任务。前面已介绍了实时中断功能 RTI，并提到 RTI 的扩展函数：

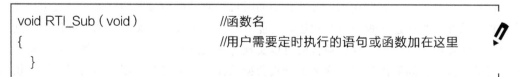

```
void RTI_Sub（void）          //函数名
{                            //用户需要定时执行的语句或函数加在这里
  }
```

在基础软件系统中 RTI 中断每 256μs 产生一次。用定时方式设置任务激活功能的方法，是利用全局变量先在 RTI_Sub 中实现时间计数，当这一时间计数达到预设的时间值后，就激活相应的信号输入任务。

例如：定义变量 A_AIT_Time 为统计时间的变量，它是一个 16 位整型量。希望实现每隔 20ms 激活一次模拟量输入任务，这对应约 78 次的 RTI 中断。为实现这一点，在 RTI_Sub（）中加入相关语句：

```
void RTI_Sub ( void )              //函数名
{……                               //前面可能有的语句
A_AIT_Time + + ;                   //中断次数统计量加 1
if ( A_AIT_Time> 78 )             //如果超过了 78 次则意味着计时达到了 20ms
  {A_Ts_class [ 40 ] = 50;        //设置模拟量输入任务组 AIT 的优先级
  A_Ts_flag [ 40 ] = 1;          //激活模拟量输入任务组 AIT
  A_ AIT_Time = 0;               //时间计数清零
  }
  ……                             //后面可能有的语句
  }
```

在 AIT_Sub（）中可设置激活相关模拟量输入任务的语句。

```
AIT_Sub ( void )
{……                               //前面可能有的语句
A_Ts_class [ 41 ] = 51;          //设置进气压力输入任务的优先级
A_Ts_flag [ 41 ] = 1;            //激活进气压力输入任务 AIT_MAP
A_Ts_class [ 42 ] = 51;          //设置进气温度输入任务的优先级
A_Ts_flag [ 42 ] = 1;            //激活进气温度输入任务 AIT_IAT
A_Ts_class [ 43 ] = 51;          //设置冷却液温度输入任务的优先级
A_Ts_flag [ 43 ] = 1;            //激活冷却液温度输入任务 AIT_CWT
A_Ts_clas [ 44 ] = 51;           //设置加速踏板输入任务的优先级
A_Ts_flag [ 44 ] = 1;            //激活加速踏板输入任务 AIT_Pedal
A_Ts_class [ 45 ] = 51;          //设置燃油温度输入任务的优先级
A_Ts_flag [ 45 ] = 1;            //激活燃油温度输入任务 AT_FuelT
A_Ts_class [ 46 ] = 51;          //设置轨压输入任务的优先级
A_Ts_flag [ 46 ] = 1;            //激活轨压输入任务 AT_RailT
A_Ts_class [ 47 ] = 51;          //设置滑套位置输入任务的优先级
A_Ts_flag [ 47 ] = 1;            //激活滑套位置输入任务 AIT_Posi
……                               //后面可能有的语句
}
```

2）定位设置

在柴油机操作过程中，有的输入信号起作用的时机与曲轴的相位密切相关。最突出的是对加速踏板的采样。当加速踏板位置变化后，可能需要在最短时间内实现对油量的调整。这就需要对加速踏板数据及时地采样，最快时可以实现每一气缸间隔采样一次。例如：在每两个相邻运行的气缸工作间隔内执行一次加速踏板数据采样，如果有变化则立即对下一缸的供油参数做调整。也就是说采样时机是按曲轴运行的相位点来定位的。在实际应用中，一般在柴油机运行速度较高时，这种每缸定位设置并没有必要，因为过快的调控可能引发振荡。但在低速运行时或对于低速柴油机，则有时需要按相位采样。

这种定位设置方式可利用曲轴信号处理程序来实现。曲轴信号的每个信号脉冲会引发一次中断，在曲轴信号的中断服务程序中对信号齿进行计数，可以方便地实现对曲轴相位的分度处理。

前面已介绍了 CSI_Sub（）函数，这一函数在曲轴信号的中断服务程序中最后执行，它对于用户层是开放的。控制层的用户可以在这里设置用于定位采样控制的语句。

例如：希望实现每气缸间隔激活一次加速踏板输入任务。为实现这一点，定义以下全局变量：

A_Crank Teeth

该函数用于表示当前的曲轴齿号。曲轴齿号以缺齿后第一齿为 0 号齿。

在 CSI_Sub（）函数中，可以加入相关语句：

```
void CSI_Sub（void）        //函数名
{……                      //前面可能有的语句
……                       //完成齿计数，确定当前曲轴齿数 A_CrankTeeth
                          //选择合适的齿号（对应其相位）激活任务
if（A_CrankTeeth==21||A_CrankTeeth=51||A_CrankTeeth==81||
    A_CrankTeeth==111）
                          //如果柴油机处在指定相位，则激活加速踏板输入任务
{A_Ts_class［44］=51;      //设置模拟量加速踏板输入任务 AIT_Pedal 的优先级
A_Ts_flag{44}=1;          //激活模拟量加速踏板输入任务 AIT_Pedal
}
……                       //后面可能有的语句
}
```

在以上程序段中选择 4 个输入加速踏板信号的相位时，要注意一个问题：在电控柴油机控制过程中，最需要注意并保证的是供油过程。因此，在设置一些辅助的控制过程时，应尽量将这些控制任务放在不供油的相位区段来完成。例如在以上程序段中，由于第 11 齿是第 1 缸压缩上止点位置，如果认为这一位置的前 30° 到后 15° 间是可能产生供油动作的，则针对 21 齿的位置，正是上止点后的 60°。这一位置前后不会有供油控制需求。将用于控制下一循环供油量的加速踏板信号输入任务放在这个位置完成，不会影响到供油控制。对于其他气缸的情况也相同，设置的任务相位分别在第 1 缸输入任务后的 180°、360° 和 540°。

以上尽管是以加速踏板的数据采样为例，但对于其他需要采用定位采样设置的数据输入需求，都可以用相同的方法。但是，采用定位设置的方式，要注意两个方面的问题。

① 转动停止时的数据采样。如果采用上面介绍的方法，在曲轴中断的服务程序中设置按相位激活采样任务，则在柴油机刚接通电路或停止转动时，由于根本没有曲轴信号，当然也不会有曲轴信号中断，这就使相关的定位输入设置都不能生效。为了保证在曲轴不转时也能完成信号更新，必须针对定位设置的传感器输入功能在定时设置中也做出安排。如果曲轴转速为 0，则启动对应的定时设置。常采用"零转速计时变量"来实现这种控制。

A_NoRotTi 就是这样一个变量，它对转速为 0 的时间做连续计时，转速不为 0 时它被置为 0。可以设置这样的控制策略：当 A_NoRotTi 变量大于某值时，认为柴油机已停转，此时将定位输入改为定时输入。这就可以保证即使在转动停止时数据仍能正常读入并更新。

② 输入频度的调节。定位输入最大的特点是输入时间频度与转速成正比，即转速越快，

输入数据的频度越高。这在原则上对于控制过程是有利的。但是,在转速很高的情况下,有的数据过快的输入频度会失去意义,因为数据本身不会更新那么快。针对这种情况,也可以在定位输入设置中增加关于柴油机转速的控制功能,一旦转速高于一定值,就可每两循环或多循环激活一次输入任务,这就避免了无意义地过多输入数据。

3)混合设置方式 对于有的输入信号,也可以根据需求设置成既有定时输入,也有定位输入。当转速较低时,设为定位输入,满足按相位实现的控制;而转速较高时,当输入频度高于一定值时,可转为定时输入,维持一个恒定的输入频度。针对一种信号两种输入方法混合运用时,应注意其功能的互锁。当一种功能启动时,应关闭另一种,保证输入数据正常的更新速度,以满足控制过程的需求。

3.5.2 输入信号的处理

根据前面章节叙述的相关原则和方法,下面进入控制软件设计制作的实际内容。以下主要介绍针对输入信号的处理,这些处理将对输入信号做进一步的加工,获得一些基本数据。这些数据有的可直接用于控制,有的可用于更高层次的数据计算。

(1)曲轴和凸轮轴角位移信号处理

1)曲轴与凸轮轴转角脉冲信号的时序

在对曲轴与凸轮轴的输入信号做处理之前,依然要强调一下对于这两个信号时序关系的认识。在曲轴和凸轮轴信号图(图2-12)中表现出了对这一时序关系的直观描述,曲轴信号齿位以脉冲信号的下降沿定位,以缺齿后第1齿为0号齿,在一个工作循环中有120个齿位,其中的第58、59、118、119号齿为缺齿,第1缸的上止点位于第11号齿位置。按照发火顺序,第4、2、3缸的压缩上止点为第41、71、101齿的位置。这些时序数据可供供油驱动时实现定位。

凸轮信号齿位也以脉冲信号的下降沿定位,以多齿后第1齿为1号齿。而1号凸轮齿位置对应曲轴的第88齿位置。由此可推出,第2、3、4号凸轮齿分别对应第118、28、58号曲轴齿。

在对曲轴与凸轮轴信号做处理时,应注意:利用本书中作为范例介绍的4+1凸轮信号,可以单独用来确定相位或完成转速计算。但由于控制精度不易做到准确,因此一般只用于当曲轴传感器发生故障时车辆"缓慢回家"时应用。而在凸轮轴信号传感器有故障时,单纯依赖曲轴信号则一般无法确定相位,不易实现柴油机的运行。但是在某些特定的条件下,依靠一些特殊的控制策略,仍能实现单纯依赖曲轴信号的运行。

2)凸轮轴转角脉冲信号的输入处理

前面介绍了用于曲轴信号输入的CSI函数和用于凸轮轴信号输入的CI函数,并且介绍了用于功能扩展的控制层函数CSI_Sub和CI_Sub。这里先用到CI_Sub()函数,在这一函数中将完成凸轮轴信号的主要处理内容。

在为CI_Sub()函数填入指令前,需要先再明确一下使用CI_Sub()函数时用到的主要数据:

A_CamCye——"本次凸轮轴中断周期",单位是$3.2\mu s$。

A_CamCycL——"上次凸轮轴中断周期",单位是$3.2\mu s$。

A_CamTeeth——当前的凸轮齿号。

以下是CI_Sub函数的代码:

```
void CI_Sub ( )                       //用于凸轮轴信号中断处理的扩展函数
{……                                  //前面可能有的语句
if ( A_CamCye> 2* A_CamCycL )         //说明当前齿是多齿后第 1 齿
  A Cam Teeth = 1;                    //凸轮轴齿号应为 1
  else                               //说明当前齿不是多齿后第 1 齿
  if ( A_CamTeeth < 4 )              //如果当前齿不是多齿
  A_CamTeeth + + ;                   //凸轮轴齿号增 1
A_CamCycL= A_CamCyc;                  //更新"上次凸轮轴中断周期",为下次处理做准备,
                                       至此完成了凸轮齿计数
……                                  //后面可能有的语句
}
```

　　以上程序段完成了对凸轮齿数的统计。当发生了凸轮轴中断引发执行完以上程序段后,得到的当前 A_CamTeeth 即明确了柴油机所处的相位。当然,针对柴油机运行,凸轮齿数所确定的相位在曲轴的一个循环中只是对应四个位置(即 88、118、28、58 号曲轴齿位),每个位置中间有 180°的曲轴转角。由于凸轮轴每转一周就代表完成一个柴油机工作循环,因此,凸轮轴的当前齿号能够唯一地确定柴油机的当前工作相位的范围。但凸轮轴齿数较少,依靠凸轮齿号定位只能大致地确定相位范围。如果希望建立依赖凸轮齿相位来控制柴油机运行的功能,还需要建立更精细的定位功能。

　　电控柴油机正常工作时,当前凸轮轴齿数的最大作用是为曲轴信号提供定位的基准。由于曲轴信号在一个工作循环内要重复两次,仅依靠曲轴信号是无法完成明确的相位定位的。而凸轮轴当前齿为曲轴齿的初始定位提供了一个基准,使曲轴的齿计数能够正常完成。

　　3) 曲轴脉冲信号的输入处理

　　这里要用到 CSI_Sub ( ) 函数,在这一函数中将完成曲轴信号的主要处理内容。在为 CSI_Sub ( ) 函数填入指令前,需要先明确一下使用 CSI_Sub ( ) 函数时用到的主要数据:

　　A_CrankCyc——"本次曲轴中断周期",单位是 $3.2\mu s$。

　　A_CrankCycL——上一次曲轴中断中求得的周期,使用这个变量主要是为了判别曲轴的缺齿位置。

　　A_CrankTeeth——当前的曲轴齿号。曲轴齿号从缺齿后第一齿开始统计,0~57 可实现计数,然后是两个缺齿,在这两个缺齿位是无法计数的。

　　下一个齿是第 60 齿,其实对于曲轴信号盘而言就是第 0 齿。但由于完成 4 冲程柴油机工作循环需要曲轴转两周,因此为了对这两周实现完整的相位描述,将这个齿号计为 60。然后按照 61、62、…这样计数下去,直到 117 号齿,随后又是两个缺齿。

　　以下是 CSI_Sub 函数的代码:

```
void CSI_Sub ( void )                 //曲轴中断服务扩展函数名
{……                                  //前面可能有的语句
if ( A_CrankCyc> 2* A_CrankCycL )     //这种情况说明当前齿是缺齿后第一齿,
                                       这时的齿号只能是第 0 齿或第 60 齿
```

```
if ( A_CamTeeth = = 2 )          //如果现在处在凸轮第 2 齿
A_CrankTeeth = 0;               //则曲轴齿号应为 0
  else                          //否则将处在凸轮第 4 齿
  A_CrankTeeth = 60;            //曲轴齿号一定是 60
else                           //不是缺齿后第一齿
  A_CrankTeeth + + ;           //齿号加 1
  A_CrankCycL = A_CrankCy;     //更新"上次曲轴中断周期",为
                               下次中断服务做准备
                               //至此完成了齿计数
......                        //后面可能有的语句
}
```

由上述的程序段可看出,对曲轴的齿计数最关键在于对于缺齿后齿号的判定。要确定是第 0 号还是第 60 号齿,关键在于当时所处在的凸轮齿号。换句话说,曲轴齿计数以凸轮齿作为基点。但是,曲轴齿的计数基点一旦确立,就能够实现对曲轴齿的连续计数,曲轴齿号就成为确定当前柴油机工作相位的重要数据。依赖曲轴齿号作为柴油机相位数据,齿间差距只有 6°,这对于许多相位判别精度都够了。

对于要求最高的供油相位确定,则常采用一种时间控制方式:以曲轴齿相位为基础,设定齿间基本为匀速转动,根据时间的改变确定曲轴的当前相位。这样做当然会有一定误差,但在实例中,曲轴两齿间角只有 6°,可以认为在这样小的转角内曲轴的转速不会发生太大变化,因此引发的误差也不会太大。实际的应用效果也证明这一方案是可行的。

(2) 模拟量输入后的处理

在 EDBM 中有多个模拟量传感器,这些传感器提供的信息是 ECU 用于柴油机运行控制的主要依据。在柴油机运行过程中必须保证这些模拟量的正常输入,为控制软件提供数据。

1) 输入的模拟量

输入的模拟量的结果如下:

① 进气压力采样。执行采样函数 A_MAP ( ) 后,得到两个全局变量 A_MAP_D 和 A_MAP_S,其中 A_MAP_D 是进气压力采样值的数字量,它获得一个 0~1023 的数值,而 A_MAP_S 获得此数值量对应的输入电压值。扩展函数是 AIT_MAP_Sub ( )。

② 进气温度采样。执行采样函数 AIT_IAT ( ) 后,得到两个全局变量 A_IAT_D 和 A_IAT_S,其中 A_IAT_D 是采样值的数字量,它获得一个 0~1023 的数值,而 A_IAT_S 获得这一数值量对应的输入电压值。扩展函数是 AIT_IAT_Sub ( )。

③冷却液温度采样。执行采样函数 AIT_CWT ( ) 后,得到两个全局变量 A_CWT_D 和 A_CWT_S,其中 A_CWT_D 是采样值的数字量,它获得一个 0~1023 的数值,而 A_CWT_S 获得这一数值量对应的输入电压值。扩展函数是 AIT_CWT_Sub ( )。

④加速踏板采样。执行采样函数 AIT_Pedal ( ) 后,得到两个全局变量 A_Pedal_D 和 A_Pedal_S,其中 A_Pedal_D 是采样值的数字量,它获得一个 0~1023 的数值,而 A_Pedal_S 获得这一数值量对应的输入电压值。扩展函数为 AIT_Pedal Sub ( )。

⑤燃油温度采样。执行采样函数 AIT_FuelT ( ) 后,得到两个全局变量 A_FuelT_D 和 A_FuelT_S,其中 A_FuelT_D 是采样值的数字量,它获得一个 0~1023 的数字量,而 A_

FuelT_S 获得这一数值量对应的输入电压值。扩展函数为 AIT_FuelT_Sub（）。

⑥ 油轨压力采样。执行采样函数 AIT_Rail（）后，得到两个全局变量 A_Rail_D 和 A_Rail_S，其中 A_Rail_D 是采样值的数字量，它获得一个 0～1023 的数值，而 A_Rail_S 获得这一数值量对应的输入电压值。扩展函数为 AIT_Rail（）_Sub（）。

⑦ 滑套位置采样。执行采样函数 AIT_Posi（）后，得到两个全局变量 A_Posi_D 和 A_Posi_S，其中 Posi_D 是采样值的数字量，它获得一个 0～1023 的数值，而 A_Posi_S 获得这一数值量对应的输入电压值。扩展函数为 AIT_Posi（）_Sub（）。

以上表达电压的变量单位都是毫伏（mV）。在制作控制程序的过程中，对于模拟量的使用一般有两种方式：一种是基于单纯的数字量输出，即针对数字量求得对应的物理量；另一种是针对还原的电压值求得对应的物理量，这种方式的好处是可以让用户不涉及"采样值数字量"这样的计算机专业概念。在后续处理中采用利用电压值求得对应物理量的方式。用这种方式，只需认定一定的输入电压值对应一定的相关物理量，实现它们的转换计算即可。

在早期的柴油机控制程序中，也有采用直接用传感器输入量（即模数转换后的值）来确定控制量的方式。但这种做法有一个最大的缺陷：一旦更换了传感器的型号，传感器的特性就变了，原有的控制脉谱都会失效。因此，目前都采用由传感器输入信号确定相关物理量，再由相关物理量确定控制量的方式。这两步骤都通过对脉谱的标定来实现。如果更换了传感器，只需将第一步的标定重做一次即可。而这种根据输入量确定对应物理量的过程，可以通过简单的设备在不运行柴油机的情况下完成标定，比较容易实现。

2）模拟量输入的软件滤波函数

模拟量输入时，会由于一些偶发的原因受到一定的干扰，造成输入数据的不稳定。为了稳定模拟量的输入，排斥掉干扰因素造成的输入数据波动，常采用软件滤波的方式来对输入的模拟数据做出预处理。这种处理的算法描述前面已做了介绍。按照这一算法，可实现用于模拟量输入滤波的功能函数：

```
int AIT_Filter（int A_Arrary [ ]，int NewData）   //这一函数有两个参数，前一个
                                                       是用于滤波的数组变量，后
                                                       一个用于传递本次新获得的
                                                       采样值
{ int_Arrary1 [ 6 ]；                              //定义一个工作数组
int i_work, i_work0, i_value；                     //定义局部工作变量
A_Arrary [ 5 ] = NewData；                         //将新的采样值填入数组
for（i_work = 0；i_work < 6；i_work + +）
{Arrary1 [ i_work ] = A_Arrary [ i_work；] }        //将源数组的值复制到工作数组中
for（i_work= 0；i_work< 5；i_work+ +）              //对工作数组做由大到小排序
for（i_work0 = i_work + 1；i_work0< 6；i_work0 + +）
if（Arrary1 [ i_work ] < Arrary1 [ i_work0 ]）
{i_value= Arrary1 [ i_work ]；
Arrary1 [ i_work ] = Amaryl1 [ i_work0 ]；
Arrary1 [ i_work ] = i_value；
}
```

```
                                        //完成排序。 Amary1 [0]是最大值,
                                           Array1 [5]是最小值
i_Value= （Arrary1 [1] + Arrary1 [2] + Arrary1 [3] + Arrary1 [4] ) /4;
                                        //求出平均值
A_Arrary [0] = i_Value;                  //用 A_Arrary [0]记录平均值
A_Arrary [1] = A_Arrary [2]; A_Arrary [2] = A_Arrary [3];
A_Arrary [3] = A_Arrary [4]; A_Arrary [4] = A_Arrary [5];
                                        //数据更新
return A_Arrary [0];                     //返回函数值
}
```

此函数可以在每个模拟量输入的扩展函数中执行一次,执行时将形参换为对应的模拟量的滤波源数组和输入电压值,返回的即是滤波后的电压值。将这一值作为本次输入的模拟信号,做进一步处理。

3）模拟量的进一步处理

模拟量的进一步处理主要包括两个方面,一是软件滤波;二是形态转换。也就是将输入的电压值换算成真正的物理量。

① 进气压力采样值处理。前面提到过:执行采样函数 AIT_MAP () 后,得到两个全局变量 A_MAP_D 和 A_MAP_S,其中 A_MAP_D 是进气压力采样值的数字量,而 A_MAP_S 获得这一数字量对应的输入电压值。在实例处理过程中,主要采用输入电压值来实现处理。在扩展函数 AIT_MAP_Sub 中加入语句:

```
void AIT_MAP_Sub ()                     //进气压力采样扩展函数
{A_MAP_SE= AIT_Filter (A_MAPar, A_MAP_S);  //对 A_MAP_S 做滤波处
                                          理。 这一函数有两个参
                                          数,前一个是用于滤波
                                          的数组变量,后一个用
                                          于传递本次新获得的进
                                          气压力采样值
A_MAP= LookUp_Map (AirPre, A_MAP_SF, 0);  //用当前的采样值调用
                                          脉谱查表功能查进气
                                          压力,获得当前的进
                                          气压力值 A_MAP。
                                          AirPre 是进气压力脉
                                          谱数组名, A_MAP_SF
                                          是滤波后信号整定值
}
```

② 进气温度采样值处理。执行采样函数 AIT_IAT () 后,得到采样值的数字量 A_IAT_D 和对应的输入电压值 A_IAT_S。在扩展函数 AIT_IAT_Sub () 中加入语句:

```
void AIT_IAT_Sub（）                          //进气温度采样扩展函数
{A_IAT_SF= AIT_Filter（A_IATar，  A_IAT_S）；  //对 A_IAT_S 做滤波处理
A_IAT= LookUp_Map（AirTem，  A_IAT_SF，  0）；  //用当前的采样值调用脉谱
                                              查表功能查进气温度，获
                                              得当前的进气温度值 A_IAT。
                                              AirTem 是进气温度脉谱数
                                              组名，  A_IAT_SF 是滤波
                                              后信号整定值

}
```

③ 冷却液温度采样值处理。执行采样函数 AIT_CWT（）后，得到采样值的数字量 A_CWT_D 和对应的输入电压值 A_CWT_S。在扩展函数 AIT_CWT_Sub（）中加入语句：

```
void AIT_CWT_Sub（）                          //冷却液温度采样扩展函数
{A_WT_SF= AIT_Filter（A_CWTar，A_CWT_S）；    //对 A_CWT_S 做滤波处理
A_CWT= LookUp_Map（CoWaTem，A_CWT_SF，0）；  //用当前的采样值调用脉谱
                                              查表功能查冷却液温度，
                                              获得当前的冷却液温度
                                              值 A_CWT，CoWaTem 是
                                              冷却液温度脉谱数组名，
                                              A_CWT_SF 是滤波后信
                                              号整定值

}
```

④ 加速踏板采样。执行采样函数 AIT_Pedal（）后，得到采样值的数字量 A_Pedal_D 和对应的输入电压值 A_Pedal_S。在扩展函数 AIT_Pedal_Sub（）中加入语句：

```
void AIT_Pedal_Sub（）                        //加速踏板采样扩展函数
{A_Pedal_SF= AIT_Filter（A_Pedlar，A_Pedal_S）；  //对 A_Pedal_S 做滤波处理
A_Pedal= LookUp_Map（PadPos，A_Pedal_SF，0）；  //用当前采样值调用脉谱
                                              查表功能查加速踏板开
                                              度值，获得当前的加速
                                              踏板开度值 A_Pedal，
                                              PadPos 是加速踏板脉谱
                                              数组名，A_Pedal_SF 是滤
                                              波后信号整定值

}
```

⑤ 燃油温度采样。执行采样函数 AIT_FuelT（）后，得到采样值的数字量 A_FuelT_D 和对应的输入电压值 A_FuelT_S。在扩展函数 AIT_FuelT_Sub（）中加入语句：

```
void AIT_FuelT_Sub（）                    //燃油温度采样扩展函数
{A_FuelT_SF= AIT_Filter（A_
FuelTar, A_FuelT_S）;                     //对 A_FuelT_S 做滤波处理

A_FuelT= LookUp_Map
（FuOiTe, A_FuelT_SF, 0）;                 //用当前的采样值调用
                                           脉谱查表功能查燃油
                                           温度，获得当前的燃
                                           油温度值 A_FuelT，
                                           FuOiTe 是燃油温度
                                           脉谱数组名，A_
                                           FuelT_SF 是滤波后
                                           信号整定值
}
```

⑥ 油轨压力采样。执行采样函数 AIT_RailP（）后，得到采样值的数字量 A_RailP_D 和对应的输入电压值 A_RailP_S。在扩展函数 AIT_RailP_Sub（）中加入语句：

```
void AIT_RailP_Sub（）                    //油轨压力采样扩展函数
{A_RailP_SF= AIT_Filter
（A_RailCar, A_RailP_s）;                  //对 A_RailP_S 做滤波处理

A_RailP= LookUp_Map
（RailPre, A_RailP_SF, 0）;                //用当前的采样值调用脉
                                           谱查表功能查油轨压力，
                                           获得当前的油轨压力值
                                           A_RailP，RailPre 是油
                                           轨压力脉谱数组名，A_
                                           RailP_SF 是滤波后信
                                           号整定值
}
```

⑦ 滑套位置采样。执行采样函数 AIT_Posi（）后，得到采样值的数字量 A_Posi_D 和对应的输入电压值 A_Posi_S。在扩展函数 AIT_Posi_Sub（）中加入语句：

```
void AIT_Posi_Sub（）                     //油轨压力采样扩展函数
{A_Posi_SF= AIT_Filter
（A_Posiar, A_Posi_S）;                    //对 A_Posi_S 做滤波处理

A_Posi= LookUp_Map
（SlPosi, A_Posi_SF, 0）;                  //用当前的采样值调用脉
                                           谱查表功能查滑套位置，
                                           获得当前的滑套位置值
                                           A_Posi，SlPosi 是滑套
                                           位置脉谱数组名，A_Posi_SF
                                           是滤波后信号整定值
}
```

⑧ 其他模拟量采样。如果控制工作需要增加模拟量输入信号，则也需要按照本节介绍的方法完成相关的处理。即在输入采样扩展函数中实现滤波和将输入信号向对应物理量的转换。

（3）开关量输入的处理

1）对机械电开关输入的消颤

开关量如果是用机械开关实现的，则它一般在弹簧的作用下，都会由于接触电极的颤动而在一个短时间内产生不稳定的电平变化。如图 3-28 所示，当电平由低向高变化时，中间会有一个短时间的不稳定过程。经过特殊设计的开关可以避免产生这样的颤动信号，但开关元件的成本也会相应提高。

这里介绍用软件实现的消颤处理，简单实用，易于实现，在开关量输入时可以避免颤动对输入值的影响。软件的消颤处理过程可以说是一种延时判断处理的方法。

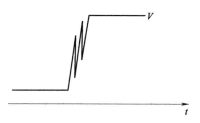

图 3-28　开关信号的颤动

在 ECU 中，对于开关量的采样一般都采用定时设置的方式，每隔 20～30ms 输入一次。输入时采用如下的处理算法（首先设定一个状态计数量）：

① 当发现本次输入的电平值与当前值不同时：如果状态计数量值等于 3，则令当前值等于本次输入值；如果当前状态计数量小于 3，则在状态计数量上加 1。

② 当发现本次输入的电平值与当前值相同时，令状态计数量为 0。

以上算法实际是基于一个规则：只有连续 3 次采样都发现某开关量输入值被改变了，此采样值才被认可，对应开关量的当前值才会得以改变。按此算法，由开关颤动引起的开关状态不稳定将不会引起输入值的跳动。当开关状态稳定后，对应的开关量当前值才会得以改变。

2）开关量的输入函数

前面已经介绍了在基础软件资源中，开关量的输入任务设置了一组共 8 个，任务名为 SIT_S1～ST_S8，其任务编号为 61～68，对应的任务函数也在基础软件中，函数名分别为 SIT_S1（）～SIT_S8（）。

开关量输入函数有它们对应的扩展函数，供用户来实现功能上的扩展，其名称分别为 SIT_S1_Sub（）～SIT_S8_Sub（）。当 SIT_S1（）～SIT_S8（）被执行后，A_Swit1F～A_Swit7F 中的对应变量会被改变。

以 SIT_S1_Sub（）中加入的语句来说明实现消颤功能的过程：

```
void SIT_SI_Sub ( )          //开关量输入函数 1 的扩展函数
{if ( A_Swit1F= = A_Swit1      //如果输入量与原值相等
A_Swit1_c= 0               //计数量归 0
  else                     //输入量与当前量有变化时
if ( A_Swit1_c< 3)          //如果少于 3 次则计数
  A_Swit1_c+ + ;            //统计量加 1
  else                     //如果 3 次输入都反映输入值比当前值改变了
  A_Swit1= A_Swit1F;        //修改当前开关量值
  }
```

A_Swit1 变量才是针对控制过程起作用的开关量值。

以上以 SIT_S1_Sub（）函数为例，但对于其他七个开关量的输入函数情况也完全相同，可以按照以上函数来写出其他七个函数，这里不再叙述（如果读者有兴趣了解更多的传感器相关输入函数知识，请参考本书参考文献 [1]）。

第 4 章

电控柴油机燃油系统

对于电控柴油机而言，电控高压燃油系统是柴油机电控系统的重要部分之一，也是柴油机可以运行的前提和必要条件，电控柴油机上重要的执行元件都在电控燃油系统中，也可以说，电控燃油系统是电控系统中最重要的执行器。

通常根据电控燃油系统的形式来命名柴油机，如电控高压共轨柴油机、电控单体泵柴油机、电控分配泵柴油机等等。由于设计理念的不同，对于同一种电控高压燃油系统，虽然电控方法基本相同，但不同生产厂家的产品差异较大。

对于电控高压燃油系统的分类，在发展历史上有位置式、时间式和时间压力式等三类。大体上说，位置式系统是在传统的机械系统上加入电控功能，其功能调节还是依靠结构部件的空间位置移动来实现的；时间式系统主要是依赖高速电磁阀的开关时机来进行控制，在响应速度上有着高得多的级别。随着国家对柴油机排放指标的要求日益严格和柴油机电控技术的不断进步，如今电控高压燃油系统基本都是时间式或时间压力式。位置式的应用将会逐渐减少，最终可能会被淘汰。

对于电控燃油系统的控制主要包括两个方面：一是控制针对每个气缸，在每工作循环供入的燃油量，简称为每次供油量或每循环供油量；二是控制燃油供入气缸的时机，用开始供油动作时刻对应的相位来表达，称为供油提前角。

用于电控柴油机燃油系统控制的功能可能各有不同，但受 ECU 驱动的控制方式只有以下几种。

（1）有源开关驱动

例如：对故障信号灯的驱动。相当于给信号灯加上电源，从而点亮信号灯。这种开关控制由 ECU 输出执行电能，电压可以在 ECU 的源电压之内，电流则可达几安培。

（2）无源开关驱动

这种驱动装置（执行器）需要另外连接电源，ECU 只是提供一个受控无触点开关，通过控制开关的通断来控制执行器动作。

（3）高压开关驱动

这是一种较特殊的驱动方式，主要用于驱动当前电控柴油机燃油系统中的高速电磁阀。

高速电磁阀是 ECU 输出驱动中的一项关键性技术。对电控柴油机燃油系统中的高速电磁阀的响应速度要求很高，必须在几毫秒甚至不到 1ms 内完成动作。这种电磁阀的驱动技术较为特别，因为它必须使用如图 4-1 所示的操作电流波形。其波形前端有较大的幅值，一般达到几十安培，称为启动电流。这可以使高速电磁阀获得较快的开启速度。前端波形的宽度对应着一定的电磁能量，较大的电磁阀运动质量则需要较宽的前端波形。

（4）脉宽调制（PWM）开关驱动

对于某些依赖于输入的有效驱动电压来控制执行效果的执行器（如 EGR 阀上用比例电磁铁驱动的阀门、分配泵上用旋转电磁铁驱动的滑套等），近年来广泛地使用 PWM 开关驱动。

PWM（pulse width modulation）是脉宽调制的英文缩写。它使用一个固定幅值且频率保持一定的脉冲输出，通过调节脉宽的方式调节高电位时段在整个时间区段中的

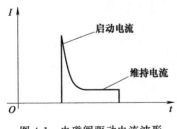

图 4-1　电磁阀驱动电流波形

比例（称为占空比），使输出电压的有效值得到改变。这种驱动控制在硬件实现上非常简单，最适于数字电路的输出驱动。实际应用这种驱动方式时，必须注意选取的工作频率应与被驱

动元件的惯性大小相适应。基本的原则是：惯性较小的元件，应选取较高的工作频率。工作频率如果足够高，被驱动元件由于运动惯性，完全无法跟随电流瞬间改变而运动，只能按电流有效值表达出的平均驱动力而运动。

目前在用的电控柴油机的燃油系统，主要有电控单体泵燃油喷射系统、电控分配泵燃油喷射系统、电控高压共轨燃油喷射系统和电控泵喷嘴燃油喷射系统等。本章将对上述四种燃油系统进行较为详细的介绍。

4.1 电控单体泵燃油喷射系统

电控单体泵燃油喷射系统（如图4-2所示），因其喷油时刻和喷油量等都由电子控制，所以称其为电控单体泵燃油喷射系统。

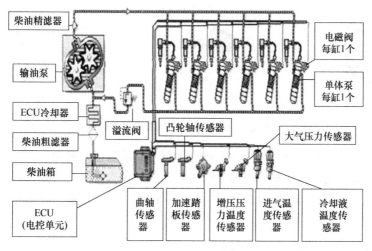

图 4-2 电控单体泵燃油喷射系统

电控单体泵燃油喷射系统已在国内重型汽车、工程机械上获得了广泛的应用。国内主要柴油机的生产厂家都有采用电控单体泵燃油喷射系统的在用机型。

电控单体泵燃油喷射系统在结构布置上可分为两大类。一类是分体式电控单体泵系统（如图4-3所示）；另一类为组合（集成）式电控单体泵系统（如图4-4所示）。

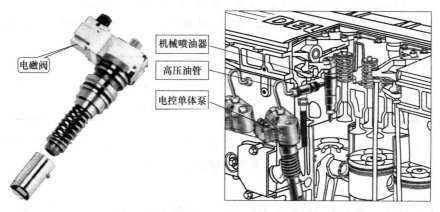

图 4-3 分体式电控单体泵的安装位置

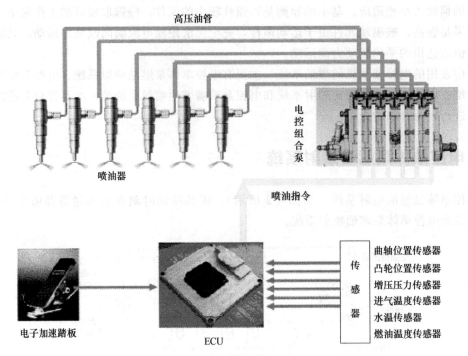

图 4-4　某型组合（集成）式电控单体泵燃油系统

与机械分体式单体泵一样，分体式电控单体泵与喷油器由一根很短的高压油管连接，单体泵直接由凸轮轴驱动。传统柴油机的喷油器喷油时的动作是由凸轮轴来控制的，而在电控单体泵燃油喷射系统中，凸轮轴仅提供了高压油泵的驱动力，其喷油时刻和喷油量均由电控单元（ECU）控制。

4.1.1　分体式电控单体泵燃油喷射系统

电控单体泵（EUP）是一种新型供油泵，在供油时是通过电控单元（ECU）根据传感器收集到的柴油机状态参数进行分析计算后在最优的时刻发出脉冲信号，控制高速强力电磁铁工作从而关闭电磁阀，柱塞腔内的燃油被压缩形成高压，经高压油管、喷油器，按所需的正时和喷油量喷入柴油机燃烧室，因而能精确控制喷油正时和喷油量。

受电控单元的驱动，它按照电子控制单元输出的控制指令进行工作，从而达到控制燃油喷射的目的。它采用脉宽调制驱动形式。电控单体泵（EUP）电磁阀的相关参数见表 4-1。

表 4-1　电控单体泵（EUP）电磁阀的相关参数

参数名称	数值	参数名称	数值
电阻/Ω	3.9~4.1	峰值电流/A	7.2±0.1
驱动电压/V	90	保持电流/A	2.3±0.1

分体式电控单体泵燃油喷射系统主要由控制元件（电控单元）、检测元件（各种传感器）和执行元件（电磁阀、喷油器等）等三大部分组成。如图 4-5 所示。

（1）一般叙述

分体式电控单体泵柴油机的燃油喷射系统一般采用电控单体泵＋机械喷油器的结构形式，如图 4-6 所示，其安装方式如图 4-7 所示。

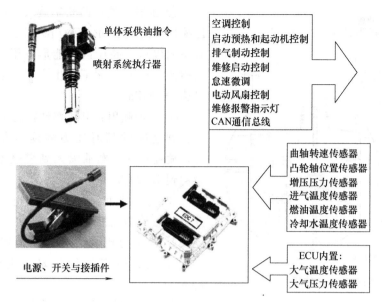

图 4-5　分体式电控单体泵燃油喷射系统的组成

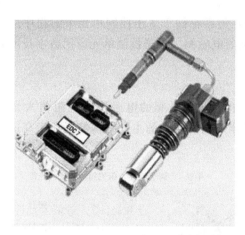

图 4-6　分体式电控单体泵与喷油器

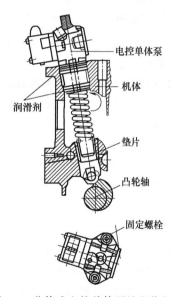

图 4-7　分体式电控单体泵的安装方式

　　电控单体泵安装在柴油机机体上（如图 4-3 所示），由柴油机的配气凸轮轴上的喷射凸轮通过挺柱总成驱动柱塞，挺柱压缩柱塞弹簧。凸轮上行过程，压缩柱塞弹簧，凸轮下行过程，柱塞弹簧释放，凸轮连续旋转，使柱塞做往复直线运动，在不通电的情况下，电磁阀是打开的。如图 4-8 所示，电控单体泵喷射系统的工作过程分为以下几个阶段：

　　① 高速电磁溢流阀设在单体泵的储油端，溢流阀断电时，回油道打开，单体泵内的柱塞即使已开始泵油，也不能建立高压，只有当溢流阀通电，回油油道关闭，油压才迅速升高；高压燃油经过一段很短的高压油管进入喷油器使其喷油。电磁阀断电时，回油油道打开，迅速溢流卸压，喷油停止。电磁溢流阀通电的持续时间决定了循环供油量。

　　② 凸轮在基圆位置时，柱塞位于下止点，高压腔与低压腔中的燃油压力相等。

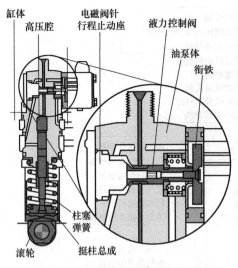

图 4-8 电控单体泵的工作原理

③ 压缩供油：凸轮轴旋转，凸轮通过挺柱压缩柱塞向上运动，只有在 ECU 使电磁阀通电并关闭以后，高压区才能形成压力。高压腔中的燃油在柱塞压缩下产生高压。泵端燃油压力可达 160MPa。

④ 燃油喷射：高压燃油在高压油管中传递，并在到达喷油嘴时压力继续提升至约 22MPa 时，喷嘴打开，燃油喷入到燃烧室中。喷射压力达到 180MPa。

⑤ 喷射结束：在 ECU 使电磁阀断电并打开以后，高压油腔与低压油腔相通，高压油腔及喷嘴压力也大大下降，喷嘴落座，喷射过程结束。柱塞继续运动，重新开始新的过程。

⑥ 当电磁阀打开时，允许在进油行程把燃油吸入油泵的油缸，在供油行程再经原路排回去。电控单体泵的控制方式是时间控制，无需在喷油正时与曲轴位置之间有直接的连接。喷油起始点必须与精确规定的活塞或曲轴位置相对应。它是靠在曲轴上装一个信号转子，同时在凸轮轴上装有与各缸喷射同步的脉冲信号发生器来完成的。

喷射过程的闭环控制是根据按严格规定的相互关系存储于电子控制单元中的程序进行的。安装在柴油机上的电子控制单元控制着单体泵的电磁阀。电子控制单元应用数字技术来监测并处理各种输入的传感器信号。

（2）工作原理

电控单体泵的内部结构如图 4-9 所示。电控单体泵电磁阀的电磁线圈电阻值大约为 0.9Ω，如果小于 0.4Ω，则线圈可能短路。电控单体泵燃油系统的主要结构特征在于高速电磁阀。其工作原理如下。

如图 4-10 所示，在电控单体泵中，高速电磁阀主要由电磁铁、弹簧、衔铁和滑阀组成。当电磁铁不通电时，弹簧将滑阀压向左边，此时进油通道与柱塞腔相通。如果此时活塞下行，如图 4-10（a）所示，则是进油状态，燃油在输油泵的作用下进入柱塞腔；此时如活塞上行，如图 4-10（b）所示，则会将燃油压回进油道产生回油。当活塞上行时，如果电磁铁加电，如图 4-10（c）所示，则衔铁会被吸引，克服弹簧压力使滑阀向右，此时回油通道被滑阀封闭，而供油通道被打开，燃油将在柱塞的推动下以高压通过供油通道流向喷油器喷入气缸。

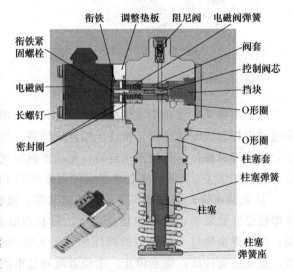

图 4-9 某型电控单体泵内部结构

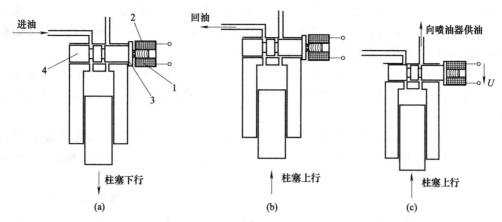

图 4-10　电控单体泵工作原理图

1—电磁铁；2—弹簧；3—衔铁；4—滑阀

在实际的电控单体泵中，每个供油循环真正执行有效供油的行程是很短的。例如：某型电控单体泵柱塞直径为 10mm，凸轮的总升程为 16mm。如果这台单体泵被用于某型柴油机，则在额定负荷下每次供油量为 $50m^3$ 左右。通过简单的计算可以得知，这时的活塞面积约为 $79mm^2$，有效几何供油行程只有 $50mm^3/79mm^2 \approx 0.64mm$。当处在部分负荷下，有效供油行程将会更短。考虑到燃油有微小的可压缩性，实际的供油行程存在两个阶段。

① 供油准备行程。由电磁阀关闭到喷油器开始喷油的阶段。这一阶段中高压油泵泵腔封闭，柱塞的上行引起泵腔压力上升，并会随之使高压油管和喷油器压力室的燃油压力都上升，直到喷油器针阀开始上升。

② 有效供油行程。喷油器针阀上升后，高压油泵柱塞的继续上行将使燃油被压入气缸，从这时起到泄油电磁阀打开，是高压油泵的有效供油行程。这段时间内柱塞的供油位置和压油容积将是实际供入气缸的燃油的主要参数。

电控单体泵的凸轮升程的供油位置线形，常使用阿基米德螺线。在极坐标中它的曲线方程为：$r = K\theta + r_0$，即极半径与转角呈供油相位改变角线性关系。这会使凸轮升程与转角变化量成正比。这种升程曲线在直角坐标中呈直线，如图 4-11 所示。

图中 θ 是曲轴转角，r 是凸轮升程。从图中可以看到，由于有效供油行程只占总凸轮升程的一小部分。因此，当将有效供油行程控制在总凸轮升程的不同位置时，起始供油的相位角会发生改变。这正是电控单体泵的一个重要性能：通过对起始供油时刻的调整，可以对供油正时做有效的控制。

依电控单体泵的工作方式，按几何原理

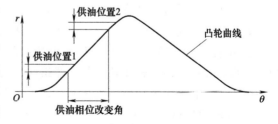

图 4-11　单体泵供油相位调整原理图

分析可看出：针对上面提到的这种凸轮，电控单体泵的每次供油量与每循环的供油持续角成正比。当然，考虑到燃油的压缩性和由于油温引发的体积变化，可以对这一结论做适当的修正。如果凸轮线形不是上述的阿基米德螺线，则供油量与升程的关系会比较复杂，常常只能通过试验测定。

电控单体泵的供油压力在供油期间并不是一个常量，因此不能像在共轨系统中那样，通过变化的通电时间来正比地改变每次供油量。在实际使用时，一般通过控制供油持续角来希望正比地控制每循环的供油量，并考虑到其他因素做一定修正。但针对具体产品，还是应该通过在油泵试验台上做性能试验来彻底了解油泵的性能。

电控单体泵的最大供油压力可以达到 120～160MPa。但这一压力与每次供油量和喷油器出油孔总面积有关。当每次供油量较大和喷油器出油孔总面积较小时，供油压力会有所升高。

③ 电控单体泵测试试验。同其他电控高压油泵系统相似，要想合理地使用电控单体泵，就需先对它的工作性能做出测试。实际控制中，从泄油电磁阀驱动脉冲启动到泄油电磁阀动作，有一个短暂的滞后期。

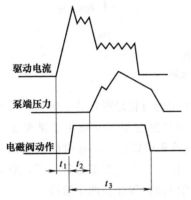

图 4-12 某型单体泵驱动电流波形

如图 4-12 所示是某型电控单体泵在工作时驱动电流波形、电磁阀动作和泵端燃油压力波形之间的时间相位关系。由图可见：电磁阀动作落后于驱动电流时间 t_1，而泵端燃油压力的建立时间又落后于电磁阀动作时间 t_2。在实际控制中，应注意使电磁阀动作周期 t_3 完全处于凸轮型线上升的范围内，这样才能保证对于电磁阀的控制是有意义的。

对电控单体泵的性能做测试，主要是要在某基准温度下（常选择 27℃）测出在每个转速下，不同的每次（循环）供油量所对应的供油脉冲宽度。

在了解了这些数据后，才能实现在不同转速下对每个循环不同供油量的控制。针对一台电控单体泵，其最大每次供油量受限于其几何结构和机械强度。在此限制内，电控单体泵的性能通常都由制造厂给出。每次（循环）供油量的单位是 mg，实际控制效果取决于 ECU 的控制能力和电控单体泵系统的响应速度。

注意：电控单体泵系统的有效使用主要包括两个方面。一是对于每次供油油量的调节能力；二是对供油正时的调节能力。第一项能力要求供油行程都位于凸轮的上升段内，第二项能力要求供油行程与凸轮总升程相比较小，因此会使供油正时具有较大的调整范围。

（3）单体泵系统的基本（硬件）配置

如图 4-13 所示，对于中小型柴油机的电控单体泵系统，基本的硬件配置如下：

① 电控单体泵部件。电控单体泵上装有凸轮轴角位移检测装置，一般由一个凸轮轴上的信号齿轮和一个凸轮轴角位移传感器组成。在泵腔中装有燃油温度传感器。对应于柴油机每一个气缸，有一个电控单体泵单元，每单元都有独立的驱动接口。

② 曲轴角位移（转速）检测装置。一般由一个曲轴上的信号轮和一个曲轴角位移传感器组成。

③ 进气温度和压力传感器。

④ 冷却液温度传感器。

⑤ 加速踏板传感器。

⑥ ECU 部件。

有了以上硬件配置后，即可在 ECU 的控制指令操纵下，实现电控单体泵柴油机系统的正常工作。

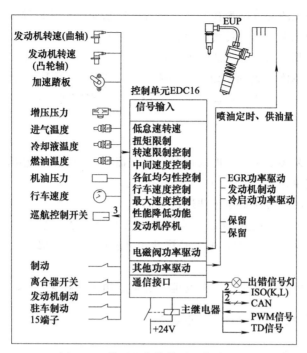

图 4-13　某型电控单体泵系统的组成

特别提示

燃油温度会对单体泵供油效果有一定的负面作用。当温度较高时，会对供油效果有两方面的不利影响：一是温度增加引起密度减小，造成与低温时同样的供油容积却对应着较少的供油质量；二是由于温度增加造成黏度下降，会使高压腔在供油结束时的卸载回流油量增加（特别是对于不使用输油阀的电控单体泵而言），这将造成下一循环压力建立过程所对应的柱塞行程增加，而有效供油行程减小，即实际供油量会减小。后一个原因是主要的。在实际控制单体泵工作时，可以根据基准燃油温度下测得的供油脉宽，针对温度变化量对供油脉宽做出一定修正，使由于温度改变而造成的供油量改变可以得到消除。

4.1.2　组合（集成）式电控单体泵

（1）概述

电控组合式单体泵是在传统直列泵的基础上，用电控分体式单体泵（EUP）替代原来的柱塞式供油部件而集成为一个自成体系的电控单体泵供油装置（如图 4-14 所示），ECU 实时捕捉外部输入的各种传感器信号，内部的柴油机管理系统（ECU）根据这些信号实时计算出最优的喷油正时和喷油量。

由 ECU 控制电控单体泵上的高速

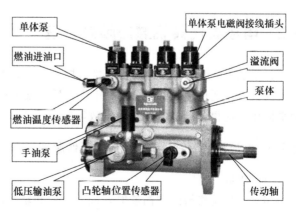

图 4-14　组合（集成）式电控单体泵外形示意图

强力电磁阀的开启和关闭来准确地控制各缸燃油的喷射量和燃油的喷油正时。电控组合式单体泵的安装、连接和驱动方式与传统的机械式喷油泵基本一致。也就是说，电控组合式单体泵具有与传统柴油机喷油系统直列式喷油泵的外形，但大脑（控制系统）是电子控制的。

电控（组合式）单体泵燃油系统可实现喷油量、喷油正时和喷油压力的精确、柔性控制，从而改善了柴油机缸内燃烧性能，且降低柴油机的有害排放物，提高柴油机的经济性、动力性和可驾驶性。

（2）原理

组合式电控单体泵燃油系统由四大部分（控制器、执行器、传感器、线束）组成。其工作原理与电控分体式单体泵一致，即：

① 根据 ECU 发出的喷油指令脉冲进行喷油。

② 喷油始点由指令脉冲起点控制；喷油量由指令脉冲的宽度控制。

③ 喷油正时可以在不同工况，根据经济性和排放性能的最佳综合效果而灵活调整。

（3）控制功能

组合（集成）式电控单体泵的控制功能与分体式电控单体泵一致，这里不再另做论述。

4.1.3 电控单体泵系统的控制策略与故障诊断

（1）控制策略和功能

无论是分体式电控单体泵还是组合式电控单体泵，或是其他电控燃油系统，其电控系统的控制策略和功能都是一样的。关于电控单体泵燃油系统的控制策略和功能，请参考本书第二章第一节的相关内容，这里不做叙述。

（2）故障诊断与维修

① 故障诊断。错误信号指示灯警告诊断：错误信号指示灯直接和电控系统相连，当有故障时，指示灯闪烁，通知驾驶员需要去维修站进行维修。

② 故障维修。一般来讲电控系统部件只能整体换件，不能修复，并且是专门供应。由于电控单元（ECU）的编程数据与柴油机个体有对应关系，所以必须了解以下信息：a. 柴油机编号；b. 完整的部件编号；c. 如有维修事项，请与当地的用户服务站或专业维修机构联系。

注意：①在整车或柴油机上进行任何电焊操作时，必须将电控单元（ECU）的插头拔下，防止损坏控制单元。②拔下电控单元（ECU）的插头时，必须是 ECU 处于断电状态。

4.2 电控高压共轨燃油喷射系统

20 世纪 40 年代电控共轨燃油喷射技术首先在航空柴油机上应用，20 世纪 50 年代在赛车柴油机上广泛应用。20 世纪 90 年代以后，柴油机的电控供油系统技术开始在实际应用中大量使用，使得柴油机的性能和排放等有了前所未有的巨大进步。

4.2.1 共轨燃油喷射系统的组成及工作原理

（1）组成

相对于传统机械式燃油喷射系统，电控共轨式燃油喷射系统要复杂得多，从压力的产生机构到喷油量的控制机构都有了很大的改进。电控共轨式燃油喷射系统示意图如图 4-15 所

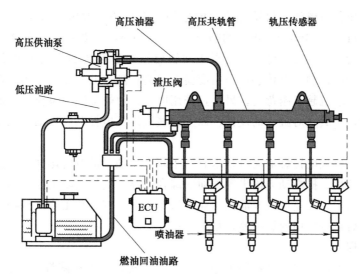

图 4-15　柴油机的电控共轨燃油喷射系统的示意图

示，主要包括高压供油泵、燃油滤清器、高压共轨管、电控喷油器、电控单元（ECU）、各种传感器等。诸多的改进决定了电控共轨系统相对于传统机械式喷油系统有了很多的优点。

燃油共轨技术通过共轨直接或间接地形成恒定的高压燃油，分送到每个喷油器，并借助于集成在每个喷油器上的高速电磁开关阀的开启与闭合，定时、定量地控制喷油器喷射到燃烧室的油量，从而保证柴油机达到最佳的雾化、燃烧和最少的污染排放。

电控共轨燃油喷射技术是指高压油泵、压力传感器和 ECU 组成的闭环系统中，将喷射压力的产生和喷射过程彼此完全分开的一种供油方式。由高压油泵把高压燃油输送到公共供油管，通过对公共供油管内的油压实现精确控制，使高压油管压力大小与柴油机的转速无关，可以大幅度减小柴油机供油压力随柴油机转速的变化，因此也就减少了传统柴油机的缺陷。ECU 控制喷油器的喷油量，而喷油量的大小取决于燃油轨（公共供油管）压力和电磁阀开启时间的长短。

柴油机共轨式电控燃油喷射技术是一种全新的技术，集计算机控制技术、现代传感检测技术以及先进的喷油器结构于一身。它不仅能达到较高的喷射压力，实现喷射压力和喷油量的控制，而且还能实现预喷射和分段喷射，从而优化喷油特性、减低柴油机噪声和大大减少废气有害成分的排放量。其特点为：

① 采用先进的电子控制装置及配有高速电磁开关阀，使得喷油过程的控制十分方便，并且可控参数多，利于柴油机燃烧过程的全程优化。

② 采用共轨方式供油，喷油系统压力波动小，各喷油器间相互影响小，喷射压力控制精度较高，喷油量控制较准确。

③ 高速电磁开关阀频率高，控制灵活，使得喷油系统的喷射压力可调范围大，并且能方便地实现预喷射等功能，为优化柴油机喷油规律、改善其性能和降低废气排放提供了有效手段。

④ 系统结构移植方便，适应范围广，尤其是与目前的小型、中型及重型柴油机均能很好匹配，因而市场前景广阔。

⑤ 可独立地柔性控制喷油正时，配合高的喷射压力（120～200MPa），目前常用的 Bosch 公司的共轨系统，轨道压力为 145MPa，可同时控制 NO_x 和微粒（PM）在较小的数值内，以满足排放要求。

目前电控高压共轨燃油喷射系统的发展趋势是更高的喷射压力（超过 200MPa）、更小的喷孔直径（0.11~0.13mm）、更短的响应时间（0.1ms）、更低的功率消耗（采用压电晶体喷油器）和功能更完善的软件。电控高压共轨燃油喷射系统的不足之处在于系统比较复杂；为了实现精确的控制，对传感器的精度要求较高；随着共轨压力的不断提高，对共轨系统各部件的性能要求也越来越苛刻。另外，采用电控共轨燃油喷射系统后，需对柴油机结构进行相应的改进，尤其是对缸盖的设计。以上这些决定了电控共轨燃油喷射系统的应用成本相对较高。

综上所述，共轨式电控燃油喷射技术有助于减少柴油机的有害尾气排放量，并具有降低噪声、降低燃油消耗、提高动力输出等方面的综合性能。高压共轨电控燃油喷射技术的应用有利于地球环境保护，加速促进柴油机工业、汽车工业，特别是工程机械相关工业的向前发展，是柴油机今后重点应用的燃油喷射技术之一。

（2）工作原理

高压共轨燃油喷射系统借助各种传感器（柴油机转速、加速踏板位置、冷却液温度等）检测柴油机工况，并将信号传给 ECU，利用 ECU 综合控制相应的燃油喷射量、喷射正时、喷射速率和喷射压力等，使柴油机在最佳状态下运行。高压共轨系统从功能上可分为电子控制系统和燃油喷射系统。

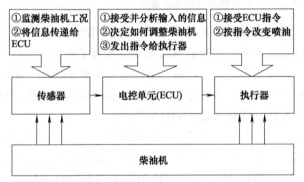

图 4-16　共轨柴油机电控系统控制原理框图

ECU 利用安装在柴油机及车辆上的各种传感器采集的数据，并与存储在里面的大量经过试验得到的最佳喷油量、喷油时间和喷油规律的数据进行比较分析，计算出当前状态的最佳

参数，来控制喷油器、流量计量单元等机构工作。电子控制系统包括传感器、ECU 和执行器，其控制原理框图如图 4-16 所示，硬件及软件功能如图 4-17 所示。

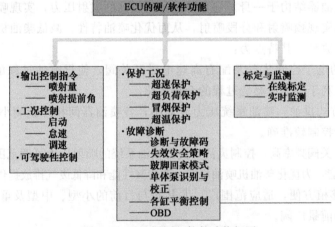

图 4-17　ECU 的硬/软件功能框图

① 飞轮上的信号孔通过传感器部位时，传感器线圈的磁力线发生变化，线圈中产生交流电。此信号可检测柴油机的转速和曲轴位置。

② 凸轮轴位置传感器与曲轴位置传感器一样，也应用了线圈磁力线的变化而产生交流电的原理。将曲轴位置传感器脉冲和凸轮轴位置传感器脉冲信号组合，可识别柴油机的第 1 个气缸。

③ 加速踏板位置传感器将加速踏板的踩下角度转变为电子信号发送到 ECU。加速踏板位置传感器使用了霍尔器件。

④ 冷却液温度传感器利用热敏电阻检测柴油机冷却液温度，并将此温度信号转变成电子信号并发送给 ECU。

⑤ 油轨压力传感器是由一个半导体元件组成的传感器，利用压力施加到硅元件上时电阻发生变化的压电效应原理制成。输出信号随压力的增加而增大。

⑥ 进气压力温度传感器提供进气温度与压力参数，进气压力是压敏电阻，它所测量的压力与输出的电压成正比。

⑦ 机油压力温度传感器可以同时检测机油压力和机油温度，其原理与进气压力温度传感器一致。

4.2.2　共轨燃油喷射系统主要部件

共轨燃油喷射系统是将喷射压力的产生和喷射过程彼此完全分开的一种燃油喷射系统。由高压油泵把高压燃油输送到共轨管，不再采用传统的柱塞泵脉动供油的原理。而是通过共轨直接或间接地形成恒定的高压燃油，分送到每个喷油器，并借助于集成在每个喷油器上的高速电磁阀的开启与闭合，定时、定量地控制喷油器喷射至柴油机燃烧室的油量，从而保证柴油机达到最佳的燃烧比和良好的雾化，以及最佳的着火时间。

燃油喷射系统主要由低压油路、高压油路、回油油路几部分组成，其组成及工作原理如图 4-15 所示。共轨燃油状态的主要部件有高压油泵、共轨管、电控喷油器等。

（1）高压油泵

共轨燃油喷射系统的高压油泵（如图 4-18 所示）是高压油路和低压油路的分界面，它的功能是通过控制燃油输出量在共轨内产生燃油压力。在所有工况下，它主要负责供给足够的高压燃油。其工作原理如图 4-19 所示。

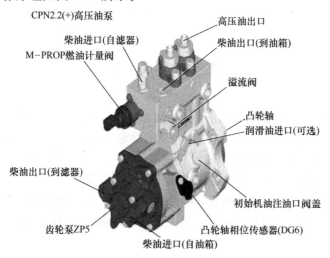

图 4-18　某型共轨高压油泵

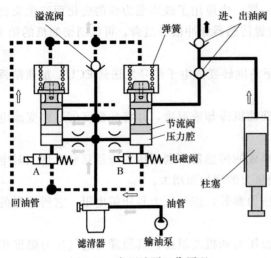

图 4-19 高压油泵工作原理

（2）FMU 燃油计量单元

燃油计量单元安装在高压油泵上，其功用如下（参考图 4-19）：

① 燃油从输油泵经过节流孔流到压力腔里，当燃油压力超过弹簧的弹力时，节流阀被向上推起。

② 节流阀向上移动，当节流阀的环肩打开燃油通道时，燃油被输送到进出油阀。

③ ECU 控制电磁阀以便于最佳燃油量从燃油计量单元流到浸出油阀。

④ 当电磁阀 A 和 B 根据来自 ECU 的信号被赋予了电压后，压力腔侧回油通道打开了，在压力腔的油从侧回油通道流出。

⑤ 压力腔的压力下降，节流阀由于弹簧力的作用而下降，对燃油通道节流。

⑥ 由于 ECU 控制电磁阀 A 和 B 通电的时间（占空比），故最佳燃油量就被提供到进出油阀后进入共轨管内。

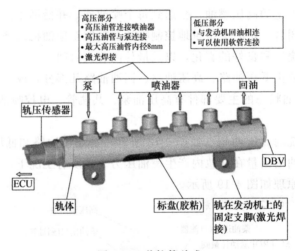

图 4-20 共轨管总成

（3）共轨管

共轨管将供油泵提供的高压燃油分配到各喷油器中，起蓄压器的作用，Bosch 系统的供轨管如图 4-20 所示。它的容积应削减高压油泵的供油压力波动和每个喷油器由喷油过程引起的压力振荡，使高压油轨中的压力波动控制在 5MPa 以下。但其容积又不能太大，以保证共轨有足够的压力响应速度，以快速跟踪柴油机工况的变化。

轨压力传感器作用：检测轨道压力，参与轨压控制。轨压异常时，强制泄压阀（DBV）打开，柴油机跛行（带故障运行）回家。相关传感器的功能介绍请参考本书第五章，这里不做叙述。

（4）电控喷油器

电控喷油器（如图 4-21 所示）是共轨燃油喷射系统的核心部件，其作用是通过操作电磁阀开关来准确控制向气缸喷油的时间、喷油量和喷油规律。当喷油器不喷油时，电磁阀不通电，回油阀处于关闭状态。由于柱塞上部的受压面积比针阀承压锥面大，使得作用在柱塞上的液体压力大于作用在喷油器针阀承压锥面的向上分力，针阀关闭。当电磁阀通电时，回油阀受电磁力作用打开。控制室与回油孔连通，使柱塞上方的液体压力小于喷油器针阀承压锥面的向上分力，针阀升起，喷油器喷油。喷油量的大小取决于喷油嘴开启的持续时间、喷油压力及针阀行程等。

图 4-21　电控喷油器
外形结构

4.2.3　共轨电控系统的控制策略和功能

（1）控制策略和功能

无论是电控共轨燃油系统，还是电控单体泵燃油系统，其电控系统的控制策略和功能都是一样的。关于电控燃油系统的控制策略和功能，请参考本书第二章第一节的相关内容，这里不做叙述。

（2）整车匹配功能

① 柴油机排气制动（可选）。通过驾驶室内排气制动开关，驾驶员可以通知 ECU 现在进入到排气制动状态，ECU 会采取减油措施。但是排气制动不是由 ECU 进行控制，仍与原机械柴油机控制方式相同。

② 最大车速限制（可选）。最大车速限制功能设定最大的行车速度限制，防止驾驶员超速行驶。最大车速限制值由电控系统预先编程设定。

③ 冷启动预热（可选）。为适应寒区车辆冷启动，柴油机可以进行冷启动预热，预热时间长短由 ECU 内相应的脉谱图控制。

④ 空调急速提升（可选）。在驾驶员打开空调时，ECU 可以进行急速提升，防止柴油机急速负载能力不足而熄火。

⑤ ISO 接口。ISO 通信接口采用 ISO9141（K 线）标准串行数据通信方式，可实现与电控单元之间的数据交换。它包括以下功能：a. 诊断数据的交换（错误信息，清除出错列表）；b. 控制系统的编程（读取和编程有关的参数）；c. 实现柴油机测试功能；d. 读出测量值和计算值。

⑥ 柴油机转速接口。柴油机转速接口用于向转速表或变速器电控单元传送转速信号，这样可以不必再装一个转速传感器。转速信号为数字式，柴油机飞轮每转发出 2 个方波信号，幅值为蓄电池电压。

⑦ 自诊断功能。电控单元具有实时自诊断功能，一旦电控单元检测出故障，就会将故障信息以及当前的环境信息存储到电控单元中，同时在仪表板上的故障指示灯闪亮，通知驾驶员需要去维修站进行维修！在维修站由维修人员使用专门的诊断工具连接到电控单元上，读出故障信息。

（3）共轨柴油机故障诊断

电控柴油机故障的多样性和复杂性决定了没有万能的故障排查步骤和技巧。特别是对电子控制系统的故障排查，必须按一定的诊断思路去解决问题，从而找到故障的原因并加以排除。故障诊断步骤如图 4-22 所示。

故障码诊断方法：

① 利用仪表诊断。当柴油机在运行状态时，闪码灯长亮，则说明柴油机有故障。可以利用 ECU 的自诊断功能通过整车仪表板上的闪码灯读出闪码，参照闪码表初步判断错误部件及原因。

② 利用专用诊断仪诊断。利用专用诊断仪读取故障码，当电控系统出现故障码时，则说明电控系统存在一定的故障。进行电路和控制系统的故障排查时，通常进行下列 5 个方面的基本检查。

a. 元件功能检查。由于电路元件的多样性，元件的功能检查需要根据实际的元件采取不同的方法。如温度传感器可采取测量其电阻的办法；压力传感器需要用专用的测试导线在其工作时测量其输出的信号电压；对电磁阀可以通过诊断仪测试。

b. 供电电源的检查。正确的电源供应是电子控制系统元件正常工作的必备前提。没有电源供应或者错误的电源供应都会导致系统不能工作或工作异常。在整个控制系统中，ECU 由蓄电池供电，其他大部分元件由 ECU 提供工作电源。常见的电源故障包括由于插头损坏等造成的电路虚接、熔断丝熔断和错误的接线等。

c. 导通性检查。导通性检查是电子控制系统最常用的检查项目。导通性检查是测量两点之间的电阻值，用于确认这两点之间是否导通。要求是两点之间的电阻值小于 10Ω。

d. 对搭铁短路的检查。对搭铁短路是指电路上的某点按电路设计要求不应该搭铁而实际电路已经搭铁的故障。火线对搭铁短路会引起熔断丝熔断等故障。

e. 线与线短路检查。与对搭铁短路检查相似，线与线之间短路是指两点之间按照电路设计的要求不应该导通而实际却导通的故障。两点之间开路的要求是两点之间的电阻大于 100 kΩ。

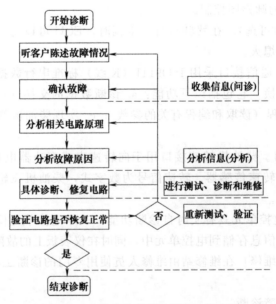

图 4-22　电控共轨柴油机故障诊断步骤

有关电控共轨柴油机燃油喷射系统的更多介绍，请参考本书其他相关章节。这里不再叙述。

4.3　电控分配泵燃油喷射系统

电控分配泵是在机械分配泵的基础上发展而来的。它继承了原机械分配泵体积小、噪声小、运转平稳、受力均衡的优点，又大大简化了原机械分配泵的结构。

4.3.1　电控分配泵燃油喷射系统的基本概念

分配泵的主要特征是只有一个用于产生高压燃油的柱塞，柱塞在对燃油压缩的同时随凸轮轴做旋转运动，将压缩后的燃油根据相位分配到不同气缸对应的燃油通道内。图 4-23 所示的是某型分配泵的结构原理示意图。

由图中可见，凸轮轴上有两个运动部件：一是滚轮盘；二是凸轮盘。对于 4 缸机分配泵而言，滚轮盘上有 4 个滚轮，凸轮盘上有 4 个端面凸轮型线。滚轮盘可在滚轮盘拨叉控制下与凸轮轴间发生小角度范围内的相对转动运动，滚轮盘拨叉受一个液压油缸的控制。凸轮盘是一个在边缘加工出端面凸轮型线的圆盘，端面凸轮与滚轮接触。凸轮盘与凸轮轴之间有滑键，因此两者只能同步转动且两者之间能做轴向的相对滑动。

凸轮盘在轴向同时受到滚轮和弹簧（图中未画出）的作用。当滚轮相对凸轮的升高行程时，滚轮会将凸轮盘向右推；反之，当滚轮相对凸轮的下降行程时，弹簧会将凸轮盘向左推。在一个柴油机工作循环内，对应凸轮轴会转一圈，而凸轮盘被往复驱动 4 次。凸轮盘右侧是油泵柱塞。凸轮盘被压向右边时，柱塞将对燃油做压缩。燃油是从进油通道通过单向阀流入的。凸轮盘被压向右边时，分配泵柱塞腔形成封闭空间，柱塞对燃油的压缩作用使燃油压力上升。

柱塞中间有油道通向分配孔，而分配孔随着凸轮轴转动，在不同相位时对准不同气缸的油道。当油压高出对应的输油阀开启压力时，将会通过输油阀将燃油送向对应气缸的喷油器。可以看出，这种泵的机械结构受力均衡，因而运转平稳。且由于多缸共用一个柱塞，其运动部件减少，结构也相对简单了很多。

对于最重要的每次供油量控制，分配泵是通过调整油量滑套来实现的。从图 4-23 中可以看出，如果滑套位置偏左，则泄油孔从滑套中将较晚露出，这意味着柱塞有效供油行程更长，每次供油量更大；反之，如果滑套位置偏右，则每次供油量会变小。滑套受到安装在它上部的旋转电磁铁和弹簧的控制，当旋转电磁铁被通电后，会发生转动，带动拨叉拨动滑套向右运动，运动的距离与线圈通过的有效电流有关，电流越大则位移越大。这种移动距离通过一个与旋转电磁铁同轴的转动位移传感器来反映。通过对这个传感器信号的处理，可以得知滑套的位移量。

滚轮盘拨叉在一个液压油缸的控制下，可以控制滚轮盘的转动角度。滚轮盘的转动角度会使对凸轮盘驱动的相位得以改变，实现对供油正时的调整。从 $A—A$ 剖面图中可以清楚看出，当滚轮盘转过某一角度（在 $A—A$ 图中是平移）时，由于对于凸轮的相动位置变了，使得凸轮盘驱动柱塞压缩燃油的起始时间被改变，从而调节了供油相位。由于实际供油相位的改变是用曲轴转角来度量的，因此实际改变的供油相位是滚轮盘的转动角度的 2 倍。

液压油缸对滚轮拨叉的控制如图 4-24 所示。

当电磁线圈断电时，电磁阀被关闭，压力油进入压力油腔后会推动压力活塞向左移动，

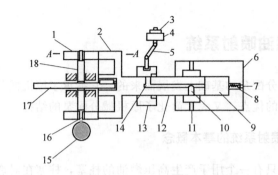

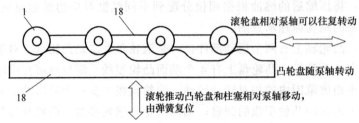

图 4-23　分配泵结构原理示意图

1—滚轮；2—凸轮盘；3—位移传感器；4—旋转电磁铁；5—拨叉；6—柱塞套；7—低压油入口；

8—单向阀；9—高压油腔；10—分油孔；11—高压油输出；12—柱塞；13—滑套；

14—卸油孔；15—提前角调节油缸；16—滚轮盘拨叉；17—泵轴；18—滚轮盘

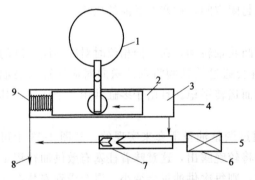

图 4-24　滚轮控制机构原理

1—滚轮盘；2—压力活塞；3—压力油腔；
4—压力油；5—ECU；6—电磁线圈；
7—电磁阀；8—回油；9—弹簧

推动拨叉带动滚轮盘转动一个角度；当电磁线圈通电时，电磁阀被打开，压力油被卸载，弹簧会推动压力活塞向右移动，滚轮盘会向相反方向转动。对电磁线圈的控制是用 PWM 方式实现的，当控制脉冲的占空比不同时，滚轮盘将会处在不同的供油相位。这就实现了对供油正时的调整和控制。但这种装置只能在柴油机开始运行、油压建立后才能起作用。启动时，供油正时只能处在原始位置。

为了更好地说明电控分配泵的工作原理，下面以某型 VP44 电控分配泵（如图 4-25 所示）为例进行较为详细的介绍。

图 4-25　VP44 内置凸轮电控分配泵结构

4.3.2　VP44 电控燃油喷射系统概述

VP44 电控燃油喷射系统是全电子控制的 Bosch 柴油机管理系统。该系统的心脏是 VP44 径向柱塞喷油泵，它可以输送出油阀中最高为 100MPa 以上的喷射压力。径向柱塞分配喷油泵不再使用以前的平面凸轮，而是使用凸轮环来实现高压喷油，使其适用于小型、高速的直接喷射柴油机。开发这种泵的目的是提供最合适的喷油量和喷油正时，从而满足柴油机的可靠性、多用途性以及低排烟、低噪声、高输出功率的要求，以达到清洁的尾气排放。该系统与 EGR 冷却器以及催化净化器一起使用时，可以达到较高的尾气排放标准。在商用车中小功率柴油机上获得广泛应用。VP44 电控燃油喷射系统结构如图 4-26 所示。

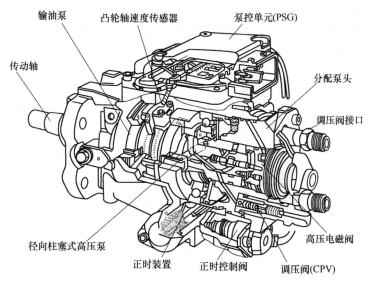

图 4-26　VP44 电控燃油喷射系统结构

（1）VP44 电控燃油喷射系统的特点

VP44 喷油泵的顶部安装有泵控制单元（pumpen steuer great，PSG），它可以通过 CAN 总线与柴油机电控单元（ECU）交换信息。柴油机电控单元（ECU）计算所需的燃油量和燃油喷油正时，然后将此信息发送到泵控制单元（PSG），泵控制单元驱动相应的内部执行器，达到控制柴油机运行的目的。VP44 喷射系统的主要特点如下：

① 喷射压力高。径向柱塞分配喷射泵可以产生 130 MPa（大约为 1300 Bar）以上的压力，能够满足小型、高速的直接喷射柴油机的需要。

② 燃油雾化好。使用高压燃油喷射功能后，燃油在高压下雾化，从而使燃油更好雾化、更好地与空气混合、燃烧更充分。这样排出的尾气会更清洁。

③ 燃油喷射控制精度高。控制设备可以实现喷油量和燃油喷油正时的高速控制，使燃油成本更低而输出功率更高。

④ 系统寿命长。泵中使用的零部件具有很强的抗高压能力，可以延长使用时间。

⑤ 提高柴油机的匹配能力。由于燃油喷射是通过气缸的选择性调配控制的，因此可以更稳定地运转。

⑥ 系统可靠。使用了同时具备柴油机电控单元（ECU）和泵控制单元（PSG）的控制系统后，控制系统变得非常可靠。

⑦ 提高了动力性能。控制单元根据加速装置的位置控制最佳喷油量，因此当踩下加速踏板时可增加扭矩，从而提高了动力。

⑧ 减少柴油机排放。在加速时柴油机的功率会提高，喷射的燃油量也会增大，通常过多的燃油会产生油烟。VP44 喷油泵可以精确地将喷油量平稳地控制在某一范围内，既不会产生油烟，也不会影响加速性能。

⑨ 不需要附加设备。不需要诸如增压补偿器和膜盒式补偿器之类的附加设备，因为控制设备可以根据各个传感器的信号进行补偿。这可以使喷射泵的结构更加"简洁"。

⑩ 自诊断功能。系统中附带了自诊断功能。这种功能可以显示故障代码，以便于诊断出现的故障。

（2）燃油系统

燃油管路系统环绕在径向柱塞分配喷射泵的周围，包括油箱、输油泵、滤油器、喷油器总成和连接这些部件的管路。如图 4-27 所示。

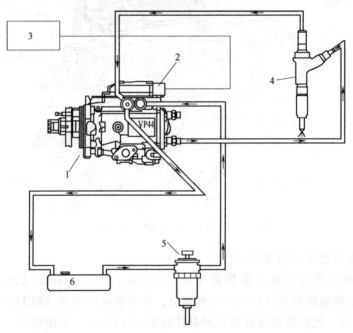

图 4-27　VP44 燃油系统的组成

1—VP44 分配泵；2—泵控单元（PSG）；3—电控单元（ECU）；4—喷油器；

5—柴油滤清器；6—柴油箱

油箱中的燃油首先经过柴油滤清器，然后由喷油泵中的内部输油泵通过进油口供给到喷射泵中。柴油滤清器用来过滤燃油，而底部的脱水器则用来从燃油中脱去水分。从进油口吸入的燃油由喷射泵内部的输油泵加压，然后通过控制燃油流向的高压电磁阀的阀针供给到柱塞室。输送到柱塞腔的燃油通过径向柱塞进行加压。此时，燃油压力正好与泵的转速成比例。当燃油压力超过指定的压力时，多余的燃油通过调节阀流回燃油入口。高压燃油的最佳喷油量是指按最佳喷射速度，由泵控制单元（PSG）控制的高压电磁阀和正时控制阀（TCV）供给到喷嘴总成时的压力。

（3）控制系统

VP44 电控燃油喷射系统使用两个控制模块进行完全控制。这两个模块分别是柴油机电控单元（ECU）和泵控制单元（PSG）。两个模块之间的数据交换模式如图 4-28 所示。

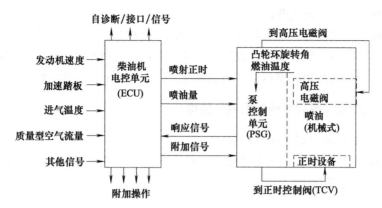

图 4-28　VP44 电控分配泵控制模块数据交换

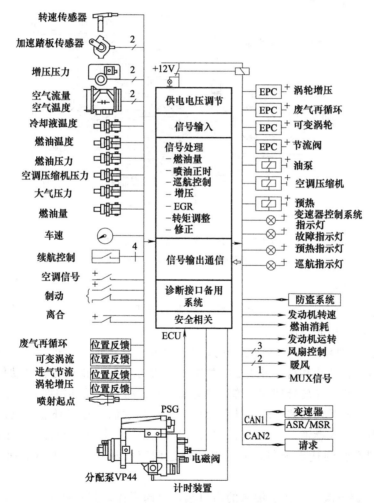

图 4-29　VP44 电控分配泵控制系统

　　泵控制单元（PSG）从泵内部的传感器接收信号，然后确定凸轮环旋转角、泵速度和燃油温度等信息。然后，这些信息值与柴油机电控单元（ECU）发送的所需值（如所需的喷油正时和所需的喷油量）进行比较。

柴油机电控单元（ECU）处理所有柴油机数据以及从外部传感器接收到的有关周围环境的数据，以便确定如何调整柴油机。

柴油机电控单元（ECU）和泵控制单元（PSG）之间通过 CAN 总线系统交换数据。由于具有两个独立的控制模块，因此可以防止产生干扰信号。两个控制模块之间的信息交换通过两种方式进行，分别是通过模拟信号引线和通过 CAN 总线来交换信息。如图 4-29 所示。

4.3.3　VP44 电控燃油喷射系统的组成及结构

（1）VP44 电控燃油喷射系统的组成

VP44 电控燃油喷射系统主要由低压燃油系统、高压燃油系统、正时设备和泵控制单元（PSG）等组成。参考图 4-30 所示。

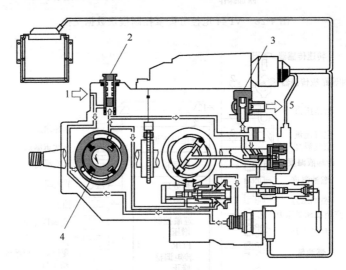

图 4-30　VP44 低压燃油系统的组成

1—燃油吸入；2—调节阀；3—溢流阀；4—输油泵；5—到油箱

（2）低压燃油系统

低压燃油系统主要由输油泵、调节阀和溢流阀组成，如图 4-30 所示。低压燃油回路必须为高压燃油回路提供充足的燃油。

① 输油泵。输油泵是靠传动轴驱动的，主要作用是将燃油从油箱吸入并输送给高压泵。输油泵主要由转子、叶片和衬环等组成。如图 4-31 所示，转子由凸轮轴带动传动轴来驱动。转子上装有四个叶片。在旋转期间，弹簧弹力和离心力向着凸轮环内部方向压叶片，从而形成空腔。当叶片旋转时，这些空腔的体积会增大，直到它们到达衬环连接进油口的凹槽处。然后，压力减小并吸入燃油。当空腔经过进油口和凹槽后，体积减小并且燃油被压缩。燃油压力增加，直到空腔到达出油口，此时燃油通过调节阀输送到高压燃油回路。如图 4-32 所示。

② 调节阀。调节阀安装在供油泵的出口端，由阀壳体、弹簧和阀活塞组成。如图 4-33 所示，阀活塞在弹簧的弹力作用下关闭回油口。输油泵速度加快，从出油口输送的燃油输送压力超过调节阀弹簧弹力，此时活塞向上推。多余的燃油流经排气口并回流到进油口端，并且输送的压力维持在一个指定的范围内。输油泵速度减慢，输送压力减小，此时活塞在弹簧弹力下向下推，排气口关闭。

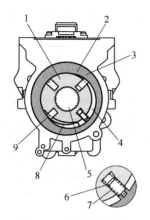

图 4-31　输油泵的结构

1—转子；2—衬环；3—出油口；4—泵腔；5—传动轴；
6—叶片；7—弹簧；8—进油口；9—叶片

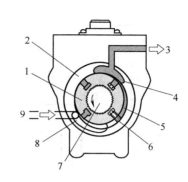

图 4-32　输油泵的工作过程

1—转子；2—衬环；3—燃油供给；4—出油口；5—腔；
6—叶片；7—传动轴；8—进油口；9—燃油吸入

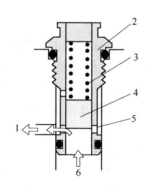

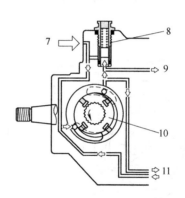

图 4-33　燃油调节阀

1—到进油口；2—阀壳体；3—弹簧；4—阀活塞；5—排气口；6—来自出油口；7—进油口；
8—调节阀；9—到径向柱塞高压泵；10—输油泵；11—正时设备

　　③ 溢流阀。当分配头回流的燃油压力超过弹簧弹力时，溢流阀的球阀向上推。多余的燃油受压通过排气口并回流到油箱，从而保证泵室内部的燃油压力不超过指定的范围。多余的燃油作为冷却之用，并且在工作期间自动流出燃油泵。同时，安装的节流孔也可以用于自动放气。如图 4-34 所示。

　　（3）高压燃油系统

　　高压燃油系统除了有产生高压的设备之外，还包括燃油管路和控制喷射开始和喷油量的设备。主要零部件有产生高压的径向柱塞高压泵、燃油分配的分配泵头、控制喷射开始和喷油量的高压电磁阀和防止二次喷射的恒压阀（CPV）等，见图 4-35。

　　1）径向柱塞高压泵

　　如图 4-36 所示，高压泵由凸轮环 2、传动轴 3、滚动支座、滚轴和柱塞 9 组成。凸轮环的内座圈上有与柴油机缸数相同的凸轮，例如 4 缸的有 4 个凸轮，并且凸轮通过球头销连接到正时调整设备。转子通过连接到转子轴的结合盘驱动。当转子轴上安装的径向柱塞转动时，它们受到来自凸轮环内部的（通过滑靴和滚轴）、输油泵供给的燃油输送压力和离心力的阻力。径向柱塞进行的转动和内部凸轮牵引的往复运动导致燃油被吸入活塞室并被压缩。

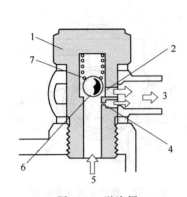

图 4-34　溢流阀

1—阀壳体；2—排气口；3—油箱；4—节流孔；
5—来自油箱；6—球阀；7—弹簧

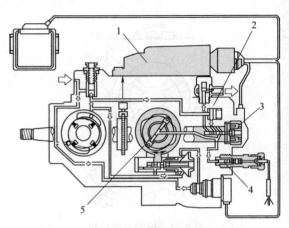

图 4-35　高压燃油回路

1—泵控制单元（PSG）；2—分配泵头；3—高压电磁阀；
4—恒压阀（CPV）；5—径向柱塞高压泵

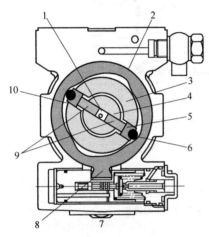

图 4-36　径向柱塞高压泵

1—柱塞腔；2—凸轮环；3—传动轴；4—转子轴；
5—滑套；6—滚道；7—正时设备；8—球头销；
9—径向柱塞；10—传动轴导向槽

　　输油泵输送的燃油进入柱塞腔，燃油的压力将径向柱塞推向凸轮环。当传动轴旋转时，凸轮环上的凸轮向转子轴的中心方向推动径向柱塞，对燃油进行压缩。高压泵的进油量以及高压泵中的燃油压缩是由高压电磁阀控制的。

　　①吸油过程。当径向柱塞旋转并向外移动时，径向柱塞腔的体积增大。由于受供油泵提供的压力，活塞室中充满燃油。在这段时间内，高压电磁阀是打开的，高压油管路与低压油管路相通。燃油在供油泵的作用下进入柱塞腔，完成吸油过程。如图 4-37 所示。

　　②压油过程。当径向柱塞继续旋转，凸轮环的内部凸轮将它们向内压缩时，活塞腔的体积减小并且燃油被压缩，直到活塞到达上"死点"。在喷射过程中，高压电磁阀的阀针阀座关闭，高压油管路与低压油管路被切断。燃油通过喷油器被喷入燃烧室。如图 4-38 所示。

图 4-37　吸油过程

1—活塞室；2—径向柱塞；3—径向柱塞上"死点"；4—径向柱塞中间点；5—径向柱塞下"死点"；6—燃油吸入

图 4-38　压油过程

1—径向柱塞下"死点"；2—径向柱塞中间点；3—径向柱塞上"死点"；4—燃油压缩

2）恒压阀（调压阀）

恒压阀（CPV）由壳体、垫片、阀弹簧、阀、阀座、滚球、滚球支座、弹簧和孔塞组成。如图 4-39 所示。

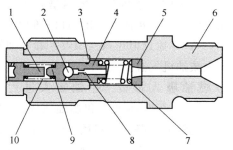

图 4-39 恒压阀（调压阀）的结构
1—孔塞；2—滚球；3—阀座；4—阀；5—垫片；
6—壳体；7—阀弹簧；8—节流孔；
9—滚球支座；10—弹簧

恒压阀（CPV）可以减小喷嘴阀关闭时产生的反向压力波（反射波），防止喷嘴重新打开产生二次喷射。同时，恒压阀（CPV）防止高压管路中产生气穴现象（这种现象会腐蚀管路），并在喷射管路中维持一个比较稳定的压力（残余压力），从而确保后续喷射的喷油正时保持稳定。

① 输送燃油开始。径向柱塞压缩活塞腔中的燃油。当输送到恒压阀（CPV）的燃油压力超过喷射管中的残余压力和阀弹簧组的弹力时，阀被向上推开，燃油输送到喷嘴总成（开始输送燃油）。如图 4-40 所示。

② 输送燃油结束。如果高压电磁阀打开时高压管路中的压力骤减，则阀弹簧组会向阀座方向推动阀，并且阀关闭。此时，喷嘴关闭时产生的反向压力波（反射波）流经节流孔，并向下推滚球和滚球支座，发射波减小，就防止了喷油被二次打开。

当管路中的燃油压力低于指定的压力时，弹簧向阀的方向推动滚球，从而防止管路内部的燃油回流。因此，管路中维持一个比较稳定的压力（残余压力），直到下一个输送间隔。如图 4-41 所示。

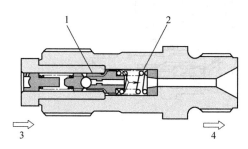

图 4-40 输送燃油开始
1—阀；2—阀弹簧；3—来自高压管路；4—到喷嘴座

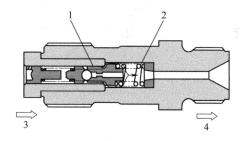

图 4-41 输送燃油结束
1—阀；2—阀弹簧；3—来自高压管路；4—去喷嘴座

3）分配泵头

分配泵头由泵头、装入泵头的柱塞套、套入柱塞套中的转子轴、高压电磁阀和蓄压室隔板组成。如图 4-42 所示。

输油泵提供的燃油流经低压进油口、蓄压室膜片室和环形管路。在燃油吸入过程中，高压电磁阀的阀针阀座打开（电流供给时该阀关闭），燃油充满高压管路。由于存在燃油压力（低压），径向柱塞被向外推（向凸轮环的方向），并且多余的燃油通过燃油回流管和溢流阀流回到油箱中。在燃油压力输送过程中，高压电磁阀座一旦被关闭（电流供给打开），转子轴旋转之后，燃油就被径向柱塞压缩，并流经连接到高压出油口的分配器槽，然后通过恒压阀（CPV）壳体流入喷嘴总成。在喷射结束后，高压电磁阀电流关闭并且阀针阀座打开，但活塞仍继续运动，直到径向柱塞到达凸轮的上"死点"。压力输送完成后，多余的燃油通过

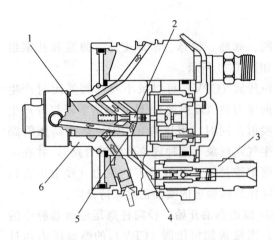

图 4-42　分配泵头的结构

1—转子轴；2—阀针；3—恒压阀（CPV）壳体；
4—高压出油口；5—分配器轴；6—柱塞套

管路流入膜片室。

分配泵头用于分配高压燃油，这些燃油流经正在旋转的转子轴的分配器槽和压力筒的高压出油口（4 缸有 4 个出油口，6 缸有 6 个出油口），并通过恒压阀（CPV）和喷油器总成流入柴油机气缸。

① 燃油吸入过程。燃油吸入过程如图 4-43 所示，在燃油吸入和燃油压缩之间，高压电磁阀针从管路切换到径向柱塞高压泵。当活塞从上"死点"向下"死点"方向转动时，输油泵供给的燃油从低压进油口流入，流经环形管路和阀针，然后流入分配泵头，最后输送到高压管路。燃油输送压力向凸轮环的内部凸轮的方向推动径向柱塞，径向柱塞的体积增加，并吸入燃油。此时，转子轴的分配器槽没有连接到柱塞套的高压出油口。

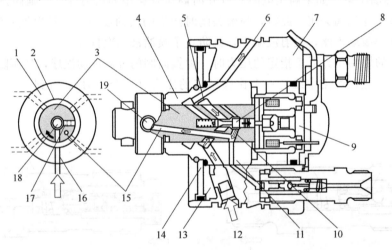

图 4-43　燃油吸入过程

1,4—柱塞套；2—环形管路；3—转子轴；5—环形管路；6—燃油回流管；7—喷头；
8,18—阀针；9—高压电磁阀；10,17—分配器槽；11—高压出油口；12,16—低压
进油口；13—膜片室；14—蓄压室隔板；15—高压管路；19—径向柱塞

② 燃油（加压）输送过程。燃油输送过程如图 4-44 所示，凸轮环向内推动径向柱塞，活塞室的体积减小并且燃油被压缩。

此时，分配器槽通过旋转转子轴连接到柱塞套的高压出油口。高压燃油流经高压管路、分配器槽和高压出油口，然后通过恒压阀（CPV）流入喷嘴总成。

4）高压电磁阀

高压电磁阀由阀座、阀针和磁铁固定器（活动铁芯）、线圈和磁铁组成。阀针和转子轴一起转动。如图 4-45 所示。

高压电磁阀由泵控制单元（PSG）控制，泵控制单元（PSG）控制的电流流入高压电磁阀的线圈，产生磁场，在磁场的作用下磁铁固定器（活动铁芯）和阀针向阀座的方向移动。

阀座被阀针完全关闭后，高压管路中的燃油与低压管路中的燃油隔离开，然后通过径向柱塞高压泵的压缩，泵腔内的燃油产生高压，最后通过喷油器总成喷射到柴油机的气缸中。

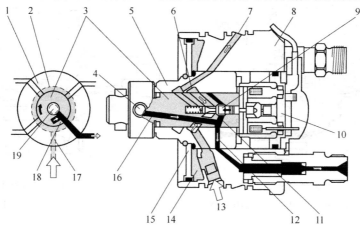

图 4-44　燃油输送过程

1,5—柱塞套；2,6—环形管路；3—转子轴；4—径向柱塞；7—燃油回流管；8—泵头；
9,19—阀针；10—高压电磁阀；11,18—分配器槽；12—高压油出口；
13,17—低压进油口；14—膜片室；15—高压管路；16—高压油路

喷射了所需的喷油量后，泵控制单元（PSG）停止提供给线圈的电流，阀座打开，高压管路与低压管路相通，喷射过程完成。通过泵控制单元（PSG）提供电流的时刻和持续时间，高压电磁阀决定向径向柱塞高压泵供给燃油的时刻以及每个气缸的喷油量。

从凸轮开始提升并且开始输送压力时，即控制喷油量，直到压力输送结束并且高压电磁阀打开。这段时间间隔称为压力输送时间间隔。因此，高压电磁阀关闭的时间间隔决定了喷油量（在高压电磁阀打开时，高压燃油供给立即结束）。

即使在高压电磁阀终止传输压力（高压电磁阀打开）后，径向柱塞仍继续压缩燃油，直到活塞到达凸轮的上"死点"。在这个过程中，被径向柱塞仍继续压缩

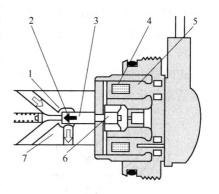

图 4-45　高压电磁阀的结构

1—阀座；2—阀关闭方向；3—阀针；
4—线圈；5— 磁铁；6—磁铁
固定器；7—转子轴

的燃油流经管路，然后流入膜片室。此时，蓄压室隔板减小流回到低压回路的燃油压力。同时，燃油累积，准备进行下一次喷射。

当泵控制单元（PSG）中的电流输入高压电磁阀线圈时，磁铁固定器（可移动铁芯）向阀座方向推动阀针。当阀座被阀针完全关闭时，高压管路中的燃油流入低压管路的通路被关闭。随着径向柱塞的提升，高压管路中的燃油压力快速增大，然后高压燃油通过恒压阀（CPV）输送到喷嘴总成并喷射到柴油机气缸中。如图4-46所示。

喷射了所需的喷油量后，线圈的电流被切断，并且阀针重新打开阀座。高压管路中的燃油流入低压回路的通路被打开，压力随之下降。喷射压力下降后，喷嘴关闭且喷射结束。如图4-47所示。为了准确地控制此过程，泵控制单元（PSG）确定实际关闭高压电磁阀的时间。

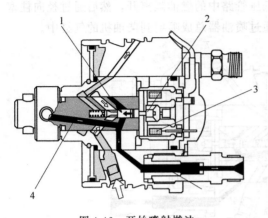

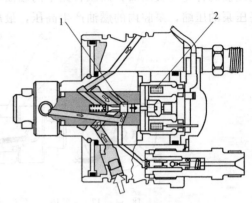

图 4-46　开始喷射燃油

1—阀针；2—磁铁固定器；3—线圈；4—高压管路

图 4-47　喷射结束

1—阀针；2—线圈

（4）正时设备

正时设备的作用是确定各种柴油机速度下的最佳喷油正时。正时设备的主要零部件有正时器、正时控制阀（TCV）和泵凸轮轴速度传感器。输油泵所供给的燃油压力由调节阀根据速度来进行调整。此输送压力在液压制动器的膜片室中作为控制压力。膜片室的室压由正时控制阀（TCV）控制。正时活塞通过球头销连接到凸轮环。正时活塞的轴运动以转动的形式传送到凸轮环。当正时活塞向右运动（向弹簧端）时，喷油正时提前。如图 4-48 所示。

1）正时器

正时器由油量调节阀、油量调节阀调整弹簧、液压制动器、液压制动器复位弹簧及正时装置活塞复位弹簧组成。如图 4-49 所示。

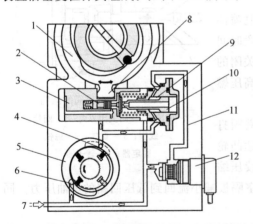

图 4-48　正时装置工作

1—凸轮环；2—油量调节阀；3—正时装置活塞；
4—出油口；5—输油泵；6—进油口；
7—燃油吸入；8—球头销；9—膜片室；
10—液压制动器；11—回流管路；
12—正时控制阀（TCV）

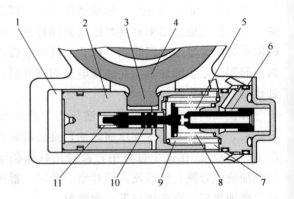

图 4-49　正时器的结构

1—正时装置活塞高压室；2—正时装置活塞；3—滚球；
4—凸轮环；5—液压制动器；6—膜片室；
7—正时装置活塞低压室；8—液压制动器复
位弹簧；9—正时装置活塞复位弹簧；
10—油量调节阀；11—油量
调节阀调整弹簧

正时器安装在泵支架的底部，与喷射泵的轴方向垂直。正时装置活塞通过凸轮环上的滚球与凸轮环连接，这样正时装置活塞的轴向运动可以带动凸轮环旋转。凸轮环的旋转可以改变柱塞与凸轮环的位置，从而改变了柱塞时刻，也就改变了喷油器的喷油时刻。

正时装置活塞由油量调节阀、液压制动器和复位弹簧组成，由油量调节阀打开和关闭控制口。液压制动器的运动方向与轴方向相同，由液压制动器固定油量调节阀的位置。正时装置活塞的左端是正时装置活塞驱动压力室（高压室），右端是正时装置的低压室。输油泵提供的燃油输送压力作用于连接到正时控制阀（TCV）的膜片室。

①喷射开始时刻的设定。柴油机控制模块（ECU）存储有对应于柴油机工作情形（柴油机负载、柴油机速度和柴油机冷却液温度）的喷射开始时刻特征图。泵控制单元（PSG）持续地将设定的喷油正时和实际的喷油正时进行比较。如果设定的喷油正时和实际的喷油正时存在差异，则正时控制阀（TCV）按负荷比来控制。实际的喷油正时开始由泵凸轮轴速度传感器确定。如图 4-50 所示。

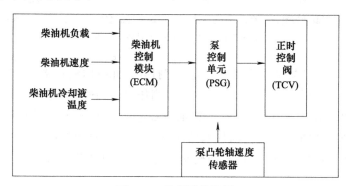

图 4-50　控制模块框图

② 喷油提前角为零时。如图 4-51 所示，当膜片室的压力小于液压制动器的复位弹簧的弹簧组弹力时，液压制动器被推向左边（延迟方向）。结果是，油量调节阀也被推向左边，并且在油量调节阀调整弹簧弹力的作用下处于平衡位置。因此，正时装置活塞高压室的通道（进气道）被切断。正时装置活塞在左端（滞后端）受到正时装置活塞复位弹簧的阻力。此时，回流管路被打开，进气道被关闭。因而通往提前器高压腔的油道（进油道）被切断，提前器活塞在提前器活塞弹簧的作用下保持在左边位置（延迟边）。

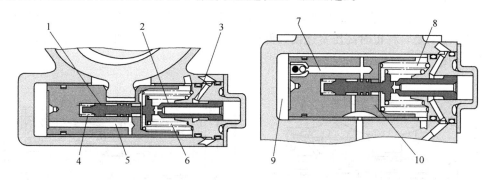

图 4-51　正时设备结构示意图（一）

1—油量调节阀；2—液压制动器；3—膜片室；4—油量调节阀调整弹簧；5—回流管路；6—液压制动器复位弹簧；7—进气道；8—正时装置活塞复位弹簧；9—高压室；10—正时装置活塞

③ 喷油提前时。如图 4-52 所示，当膜片室的压力增大并超过液压制动器复位弹簧的弹力时，液压制动器向右运动（提前方向）。结果是，油量调节阀也被油量调节阀调整弹簧推

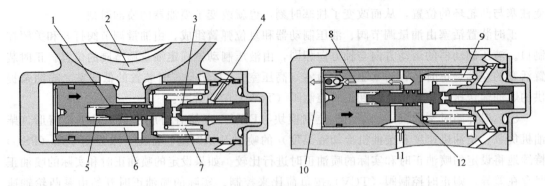

图 4-52　正时设备结构示意图（二）

1—油量调节阀；2—凸轮环；3—液压制动器；4—膜片室；5—油量调节阀调整弹簧；6—回流管路；
7—液压制动器复位弹簧；8—进气道；9—正时装置活塞复位弹簧；10—高压室；
11—来自输油泵；12—正时装置活塞

向右边，并且通向正时装置活塞高压室的进气道打开。此时回流管路和进气道均被打开。

输油泵供给的燃油通过进气道流入正时装置高压室。当燃油供给压力超过正时装置活塞复位弹簧的弹簧组弹力时，正时装置活塞被推向右边（提前方向），并且凸轮环向提前方向转动。结果是，凸轮环的凸轮使径向柱塞的压缩间隔开始时间提前，致使喷射开始时间提前。最大正时装置提前角可以达到 15°凸轮角（等于 30°曲轴角）。此时，回流管路被关闭，进气道被打开。

④ 稳定位置。参考图 4-51 所示，液压制动器向右运动，膜片室压力和液压制动器复位弹簧的弹簧组弹力平衡，液压制动器静止。提前器活塞与油量调节阀向同一方向运动，进油油道关闭。流向提前器高压腔的燃油被切断，提前器活塞被限制在高压腔压力和活塞回位弹簧弹力相平衡的位置（稳定位置）。此时，回流管路被关闭，进气道被关闭。

⑤ 喷油延后时。如图 4-53 所示，正时控制阀（TCV）响应泵控制单元（PSG）的控制信号，增大膜片室和输油泵进油口之间的回流管路的打开时间，膜片室压力减小。当膜片室压力小于液压制动器复位弹簧的弹簧组弹力时，液压制动器和油量调节阀向左运动（滞后方向）。此过程一直继续，直到液压制动器弹簧组和油量调节阀调整弹簧的弹力与膜片室压力处于平衡。结果是，将正时高压室连接到低压室的回流通道打开。此时，回流管路被打开，进气道被关闭。

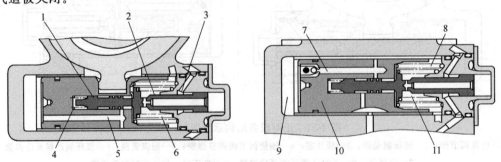

图 4-53　正时设备结构示意图（三）

1—油量调节阀；2—液压制动器；3—膜片室；4—油量调节阀调整弹簧；5—回流管路；6—液压制动器复位弹簧；
7—进气道；8—正时装置活塞复位弹簧；9—高压室；10—正时装置活塞；11—低压室

如图 4-54 所示，正时装置高压室中的燃油流经回流通道，然后回流到低压室。由于高压室压力减小，正时装置活塞复位弹簧将正时装置活塞推到左边（滞后方向），并且凸轮环向滞后方向转动。结果是，凸轮环的凸轮推迟径向柱塞的压缩间隔开始时间，从而滞后喷射的开始时间。此时，回流管路被打开，进气道被关闭。

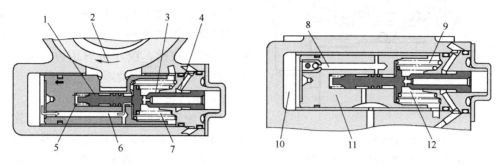

图 4-54　正时设备结构示意图（四）

1—油量调节阀；2—凸轮环；3—液压制动器；4—膜片室；5—油量调节阀调整弹簧；6—回流管路；7—液压
制动器复位弹簧；8—进气道；9—正时装置活塞复位弹簧；10—高压室；11—正时装置活塞；12—低压室

模拟油量调节阀运动的正时装置活塞运动到切断回流通道的方向。结果是，从正时装置高压室流入低压室的燃油停止流动，正时装置活塞在正时装置高压室压力和正时装置活塞复位弹簧的弹簧组弹力处于平衡的某个位置停止（处于稳定位置）。

2）正时控制阀（TCV）

如图 4-55 所示，正时控制阀（TCV）由阀体、阀针、阀壳、磁铁固定器（可移动铁芯）、线圈、凸缘板和连接器组成。阀体上装有节流孔。正时控制阀（TCV）安装在泵支架上，控制正时装置的液压制动器的膜片室压力。

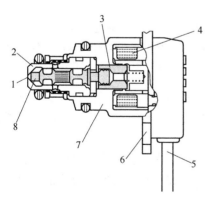

图 4-55　正时控制阀（TCV）

1—节流孔；2—阀体；3—磁铁固定器；

4—线圈；5—连接器；6—安装用的凸缘板；

7—阀壳；8—阀针

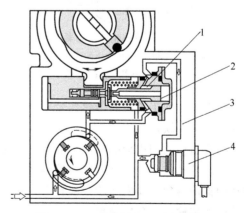

图 4-56　正时控制阀（TCV）工作

1—膜片室；2—液压制动器；

3—复位弹簧；4—正时控制

阀（TCV）

如图 4-56 所示，正时控制阀（TCV）用作可调节节流阀，它可以快速打开和关闭正时控制阀（TCV）中的阀针。正常工作下，TCV 用来控制膜片室的压力，这样液压制动器可运动到从滞后位置到提前位置中的任意位置。在这个过程中，由泵控制单元（PSG）设定负荷比。负荷比是指正时控制阀（TCV）打开的时间与整个正时控制阀（TCV）工作循环的比值。负荷比从 100% 变换到 0% 对应相应的喷油正时。

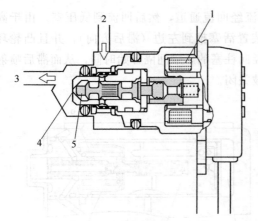

图 4-57　控制阀打开时

1—线圈；2—来自膜片室；3—到供给泵；
4—孔；5—阀针

当控制电流流入正时控制阀（TCV）线圈时，阀针打开，膜片室中的燃油通过节流孔流入输油泵进油口。这样，膜片室的压力减小，并且液压制止器运动到滞后端，如图4-57所示。当流入正时控制阀（TCV）线圈的控制电流被切断时，阀针关闭，也就关闭回流管路。这样，膜片室的压力增大，并且液压制动器运动到提前端。

3）泵凸轮轴速度传感器

泵凸轮轴速度传感器由可弯曲的连接线（柔性电缆）、泵凸轮轴速度传感器本身以及泵凸轮轴速度传感器卡环组成。如图 4-58、图 4-59 所示。

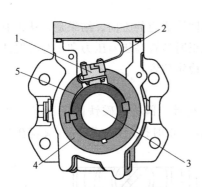

图 4-58　泵凸轮轴速度传感器（一）

1—泵凸轮轴速度传感器；2—可弯曲的连接线；3—传动轴；
4—泵凸轮轴速度传感器卡环；5—传感器齿轮

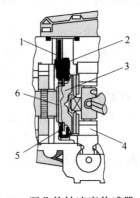

图 4-59　泵凸轮轴速度传感器（二）

1—可弯曲的连接线；2—泵凸轮轴速度传感器；3—传动轴；
4—凸轮环；5—传感器齿轮；6—泵凸轮轴速度传感器卡环

带有精确加工轮齿的传感器轮安装于驱动轴上。传感器轮上有与柴油机气缸位置相对应的缺口，这些缺口与柴油机气缸数相同，与凸轮轴的位置相对应。泵凸轮轴速度传感器通过对齿顶和齿槽的扫描拾取喷油泵的实际转速。

泵凸轮轴速度传感器安装在编码器支撑环上，支撑环与内凸轮相连，可以转动。这样支撑环随提前器运动和内凸轮一起转动。内凸轮的转角信号和喷油泵的实际转速信号通过柔性连接电缆传输给油泵控制单元。

泵凸轮轴速度传感器的作用：检测内凸轮的瞬时角度位置、计算喷油泵的实际转速和检测实际的提前器位置。

① 瞬时内凸轮角度位置。瞬时内凸轮角度位置作为高压电磁阀控制信号被输送到喷油泵控制单元，可以精确地确定对应于凸轮升程的高压电磁阀关闭和开启的时刻（如图4-60所示）。

② 实际的喷油泵转速。当曲轴转速传感器失效时，喷油泵的转速信号可以作为柴油机电控单元的替代信号。

③ 实际的提前器位置。实际的提前器位置通过比较曲轴转速信号和转角传感器的角度获得。该位置信号用于提前器控制。

（5）泵控制单元（PSG）

泵控制单元（PSG）安装在喷射泵的正上方（如图 4-61 所示），并配有温度传感器。泵控制单元（PSG）根据柴油机电控单元（ECU）提供的信息，确定正时控制阀（TCV）和高压电磁阀的控制信号。泵控制单元（PSG）从泵凸轮轴速度传感器接收喷射泵速度和凸轮环旋转的信号，然后发出正时控制阀（TCV）控制信号。所发出的这些信号是基本的正时信号值。

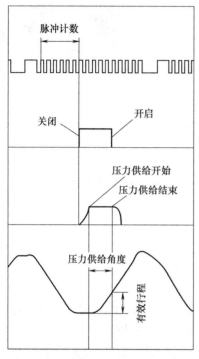

图 4-60　驱动高压电磁阀的控制信号

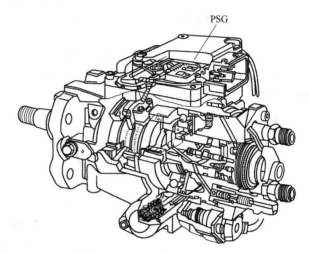

图 4-61　泵控单元（PSG）的安装位置

径向柱塞分配式喷油泵具有两个电子控制装置：泵控制单元和柴油机电控单元。泵控制单元在油泵内部，接受内凸轮转角和燃油温度传感器信号，与燃油喷射量、喷油起始时刻一起确定柴油机电控单元的设定值。从外部传感器拾取的与外部环境相关的数据送给柴油机电控单元，柴油机电控单元处理这些数据和所有柴油机的数据用于柴油机的控制。上述控制图存储在两个控制单元中。控制单元输入电路处理传感器的数据，微处理器确定工作条件并计算用于理想运行的输出信号。

泵控制单元与柴油机电控单元通过总线系统［控制器区域网（CAN）］进行数据交换。由于有两个控制装置，高压电磁阀驱动电路可以安装在靠近高压电磁阀附近，避免其他信号的干扰。

① 柴油机电控单元（ECU）　柴油机电控单元（ECU）位于仪表板收放机的后面（如图 4-62 所示）。与喷油量和喷油正时相关的功能由泵控制单元（PSG）控制。柴油机电控单元（ECU）执行以下功能：控制废气再循环（EGR）、控制快速启动（QOS）加热控制系统、控制 A/C 压缩机、控制快速预热系统（QWS）和控制排气制动系统。

② 维护编程系统（SPS）。柴油机电控单元（ECU）配有 EEPROM 闪存。这种方式的存储内容可以擦除，并且可以通过相应的低电压（电池电压）进行编程。维修人员可以使用此功能在现有柴油机电控单元（ECU）中设计新的校准软件，可以通过使用以下硬件设计新的柴油机电控单元（ECU）。这些硬件包括：故障检测仪 Tech2、硬件钥匙和装有

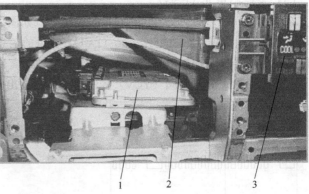

图 4-62 柴油机电控单元（ECU）

1—柴油机电控单元（ECU）；2—除霜器喷嘴；3—加热器、通风装置和 A/C 控制板

TIS2000 的 PC。执行此操作的应用程序称为维护编程系统（SPS）。

SPS 是柴油机电控单元（ECU）的软件重校准系统。此系统可以更新当前的模块，方法是将新的校准软件从 TIS2000 下载到故障检测仪 Tech2，然后再上载到汽车的控制设备中。该 SPS 具有以下优势：

a. 无须再购买新的控制模块。

b. 节省了大量维修时间。维修时间与零部件的可用性密切相关。

c. 可以提高客户满意度，因为维修时间大大缩短。

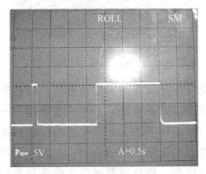

图 4-63 MAB 信号

d. 库存零部件始终可用，因为 SPS 可以通过新软件将轴的控制模块更改为新的模块。

③ 控制装置之间的数据交换。这两个控制装置之间的信息交换通过以下两种方式进行：一种是通过模拟信号引线；另一种是通过 CAN 总线。

模拟信号引线用来交换以下信息：柴油机速度信号（ECU 接线端子 91）、泵速度（ECU 接线端子 105）和燃油节流电磁阀信号（MAB 信号，如图 4-63 所示）（ECU 接线端子 105）。燃油节流电磁阀信号也称为 MAB 信号。MAB 表示高压电磁阀停止输油。

MAB 信号线有两个用途：一是作为柴油机电控单元（ECU）对泵速度的参照（CKP 传感器的备用）；二是关闭柴油机。当按键开关打开时，柴油机电控单元（ECU）在 MAB 信号线上发出一个脉冲。泵控制单元（PSG）使用脉冲来执行自测试，并确定两项内容：一是控制高压电磁阀的最后阶段是否正常工作；二是燃油节流电磁阀本身是否正常工作。当按键开关关闭时，柴油机电控单元（ECU）在 MAB 信号线上发出一个 12V 的脉冲。该脉冲是泵控制单元（PSG）用于关闭柴油机的命令。

以下信号通过 CAN 总线进行交换：从 ECU 到 PSG 的信号有所需喷油量、开始输送燃油时的曲轴位置设定点、开始输送燃油时的泵凸轮轴位置设定点和柴油机速度；从 PSG 到 ECU 的信号有燃油温度、泵凸轮轴速度、气缸标志、控制脉冲（实际喷油量＋实际喷油正时）和 PSG 状况。

④ 喷油量测定和喷油正时原理。燃油喷油量测定由喷油泵中的高压电磁阀执行，并且

喷油量根据高压电磁阀控制持续时间和泵凸轮轴角位置决定。如图 4-64 所示。

泵凸轮轴传感器信号中包含齿隙，并且飞轮壳上的曲轴位置传感器信号（CKP）作为参照信号，此信号是燃油输送或喷射起始正时的柴油机上"死点"（TDC）的参照信号。柴油机电控单元（ECU）包含对应于柴油机工作条件（柴油机负载、柴油机速度和柴油机冷却液温度）的喷射开始特征图。泵控制单元（PSG）不断将设定的喷油正时开始和实际的喷油正时开始进行比较。如果存在差异，则正时控制阀（TCV）按负荷比控制（实际的喷油正时开始由泵凸轮轴速度传感器确定）。

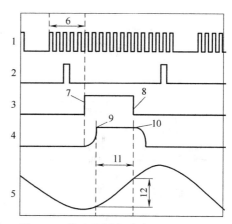

图 4-64　燃油量测定和喷油正时原理图

1—泵凸轮轴传感器信号；2—曲轴位置传感器信号；
3—高压电磁线圈控制脉冲；4—高压电磁线圈
针形阀升程；5—凸轮升程（凸轮轮廓）；
6—脉冲数；7—高压电磁阀关闭；
8—高压电磁阀打开；9—压力输送开始；
10—压力输送结束；11—压力输送角；12—有效冲程

4.3.4　喷油始点（针阀升程）传感器

分配泵燃油喷射系统喷油器中，有一个喷油器安装有喷油始点传感器（针阀升程传感器），该传感器用来探测喷油始点，直接装在双弹簧喷油器体内（如图 4-65 所示）。喷油始点传感器（针阀升程传感器）的细部结构如图 4-66 所示。

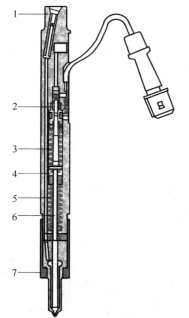

图 4-65　带针阀升程传感器的双弹簧喷油器

1—喷油器体；2—针阀升程传感器；3,5—弹簧；
4—导向垫；6—挺杆；7—喷油嘴紧固螺套

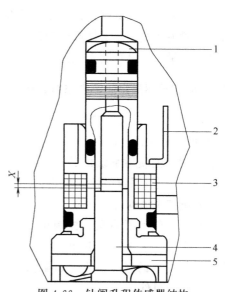

图 4-66　针阀升程传感器结构

1—调节销；2—电接片；3—传感器电磁线圈；
4—挺杆；5—弹簧座；X—针阀升程

当针阀运动时，加长的挺杆 4 伸入传感器电磁线圈 3，其伸入的深度 X 决定了磁流的强度。这样，线圈中的磁流强度随着喷油嘴针阀的运动而变化，并感应出信号电压。该信号电压与针阀运动的速度成正比，而不是与针阀运动的升程成正比。该信号直接在柴油机电控单

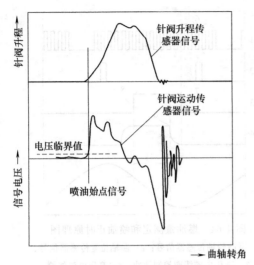

图 4-67 针阀升程传感器信号

元的一个评估电路中进行处理,当其电压超过临界电压时,该信号就被评估电路认作为喷油始点信号(如图 4-67 所示)。

4.3.5 电控分配泵系统的基本配置

对于一台使用电控分配泵燃油喷射系统的柴油机而言,要实现柴油机的正常运行,至少需要以下配置:

① 电控分配泵部件。电控分配泵上装有燃油温度传感器,还装有凸轮轴角位移检测装置,一般由一个凸轮轴上的信号齿轮和一个凸轮轴角位移传感器组成。另外还有一个供油正时角度传感器。关于这两个传感器的应用方法请参考本书其他章节。对应于柴油机每一个气缸,有一个燃油输出通道。

② 传感器部件。有用于调节每次供油量的旋转电磁铁和滑套位置传感器;用于监控进气温度和压力的传感器、冷却液温度传感器、加速踏板传感器和 ECU 部件。

这些配置是电控分配泵柴油机最基本的配置,有了这些配置后,柴油机就可以进行最基本的运行。

4.4 电控泵喷嘴燃油喷射系统

优良的混合气是提高柴油机动力性和燃油经济性以及降低排放率和噪声率的关键因素。这就要求喷射系统产生足够高的喷射压力,确保燃油雾化良好。同时,还必须精确控制喷油始点和喷油量。而泵喷嘴系统能够满足这些要求。

4.4.1 电控泵喷嘴燃油喷射系统的组成及工作原理

电控泵喷嘴柴油机的燃油喷射系统由输油(燃油)泵、机油压力控制阀、泵喷嘴、凸轮轴、

摇臂驱动系统组成,如图 4-68 所示。电控泵喷嘴燃油喷射系统的关键部件是泵喷嘴,它是该系统最核心的部件。

(1) 电控泵喷嘴的结构

泵喷嘴,就是喷油泵、控制单元和喷嘴组合在一起(如图 4-69 所示),它集成在柴油机的气缸盖上,每缸安装一个泵喷嘴组件。

由于无高压油管,消除了较长高压油管中压力波和燃油压缩的影响,高压容积大大减少,可提供所需的高喷射压力。泵喷嘴主要部件(如图 4-70 所示)的作用如下:

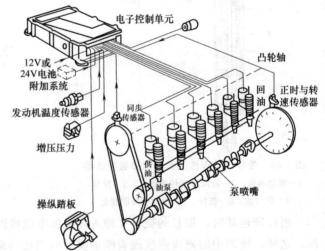

图 4-68 柴油机电控泵喷嘴燃油喷射系统的组成

① 单向阀。柴油机不工作时，防止燃油回流。

② 旁通阀。若燃油内有空气，则通过此处排出。

③ 节流孔与过滤器。收集、分离供油管内的气泡。

④ 限压阀 1。供油管内压力大于 0.75MPa 时打开。

⑤ 限压阀 2。保持回油管内压力在 0.10MPa。

⑥ 燃油泵。燃油泵是间歇式叶片泵，其优点是在较低柴油机转速时也可供油。泵体内油道使油泵转子始终处于被燃油浸润的状态，从而可随时输送燃油。

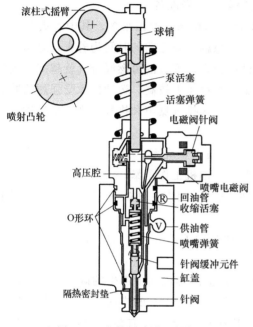

图 4-69　电控泵喷嘴的结构

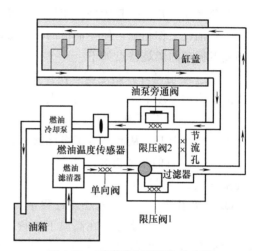

图 4-70　泵喷嘴主要部件的功用

⑦ 燃油分配管。燃油分配管集成在缸盖内的供油管内，其功能是等量向各泵喷嘴分配燃油。在此，燃油与受热燃油混合，并被泵喷嘴强制流回供油管。使供油管内的燃油温度一致。所有泵喷嘴被提供相同量的燃油，使柴油机运转平稳。如果泵喷嘴内的油温不同，被泵喷嘴喷入气缸的燃油质量就会不同，这将使柴油机运转不平稳。

⑧ 燃油冷却泵。使冷却液在冷却环路中循环。当燃油温度达到 70℃ 时，柴油机电控单元通过燃油冷却泵继电器将其接通。

（2）电控泵喷嘴的工作原理

泵喷嘴系统最大的特点是增加了喷油压力，泵喷嘴的喷射压力都能达到 200MPa 以上。

由于喷射压力直接影响柴油燃烧做功效率，因此，泵喷嘴的燃烧效率很高。在泵喷嘴系统中，喷油泵和喷油嘴组成一个单元。每个气缸的缸盖上都装有这样一个单元，它直接通过摇臂或间接地由柴油机的凸轮轴通过推杆来驱动。如图 4-71 所示。

控制单元精确控制喷嘴电磁阀激活时刻和激活时

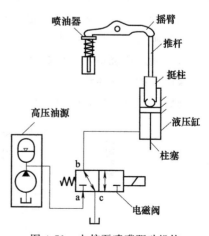

图 4-71　电控泵喷嘴驱动机构

间的长短，从而精确调节泵喷嘴的喷射始点和喷射量。

喷射凸轮有一个陡峭上升面和一个平滑下降面，当喷射凸轮转到陡峭上升面与摇臂接触时，泵活塞被高速向下压并迅速获得一个高喷射压力；当喷射凸轮转到平滑下降面与摇臂接触时，泵活塞缓慢和平稳地上下移动，允许无气泡的燃油流入泵喷嘴的高压腔。

1）喷嘴的喷射循环

电控泵喷嘴燃油喷射系统的喷射循环包括高压腔充注燃油、预喷射循环、主喷射循环和喷射结束四个阶段，简要介绍如下。

① 高压腔充注燃油。向高压腔充注燃油，为喷射循环做准备。

② 预喷射循环。一种不利柴油机工作的状态是工作粗暴，原因很多，其中着火延迟期过长是一项重要的影响因素。从喷油开始到气缸压力急剧上升之间的时间为着火延迟期。着火延迟期越长，在着火延迟期间喷入燃烧室的燃油就越多，形成的可燃混合气就越多，这些燃油在急燃期中几乎一起燃烧，使压力升高率和最高燃烧压力较高，运动件承受强烈的冲击载荷，柴油机工作粗暴，使柴油机的使用寿命降低，增大排气噪声和排气污染。泵喷嘴技术在预喷射循环的燃烧特点如下。

a. 在主喷射循环开始之前，使少量燃油在低压下喷入燃烧室，少量燃油的燃烧使燃烧室内的压力和温度上升，可以缩短点火延迟期，避免柴油机工作粗暴；

b. 在预喷射循环和主喷射循环之间的"喷射间隔"时间内，使燃烧室内的压力平缓上升而不是突然上升，从而降低了燃烧噪声；

c. 由于此时的柴油机温度和含氧量均较少，从而减少了氮氧化合物的排放量（NO_x 是在高温富氧的情况下生成的）。

③ 主喷射循环。柴油机燃烧过程中的最大问题是扩散燃烧期中产生的碳烟（PM）。为了降低碳烟排放，燃烧必须在高温下进行。但高温燃烧时，NO_x 的排放量又会增加，同时降低碳烟和 NO_x 的排放是非常困难的。为了解决碳烟问题，最有效的手段是采用高压喷射。

泵喷嘴以高喷射压力（大于200MPa）将燃油喷入燃烧室，将空气和燃油混合，雾化良好，燃烧充分，从而减少排放污染，并确保柴油机高效率运转。

④ 喷射结束。喷油终了时，喷油压力从最大压力降到针阀关闭压力。这个过程的时间越长，则在低压状态下喷油的时间越长。这样，必然导致燃烧恶化，排放变差，柴油机的性能有所下降。所以，应当尽可能缩短喷油结束时断油过程的时间。

泵喷嘴技术的喷射结束过程的喷嘴关闭快，压力下降迅速，防止了燃油在低喷射压力下以大颗粒滴入燃烧室，造成燃烧不完全、排放污染严重。

泵喷嘴的喷射曲线大大符合柴油机的要求；预喷射期间压力低，接着是一个"喷射间隔"，然后是主喷射循环、压力上升，最后是喷射循环的突然结束，如图 4-72 所示。

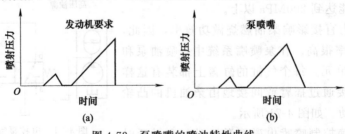

图 4-72　泵喷嘴的喷油特性曲线

2）泵喷嘴的工作过程

如图 4-73 所示，泵喷嘴的工作过程如下。

① 高压腔充注燃油阶段。泵活塞在活塞弹簧压力作用下向上移动，这样使高压腔内容积扩大。喷嘴电磁阀不动作，电磁阀针阀处于静止位置，供油管到高压腔的通道打开，供油管内的油压使燃油流入高压腔。如图 4-73（a）所示。

② 预喷射循环阶段。预喷射循环阶段分三步进行。

a. 预喷射循环开始。喷射凸轮通过滚柱式摇臂将泵活塞压下，将高压腔内的燃油排出到供油管。柴油机控制单元通过激活喷嘴电磁阀来启动喷射循环。

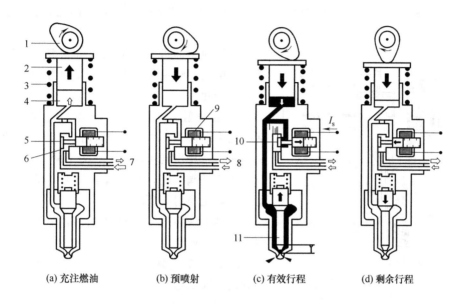

(a) 充注燃油　　(b) 预喷射　　(c) 有效行程　　(d) 剩余行程

图 4-73　泵喷嘴的工作过程示意图

1—驱动凸轮；2—高压泵柱塞；3—回位弹簧；4—高压腔；5—高速电磁阀阀芯；6—电磁阀油室；
7—进油道；8—出油道；9—高速电磁阀线圈；10—高速电磁阀阀座；11—喷油嘴；I_s—线圈电流

b. 喷嘴针阀阻尼。在预喷射循环，喷嘴针阀行程被液力阻尼垫阻尼。因此，可以准确地测量喷射量。在前 1/3 冲程，喷嘴针阀无阻尼打开，将预喷射油量喷入柴油机的燃烧室内。当缓冲塞堵住喷嘴壳体的内孔时，针阀上部的燃油只能通过泄油间隙排入喷嘴弹簧室，从而形成液力阻尼垫，限定预喷射循环的针阀行程，如图 4-74 所示。

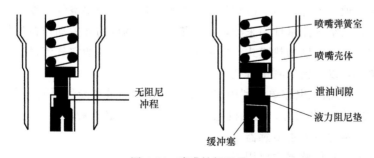

图 4-74　喷嘴针阀阻尼

在此过程，电磁阀针阀被压入到阀座内，关闭高压腔到供油管的通道，高压腔内开始产生压力。当压力达到 180MPa 时，压力高于喷射弹簧压力，喷射针阀上升，预喷射循环开始。如图 4-73 （b）所示。

c. 预喷射循环结束。喷嘴针阀打开后，预喷射立即结束上升的压力使收缩活塞下移，使高压腔内容积扩大。于是，压力瞬时下降，喷嘴针阀关闭。

此时，预喷射结束，收缩活塞的下移增加了喷嘴弹簧的压紧程度。在接下来的主喷射循环中，如果想再次打开针阀，油压必须比预喷射过程中的油压要高。

③ 主喷射循环阶段。喷嘴针阀关闭后短时间内，高压腔内压力立即重新上升。喷嘴电磁阀仍然关闭，泵活塞下移。高压腔内压力上升到约 30MPa 时，燃油压力高于喷嘴弹簧作用力，喷嘴针阀再次上升，主喷油开始。压力上升到 205MPa 时，进入高压腔的燃油多于经喷孔喷出的燃油。

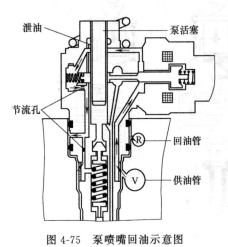

图 4-75　泵喷嘴回油示意图

为适应柴油机不同工况对可燃混合气浓度的要求，泵喷嘴的喷油压力和喷油量随着柴油机工况的变化而变化。

④ 主喷射循环结束。当柴油机电控单元停止激活喷嘴电磁阀后，电磁阀弹簧打开电磁阀针阀，燃油被泵活塞排出到供油管，压力下降。

喷嘴针阀关闭，喷嘴弹簧将旁通活塞压回到初始位置，主喷射循环结束。

⑤ 泵喷嘴回油。泵喷嘴的回油管具有下列功能（如图 4-75 所示）：

a. 冷却泵喷嘴，来自供油管的燃油冲刷通向回油管的泵喷嘴通道；

b. 排出泵活塞处泄漏的燃油；

c. 通过回油管节流孔分离来自供油管内的气泡。

4.4.2　电控泵喷嘴燃油喷射系统电控元件

电控泵喷嘴柴油机电控系统（EDC）如图 4-76 所示。各传感器元件的功能及应用如下：

（1）热膜式空气流量计

保持空气流量计中热电阻的温度的恒定。流经空气流量计的空气对热电阻冷却作用不同，保持热电阻温度恒定所需的电流也不同，所以保持热电阻温度恒定所需的电流值就是吸入的空气量的对应值。另外，由于冷空气的冷却作用较强，需要空气温度作为修正系数。带反向空气流量识别的空气流量计用来测定进气量，空气翻板的开关动作在进气管内产生反向气流，带反向空气流量识别的热膜式空气流量计可以测定返回的空气流量，修正后将信号传给柴油机电控单元，以便精确测量进气量。

① 信号作用：柴油机电控单元利用该测量值计算喷油量和废气再循环率。

② 信号失效：信号失效时，柴油机电控单元用一个固定值来代替。

（2）加速踏板传感器为主传感器

加速踏板（油门）传感器主要用于：

① 信号作用：识别加速踏板位置，计算喷油量。

② 信号失效：信号失效时，柴油机电控单元不能识别加速踏板位置。柴油机在高怠速

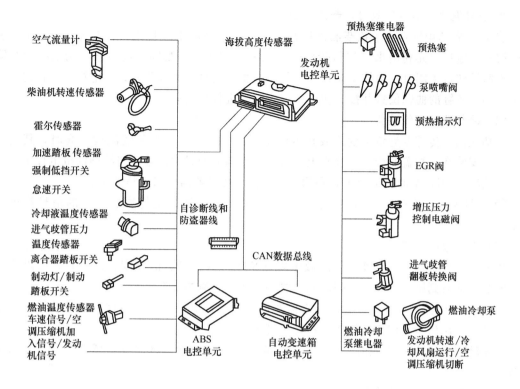

图 4-76　电控泵喷嘴柴油机电控系统示意图

下运转，以便驾驶员将车开到附近维修站。

急速开关和强制低挡开关集成在加速踏板传感器内（在脚踏板的壳体内）。

（3）凸轮轴位置传感器（霍尔传感器）

霍尔传感器安装在凸轮轴齿轮下面的齿形皮带导向轮上，监测安装在凸轮轴齿轮上的 7 个凸齿位置。

① 信号作用：柴油机启动时，电控单元利用该传感器产生的信号识别气缸。此时，电控单元应知哪个缸处于压缩冲程，以便激励相应的泵喷嘴电磁阀。柴油机电控单元计算由霍尔传感器产生的信号，确定凸轮轴位置。

② 信号失效：信号失效时，电控单元利用柴油机转速传感器产生的信号作为替代信号。

（4）凸轮轴传感器信号轮

每个工作循环凸轮轴旋转 360°，在传感器轮上，每个缸都由一个凸齿来代表，这些凸齿相距 90°，为了能使凸齿代表各缸，传感器轮上有额外的凸齿来代表 1 缸、2 缸和 3 缸，相距角度不同。

工作过程：凸齿每次经过霍尔传感器时，都会产生一个霍尔电压并传递给柴油机电控单元。因凸齿相隔间距不同，霍尔电压产生的时间间隔也不同。

（5）柴油机转速传感器

柴油机转速传感器是一个感应式传感器，位于机体上。柴油机转速传感器轮的圆周上，有 56 个齿和 2 个齿，齿缺相距 180°，作为确定曲轴位置的参考标记。

① 信号作用：柴油机转速传感器产生的信号记录了柴油机转速和确切的曲轴位置。利用此信息，电控单元计算出喷油始点和喷油量。

② 信号失效：信号失效时，柴油机熄火。

③ 快速启动识别：为了让柴油机快速启动，电控单元计算来自霍尔传感器和转速传感器的信号。电控单元利用来自霍尔传感器的信号识别各缸。曲轴转速传感器轮上有两个缺齿，当曲轴转过半圈时，电控单元就会获得一个相关信号。通过此方式，电控单元在初期就可识别相关各缸的曲轴位置并控制相应的电磁阀来进行喷油循环。

（6）冷却液温度传感器

冷却液温度传感器为负温度系数热敏电阻（NTC）式；当冷却液温度升高时，其电阻值下降；安装在气缸盖的冷却液接头上，将当前冷却液的温度信号传递给柴油机电控单元。

① 信号作用：柴油机电控单元利用冷却液温度传感器信号修正喷油量。

② 信号失效：熄火失效时，柴油机电控单元利用燃油温度传感器产生的信号修正喷油量。

（7）燃油温度传感器

燃油温度传感器是负温度系数热敏电阻（NTC）式；当燃油温度升高时，其电阻值下降；安装在油泵到燃油冷却器之间的回油管中，用于监测燃油温度。

① 信号作用：燃油温度传感器用来监测燃油温度，电控单元利用这个信号计算喷油始点和喷油量。该信号也用来控制燃油冷却泵开关。

② 信号失效：信号失效时，柴油机电控单元利用来自冷却液温度传感器信号计算出一个替代值。

（8）进气歧管温度传感器

考虑不同温度下增压空气密度不同的影响，柴油机需要进气歧管温度传感器产生信号来修正增压压力。

信号失效：信号失效时，电控单元用一个固定的替代值来计算增压压力，其结果会导致柴油机功率下降。

（9）进气歧管压力传感器

进气歧管压力传感器提供的信号用于检查增压压力。柴油机电控单元将实际测量值与增压压力脉谱图上的设定值进行比较，若实际测量值偏离设定值，则柴油机电控单元通过电磁阀调整增压压力，实现增压压力的控制。

信号失效：信号失效时，不能调节增压压力，柴油机功率下降。

进气歧管压力传感器与进气歧管温度传感器集成在一起，安装在进气管上。

（10）海拔高度传感器

海拔高度传感器位于柴油机电控单元内。

① 信号作用：该传感器向电控单元传送一个取决于海拔高度的环境压力。电控单元利用该信号计算增压压力和废气再循环的海拔高度修正值。

② 信号失效：信号失效时，柴油机会冒黑烟。

（11）离合器踏板开关

离合器踏板开关安装在脚踏板上。

① 信号作用：柴油机电控单元利用该信号识别离合器是分离还是接合，若分离，则喷油量短时减少，确保换挡平顺。

② 信号失效：信号失效时，换挡会出现柴油机熄火现象。

（12）制动开关和制动踏板开关

制动开关和制动踏板开关集成为一体，安装在脚踏板上。

① 信号作用：两个开关将"制动动作"信号提供给电控单元。

② 信号失效：若其中一个失效，则电控单元将减少喷油量，柴油机功率下降。

（13）车速信号

电控单元从车速传感器获得该信号。该信号用于判断不同工况，减少换挡时的冲击，检查巡航控制系统功能是否正常。

（14）空调接通信号

空调开关向柴油机电控单元发送一个信号，提示空调压缩机将很快被接通。电控单元在空调压缩机接通前提高柴油机的怠速，以防止空调压缩机接通后柴油机转速突然下降。

（15）发电机端子信号

发电机端子信号将柴油机的负载情况传送给电控单元。依据可提供的容量，柴油机电控单元通过低热输出继电器或高热输出继电器接通辅助加热器的 1 个或 3 个预热塞。

（16）CAN 数据总线

柴油机电控单元、ABS 电控单元和自动变速器电控单元通过 CAN 数据总线交换信息。

（17）CCS 开关

CCS 开关向柴油机的电控单元发送一个信号，告诉柴油机巡航系统已开始工作。

（18）喷嘴电磁阀

柴油机电控单元通过此电磁阀调节泵喷嘴的喷油始点和喷油量。

① 喷油始点：柴油机电控单元激活喷嘴电磁阀，电磁阀线圈将电磁阀针阀压到针阀座内，切断至泵喷射单元高压油腔的通道，喷射循环开始。

② 喷油量：由电磁阀激活时间的长短决定。喷嘴电磁阀关闭，燃油喷射即开始。

③ 信号失效：柴油机将不能平稳运转，功率也将下降。

喷嘴电磁阀有双保险功能。若电磁阀保持常开状态，则泵喷嘴内无法建立起压力；若电磁阀保持常闭状态，则泵喷嘴高压腔内无法充注燃油。

④ 喷嘴电磁阀监控：柴油机电控单元监控喷嘴电磁阀电流曲线。该信号作为实际喷油始点的反馈信号传给电控单元，从而调整喷油始点和监控电磁阀是否失效。

（19）进气歧管翻板转换阀

柴油机有很高的压缩比，当点火开关断开时，若仍像正常运转那样吸入空气，则柴油机将抖动。进气歧管翻板转换阀用来接通控制翻板的真空。

① 工作过程：若柴油机熄火，则电控单元发送一个信号给进气歧管翻板转换阀，进气歧管翻板转换阀接通真空箱真空，切断进气，结果只有少量的空气被压缩，柴油机转速平稳下降并熄火。

② 信号失效：如果进气歧管翻板转换阀失效，则进气歧管翻板保持打开状态。

（20）预热塞系统

冷却液温度低于 9℃时，柴油机电控单元激活预热塞继电器，启动预热塞系统。预热过程分为两个阶段：

① 预热阶段：点火开关打开后，等冷却液温度低于 9℃时，预热塞被接通，预热指示灯亮；预热循环结束时，预热指示灯熄灭，柴油机可以启动。

② 后预热阶段：柴油机启动后即为后预热阶段（不论之前是否是预热阶段）。这将降低燃烧噪声，提高怠速质量和降低碳氢化合物的排放量。后预热间断不会超过 4min，当柴油

机转速超过 2500r/min 后，后预热终止。

(21) 废气再循环 (EGR) 系统

EGR 系统由废气再循环阀 (有电子控制或机械控制两种形式)、空气流量计、尾气净化装置等零部件组成。对于柴油机而言，怠速时也进行废气再循环。

有的 EGR 系统将电子式废气再循环阀与机械式废气再循环阀合二为一，直接由柴油机电控单元控制。废气在循环系统工作时，电子式废气再循环阀接收柴油机电控单元发出的相应信号，并将其转化为一个脉冲控制信号，来控制废气再循环阀的动作。如果废气再循环阀出现故障，则废气再循环系统停止工作。柴油机电控单元可以监测到相应的故障信息。如果机械式废气再循环阀出现故障，因为是机械阀，所以没有故障记忆，只能通过常规方法检查。

电子式废气再循环阀的电阻值为 $14 \sim 20\Omega$。

当机械式废气再循环阀的真空度为 51kPa 时，柴油机将出现怠速不稳或熄火现象。

检查机械式废气再循环阀隔膜运动和破损情况及清洁情况。

(22) 增压压力控制电磁阀

柴油机配有一个可调式涡轮增压器，可按实际驾驶条件产生最佳增压压力。增压压力控制电磁阀由柴油机电控单元激活。真空箱内用于叶片调节的真空，根据脉冲负载参数变化，增压压力通过此方式进行调节。

① 信号失效：大气压力进入真空箱，增压压力降低，柴油机动力下降。

② 检查条件：柴油机温度不低于 80℃，进气及排气系统不泄漏，全负荷下检查增压压力时间不超过 10s。

4.5 共轨柴油机的其他执行设备

在电控柴油机中，随着电控技术的日益成熟，其应用也在不断扩展。除了对柴油机自身实行电控外，由于 ECU 部件具有多种控制能力，也开始将多种柴油机电气部件置于其协调控制之下。这些扩展控制主要有 EGR 控制、可调进气截面涡轮增压器以及诸如冷却风扇等的电子控制。简要介绍如下。

4.5.1 废气再循环阀

废气再循环 (exhaust gas recycle，EGR) 是为了减少柴油机排放气体中氮氧化物 (NO_x) 含量而采用的一种技术。它主要是将少量柴油机排气混入到进气总管中的新鲜空气中，通过降低进气中氧密度的方式，延缓燃烧速度，降低柴油机最高燃烧温度。由于 NO_x 主要是在高温富氧条件下生成，在较低的温度下实现燃烧，所以可以明显使 NO_x 的排出量下降。

① EGR 控制系统的功能。将适量的废气引入气缸内参加燃烧，从而降低气缸内的最高温度，以减少 NO_x 的排放量。为了保证柴油机的正常工作和性能不受过多影响，必须根据柴油机工况的变化，控制废气再循环量。

$$EGR 率 = EGR 量 / (吸入空气量 + EGR 量) \times 100\%$$

柴油机的工况不同，对 EGR 量的要求也不同。为了使 EGR 系统能更有效地发挥作用，必须对参加 EGR 的废气数量加以限制。

a. 随着负荷的增加，EGR 的量也相应地增加，并能达到最佳值；

b. 怠速及低负荷时，NO_x 排放浓度较低，为保证正常燃烧，不进行 EGR；

c. 暖机过程中，柴油机温度低，NO_x 排放浓度也较低，为防止 EGR 恶化燃烧过程，不进行 EGR；

d. 大负荷、高速或加速踏板全开时，为保证柴油机的动力性，不进行 EGR；

e. 加速时，为了保证汽车的加速性及必要的净化效果，EGR 在过渡过程中起作用。

② 电控 EGR 控制系统的组成。电控 EGR 控制系统的组成如图 4-77 所示。

③ 电控 EGR 控制系统的基本原理。在柴油机电控单元内，存有 EGR 特性曲线，它包括柴油机各工况点所需的空气量。电控单元利用空气流量传感器的信号，把实际进气量与标定进气量进行比较，为补偿这个差值，对 EGR 控制阀发出相应

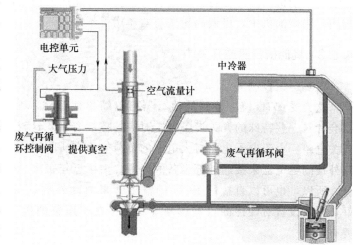

图 4-77 电控 EGR 控制系统的组成

的控制电信号。EGR 控制阀把电信号转化成真空度信号传给 EGR 阀，改变 EGR 阀的开度，控制废气再循环率。

4.5.2 可调进气截面涡轮增压器

对于固定流通截面的增压器，往往不能适应柴油机在整个转速范围内的气体流动特性匹配要求。近年来可调涡轮增压器（图 4-78）的应用逐渐增加。可调涡轮增压器一般采用调整流通截面积或流通量的方式来调整涡轮增压器与柴油机匹配的工作点特性，满足柴油机工作的需求。调整流通截面常采用可调喷嘴（VNT）方式或可调几何截面积（VGT）方式，调整流通量常采用旁通放气的方式。

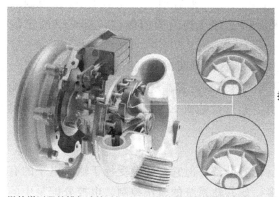

涡轮增压器的排气端外围加了一圈通过电子系统控制角度的叶片

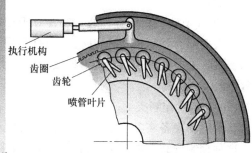

通过转动喷管叶片改变径流涡轮机

图 4-78 可调涡轮增压器结构

可调涡轮增压器对于柴油机电控系统而言，也属于执行器部件中的一种。目前典型的 VNT 部件一般采用负压气动操作方式，而对于操作压力的控制则由 ECU 输出的 PWM 驱动信号来操纵压力控制阀来实现。因此，对于柴油机电控系统而言，可调涡轮增压器可以看成 PWM 驱动设备。实际控制时，根据试验确定在柴油机某工况下可调涡轮增压器在最佳调整位置时对应的 PWM 信号占空比，记录后用数据表方式存储。用这些数据来控制可调涡轮增压器与柴油机的匹配运行，可以实现在整个转速区域内柴油机与增压器的良好配合。目前在国内车用柴油机中，可调涡轮增压器还用得不多。

4.5.3 其他执行器或开关

（1）开关控制类

这类受 ECU 统一控制的执行器可以简单地看作一个受控开关。一般在 ECU 设计时，都会针对一些特殊的开关设备设定对应的控制资源。这种控制资源在 ECU 内部表现为控制开关电路。由于电子电路对大电流的负荷能力有所限制，故常需要由这种电子开关电路再控制外接的继电器来接通外部设备的电源。由于近年来大功率半导体管已经能够输出很大的电流，所以，也可以直接用 ECU 的输出管来驱动外部设备，这样成本会较高，但性能会更好，可以设置对硬件的自动诊断等功能。在车用柴油机 ECU 中常见的开关控制执行器主要有：

① 空调设备控制开关。当 ECU 接到空调开启信号时，它将首先按照预定的调整策略对每次供油量做出调节，然后延迟一段时间，再接通空调开启开关。这使得空调启动与柴油机输出功率增加完全同步，空调启动将不会对柴油机转速产生明显扰动。

② 冷却风扇。对冷却风扇的控制取决于冷却液温度。例如对于有两个受控冷却风扇的系统，常用的控制策略为：当冷却液温度高于 90℃时，开启低温风扇；当冷却液温度高于 95℃时，将高温风扇也打开。对于风扇的驱动也是通过对输出开关量的控制来实现，在逻辑上非常简单。

③ 故障指示灯。在电控系统中这是一个很有意义的元件，它其实只是一个发光二极管，能耗极小，只需要用最普通的开关输出就可以驱动。但它可以表达两方面的含义：一是当它点亮时，表示系统存在故障，这些故障是由 ECU 系统通过寻检和故障诊断过程而发现的；二是通过闪码输出，对外表达故障的类别，这种闪码输出遵循特定的协议，常设置成通过特定的操作（如连续三次开启上电开关）来启动，启动后 ECU 会控制故障指示灯按特定的间隔和持续时间点亮和熄灭。通过对这种闪码的解读，就可以确定故障的部位和种类。

④ 进气辅助预热装置。这一装置对于在寒冷地区柴油机的启动有重要作用。当进气温度低于限定值时，ECU 通过开关控制打开进气加热装置，提高进气温度，使启动过程能够顺利实现。有时这种控制可能有较复杂的逻辑，通过柴油机 ECU 做统一的控制才能实现好的效果。

（2）PWM 控制类

脉宽驱动设备实际上也是一种开关电路驱动的设备，但它实际上受控于输出电平的有效值。这种控制方式在电控柴油机上使用得较多，如共轨系统的轨压控制、电控分配泵中的每次供油量控制，及前面提到的 EGR 阀、可调喷嘴等，都是用 PWM 方式驱动的。因此，一般 ECU 部件也设置多个 PWM 输出驱动口以满足设备驱动要求。

4.5.4　电控系统执行器的关键技术

在实现柴油机电控的三个主要技术部件（传感器、执行器、控制器）中，传感器的技术门槛相对较低，目前国内企业已经能够为内燃机工业提供多种可以实际应用的传感器；控制器的产业化制造目前也有了初步的基础。

（1）电控单元（ECU）

ECU 属于一种电子电路设备，可以在通用的贴片加工生产线上实现产业化的加工制造。国内已经具备了水准较高的贴片加工生产线，为 ECU 的产业化生产创造了基本的条件。

（2）执行器

相对而言，对国内柴油机电控技术发展制约最为严重的是执行器技术，主要是高压燃油系统的机械零配件的设计制造能力，而最为关键的技术是共轨柴油机的电控喷油器的制造。目前多数电控喷油器还是以进口为主。国内很多厂家都在积极研究开发中。

（3）高压系统密封技术

电控高压共轨系统其他部件的制造也有较高的要求。必须解决在常态高压下的密封问题，保证系统在 200MPa 的高压持续作用下不发生泄漏和裂损，这都要求更高的制造水准。目前，国内共轨柴油机高压系统主要零部件（如高压泵、共轨管等）多数是国外厂家以"成套技术服务"的方式提供的产品，这使得这些零部件的成本高昂且受制于人。

（4）高速电磁阀

这种电磁阀是电控单体泵的核心元件，它必须能在高压下实现快速（开关速度小于 1ms）、高频率（每秒开关次数高达 25 次以上）的执行动作，并同时保证可靠的密封效果。高速电磁阀的加工制造需要高精度的机加工设备，由于高速电磁阀的制约，电控单体泵的完全国产化受到了限制。

综上所述，努力开发电控柴油机高压系统（特别是电控喷油器、高速电磁阀等）核心零部件，是柴油机生产企业和柴油机行业研发人员的首要任务。

第 5 章
电控高压共轨柴油机

日益严格的废气排放和节能要求对柴油机的喷射装置提出了新的技术要求，随着汽车电子行业的不断发展和进步，电子控制系统逐步应用到柴油机上。尤其是电控高压共轨燃油喷射系统可对喷油定时、喷油压力、喷油规律等进行柔性调节，从而使柴油机的经济性、动力性和排放性能得到大幅度的提高，以适应和满足国家对柴油机的排放要求。

5.1　共轨柴油机电控系统的组成

众所周知，电控柴油机喷射系统由传感器、ECU 和执行机构三部分组成（如图 5-1 所示）。其任务是对喷油系统进行电子控制，实现对喷油量以及喷油定时随运行工况的实时控制。

采用转速、温度、压力等传感器，将实时检测的参数同步输入到柴油机上的 ECU，与已储存的参数值进行比较，经过处理计算

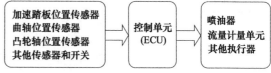

图 5-1　柴油机控制系统原理框图

按照最佳值对喷油泵、喷油器、预热塞等执行机构进行控制，驱动喷油系统，使柴油机运作状态达到最佳。

（1）传感器元件

电控高压共轨柴油机上的传感器大同小异，各传感器元器件及其功能基本相似，只是安装位置略有不同。电控柴油机传感器元件及其功能见 5-1 及表 5-2，常见的安装位置如图 5-2 所示。

表 5-1　传感器类型及特性

传感器类型		传感器	特性
磁电式		曲轴转速传感器	数字量
		凸轮相位传感器	
变阻传感器	热敏电阻	水温传感器、机油温度传感器、燃油温度传感器、进气温度传感器等	模拟量
	滑线变阻器	加速踏板位置传感器	
	应变片变阻器	轨压传感器、机油压力传感器、进气压力传感器等	

表 5-2　传感器及其功能描述

序号	传感器名称	功能描述
1	曲轴转速传感器	精确计算曲轴位置,用于喷油时刻和喷油量计算及转速计算
2	凸轮轴位置传感器	气缸判别
3	进气温度传感器	测量进气温度,修正喷油量和喷油正时,过热保护
	增压压力传感器	监测进气压力,调节喷油控制,与进气温度集成在一起
4	机油压力温度传感器	测量机油压力和温度,用于喷油的修正和柴油机的保护
5	冷却水温度传感器	测量冷却水温度,用于冷启动、目标急速计算等,同时还用于修正喷油提前角、最大功率保护等
6	共轨压力传感器	测量共轨管内的燃油压力,保证油压控制稳定
7	加速踏板位置传感器	将驾驶员的意图送给控制器(ECU)
8	车速传感器	提供车速信号给 ECU,用于正常驱动控制,由整车提供
9	大气压力传感器	用于校正控制参数,集成在 ECU 中

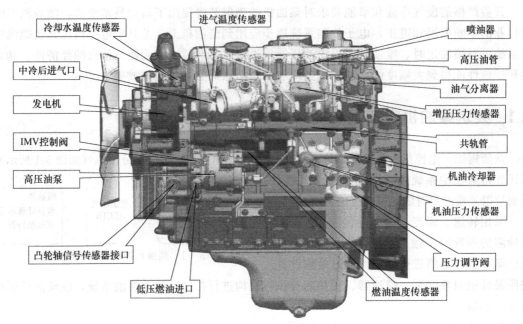

图 5-2　某型 4 缸共轨柴油机传感器及安装位置

（2）执行器元件

电控柴油机执行器元件及其功能描述见表 5-3 所示。

表 5-3　执行器元件及其功能描述

序号	名称	功能描述
1	燃油计量阀	控制高压油泵进油量，保持共轨压力满足指令需求
2	喷油器电磁阀	精确控制喷油提前角和喷油量
3	继电器	用于空调压缩机、排气制动和冷启动装置的控制
4	指示灯	故障指示灯、冷启动指示灯
5	转速输出	用于整车转速输出
6	CAN 总线	用于与整车动力总成、ABS、ASR、仪表、车身等系统的联合控制
7	K 线（ISOK-line）	用于故障诊断和整车标定

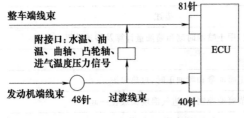

图 5-3　电控柴油机传感器线束的组成

（3）传感器线束和喷油器线束

传感器线束和喷油器线束均为柴油机自带线束，其中传感器线束主要将柴油机上相关传感器的信号以及与整车相关的线束输入到 ECU 中，如图 5-3 所示。整车线束主要包括排气制动开关、排气制动电磁阀、空调压缩机继电器以及 ECU 输出的电源信号等线束。喷油器线束主要包括各缸对应的电控喷油器以及控制高压油泵的流量计量单元等线束。

（4）电控单元

电控单元（ECU）是电控柴油机控制系统的"指挥中心"，相当于人的"大脑"，它对来自柴油机上各个传感器的现时信号与 ECU 内预先储存的参数值进行比较并快速运算，确定最佳运行参数；然后将最佳参数发送给执行机构（电控喷油器等），执行机构按照最佳参数对喷油压力、喷油量、喷油时间、喷油规律等进行控制，驱动喷油系统，使柴油机工作状态达到最佳。ECU 的控制功能如图 5-4 所示。

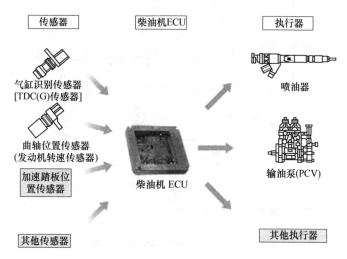

图 5-4　电控单元（ECU）的控制功能

ECU 上 3 个插槽所对应的线束分别是柴油机整车线束、传感器线束和执行器线束，如图 5-5 所示。其中传感器线束、执行器线束在柴油机出厂时已安装到位。整车线束需要根据车辆功能的需要来制作。

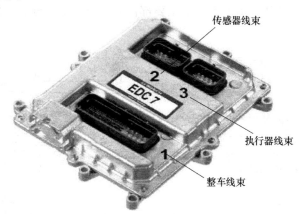

图 5-5　电控单元（ECU）外形结构

5.2　共轨柴油机燃油系统主要零部件

5.2.1　共轨燃油系统概述

电控高压共轨燃油喷射系统（如图 5-6 所示）是在柴油机气缸盖上安装了一个燃油共轨管，燃油共轨管是一个长管状密闭容器，各缸喷油器都安装在该容器上，共同使用这一燃油共轨管，即所谓共轨。高压喷油泵通过单向阀不断地向共轨内部泵入高压柴油，共轨类似于制动系统的储气罐。压力传感器将共轨内压力值反馈给控制单元，并通过控制电磁阀的适当开启泄油以调节共轨内的压力。共轨内的压力就是喷油器的喷油压力，可达 140～160MPa 甚至更高。油压的产生方式与柱塞泵完全不同。

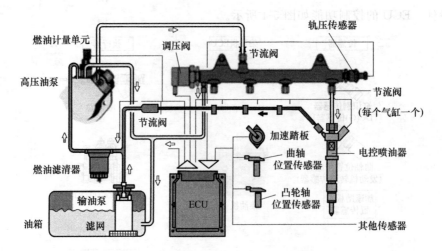

图 5-6　电控共轨柴油机燃油喷射系统

　　供油正时由喷油器电磁阀控制，喷油量由电磁阀的持续开启时间控制，所以该系统既不需要提前器也不需要调速器。所有这些都由 ECU 系统自动控制。该系统的正常工作要求是喷油器电磁阀必须能够准时快速可靠地开闭，并且能承受长期高频率开闭的工况。因此，电控高压共轨柴油机的动力性较好、省油，加速时无烟色发黑的现象，但是电控装置的成本较高。

　　柴油机电控高压共轨燃油喷射系统的主要部件有低压供油部分、电控系统和高压供油部分等（如图 5-7 所示）。

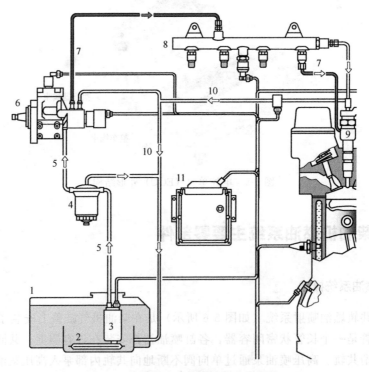

图 5-7　共轨燃油喷射系统的主要部件
1—燃油箱；2—滤网；3—输油泵；4—燃油滤清器；5—低压油管；6—高压泵；
7—高压油管；8—共轨管；9—喷油器；10—回油管；11—ECU

（1）低压供油部分

电控高压共轨燃油喷射系统的低压供油部分的部件有燃油箱（带有滤网）、输油泵、燃油滤清器及低压油管，如图 5-7 所示之 1～5 等零部件。简要介绍如下。

① 燃油箱。燃油箱必须具有抗腐蚀功能，且至少能承受 2 倍的实际工作油压，并在不低于 0.03MPa 压力的情况下仍保持密封。如果燃油箱超压，需经适当的通道和安全阀自动卸压。即使车辆发生倾斜，或在弯道行驶，甚至发生碰撞，燃油也不会从加油口或压力平衡装置中流出。同时，燃油箱必须要远离柴油机，如果车辆发生交通事故，可减小发生火灾的危险。

② 低压油管。低压供油部分，除采用钢管外还可使用阻燃的包有钢丝编织层的柔性管。油管的布置必须能够避免机械损伤，并且在其上滴落的燃油既不能聚积，也不能被引燃。

在维修更换相关油管时，必须保证其最小管径的尺寸要求。高压油泵不同，对低压供油系统的要求也会有所不同。玉柴电控柴油机低压供油油管最小直径要求见表 5-4 和表 5-5。

表 5-4　玉柴电控（CP3.3）柴油机低压供油油管技术要求

油管位置	油管内径/mm	允许油管长度/m	允许压力/MPa
燃油箱进油管	≥10	≤3	0.05～0.1
	≥11	≤6	
	≥12	≤9	
燃油箱回油管	≥9	≤6	≤0.12
	≥10	≤9	

表 5-5　玉柴电控（CPN2.2）柴油机低压供油油管技术要求

油管位置	油管内径/mm	允许油管长度/m	允许压力/MPa
燃油箱进油管	≥12	≤3	0.035～0.10
	≥13	≤6	
	≥14	≤9	
燃油箱回油管	≥12	≤9	≤0.12

如果低压供油油管的内径不能满足表 5-4、表 5-5 所示的要求，则柴油机在运行过程中可能会出现动力不足的故障。

③ 输油泵。输油泵是一种带有滤网的电动泵或齿轮泵，它将燃油从燃油箱中吸出，将所需的燃油连续供给高压泵。目前输油泵有 2 种类型，即电动输油泵（滚子叶片泵）和机械驱动的齿轮泵。

a. 电动输油泵。电动输油泵（图 5-8 所示）用于乘用车和轻型商用车。除了向高压泵输送燃油外，电动输油泵在监控系统中还起到了在必要时中断燃油输送的作用。

柴油机启动过程开始时，电动输油泵就开始运行，且不受柴油机转速影响。电动输油泵持续从油箱中抽出燃油，经燃油滤清器送往高压泵，多余的燃油经溢流阀流回油箱。其具有安全电路，可防止在停机时向柴油机输送燃油。

电动输油泵有油管安装式和油箱安装式 2 种。油管安装式输油泵安装在车辆底盘上油箱与燃油滤清器之间的油管上。而油箱安装式输油泵则安装在油箱内的专用支架上，其总成通常还包括吸油端的吸油滤网、油位显示器、储油罐以及与外部连接的电气和液压接头。电动输油泵由泵油元件、电动机和连接盖3个功能部分组成。泵油元件的工作原理取决于电动输油泵的应用领域，有多种型号。

一般乘用车（小功率）共轨燃油喷射系统采用的滚子叶片泵（容积式泵）由偏心布置的内腔和在其中转动的开槽圆盘构成，每个槽内有可活动的滚子。利用开槽圆盘转动的离心力和燃油压力的作用，滚子紧压在外侧的滚子滚道上和槽的驱动侧面上。在这种情况下，滚子的作用就好比是做圆周运动的密封件。开槽圆盘的每2个滚子与滚道之间构成了1个腔室，当进油口关闭，腔室容积不断缩小时，便产生泵油作用。燃油在出油口打开以后从电动机流过，并经压油端的连接盖输出。

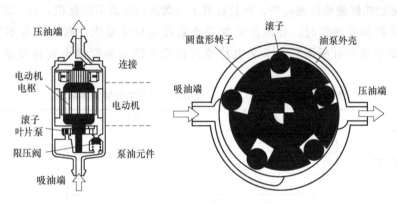

图 5-8 电动输油泵结构

电动机由永久磁铁和电枢组成，其设计取决于在一定系统压力之下所要求的供油量。电动机和泵油元件装在共用的外壳中，燃油不间断地流过，从而使其得到冷却，因此无需在泵油元件与电动机之间设置复杂的密封件便可获得较高的电动机功率。

连接盖包含电气接头和压油端的液压接头，另外还可以在连接盖中设置防干扰装置。

b. 齿轮输油泵。齿轮输油泵（如图5-9所示）用于乘用车和轻型商用车的共轨燃油喷射系统，作用是向高压泵输送燃油。其装在高压泵中与高压泵共用驱动装置，或装在柴油机旁配有单独的驱动装置。驱动装置一般为联轴器、齿轮或齿带。

齿轮输油泵的基本构件是2个互相啮合反向转动的齿轮，它们将齿隙中的燃油从吸油端送往压油端。齿轮的接触线将吸油端和压油端互相密封以防止燃油倒流。其输油量与柴油机转速成正比，因此输油量的调节借助于吸油端的节流调节阀或压油端的溢流阀进行。

齿轮泵在工作期间无需保养。为了在第一次启动时或燃油箱放空后排空燃油系统中的空气，可在齿轮泵或低压管路上装配手动泵。

c. 其他输油泵。除了前述的两种输油泵外，电控共轨柴油机的输油泵还另外有两种类型：次摆线型（转子式）输油泵和叶轮（片）型输油泵。次摆线型（转子式）输油泵的结构如图5-10所示。

凸轮轴驱动进油泵的外部/内部转子，使其开始转动。根据外部/内部转子的运动产生的空间，进油泵将燃油抽吸到吸入口，然后压送到排放口。

④ 燃油滤清器。燃油滤清器将进入高压泵前的燃油滤清净化，从而防止高压泵、出油阀和喷油器等精密件过早磨损和损坏。因此，使用满足喷油系统要求的燃油滤清器是保证柴油机正常工作和延长使用寿命的前提条件。

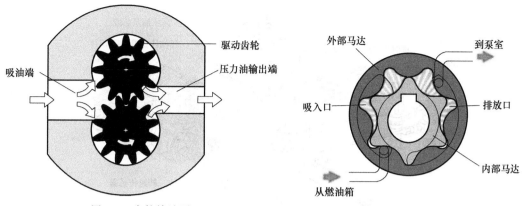

图 5-9　齿轮输油泵　　　　图 5-10　次摆线型（转子式）输油泵结构

通常燃油中会含有化合形态（乳浊液）或非化合形态（温度变化引起的冷凝水）的水。如果这些水进入燃油喷射系统，会对其产生腐蚀并造成损坏，因此与其他燃油喷射系统一样，共轨燃油喷射系统也需要带有集水槽的燃油滤清器，每隔适当时间必须将水放掉。随着乘用车采用柴油机数量的增加，自动水报警装置的使用也在不断增加。当系统必须将水排出时，该装置的报警灯就会闪亮。对于那些燃油中含水量较高的国家，装用这种装置应该是必需的。

高压共轨燃油喷射系统一般都安装两种以上的滤清器：一种是带油水分离装置的粗滤器［部分粗滤器上还自带有手油泵，如图 5-11（b）所示］，安装在油箱出油管与输油泵之间；另一种是燃油精滤器［也带有油水分离功能，如图 5-11（a）所示］，安装在输油泵与高压油泵之间。

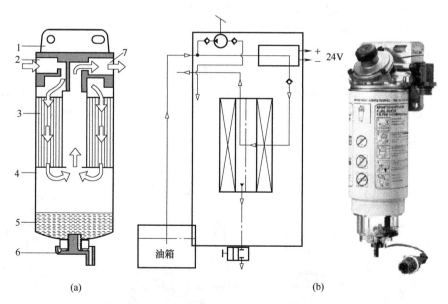

(a)　　　　　　　　　　　(b)

图 5-11　带放水阀及手油泵的燃油滤清器
1—滤清器盖；2—进油口；3—纸质滤芯；4—外壳；5—积水槽；6—防水螺栓；7—出油口

（2）高压供油部分

共轨燃油喷射系统的高压供油部分主要由高压油泵、共轨油管及相应的传感器、喷油器和高压油管等部件组成。如图 5-12 所示。

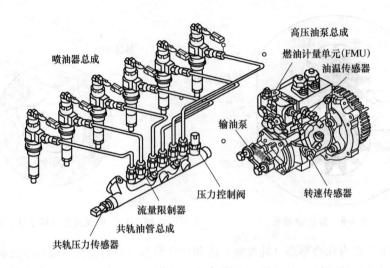

图 5-12　6 缸电控共轨柴油机高压供油主要部件

5.2.2　高压油泵

高压油泵位于低压油路和高压油路之间，其任务是在柴油机所有工作范围和整个使用寿命期间，在共轨中持续产生符合系统压力要求的高压燃油以及快速启动过程和共轨中压力迅速升高时所需的燃油。

（1）高压油泵的结构

目前常用的共轨高压油泵有 3 缸径向柱塞泵［如图 5-13（a）所示］和 2 缸直列式高压油泵［如图 5-13（b）所示］两大类。高压油泵相关零部件的功能见表 5-6。

① 3 缸径向柱塞泵。3 缸径向柱塞泵可以产生高达 135MPa 的压力。该高压油泵在每个压油单元中采用了多个压油凸轮，使其峰值扭矩降低为传统高压油泵的 1/9，负荷也比较均匀，降低了运行噪声。该系统中高压共轨腔中的压力控制是通过对共轨腔中燃油的泄放来实现的，为了减小功率损耗，在喷油量较小的情况下，将关闭 3 缸径向柱塞泵中的一个压油单元使供油量减少。

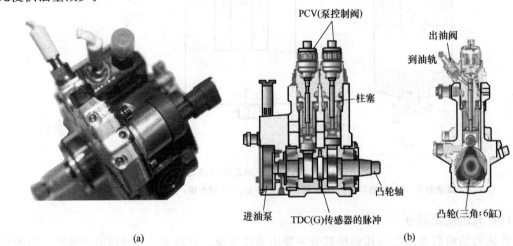

图 5-13　共轨高压油泵

表 5-6 高压油泵相关零部件的功能

零部件		用 途
进油泵		从油箱吸入燃油,将其供给泵油机构
溢流阀		调节高压输油泵中的燃油压力
PCV 阀		控制供给共轨(油轨)的燃油量
泵油机构	凸轮	驱动挺柱体
	挺柱体	将往复运动传递给柱塞
	柱塞	往复运动以压缩和泵送燃油
出油阀		使泵送到共轨的燃油停止逆流
气缸识别传感器[TDC(G)传感器]		识别柴油机气缸位置

② 2 缸直列式高压油泵。无论是 CPN2.2 高压油泵(如图 5-14 所示)还是 ECD-U2 高压油泵(如图 5-15 所示),都是采用一个三作用凸轮的直列柱塞式高压油泵来产生高压。该高压油泵对油量的控制采用了控制低压燃油有效进油量的方法,其工作原理如图 5-16 所示。

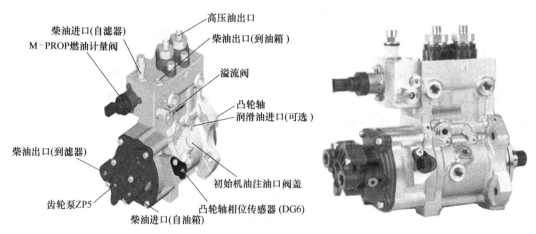

图 5-14 CPN2.2 高压油泵外形

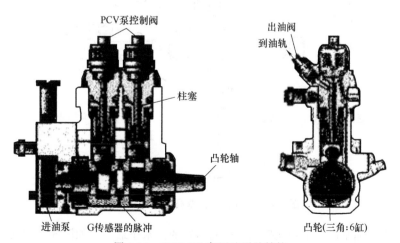

图 5-15 ECD-U2 高压油泵的结构

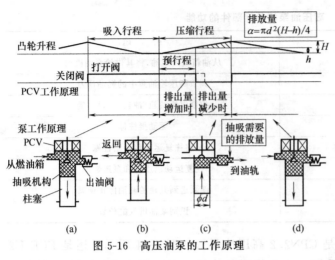

图 5-16　高压油泵的工作原理

a. 柱塞下行，控制阀开启，低压燃油经控制阀流入柱塞腔。

b. 柱塞上行，但控制阀中尚未通电，处于开启状态，低压燃油经控制阀流回低压腔。

c. 在达到供油量定时时，控制阀通电，使之关闭，回流油路被切断，柱塞腔中的燃油被压缩，燃油经出油阀进入高压油轨。利用控制阀关闭时间的不同，控制进入高压油轨的油量的多少，从而达到控制高压油轨压力的目的。

d. 凸轮经过最大升程后，柱塞进入下降行程，柱塞腔内的压力降低，出油阀关闭，停止供油，这时控制阀停止供电，处于开启状态，低压燃油进入柱塞腔，进入下一个循环。

该方法使高压油泵不产生额外的功率消耗，但需要确定控制脉冲的宽度和控制脉冲与高压油泵凸轮的相位关系，控制系统比较复杂。

ECD-U2 系统高压油泵的最大循环供油量为 $600mm^3$，共轨管容积为 $94000mm^3$。

（2）径向柱塞高压油泵

① 结构。高压油泵通常像普通分配泵那样装在柴油机上，以齿轮、链条或齿形皮带连接在柴油机上，最高转速为 3000r/min，依靠燃油润滑。因为安装空间大小的不同，调压阀通常直接装在高压油泵旁，或固定在共轨上。如图 5-17 所示。

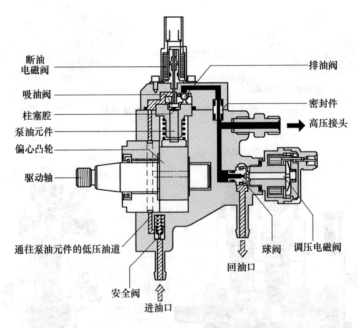

图 5-17　3 缸径向柱塞高压油泵纵剖面

燃油是由高压油泵内 3 个相互呈 120°径向布置的柱塞压缩的（如图 5-18 所示）。由于每转 1 圈有 3 个供油行程，因此驱动峰值扭矩小，泵驱动装置受载均匀。驱动扭矩为 16N·m，仅为同等级分配泵所需驱动扭矩的 1/9 左右，所以共轨燃油喷射系统对泵驱动装置的驱动要求比普通燃油喷射系统低，泵驱动装置所需的动力随共轨压力和泵转速（供油量）的增加而增加。排量为 2L 的柴油机，额定转速下共轨压力为 135.0MPa 时，高压油泵（机械效率约为 90%）所消耗功率为 3.8kW。喷油嘴中的泄漏和所需的喷油量及调压阀的回油，使其实际消耗功率要更高些。

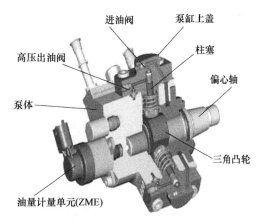

图 5-18　径向柱塞高压油泵的结构

②工作原理。燃油通过输油泵加压经带水分离器的滤清器送往安全阀（图 5-17），通过安全阀上的节流孔将燃油压到高压泵的润滑和冷却回路中。带偏心凸轮的驱动轴或弹簧根据凸轮形状相位的变化而将泵柱塞推上或压下。如果供油压力超过了安全阀的开启压力（0.05～0.15MPa），则输油泵可通过高压泵的进油阀将燃油压入柱塞腔（吸油行程）。

当柱塞达到下止点后而上行时，进油阀被关闭，柱塞腔内的燃油被压缩，只要达到共轨压力就立即打开排油阀，被压缩的燃油进入高压回路。到上止点前，柱塞一直泵送燃油（供油行程）。到达上止点后，压力下降，排油阀关闭。

柱塞向下运动时，剩下的燃油降压，直到柱塞腔中的压力低于输油泵的供油压力时，吸油阀再次被打开，重复进入下一工作循环。

③供油效率。由于高压泵是按高供油量设计的，所以在怠速和部分低负荷工作状态下，被压缩的燃油会有冗余。通常这部分冗余的燃油经调压阀流回油箱，但由于被压缩的燃油在调压阀出口处压力降低，压缩的能量损失而转变成热能，使燃油温度升高，从而降低了总效率。若泵油量过多，使柱塞泵空，切断供应高压燃油可使供油效率适应燃油的需要量，可补偿部分损失。

如图 5-16 所示，柱塞被切断供油时，送到共轨中的燃油量减少。因为在柱塞偶件切断电磁阀时，装在其中的衔铁销将吸油阀打开，从而使供油行程中吸入柱塞腔中的燃油不受压缩，又流回到低压油路，柱塞腔内不增加压力。柱塞被切断供油后，高压泵不再连续供油，而是处于供油间歇阶段，因此减少了功率消耗。

高压油泵的供油量与其转速成正比，而高压油泵的转速取决于柴油机转速。喷油系统装配在柴油机上时，其传动比的设计一方面要减少多余的供油量，另一方面又要满足柴油机全负荷时对燃油的需要。可选取的传动比通常为 1∶2 和 2∶3，具体视曲轴转速而定。

（3）PCV 控制阀

① PCV 控制阀是一个电磁阀，它直接受控于 ECU。它的主要作用就是通过改变阀打开和关闭的时间来改变输出到高压油轨的油量，从而改变高压油轨的压力，换句话说，也就是改变了喷油器的喷油压力。

② PCV 控制阀调节输油泵的燃油排放量，以便调节油轨压力。高压输油泵泵送到油轨的燃油量取决于向 PCV 施加电流的正时。

③ 图 5-19 所示为 PCV 控制阀的执行电路。点火开关接通或关断 PCV 继电器，以向 PCV 控制阀施加电流。ECU 对 PCV 控制阀的打开/关闭进行控制。它根据每个传感器发出

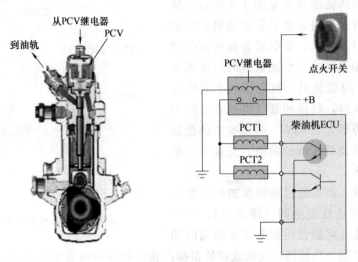

图 5-19　PCV 控制阀的执行电路

的信号，确定提供最佳油轨压力所需的目标供油量，并控制 PCV 的打开/关闭正时，从而达到目标供油量。

（4）燃油计量单元（FMU）

燃油计量单元（也称进油比例电磁阀、进油计量电磁阀等）安装在高压油泵的进油位置（如图 5-20 所示，其内部结构如图 5-21 所示），用于调整燃油供给量和燃油压力值，而其调整要求受 ECU 控制。

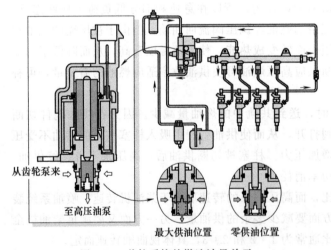

图 5-20　共轨系统的燃油计量单元

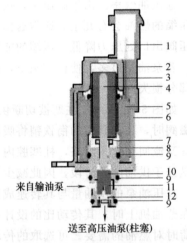

图 5-21　燃油计量单元内部结构

1—插座；2—电磁阀壳体；3—轴承；
4—带挺杆的枢轴；5—带壳体的线圈；6—外壳；
7—剩余气隙垫片；8—磁芯；9—O 形密封圈；
10—柱塞；11—弹簧（内部）；12—安全元件

在控制线圈没有通电时，进油计量单元是导通的，可以提供最大流量的燃油。ECU 通过脉冲信号改变高压油泵进油截面积而增大或减小油量。

燃油计量单元的工作原理（如图 5-22 所示）如下：

① 燃油从输油泵经过节流孔流到压力腔里，当燃油压力超过弹簧的弹力时，节流阀被向上推起。

② 节流阀向上移动，当节流阀的环肩打开燃油通道时，燃油被输送到进、出油阀。

③ ECU 控制电磁阀以便于最佳燃油量从燃油计量单元流到浸出油阀。

④ 当电磁阀 A 和 B 根据来自 ECU 的信号被赋予了电压后，压力腔侧回油通道打开了，在压力腔的油从侧回油通道流出。

⑤ 压力腔的压力下降，节流阀由于弹簧力的作用而下降，对燃油通道节流。

⑥ 由于 ECU 控制电磁阀 A 和 B 通电的时间（占空比），所以最佳燃油量就被提供到进出油阀后进入共轨管内。

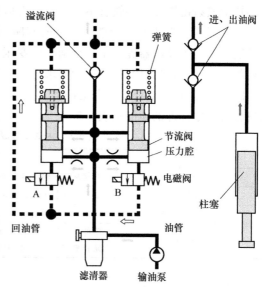

图 5-22　燃油计量单元的工作原理

特别提示　若燃油计量单元失效如卡滞、无法打开，导致高压燃油无法进入油轨，则故障原因多为燃油中含有杂质，可对燃油计量单元进行清洗；若燃油计量单元与 ECU 连接线路断路，导致 ECU 无法对燃油计量单元控制，则柴油机熄火或无法启动。

5.2.3　共轨管总成

共轨管总成是高压油路中的重要部件，是高压燃油进入喷油器的中继站。共轨管将高压油泵提供的高压燃油分配到各喷油器中，起蓄压器和中继站的作用，它的容积应削减高压油泵的供油压力波动和每个喷油器由喷油过程引起的压力振荡，使高压油轨中的压力波动控制在 5.0MPa 之下。但其容积又不能太大，以保证共轨有足够的压力响应速度以快速跟踪柴油机工况的变化。

（1）共轨管

共轨管的任务是存储高压燃油，高压油泵的供油和喷油所产生的压力波动由共轨管的容积进行缓冲。在输出较大燃油量时，所有气缸共用的共轨压力也应保持恒定，从而确保喷油器打开时喷油压力不变。

① 结构。由于柴油机的使用和安装条件不同，故流量限制器（选装件）、共轨压力传感器、调压阀和限压阀的共轨可进行不同的设计。典型的 4 缸柴油机共轨管总成结构如图 5-23 所示。

② 工作原理。共轨管中通常注满了高压燃油，充分利用高压对燃油的压缩来保持存储压力，并用高压泵来补偿脉动供油所产生的压力波动，因此即使

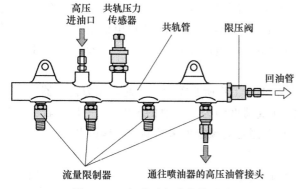

图 5-23　4 缸柴油机共轨管总成

从共轨中喷射出燃油，共轨管中的压力也近似为恒定值。

a. 共轨管实际上是一个能耐高压的密闭储能容器。由高压油泵输入的高压燃油，储存在共轨管内，为喷油器提供了一个随机改变压力的高压燃油。共轨管的压力是 ECU 综合柴油机各方面状态信息以及驾驶员的要求，通过高压油泵的 PCV 阀来决定的。

b. 共轨管上还安装有压力缓冲器、共轨压力限制器和共轨压力传感器（PC 传感器）。共轨管总成零部件的功能见表 5-7。

表 5-7　共轨管总成各零部件及其功能

零部件	功　能
共轨管	存储从高压输油泵泵来的加压燃油，将燃油分配到每个气缸的喷油器
共轨压力限制器	如果共轨管中压力异常（过高），则开启减压阀释放压力
共轨压力传感器	检测共轨管中的燃油压力
压力缓冲器	降低共轨管中燃油压力的脉动。如果燃油过度流出，流动缓冲器关闭燃油通道，从而防止更多燃油流出，主要用于大型车辆

（2）共轨压力传感器

共轨压力传感器的任务是以足够的精度、在较短的时间内测定共轨管中燃油的实时压力，并向 ECU 提供相应的电压信号。

① 结构。共轨压力传感器的结构如图 5-24 所示，燃油经共轨管中的一个孔流向共轨压力传感器，传感器膜片将孔末端封住。在压力作用下的燃油经压力室孔流向膜片。在此膜片上装有传感元件，用以将压力转换成电信号。通过一根连接导线将产生的信号传输到向 ECU 提供放大测量信号的求值电路。

　　　　　　电气接头

　　　　　　放大电路

　　　　　　传感膜片

　　　　　　高压接头

　　　　　　紧固螺纹

图 5-24　共轨压力传感器结构及外形

② 工作原理。共轨压力传感器的工作原理：当由共轨燃油压力引起膜片形状发生变化（150MPa 时约为 1mm）时，其上的电阻值会随之变化，并在用 5V 供电的电阻电桥（如图 5-25 所示）中产生电压变化。根据燃油压力的不同，电压在 0～70mV 之间变化，并由求值电路放大到 0.5～4.5V。

精确测量共轨管中的燃油压力是喷油系统正常工作所必需的。为此，压力传感器在测量压力时的允许偏差很小，在主要工作范围内测量精度约为最大值的 ±2%。一旦共轨压力传感器失效，具有应急行驶功能的 ECU 就以某个固定的预定值来控制调压阀的开度。

（3）限压阀

限压阀（或调压阀）的任务相当于安全阀，它限制共轨管中的压力，当压力过高时打开放油孔卸压。共轨内允许的短时最高压力为 150MPa。

① 结构。限压阀是按机械原理工作的（如图 5-26 所示），它包括具有便于拧在共轨管上的外螺纹的外壳、通往油箱的回油管接头、可活动的活塞、压力弹簧。

② 工作原理。外壳在通往共轨管的连接端有一个孔，此孔被外壳内部密封面上的锥形活塞头部关闭。在标准工作压力（135MPa）下，弹簧将活塞紧压在座面上，共轨管呈关闭状态。只有当超过系统最大压力时，活塞才受共轨管中压力的作用而压缩，于是处于高压下的燃油流出。燃油经过通道流入活塞中央的孔，然后经回油管流回油箱。随着阀的开启，燃油从共轨管中流出，结果降低了共轨管中的压力。

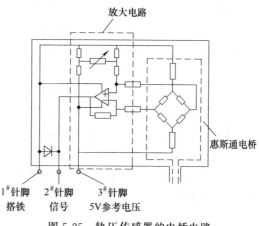

图 5-25　轨压传感器的电桥电路

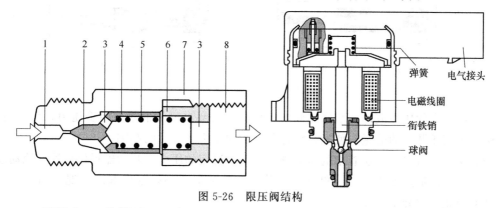

图 5-26　限压阀结构

1—高压接头；2—锥形阀头；3—通流孔；4—活塞；5—压力弹簧；6—限位件；7—阀体；8—回油孔

（4）流量限制器

流量限制器的任务是防止喷油器可能出现的持续喷油现象。为实现此任务，当从共轨管中流出的油量超过最大油量时，流量限制器将流向相应喷油器的进油管路关闭。该部件属于选装件，由于结构较为复杂，现已大多省略不用。

① 结构。流量限制器（如图 5-27 所示）有一个金属外壳，其上有外螺纹，以便拧装在共轨管上，另一端的外螺纹用来拧入喷油器的进油管。外壳两端有孔，与共轨管或喷油器进油管建立液压连接。流量限制器内部有一个活塞，弹簧将此活塞向共轨管方向压紧。活塞对外壳壁部密封。活塞上的纵向孔连接进油和出油口，其直径在末端是缩小的。这种缩小的作用就像流量精确规定的节流孔效果一样。

② 工作原理。如图 5-27 所示，其工作原理如下。

a. 正常工作状态：活塞处在静止位置，即在输入端的限位件上。一次喷油后，喷油端的压力下降，活塞向喷油方向运动。活塞压下的容积补偿了喷油器喷出的燃油容积。在喷油终止时，活塞停止运动，不关

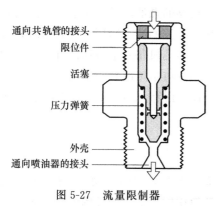

图 5-27　流量限制器

闭密封座面，弹簧将活塞推回到静止位置，燃油经节流孔流出。

b. 泄油量过大的（故障）工作状态：由于流过的油量大，活塞从静止位置被推向出油端的密封座面，一直到柴油机停机时靠到喷油器端的密封座面上为止，从而关闭通往喷油器的进油口。

c. 泄油量过小的（故障）工作状态：由于产生泄油，活塞不再能达到静止位置。经过几次喷油后，活塞向出油处的密封座面移动，并停留在一个位置上，一直到柴油机停机时靠到喷油器端的密封座面上，从而关闭通往喷油器的进油口。

（5）压力缓冲器

压力缓冲器安装在油轨的每个出油接头上。在缓冲器接头内有一个缓冲活塞，如图5-28所示，活塞的油道上开有一个量孔。当该喷油器喷油时，高压燃油从油轨经活塞量孔流向喷油器。

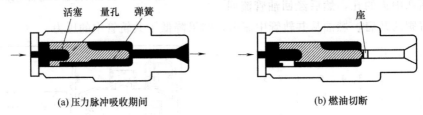

(a) 压力脉冲吸收期间　　　　　　　　　　　　　　(b) 燃油切断

图 5-28　压力缓冲器结构

如果出现大的压力波动，活塞左侧油压将高于活塞右侧的油压与弹簧压力，活塞右移。从而吸收了高压脉动的能量，使经过缓冲器后的油压不受脉动的影响。

压力缓冲器可降低加压管中的压力脉动，并以稳定的压力向喷油器提供燃油。流动缓冲器也可在出现燃油过度排放时（例如喷射管道或喷油器出现燃油泄漏的情况）切断燃油通道，从而防止燃油异常排放。

工作原理：当高压油管中出现压力脉动时，它穿过量孔产生的阻力破坏了油轨侧和喷油器侧的压力平衡，因此活塞将移到喷油器一侧，从而吸收压力脉动。正常压力脉动情况下，喷射因燃油流量降低而停止。随着通过量孔的燃油量增加，油轨和喷油器之间的压力得到平衡。此时由于弹簧压力，活塞被推回油轨侧。

压力缓冲器还有一个作用是当出油接头与高压油管有较大的泄漏时，缓冲器可将出油接头关闭，从而避免燃油的大量泄漏。

（6）高压油管

高压油管是连接共轨管和电控喷油器的通道，它应有足够的燃油流量，减小燃油流动时的压降，并使高压管路系统中的压力波动较小，能承受高压燃油的冲击作用，且启动时共轨中的压力能很快建立。各缸高压油管的长度应尽量相等，使柴油机每一个喷油器有相同的喷油压力，从而减少柴油机各缸之间喷油量的偏差。各高压油管应尽可能短，使从共轨到喷油嘴的压力损失最小。Bosch公司的高压油管的外径为6mm，内径为2.4mm，日本电装公司的高压油管的外径为8mm，内径为3mm。

5.2.4　电控喷油器

电控喷油器是共轨式燃油喷射系统中最关键和最复杂的部件，它的作用是根据ECU发出的控制信号，通过控制电磁阀的开启和关闭，将高压油轨中的燃油以最佳的喷油定时、喷油量和喷油率喷入柴油机的燃烧室。

(1) 电控喷油器的结构

Bosch 和 ECD-U2 的电控喷油器的结构基本相似，都是由与传统喷油器相似的喷油嘴、控制活塞、控制量孔、控制电磁阀组成，图 5-29 所示为电控喷油器结构示意图。在电磁阀不通电时，电磁阀关闭控制活塞顶部的量孔 A，高压油轨的燃油压力通过量孔 Z 作用在控制活塞上，将喷嘴关闭；当电磁阀通电时，量孔 A 被打开，控制室的压力迅速降低，控制活塞升起，喷油器开始喷油；当电磁阀关闭时，控制室的压力上升，控制活塞下行，关闭喷油器，完成喷油过程。

要控制喷油率的形状，需对其进行合理的优化设计，实现预定的喷油形状。控制室的容积的大小决定了针阀开启时的灵敏度。控制室的容积太大，针阀在喷油结束时不能实现快速地断油，使后期的燃油雾化不良；控制室容积太小，不能给针阀提供足够的有效行程，使喷射过程的流动阻力加大，因此控制室的容积也应根据机型的最大喷油量合理选择。

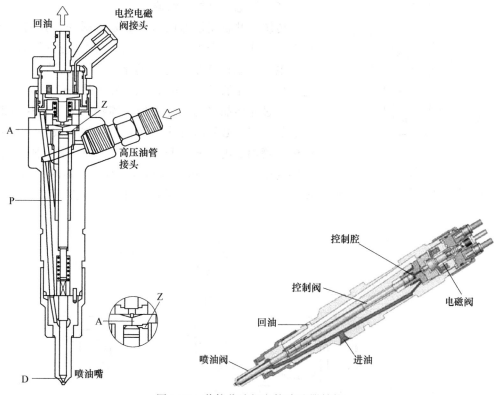

图 5-29 共轨柴油机电控喷油器结构

A,Z—油量控制量孔；P—控制活塞；D—喷油嘴喷孔

控制量孔 A、Z 的大小对喷油嘴的开启和关闭速度及喷油过程起着决定性的影响。双量孔阀体的三个关键性结构是进油量孔、回油量孔和控制室，它们的结构尺寸对喷油器的喷油性能影响巨大。回油量孔与进油量孔的流量率之差及控制室的容积决定了喷油嘴针阀的开启速度，而喷油嘴针阀的关闭速度由进油量孔的流量率和控制室的容积决定。进油量孔的设计应使喷油嘴针阀有足够的关闭速度，以减少喷油嘴喷射后期雾化不良的部分。

此外喷油嘴的最小喷油压力取决于回油量孔和进油量孔的流量率及控制活塞的端面面积。这样在确定了进油量孔、回油量孔和控制室的结构尺寸后，就确定了喷油嘴针阀完全开启的稳定最短喷油过程，同时就确定了喷油嘴的稳定最小喷油量。控制室容积的减小可以使针阀的响应速度更快，使燃油温度对喷油嘴喷油量的影响更小。但控制室的容积不可能无限制减小，它应能保证喷油嘴针阀的升程以使针阀完全开启。两个控制量孔决定了控制室中的动态压力，从而决定了针阀的运动规律，通过仔细调节这两个量孔的流量系数，可以产生理想的喷油规律。

由于高压共轨喷射系统的喷射压力非常高，因此其喷油嘴的喷孔截面积很小，如 Bosch 公司的喷油嘴的喷孔直径 D 为 0.169mm×6，在如此小的喷孔直径和如此高的喷射压力下，燃油流动处于极端不稳定状态，油束的喷雾锥角变大，燃油雾化更好，但贯穿距离变小，因此应改变原柴油机进气的涡流强度、燃烧室结构形状，以确保最佳的燃烧过程。

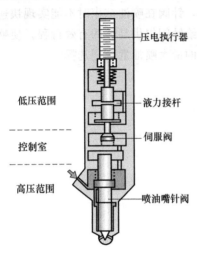

低压范围 ———— 压电执行器
———— 液力接杆

控制室 ———— 伺服阀

高压范围 ———— 喷油嘴针阀

图 5-30 压电式电控喷油器的结构

对于喷油器电磁阀，共轨系统要求它有足够的开启速度，考虑到预喷射是改善柴油机性能的重要喷射方式，控制电磁阀的响应时间应缩短。

（2）压电式电控喷油器

传统的共轨喷油器的执行器是电磁阀，其响应速度没有压电式执行器的响应速度快。压电式执行元件像一个在电压下立即就能充电的电容器，其关键元件是膜，它在加上电压后的 0.1ms 内就会发生晶格的畸变。

通过晶体晶格的畸变来控制喷油，为了使执行器有足够的位移，必须将许多层陶瓷薄膜烧结成一块长方六面体。喷油器内 30mm 长的执行器由 300 多层薄膜组成，每层的厚度只有 80μm。压电式电控喷油器的工作原理如图 5-30 所示，喷油嘴模块的工作原理如图 5-31 所示。

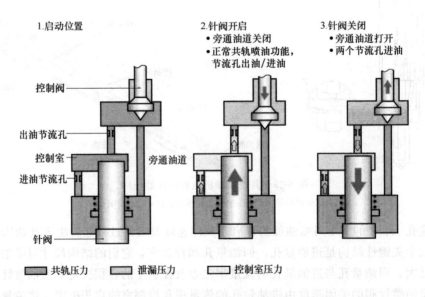

1.启动位置　　　2.针阀开启　　　3.针阀关闭
　　　　　　　　・旁通油道关闭　　・旁通油道打开
　　　　　　　　・正常共轨喷油功能，　・两个节流孔进油
　　　　　　　　　节流孔出油/进油

控制阀

出油节流孔

控制室　　　　　旁通油道

进油节流孔

针阀

■ 共轨压力　　■ 泄漏压力　　□ 控制室压力

图 5-31　压电式电控喷油器喷油嘴模块工作原理

其优点是：具有快速响应性，可得到更柔性的喷油策略；很小的预喷油量；更灵活的喷油开始与暂停；设计更紧凑。

采用压电效应喷油器的共轨燃油喷射系统，能使燃油得到更好的雾化，形成极细的小颗粒油滴，使燃烧更加彻底，功率可提高 5%，柴油机排气有害物降低 20%，燃油消耗降低 3%，噪声降低 3dB（A）；压电式电控喷油器的尺寸和质量又比电磁式喷油器明显减小，所以柴油机整体设计更加紧凑；压电式电控喷油器还能够实现多次喷油，且对喷油量的分配、喷油时间点以及燃油喷射压力都能够得到精确柔性控制。

（3）电控喷油器工作原理

图 5-32 所示为电控喷油器的工作示意图。喷油器由喷油嘴、喷嘴针阀、控制活塞和喷油器体组成，在喷油器体上端装置了一个喷油控制电磁阀 TWV（双向阀）。TWV 电磁阀接受来自 ECU 的命令。喷油的全过程控制都是通过 TWV 电磁阀来完成的。

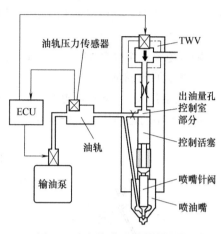

图 5-32　电控喷油器控制原理

喷油器根据 ECU 发出的信号，将油轨中的加压燃油以最佳的喷油正时、喷射量、喷射率和喷射方式喷射到柴油机燃烧室中。使用 TWV（双向阀）和量孔对喷射进行控制。TWV 对控制室中的压力进行控制，从而对喷射的开始和结束进行控制。量孔可通过限制喷嘴打开的速度来控制喷射率。控制活塞通过将控制室压力传递到喷嘴针来将阀打开和关闭。

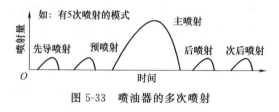

图 5-33　喷油器的多次喷射

当喷嘴针阀打开时，喷嘴将燃油雾化并进行喷射。多次喷射是指为了降低废气排放和噪声，在不改变喷射量的情况下，用 1~6 次喷射来完成主喷射。如图 5-33 所示。

① 工作原理。如图 5-34 所示，喷油器通过控制室中的燃油压力来控制喷射。TWV 通过对控制室中的燃油泄漏量进行控制，从而对控制室的燃油压力进行控制，TWV 随喷油器类型的不同而改变。

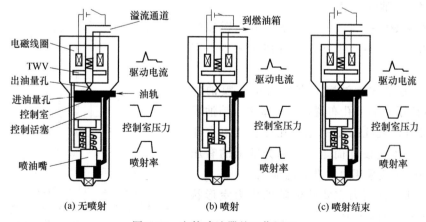

图 5-34　电控喷油器的工作原理

② 无喷射。当 TWV 未通电时，它切断控制室的溢流通道，因此控制室中的燃油压力

和施加到喷嘴针的燃油压力为同一油轨压力。从而，喷嘴针阀由于控制活塞的承压面和喷嘴弹簧力之间的差别而关闭，燃油未喷射。对于 X1 型，外部阀被弹簧力和外部阀中的燃油压力推向座，从而控制室的泄漏通道被切断。对于 X2/G2 型，控制室出油量孔直接在弹簧力作用下关闭。如图 5-34（a）所示。

③ 喷射。当 TWV 通电开始时，TWV 阀被拉起，从而打开控制室的溢流通道。当溢流通道打开时，控制室中的燃油流出，压力下降。由于控制室中的压力下降，喷嘴针处的压力克服向下压的力，喷嘴针被向上推，喷射开始。当燃油从控制室泄漏时，流量受到量孔的限制，因此喷嘴逐渐打开。随着喷嘴打开，喷射率升高。如图 5-34（b）所示。

随着电流被继续施加到 TWV，喷嘴针最终达到最大升程，从而实现最大喷射率。多余的燃油将返回到燃油箱。

④ 喷射结束。TWV 通电结束时，阀下降，从而关闭控制室的溢流通道。当溢流通道关闭时，控制室中的燃油压力立即恢复到油轨压力，喷嘴突然关闭，喷射停止。图 5-34（c）所示。

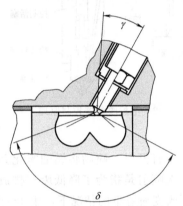

图 5-35　孔式喷油器的喷雾锥角

γ—喷油嘴倾斜角；δ—喷雾锥角

无论是对有压力室式喷油嘴还是无压力室式喷油嘴，都可将喷孔内孔边棱倒圆，其目的是：消除燃油中有磨刮作用的微粒引起的喷孔内孔边缘磨损，缩小喷油嘴流量偏差。

为了减少 HC 排放，针阀座下方充满燃油的容积（压力室）应尽可能小，最好使用无压力室式喷油嘴。

① 有压力室式喷油嘴。有压力室式喷油嘴（如图 5-36 所示）的喷孔布置在压力室中。喷油嘴头部为圆形时，喷孔采用机械钻孔方法或电火花方法加工，具体视设计而定。头部为锥形的有压力室式喷油嘴一般采用电火花方法加工。

目前提供的有压力室式喷油嘴的压力室形状有圆柱形压力室和锥形压力室。

带圆柱形压力室和球形头部的有压力室式喷油嘴，有由一个圆柱形部分和一个半球形部分组

（4）孔式喷油嘴

喷油嘴装在共轨喷油器上，承担着针阀体的功能。喷油嘴必须与柴油机进行很好的匹配。

喷油嘴的设计需同时考虑下列因素：喷油计量（喷油持续期和每度曲轴转角的喷油量）、燃油准备（油束数量、油束形状和油束的雾化）及燃油在燃烧室内的分布、对燃烧室密封。

对装有共轨燃油喷射系统的直喷式柴油机，使用针阀直径为 4mm 的 P 系列孔式喷油嘴。它有两种形式：有压力室式喷油嘴、无压力室式喷油嘴。

喷孔呈喷雾锥角布置（如图 5-35 所示），而喷孔数量与直径取决于喷油量、燃烧室形状、燃烧室中的空气涡流。

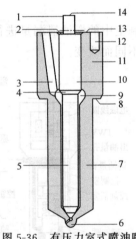

图 5-36　有压力室式喷油嘴

1—针阀；2—升程限位面；3—进油孔；

4—承压凸肩；5—针阀杆部；6—喷油嘴头部；

7—喷油嘴体杆部；8—喷油嘴体肩胛面；9—盛油槽；

10—针阀导向面；11—针阀体；12—定位销孔；

13—针阀体承载面；14—针阀承压顶面

成的压力室，在喷孔数量、喷孔长度和喷孔夹角方面具有高度的设计灵活性。喷油嘴头部也呈半球形，从而保证能得到均匀的喷孔长度。

这种形式仅用于喷孔长度为 0.6mm 的喷油嘴。由于压力室与喷油嘴体座面间的壁厚较大而提高了锥形头部强度。

与带圆柱形压力室的喷油嘴相比，带锥形压力室喷油嘴的压力室容积较小，其容积处于无压力室式喷油嘴和圆柱形压力室喷油嘴之间。为了得到均匀的头部壁厚，头部相应于压力室也设计成锥形。

② 无压力室式喷油嘴。为使压力室容积最小，从而使 HC 排放最少，喷孔起端位于针阀体的锥形座面中，并在喷油嘴关闭时被针阀封住。这样，压力室与燃烧室之间没有直接连接（如图 5-37 所示），与有压力室式喷油嘴相比，压力室容积要小得多。

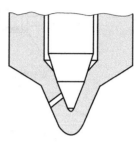

无压力室式喷油嘴的最大承载能力比有压力室式喷油嘴明显要低，因此它仅用在 P 系列孔式喷油嘴和喷孔长度为 1mm 的喷油嘴上。考虑到强度，喷油嘴头部形状做成锥形。喷孔通常用电火花方法加工。

图 5-37　无压力室式喷油嘴

5.3　共轨柴油机传感器

电控共轨柴油机的电控系统的传感器按功能可分为位置类传感器、压力类传感器和温度类传感器等三大类。电控共轨柴油机各种传感器及其功能见表 5-8。

本节对各类传感器做简要介绍，详细内容可阅读本书第 3 章。

表 5-8　电控共轨柴油机主要传感器的功能

传感器	功　能
曲轴位置传感器	检测曲轴转角和输出柴油机转速信号
气缸识别传感器	识别气缸
凸轮轴位置传感器	检测凸轮轴位置
加速踏板位置传感器	检测加速踏板的开度
进气温度传感器	检测进气（通过涡轮增压器后）温度
冷却液温度传感器	检测柴油机冷却液温度
燃油温度传感器	检测燃油温度
进气压力传感器(增压压力传感器)	检测进气压力
大气压力传感器	检测大气压力
机油压力传感器	检测机油压力

5.3.1　位置类传感器

电控共轨柴油机的位置类传感器，主要是曲轴转速（位置）传感器、凸轮轴位置传感器和加速踏板位置传感器。简要介绍如下：

（1）曲轴转速（位置）传感器

曲轴转速（位置）传感器飞轮上的信号齿轮通过传感器部位时，传感器线圈的磁力线会发生变化，线圈中会产生交流电。此信号用来检测柴油机的转速和曲轴位置。其结构与安装位置如图 5-38 所示。

① 信号的产生。在柴油机曲轴飞轮上装一个铁磁式传感信号轮（如图 5-39 所示），轮上应该有 60 个齿，去除 2 个齿，留下的大齿隙相应于第一缸活塞上止点位置。曲轴转速传感器按齿序对传感信号轮进行扫描。它由永久磁铁和带铜导线绕组的软铁芯组成。

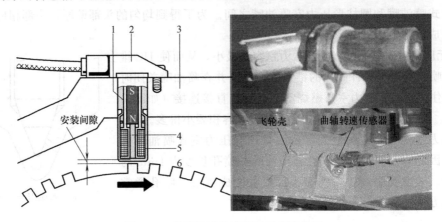

图 5-38　曲轴转速传感器及其安装位置

1—永久磁铁；2—传感器外壳；3—飞轮壳；4—软铁芯；5—电磁线圈；6—传感信号轮

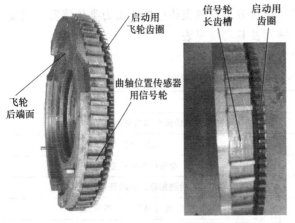

图 5-39　共轨柴油机的飞轮和曲轴位置传感器的信号轮

由于齿和齿隙交替地越过传感器，使其内部的磁流发生变化，感应出一个正弦交变电压。该交变电压的振幅随转速的上升而增大。从 50r/min 的最低转速起就有足够大的振幅。

② 转速的计算。柴油机气缸的点火次序是互相错开的，曲轴旋转两圈（720°）后，第一缸又开始新的工作循环，着火间隔是均匀分布的。

对 4 缸柴油机而言，着火间隔为 180°，也就是说，曲轴转速传感器在两次着火间隔之间扫描 30 个齿。由该扫描时间内的平均曲轴转数即可算出曲轴的转速。

③ 安装间隙。曲轴转速传感器测头与信号轮之间的安装间隙约为 (1.0±0.5) mm。

注意：不同电控柴油机，其安装间隙可能有所不同，一般在 1.0～1.3mm 范围内。安装间隙一定要满足柴油机技术要求，过大或过小都会造成柴油机转速失真。

（2）凸轮轴位置传感器

① 凸轮轴控制进、排气门，它以曲轴转速的一半转动，其位置确定了向上止点运动的活塞是处于压缩冲程上止点还是排气冲程上止点。在启动过程中，仅从曲轴位置信号是无法区分这两个上止点的。而与此相反，在车辆运行时，由曲轴转速传感器产生的信号已足以确定柴油机的状态。这就是说，当凸轮轴位置传感器在车辆运行过程中失效时，ECU 仍然能够判别柴油机的工作状态。

② 凸轮轴位置传感器利用霍尔效应来确定凸轮轴的位置。在凸轮轴上设置一个铁磁材料制成的齿，它随同凸轮轴转动。当该齿经过凸轮轴位置传感器中流过电流的霍尔效应半导体薄片时，传感器的磁场将霍尔效应半导体薄片中的电子流向偏转到与电流方面垂直，从而短时内形成一个电压信号（霍尔电压），此信号告知 ECU。此时第一缸正好处于压缩冲程上止点。凸轮轴位置传感器的外形结构及安装位置如图 5-40 所示。

图 5-40　凸轮轴位置传感器外形及其安装位置

（3）气缸识别传感器［TDC（G）传感器］

气缸识别传感器（G 传感器）安装在高压供油泵中部壳体上，其对应位置的凸轮轴上安装有一个齿盘（如图 5-41 所示）。G 传感器发出 7 个脉冲信号，其中不对称的第七个脉冲信号所指示的位置，刚好是柴油机第一缸压缩行程位置。

如图 5-41 所示，G 传感器的不对称的第七个脉冲信号刚好和曲轴转速（NE）传感器宽脉冲信号重叠的位置，ECU 确定为第一缸压缩行程位。

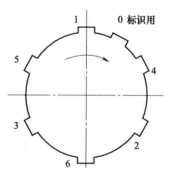

图 5-41　气缸识别传感器信号轮

对某些柴油机电控共轨系统（如 HPO 系统），气缸识别传感器安装在高压泵单元上（如图 5-42 所示）。传感器单元使用电磁电阻元件（MRE）型。对于 MRE 型，当脉冲通过传感器时，磁阻发生变化，而且通过传感器的电压发生变化。内部 IC 电路使电压的变化放大，并且输出到柴油机控制器（ECU）上。

（4）加速踏板位置传感器

加速踏板位置传感器（图 5-43 所示）将加速踏板开度信号转换为电子信号，并将其输出到柴油机控制器。通常，加速踏板传感器有两个系统，可在其中一个发生故障时提供备用功能。

用于柴油机的是非接触型传感器。有连杆与加速踏板一起转动，输出端子电压根据连杆转动角度而变化。这两套传感器输出系统之间，没有任何输出电压关联。其接线原理图如图 5-44 所示。

加速踏板位置传感器将加速踏板的踩下角度转变为电子信号发送到 ECU。由 ECU 根据车辆运行状态加速或减速。加速踏板位置传感器使用霍尔元件（其电路图如图 5-45 所示）。

5.3.2　压力类传感器

电控柴油机压力类传感器（高压系统传感器除外）主要有进气（增压）压力传感器、机油压力传感器、大气压力传感器等。

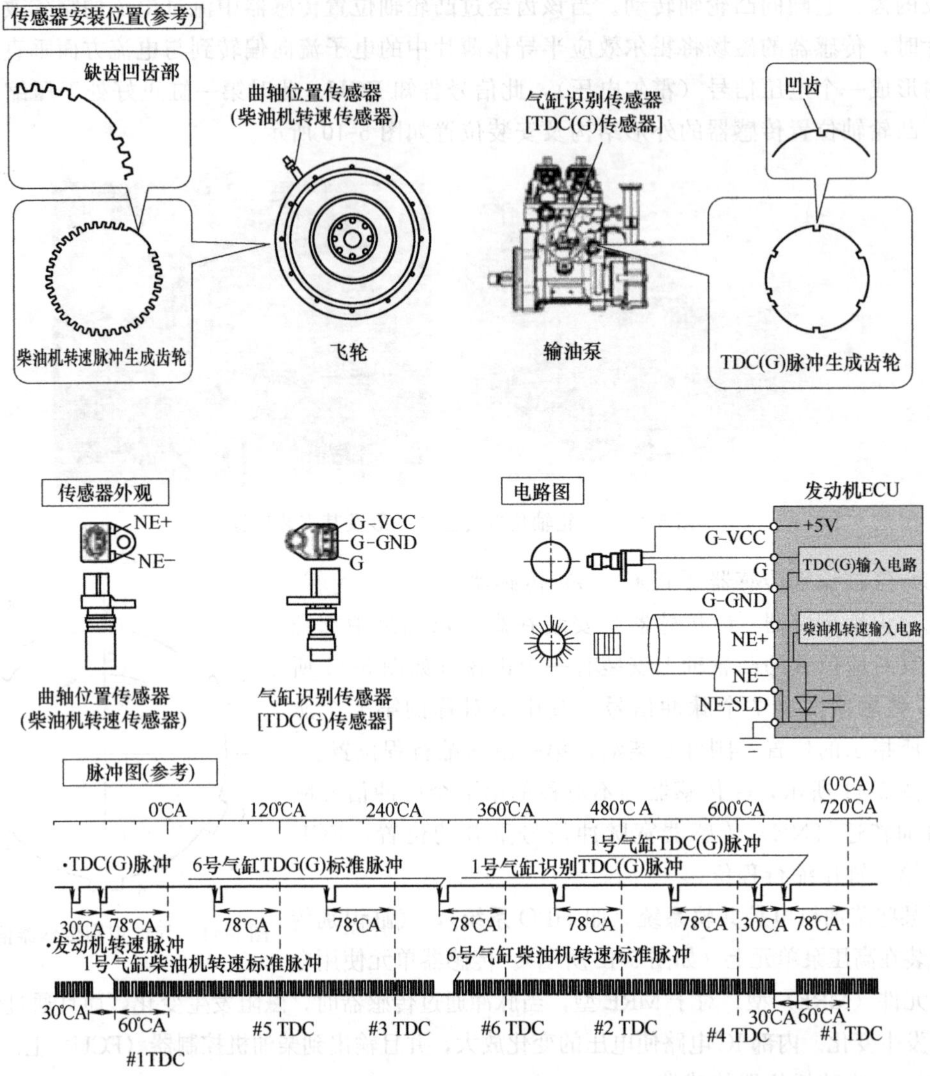

传感器安装位置(参考)

缺齿凹齿部

曲轴位置传感器
(柴油机转速传感器)

气缸识别传感器
[TDC(G)传感器]

凹齿

柴油机转速脉冲生成齿轮

飞轮

输油泵

TDC(G)脉冲生成齿轮

传感器外观

NE+
NE−

G-VCC
G-GND
G

曲轴位置传感器
(柴油机转速传感器)

气缸识别传感器
[TDC(G)传感器]

电路图

发动机ECU

G-VCC
G
G-GND
NE+
NE−
NE-SLD

+5V
TDC(G)输入电路
柴油机转速输入电路

脉冲图(参考)

(0℃A)

0℃CA   120℃CA   240℃CA   360℃CA   480℃A   600℃CA   720℃CA

·TDC(G)脉冲   6号气缸TDG(G)标准脉冲   1号气缸识别TDC(G)脉冲   1号气缸TDC(G)脉冲

30℃CA 78℃CA   78℃CA   78℃CA   78℃CA   78℃CA   78℃CA   30℃CA 78℃CA

·发动机转速脉冲
1号气缸柴油机转速标准脉冲   6号气缸柴油机转速标准脉冲

30℃CA   60℃CA   #5 TDC   #3 TDC   #6 TDC   #2 TDC   #4 TDC   30℃CA 60℃CA #1 TDC

#1TDC

图 5-42　气缸识别传感器安装位置

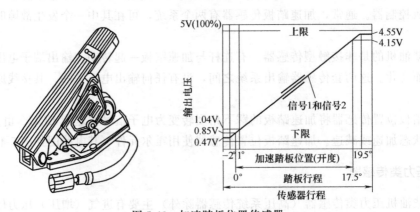

5V(100%)

上限

4.55V
4.15V

输
出
电
压

信号1和信号2

下限

1.04V
0.85V
0.47V

−2°1°   加速踏板位置(开度)   19.5°
0°   踏板行程   17.5°
传感器行程

图 5-43　加速踏板位置传感器

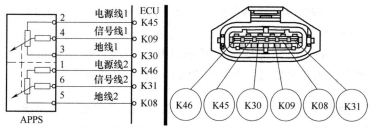

图 5-44　某型电控共轨（GW2.8TC）柴油机加速踏板线路图

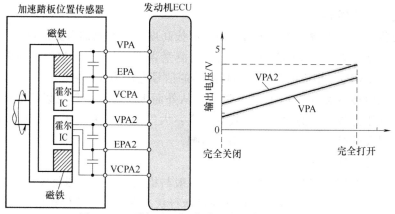

图 5-45　（霍尔式）加速踏板位置传感器电路图

（1）增压压力传感器

增压压力传感器（如图 5-46 所示）的作用是检测进气压力（也称进气压力传感器），ECU 进行进气流量计算，用于喷油控制。

电控柴油机几乎普遍安装了废气涡轮增压器，为了精确测量进气量，设置了增压压力传感器，一般安装于增压器后的进气管上，有的柴油机增压压力传感器集成了进气温度传感器，而有的柴油机增压压力传感器与进气温度传感器分开。

图 5-46　柴油机增压压力传感器

增压压力传感器的工作原理如图 5-47 所示，进气歧管内的进气压力使硅芯片连同压电电阻发生机械变形，使其阻值发生改变，惠斯通电桥失去平衡，经硅芯片上的电路处理后，形成与进气压力成线性的电压信号。

对于 Bosch 电控共轨系统，当增压压力传感器失效时，用固定的压力值代替，柴油机动力下降、转速受限、故障灯亮；

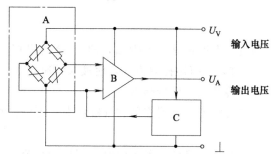

图 5-47　增压压力传感器的电气原理示意图

A—张力测量式压力测量元件；B—放大器；C—温度补偿电路

信号丢失时，会产生 P0237、P0238 故障码；如果压力信号漂移，会产生 P0236 的故障码。

而对于 Delphi 电控共轨系统，当增压压力传感器失效时，用固定的压力值代替，对驾驶性能没有明显的影响，但经济性会受影响且故障灯亮；信号丢失时，会产生 P0107、P0108 故障码；如果压力信号漂移，会产生 P0106、P0109 的故障码。

特别提示 　　　　当增压压力传感器出现故障或失效后，不同的电控系统，可能会出现不同的细微反映。

（2）大气压力传感器

大气压力传感器用于检测大气压力，测量海拔高度，控制喷油参数的修正。

大气压力传感器集成在 ECU 内，其允许的测量误差为 ±0.003MPa，在海平面上大气压力设定值为 0.1MPa，相应的大气压力传感器的信号电压为 4V 左右。

因为大气压力传感器位于 ECU 内，因此，从外面无法检测，但可以用故障诊断仪读数据流。有关大气压力传感器的数据流一般有 2 个：大气压力、大气压力传感器输出电压值。大气压力传感器失效时，对柴油机性能略有影响。

（3）机油压力传感器（部分车型采用）

机油压力传感器用于实时检测机油压力，一般与机油温度传感器集成在一起。如果机油压力出现异常，ECU 会根据实际数据对柴油机运行状态做出调整或停机等。

5.3.3　温度类传感器

电控共轨柴油机温度类传感器主要有进气温度传感器、燃油温度传感器、冷却液温度传感器等。

（1）进气温度传感器

进气温度传感器检测通过涡轮增压器后的进气温度。

检测温度的传感器部分包含一个热敏电阻。该热敏电阻具有随温度的变化而变化的性质，热敏电阻用来检测进气温度。如图 5-48 所示。

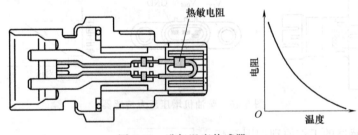

图 5-48　进气温度传感器

当进气温度传感器失效后，ECU 会输出相关故障码 P0097、P0098 等，故障灯亮，并且 ECU 进入减扭矩控制模式，使最大转速受限、最大功率不足。

（2）冷却液温度传感器

冷却液温度传感器安装在气缸体上，可以检测冷却液温度。该传感器为热敏电阻型。如图 5-49 所示。

当冷却液温度传感器失效时，因控制系统不同，失效模式有所区别，常见的两种失效模式如下。

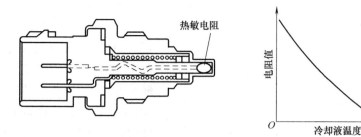

图 5-49　冷却液温度传感器

① 功率不足、转速受限、高寒工况下难启动。当冷却液温度传感器失效，ECU 检测不到冷却液温度信号时，ECU 会输出相关故障码 P0116、P0117、P0118 等，故障灯亮，并且 ECU 进入减扭矩控制模式，使最大转速受限、最大功率不足。

② 电子风扇常转（部分机型）。某些电控（如 GW2.8TC Bosch 共轨系统）柴油机，当 ECU 系统接收不到水温信号时会出现此故障现象。水温信号是各个工况下，ECU 调整喷油量的一个主要参考数据，在 ECU 无法采集到冷却液温度信号时，会采取一个替代值（−4℃），系统按照设定的水温来工作，启动"跛行回家"（limp home）功能，同时为防止水温过高导致柴油机损坏，系统会控制电子风扇常转。

（3）燃油温度传感器

燃油温度传感器是一个热敏电阻型传感器，可以检测燃油温度。在 HP2、HP3 和 HP4 系统中，该传感器安装在输油泵单元上，但是在 HP0 系统中，它安装在喷油器的溢流管上。如图 5-50 所示。

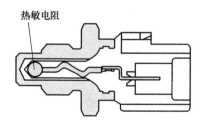
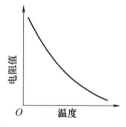

图 5-50　燃油温度传感器

当燃油温度传感器失效（如信号丢失）时，会进入减扭矩保护模式，使柴油机功率不足，转速受限且故障灯亮，产生相关的故障码 P0182 及 P0183。

5.3.4　其他传感器

（1）空气流量计

部分乘用车共轨柴油机（如某些 GW2.8TC 柴油机）采用了空气流量计（带进气温度传感器），安装在进气涡轮增压器侧前方，而取消了增压压力传感器及进气温度传感器。空气流量计的结构及原理与电控汽油机的完全相同。

特别提示　　当采用可变截面增压器（VGT）时，必须加装增压压力传感器，方可实现对增压压力的闭环控制。长城车 GW2.8TC 柴油机的 HFM5 空气流量计如图 5-51 所示。

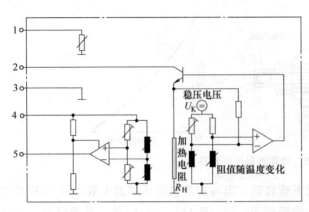

图 5-51　长城车 GW2.8TC 柴油机的 HFM5 空气流量计

1—附加温度传感器（部分车型悬空不用）；2—＋12V 加热电源；

3—接地；4—＋5V 参考电压；5—信号输出

部分乘用车共轨柴油机（如 D4EA 柴油机），安装了可变截面增压器（VGT），将空气流量计（带进气温度传感器）安装在进气涡轮增压器侧前方。由于采用了增压压力传感器（增压器后方进气管路上），空气流量计的结构及原理与电控汽油机的完全相同。设置增压压力传感器的目的之一是实现对增压压力的闭环控制。

（2）燃油含水率传感器

电控柴油机的燃油粗滤器现普遍带有油水分离器，油水分离器的下部安装了燃油含水率传感器，当燃油中的水分在油水分离器内达到传感器两电极的高度时，利用水的导电性将两电极短路，此时水位报警灯点亮，提示驾驶员放水。其工作原理如图 5-52 所示。

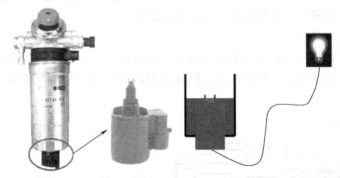

图 5-52　燃油含水率传感器的安装位置及工作原理

如图 5-53 所示，燃油含水率传感器有 3 个接线端子，1# 端子接电源、2# 端子接 ECU 的 K40 端子（信号），3# 端子接搭铁。

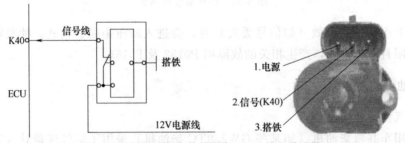

图 5-53　燃油含水率传感器与 ECU 的电路连接

燃油含水率传感器的检修：

① 外线路检查。参考图 5-53，用万用表的电阻挡测量燃油含水率传感器的 2# 端子与对应的 ECU 的 K40 端子之间的电阻值，来判断外线路是否存在短路及断路故障。

② 传感器电压值测量。关闭点火开关，拔下燃油含水率传感器插头，打开点火开关，测量线束侧插头 1# 端子与搭铁之间电压值应为 12V 电压，3# 端子电压为 0V。

③ 传感器电阻值测量。1# 与 2# 端子之间电阻应为无限大；2# 与 3# 端子之间电阻值应为 4MΩ 左右；1# 与 3# 端子之间应为 1.5～2.5MΩ。

④ 燃油含水率传感器的失效模式。故障灯长亮，故障码为"燃油含水率传感器故障"。可能的故障原因：插拔过程中传感器针脚弯曲、传感器线路虚接，导致信号端子输出电压信号偏差过大；燃油中含水量过大，使 2 个电极长期处于导通状态，系统便会一直点亮故障灯。

（3）爆震传感器

电控柴油机采用爆震传感器的较少，某型（Delphi 电控系统）共轨柴油机部分机型采用了爆震传感器，与汽油机的结构、原理相似。

共轨柴油机的爆震传感器（图 5-54）安装在 2 缸、3 缸之间，靠近上止点。其主要参数如下：压电陶瓷晶体传感器；工作频率 4～18kHz；输出电压与柴油机的燃烧强度成比例；接插件 2 个输出端子为信号、地；容抗（1850±370）pF；表面平整度 0.05mm；工作环境温度 −40～+150℃；质量 70g；安装 M8×30 螺栓；扭矩 16～24N·m；低成本、高可靠性。

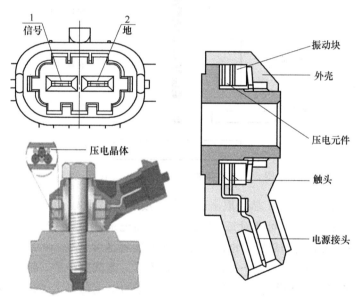

图 5-54　某型共轨柴油机的爆震传感器外形及内部构造

爆震传感器的作用：实时检测柴油机的震动信号，当 ECU 接收到的爆震传感器的信号电压值超过阈值时，修正喷油正时，实现对预喷射的精确控制，有利于降低噪声，改善排放性能。

5.4　电控共轨柴油机使用工况标定

电控柴油机的工况标定是柴油机使用者和维修者需要了解和掌握的技能之一。特别柴油机维修的性能检测，必须按照一定技术要求和规范进行。本节简要介绍柴油机工况标定的一些方法和步骤，以供柴油机维修人员和测试人员参考（更多介绍请参考本书参考文献 [1]）。

5.4.1　启动前的标定

在柴油机启动前，首先需要做出标定的是各传感器的输入处理脉谱。由于这些脉谱对电控柴油机运行有重要影响，因此，保证它们的正确性是实现柴油机正常工作的前提。对于传感器的标定其实并不一定在柴油机试验台上进行，如果能够为电控系统创造同样的电路连接条件和标定设备条件，在专门的标定工作台上完成这些标定会更方便。

（1）冷却液温度传感器脉谱的标定

冷却液温度传感器脉谱（CoWaTem）反映的是针对冷却液温度传感器输入采样值与实际温度的对应关系。由于这种对应关系并不完全取决于冷却液温度传感器本身，而是同时与ECU 接收液温传感器输入的电路参数有关。因此，同一种冷却液温度传感器针对不同种类ECU，往往要对 CoWaTem 脉谱做重新标定。ECU 模拟输入信号通过处理后有数字量与电压量两种表达，但如前所述我们统一采用电压量来表达。例如：对于冷却液温度输入量的整定值变量为 A_CWT_SF，而输出的冷却液温度值为 A_CWT。

采用图 5-55 所示的装置来实现冷却液温度传感器脉谱标定。在一个金属容器中注入冷却液，金属容器上安装待标定的冷却液温度传感器。

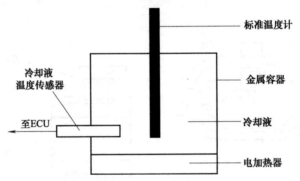

图 5-55　冷却液温度传感器标定装置

将整个容器冷却至 −30℃，然后取出后立即连接导线，插入标准温度计。通过上位机的观察获得 A_CWT_SF 的值。可针对每 5℃ 的温度升高记录一次 A_CWT_SF 的值。当温度上升至与室温持平后，接通电加热器的电源，冷却液温度将继续升高，可继续记录 A_CWT_SF 的值。采用这种方式，可测量 −25～120℃ 之间的数据。测试完毕后，将记录的 A_CWT_SF 值的序列填入 CoWaTem 脉谱的坐标值行，而将对应的温度值填入 CoWaTem 脉谱表的第二行。将填好数据的脉谱写回 ECU，标定工作即完成。可重复一次此过程，在上位机观察到的冷却液温度即为根据标定数据而获得的根据传感器输入值而得到的温度值，可对照这一温度值与标准温度计的值是否很好地一致。如果相差过大，应检查原因，重复标定试验过程。

（2）进气压力和温度传感器的标定

对于进气压力脉谱（AirPrt）与进气温度脉谱（AirTem）的标定方式，原则上与冷却液温度传感器相同，如图 5-56 所示。

当标定进气压力传感器时，方法是调节进气压力 A_MAP，通过观察上位机监测界面，记录进气压力采样值对应的电压整定值 A_MAP_SF。

当标定进气温度传感器时，方法是调节进气温度 A_IAT，通过观察上位机监测界面，记录进气温度采样值对应的电压整定值 A_IATSF。

① 进气压力脉谱（AirPrt）标定。利用气泵通过充气口向密封金属容器充入空气，观察标准压力表，充气压力应高于柴油机的最高增压压力（例如：300kPa），当然也不能超过

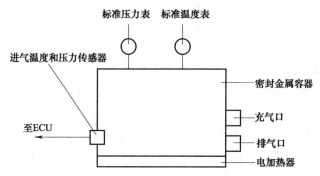

图 5-56　进气温度和压力传感器标定装置

进气压力传感器的最高工作压力。

通过放气口缓慢放气，可以每下降 15kPa 记录一次标准压力表的值和相关的电压值 A_MAP_SF，直到环境压力。然后使用抽气泵使金属容器压力降低到 70kPa，再通过放气口缓慢放气，使容器压力回到环境压力。在此过程中继续记录压力与相关的电压值 A_MAP_SF。

将测得的 A_MAP_SF 与 A_MAP 的相对关系序列填入 AirPrt 脉谱，前者放在第一行，后者放在第二行，即完成了进气压力脉谱（AirPrt）标定。重复一次以上过程进行检验，通过观察上位机显示的 A_MAP 值与标准压力表读数值的一致性来确认标定的正确性。

② 进气温度脉谱（AirTem）标定。将密封容器在常压下冷却至 −30℃，然后取出，容器内温度会缓慢上升，直到与室温相同。然后接通电加热器的电源使温度继续上升，直到达到 90℃。在此变化范围每隔 58℃记录一次采集标准温度值与对应的 A_IAT_SF，形成记录序列。当试验结束后，将测得的 A_IAT_SF 与 A_IAT 的相对关系序列填入 AirTem 脉谱，前者放在第一行，后者放在第二行，即完成了进气温度脉谱（AirTem）的标定。重复一次以上过程进行检验，通过观察上位机显示的 A_IAT 值与标准温度表读数值的一致性来确认标定的正确性。

（3）轨压传感器脉谱的标定

轨压传感器标定的主要困难是不易实现很高的试验压力和对这种高压做出测量。但目前一般都采用半导体应变式压力传感器，这种传感器的输出值与外界电路无关。因此，只需要将共轨系统供货商提供的传感器的特性数据写入 RailPre 脉谱即可。同理，对于进气压力传感器，如果能获得可靠的、完整的特性数据，也可以直接填入脉谱。

（4）燃油温度传感器脉谱的标定

对于电控单体泵和电控分配泵，对于燃油温度的掌控涉及影响较大的补偿控制。对于燃油温度传感器的标定大体上与对于冷却液温度传感器的标定相同，可以用同样的设备来实现。这里再次强调：由于使用热敏电阻实现的温度传感器的工作与 ECU 输入电路特性有关，因而这种标定工作必须在实际环境下认真完成，以保证温度采样的正确。

（5）加速踏板脉谱的标定

加速踏板脉谱（PadPos）也是一维脉谱，第一行是与踏板位置相对应的信号电压值，第二行是与信号电压值对应的加速踏板开度，这两者之间的关系可以有一定的人为安排。最简单的设定方式为每行只有两项：第一行是输入信号的最小电压值和最大电压值，第二行则对应为 0 和 100。这种标定方式的含义是认为信号变化与位置改变量成正比变化，因此中间量依靠线性插值获得。但这并不是所有的加速踏板部件的实际情况。通过对中间点的不同设置，可以人为地规定不同的位置对应的踏板开度，获得最合适的加速踏板操作感觉。

对于加速踏板标定最简单的方法是：在上位机上观察加速踏板的采样电压值，设为 P_{min}，然后踩下加速踏板。有的加速踏板部件会有一定的自由行程，也就是说，在一个小的位置变化范围内，采样电压值不会改变。应要求供货商避免这种情况，做到踏板的位置变化能够被输出电压值及时反映。将加速踏板踩到底，记录此时的采样电压值为 P_{max}。设定两个很小的值 r_1 和 r_2，将 $P_{min}+r_1$ 填入 PadPos 第一行第一列，将 $P_{max}-r_2$ 填入 PadPos 第一行第二列。在第二行填入 0 和 100，即完成了对 PadPos 的标定。这里 r_1 和 r_2 可根据具体试验情况选定，它的意义是：使加速踏板在 0% 开度前有少量的自由行程，这样不会由于机械阻力和弹簧张力退化等原因造成的加速踏板复位不完全而使加速踏板无法回到 0% 开度。

对于柴油机控制逻辑而言，0% 开度是怠速运行的必要条件，复位不完全可能导致无法进行怠速运行。在最小值 P_{min} 的基础上加上一个很小的 r_1，可以在不完全复位的情况下仍能实现 0% 开度。同样的道理，由于机械的原因，作为最大值的 P_{max} 可能变小，这会使如按照原 P_{max} 设置 100% 开度的做法无法再获得 100% 开度的输出。将 $P_{max}-r_2$ 作为设定的 100% 开度位置，可以消除以上因素的影响。但代价是在加速踏板 100% 开度位置后有了一定的自由行程，就像在 0% 开度前出现自由行程一样。通过合理地确定 r_1 和 r_2 的值，可以使这两段自由行程不造成太明显的操作感觉异常。

在大多数情况下，采用以上 4 列数据的 PadPos 脉谱就能够很好地满足需要。即使加速踏板的线性度有较大异常，也可以通过加速踏板油量脉谱（PadOil）的设置来调整操作效果。如果标定人员执意希望加速踏板开度值 A_Peda 与踏板踩踏力度间达到自己希望的效果，则可以通过按自己的愿望在两列间插入中间列数据的方法，设置加速踏板信号电压与开度值之间的、人为规定的相对关系。

（6）其他传感器脉谱的标定

电控柴油机运行中还会涉及一些其他的传感器脉谱，其中有些是特定的燃油系统所要求的，如针对电控分配泵，就需要标定滑套位置采样脉谱。有些是随着 ECU 控制功能的扩展而需要的，如针对 EGR 控制，就需要 EGR 阀的开度采样脉谱。这些脉谱在正式使用前也大多需要做专门的标定，其方法和原则大体与前面介绍的几种情况相同或相近，在实际工程中，需要针对不同的需要，准备必要的标定设备，完成好这些标定工作。笔者认为，柴油机生产商应该重视这些传感器的标定工作。因为这可以使柴油机生产商自己具备这些传感器部件的选择和代换能力，显然这有助于柴油机生产商降低部件成本并从中获利。

目前也有的技术人员采用直接根据柴油机台架测试数据来标定柴油机传感器的方式。例如：根据台架上显示的冷却液温度设置柴油机冷却液温度脉谱。但类似这种做法受到的限制较多，不易实现高质量的标定效果。例如：取样点的选取时机很难控制。同时，因为柴油机测试台架的各种信号取样点与柴油机上传感器不一致，其效果的一致性也会受影响。因此，如果希望得到好的电控柴油机标定效果，首先应该规范对传感器脉谱的标定方式并严格执行。

（7）轨压的确定

共轨系统最大的优势就在于供油压力的稳定性。对于轨压的控制取决于一个专用的目标轨压脉谱（RailPre）。轨压的控制相对于工况的控制是彼此独立的。对于目标轨压脉谱（RailPre）的设置完全可以是人为的。一般可以遵循以下原则：

①　基本稳定原则。即应该在一个大致平稳的轨压上完成所有工况的工作，这本来就是共轨系统自身最大的优势所在。由于轨压的平稳可导致在所有转速下都有平稳的控制效果，所以可以避免其他供油系统在低速下出现供油质量问题。

②　轨压的上限。共轨系统是目前技术水准要求最高的燃油系统。就其机械制造难度方面来说，其重要的一点体现在常态高压系统的密封性和结构强度。但这给共轨系统的结构也带来了很重的负载。在可能的情况下尽量降低这种常态载荷，能够减小结构故障，延长结构的使用寿命。一般认为，要实现国Ⅲ标准排放，需要有大于 145MPa 的轨压。但事实上针对不同的配置和技术策略，对于轨压的实际需求是有所不同的。因此，在可能的条件下应该降低轨压的设置。

③　渐变的原则。RailPre 脉谱所调节的目标是轨压，相邻的数据的变化会引起转速 PID 控制重新调整。因此，不易使相邻脉谱数据存在较大幅度的数值跳变。

在最初做标定时，可以将轨压脉谱（RailPre）设置为一个稳定的值（如 140MPa）。当完成第一轮的标定后，再对轨压的影响做细致的试验。

5.4.2　启动工况标定

当对传感器采样脉谱的标定完成后，即可转入对柴油机正式的台架标定了。首先涉及的就是启动工况。这是柴油机开始运行后进入的第一个工况。我们先列出在启动工况标定中需要调整的独立数据和相关脉谱，见表 5-9。

表 5-9　启动工况标定需要的数据和脉谱

独立数据	用到的脉谱
A_OilSpe——最小供油转速	OilMP——共轨系统供油特性脉谱，以共轨燃油系统为例
A_Start——开始启动转速，由停止工况转向启动工况的转速	OiAnPoVo——供油脉宽电源电压修正脉谱
A_HiSS——启动成功转速	StatOil——启动油量脉谱
A_HiSt——启动转速通过检测计数量	OilTemCo——冷却液温度补偿修正脉谱
A_PaTiSt——启动成功检测通过次数	MilAngle——供油提前角脉谱
A_LowSt——最低启动转速，由启动工况转回停止工况的转速	OiAnCoWa——供油提前角的冷却液温度修正脉谱

对于一款新研发的柴油机，在标定启动工况时，很多数据来源都缺少参照。因此，应该尽可能地对样机的设计理论数据做收集，并对同类机型的一些基本数据尽量多做了解。另外，由于启动工况后就接续急速工况，而在标定启动工况时，急速工况尚未标定。因此，在第一步对启动工况调整时，往往是只要使柴油机工况能够进入急速工况，就认为初步完成并转去标定急速工况。当急速工况基本稳定后，再返回对启动工况做更细致的标定。

（1）确定数据的原始值

总的来说，标定过程是根据试验效果对控制数据做最终确认的。第一次确定的控制数据是否合适，对于标定过程能否有一个好的开端非常重要。合适的初始设定能够缩短标定工作的周期，加快进程。

1）独立数据值设定

①　开始启动转速（A_Start）。这一参数规定了由停止工况转向启动工况的转速，在停止工况下，只有转速高于 A_Start，才能转入启动工况，执行启动工况的控制逻辑。我们可

将 A_Start 设为 80～100r/min。将它设置的小些只是影响进入启动工况的时机，并不会直接影响到启动工况的效果。因为启动工况有自己的控制逻辑。

② 最小供油转速（A_OilSpe）。这一参数规定了开始供油的转速，但它只是打开供油使能标记（A_InjEnable）。要真正实现供油还依赖于启动油量脉谱（StartOil）中设置的每次供油量的值。但完全依赖 StartOil 也会有问题，这是由于脉谱查表算法中将边缘坐标以外的脉谱值定为边缘值。因此，必须两者配合使用，才能保证在一个适于开始供油的转速供给指定量的燃油。可将 A_OilSpe 定为 130～180r/min。

③ 启动成功转速 A_HiSS。这一参数值的确定原则是必须较多地高于启动电动机能够将柴油机带动达到的转速。一般启动电动机能够达到的转速为 250～300r/min 左右。将 A_HiSS 的值设为 500～600r/min 即可。

④ 启动成功判定次数（A_PaTist）。通过多次判定，如果每次都认定转速已经高于启动成功转速（A_HiSS），则认定启动成功。这一次数可设为 3～5，不需要太多。

⑤ 最低启动转速（A_LowSt）。这是系统确定启动失败，由启动工况转回停止工况的转速。应将这一值设为低于进入启动工况的转速 A_Start。也就是说，只要启动电动机还在工作，就应维持启动过程的控制逻辑。当松开启动电动机电源时，如果转速随之下降到 A_LowSt，就说明气缸未产生动力，因此应返回停止状态。我们可将 A_LowSt 设为 50～60r/min。当转速低于 A_LowSt，系统认定启动失败，会在控制逻辑上返回停止工况。这将为下一次启动做好准备。

2）对脉谱做初始值设置

① 启动油量脉谱（StartOil）。启动过程标定主要是为了确定这一脉谱的值。这一脉谱初始量的设置与机型关系较大，可以先不考虑冷却液温度造成的影响。例如：对于缸径 85mm 的柴油机可以先将这一脉谱完全用一个同样的值来填充，填入 6～9mg 的每次供油量。

② 冷却液温度补偿修正脉谱（OilTemCo）。这一脉谱的初始值可都设为 100，即先不考虑冷却液温度补偿。但试验环境温度不应过低。

③ 供油提前角脉谱（OilAngle）。可根据同类型柴油机的数据填入同一个固定值，如统设为 5°～8°间某一值。由于启动过程油量供应不大，因此，供油提前角也不应设得太大。

④ 供油提前角的冷却液温度修正脉谱（OiAnCoWa）。这一脉谱的初始值也可都设为 100，即先不考虑冷却液温度补偿。

（2）做好急速工况初始设置

由于启动成功后控制会转向急速工况，因此需要先对急速下运行的基本条件也做设置，否则保证不了运行的安全性。

（3）执行启动操作

启动前要通过上位机检查加速踏板输入值、当前每次供油量、柴油机转速、供油脉宽及工况状态等参数的显示是否正常，并做好记录设置。

为柴油机启动电动机加电，柴油机开始旋转加速。如果一切正常，柴油机转速会迅速增加，并通过上位机界面观察可看到转速、每次供油量、供油脉冲等数据的改变，工况模式变量（A_Mode）会随转速增加从 0 变为 1。当出现工况状态由 1 变为 2 时，则说明启动工况顺利完成。

如果启动过程无法完成，则应根据具体情况做出处理。可能是由于机械系统故障造成的问题，此类问题与机械柴油机做同样处理。对于电控系统的检查，基本的测试是用示波器同时检查曲轴信号、凸轮轴信号和供油信号这三个信号的工作情况是否正常。其中曲轴信号和凸轮轴信号可直接引入示波器，而对供油信号，由于其电流值较大，一般用电流钳夹住驱动供油的导线，然后将电流钳输出引入示波器。

在多踪示波器上对这三路信号同时监测，如果信号正常，则可以确认电路和控制系统工作正常。可以用电流钳分别夹住不同气缸驱动供油的导线（一般是两根，夹住其中一根即可），观察波形图上的相位是否正确，排除由于驱动供油的导线对各气缸连接的错误，这种错误会造成无法正常启动。在保证供油导线连接正确后，也可以用电流钳同时夹住不同气缸驱动供油的导线（要注意方向的一致），这样可获得完整的三路信号的波形图。这种波形图是电控系统主要控制逻辑工作正常的基本依据，应记录保存。

通过观察修改启动油量，可以控制启动速度。当能够顺利实现启动过程后，即可先将工作转到对怠速工况的细致调节上。当怠速工况基本正常后，再返回启动过程做进一步的细致调节。

（4）启动过程的细致调节

对于启动过程，所调节的最主要对象是启动油量脉谱（StartOil）。主要是追求动力性和排放烟度这两方面的效果。但是对这两方面的追求在实现手段上有一定的矛盾。当增加每次供油量时，一般会使启动时间缩短，因此将改善启动过程的动力性；但由于启动时柴油机增压器转速很低，使压气机效率较低，进气压力较低，这造成了供气量很有限，无法接受较大的每次供油量。

因此，在对启动过程做细致调节时，往往要从较大的每次供油量开始执行。这时，由于较大的每次供油量将引发部分不完全燃烧现象，排气烟度较大，甚至可以通过直接观察看到明显的排气黑烟。这种情况下，由于后燃量较大，废气涡轮机转速会在启动后上升较快，使供气压力也能上升较快。

这一方面改善了动力性，另一方面也能改善燃烧过程。通过针对不同转速逐渐降低每次供油量，可以观察到启动过程的烟度逐渐下降，但同时启动时间也会变长。最终可以选定动力性和排放烟度两方面的指标都相对较好的工作点。操作时应注意以下要点：

① 开始供油转速与开始供油油量的配合。由于启动电动机会很快带动柴油机从静止达到 200r/min 以上，这一转速附近的供油量对启动过程动力性影响较小，低速下供气能力较低，也使这一转速附近不宜供油较多。因此，在低于 250r/min 以下的 StartOil 脉谱区域内，每次供油量应符合较小原则。一般为每次 6mg 以下。

② 关键转速区。在 250～400r/min 的转速区域内，是起动机的最大转速范围，此转速范围正是柴油机可以由静止到启动着火运转的最低转速范围。这时，由于转速的初步上升，气缸内环境也有利于自燃过程的实现，这一阶段的供油量对于实现启动过程最为重要，应适当加大此阶段的供油量以保证启动顺利实现，甚至可以达到空载怠速稳定供油量的 110%～130% 左右。但应注意对排气烟度的负面影响。

③ 启动阶段高转速区。在 450r/min 至最高启动转速这一阶段供油量不宜继续增高。这是由于启动过程已实现了柴油机自身的运行，且这一阶段的运行阻力并不大。如果供油量过大，启动过程的惯性会使转速上升较高。因此，此阶段的供油量应逐渐回到与空载怠速稳定供油量相近的程度。继续上升的转速会造成控制逻辑进入怠速工况控制。因此，高于最高启动转速的设置不会有实际作用。

④ 冷却液温度的影响。冷却液温度对于启动过程的影响主要是影响气缸内的物理环境。由于冷却液温度和气缸内环境在启动后都会变化，因此冷却液温对于启动过程的影响在普通的设备条件下难以准确实现测试。一般针对一款机型，可制订长期的工作计划，结合不同季节、气温的改变和专门安排的高温、高寒试验，针对冷却液温度对启动过程的影响做出标定。

⑤ 供油提前角脉谱（OilAngle）的标定。启动阶段对于每次供油量的调整都可结合供油提前角脉谱（OilAngle）来进行互动的标定。

某些试验数据说明：在启动过程中，当由于每次供油量增大而造成排气烟度增大时，适当地增加供油提前角会使烟度指标得以改善。由于启动阶段每次供油量都比较小，因此，供油提前角及其调整的范围也都比较小。一般启动供油提前角在 $4°\sim8°$ 之间。

针对脉谱数值的调整应注意相邻数值的连续性，不应造成相邻脉谱数值过于奇异的变化。柴油机所有工作过渡过程都是连续变化的，脉谱取值变化趋势的连续性和平滑性可以说是一条基本规则。

5.4.3　怠速工况标定

怠速工况性能是柴油机工作性能最基本的指标。怠速工况能够给柴油机使用者和旁观者最初步和最直接的印象，因此常常能够决定对柴油机的初步评价。好的怠速性能要提供以下的基本特征。

① 怠速运行稳定。这要求怠速运行时不会熄火、转速波动较小。

② 怠速下有较好的带载能力。怠速下柴油机可能要承受一定的负载，如空调机、空气压缩机等设备以及怠速下的车辆起步运行等。在承受这些载荷时，柴油机要表现出对载荷变化的适应性，即对于供油量的迅速自动调整能力，其中最重要的指标是转速的稳定性。当对柴油机在怠速下施加载荷时，柴油机转速的改变和恢复的时间越短越好。

③ 怠速的排放要求。在怠速下要保证排放不出现黑烟，因为这对于柴油机的基本评价影响非常直接。另外，排放烟度对通过国Ⅳ排放标准也有影响。

④ 噪声较小。这要求怠速转速平稳、怠速转速不要太高、燃烧过程较柔和等。

实现好的怠速性能首先取决于柴油机的设计、制造和装配水准。但在此基础上，做好怠速下柴油机的控制标定是至关重要的。本节对怠速工况标定过程展开讨论，对涉及怠速工况标定的主要问题做出基本的阐述。

怠速工况标定前必须通过启动工况的标定实现达到怠速转速的运行，才能进行怠速工况标定。在启动转速达到怠速转速时，ECU 控制逻辑转向怠速控制。ECU 将通过怠速控制逻辑的 PID 控制，使转速稳定在怠速目标转速，然后做稳定的持续运行。因此，进入怠速工况的起始供油量要实现与启动工况的密切衔接以保证较平稳的工况过渡。

（1）确定数据的初始值

像对于启动工况一样，我们先列出在怠速工况标定中需要调整的独立数据和相关脉谱。独立数据一般在系统初始化时赋值。

1）独立数据值设定

① 最低运行转速（A_LtSp）。这是由怠速工况和常规工况转向停止工况的转速。它反映了一种控制需求。例如在怠速下如果负载超过了柴油机的最大负荷能力，转速就无法稳定在怠速目标转速。此时受最大载荷能力（柴油机在此转速的最大转矩）限制，转速会不断下

降。如果转速低于 A_LtSp，则 ECU 会认为已无法维持柴油机运行，将直接返回停止状态（就是通常说的"闷死"）。因此，一般将 A_LtSp 的值设定在低于怠速目标转速且认为无法实现柴油机正常运行的转速值，一般可设为 400～450r/min。

② 怠速工况保持标记 A_IdKe。这是一个开关量，它只是为了标记第一次进入怠速。由于怠速过程采用的是 PID 自动控制，而 PID 控制是一种渐进式的修正控制，其初始值是控制开始的基础控制量。因此，在使用同一段 PID 控制程序做控制时，必须确定是否为刚进入怠速控制。如是则应用初始值确定控制量；如不是则用原值加上通过 PID 运算获得的改变量来确定控制量。可将 A_IdKe 赋值为 0。

2）对脉谱做初始值设置

① 怠速目标转速脉谱（IdleSpeed）（表 5-10）。怠速 PID 控制的基本要求就是使转速稳定在目标转速。对目标转速的设定是实现 PID 控制的前提。

表 5-10　怠速目标转速脉谱

冷却液温度/℃	−30	−20	−10	0	…	30	50	60	70	80	90	100
怠速目标转速/(r/min)	1100	1000	970	950	…	900	780	75	750	750	730	720

IdleSpeed 是一维脉谱，它的坐标是冷却液温度。根据不同的冷却液温度来确定不同的怠速目标转速，一般以较低的冷却液温度对应较大的目标转速。以下是一个 IdleSpeed 脉谱实例。

对 IdleSpeed 脉谱一般要求为：在正常的工作液温范围（60～80℃）内，怠速目标为正常的怠速转速，实例中为 750r/min；当液温较高时，目标转速取值较低，而当液温较低时，对应较高的目标转速。

② 怠速 PID 控制中的比例系数脉谱（IdlePID_P）和积分系数脉谱（IdlePID_I）。对这两个脉谱的初始值的填充是较困难的工作。目前在工程实践中，对于 PID 控制大多是根据实际测验来确定控制系数。在实际试验进行之前的原始数据，还没有太有效的计算确定方式。除非已经有了较多的试验数据，否则对于控制初始值更多的是通过初步估算来确定，然后在实测中不断修正。

常用的一种原始设定方法是：将 IdlePID_P 和 IdlePID_I 的转速范围设定为由 A_LtSp-50 到 1500r/min 的范围内，油量范围为 0～20mg。在这样的范围内可分出 12 个左右的间隔。先将 IdlePID_I 的脉谱值全部设为 0，而将 IdlePID_P 按照每 100r/min 的转速差对应油量调节量为 1mg 的估算值确定比例系数 IdlePID_P。对于不同柴油机，这一估算原则会有些出入。确定了初始值就有了调试工作的起点。

③ 最小空燃比脉谱（AirOilSc）。这一脉谱用于根据气缸的进气量控制可以供入气缸的燃油量。可以按照相关公式，以进气压力和温度作为二维变量，计算出对应的最大允许每次供油量，以此形成 AirOilSc 脉谱。

④ 同转速最大油量脉谱（SpMaxOil）。这一脉谱反映的是在每一转速下对最大转矩的供油限制量。在初始化时，可将这一脉谱都填入较大的量值，使得调试过程不受到最大油量限制。但这样一来，由于供油量过大将导致的问题只能靠小心控制每次供油量来避免，这是要非常注意的问题。

⑤ 供油提前角脉谱（OilAngle）。可根据同类型柴油机的数据填入同一个固定值，如统一设为 8°～10°间某一值。

⑥ 供油提前角液温修正脉谱（OiAnCoWa）。这一脉谱的初始值也可都设为 100，即先不考虑冷却液温度补偿。

（2）急速工况的初步标定

在上一节讨论启动工况标定时，我们提到在启动之前应先对急速工况做初步的标定。这是由于启动工况只是持续时间较短的过渡工况，而不是稳态的持续工况。我们必须让启动工况有一个稳定的结果，才好对它的过程做调整。初步设定急速工况的基本条件，保证有效的启动过程能达到稳定的最终结果，是实施启动过程标定的前提条件。急速工况初步标定的主要内容是对急速 PID 控制中的比例系数脉谱（IdlePID_P）和积分系数脉谱（IdlePID_I）做出实际标定，实现让电控柴油机能够进入急速运行的目标。

按照前面对 IdlePID_P 和 IdlePID_I 脉谱的初步设置，执行启动过程。在进入急速工况后（可通过上位机对 A_Mode 变量的观察而确定），控制参数 IdlePID_P 脉谱和 IdlePID_I 脉谱的控制作用会表现出来，通过对 IdlePID_P 脉谱和 IdlePID_I 脉谱的调整会使控制效果得到改变。由于最初是在不带载荷的急速条件下运行，所以可以针对实际的目标转速和油量范围修改对应的 IdlePID_P 脉谱值。如果仅使用比例项系数无法达到满意的控制效果，则可启用对应的积分项系统。可先将比例项的相关 IdlePID_P 脉谱值减少 20%～30%，将对应的积分项 IdlePID_I 脉谱的对应值给出一个较小的值并由小到大做出尝试，观察控制效果的改进情况。通过对两个系数的联合调节，最终设法实现较理想的控制效果。

对于 PID 的调节，在自动控制理论中给出了严格的解析算法，可以通过数学模型用解析的方法获得相关参数。但在实际工程中，由于建立模型比较困难，且由此获得的工程收益并不明显，因此常用的方式一般还是凭借经验的试凑来确定脉谱中的数据。实践证明，在电控柴油机控制需求的大多数情况下，通过细致认真的试验和调节，都能获得基本满意的控制效果。

近年来，更为先进的控制方法不断被提出，但基本的 PID 控制方式一直是主角。读者如在自动控制方面有较好的理论知识和应用能力，可在本书介绍的基本的 PID 控制方式的基础上配合其他的方式（如模糊控制方法等）。有些资料认为这样会使控制效果得到进一步的改进，但在本书中不做相关讨论了。

（3）急速工况的细致标定

在启动过程标定完成后，应对急速工况做全面细致的标定。有的统计结果认为车辆在使用时，有 20%～30% 的时间是工作在急速工况。对急速工况所涉及的影响因素做完整的试验调整，可以切实保证在这些情况下急速运行的工作效果。

① 目标急速的改变。在不同冷却液温度的情况下，按照 IdleSpeed 脉谱的内容，会给出不同急速目标转速。在开始工作时随着暖机过程的进程，冷却液温度不断升高，直到冷却液温度稳定后，急速目标转速才初步稳定，可以做一些针对性的调整。这使得针对不同急速目标的调整无法进行。

针对这种情况，可以在暖机完成后，对 IdleSpeed 脉谱做临时的设置，将整个脉谱数据全都设置为某一转速目标值。由于 PID 控制脉谱 IdlePID_P 和 IdlePID_I 是按照转速和油量区分的，针对不同的目标转速值涉及的主要工作区间不同，因此应该做针对性的标定。

这种调整过程非常细致，既需要考虑针对某一转速的参数设置，又需要避免设置的参数值对于邻域的消极影响。这方面的工程实践说明，只有通过反复的试验调整，才能使针对一转速的脉谱数据逐渐固定下来。在做这种调整时，可将涉及另一维坐标（每次供油量）的值同时做修订，为对另一维的修订准备好初始值。

② 急速载荷影响的标定。通过在急速条件下增加柴油机载荷，会使 IdlePId_P 和 IdleP-ID_I 的对应工作点发生变化。如果在少量增加柴油机负荷后，柴油机无法在原目标转速稳定运行，则可参考每次供油量发生的变化，在 IdlePID_P 和 IdlePID_I 表中的对应位置做适当修订，以使转速实现在急速目标下的稳定运行。

随着载荷的进一步增加，每次供油量会继续增加。由于在低速下柴油机工况条件的限制（主要有燃油雾化质量、进气量、排气烟度等），在急速下柴油机的转矩一般都会较低。除了人为设定的烟度限制外，主要的限制是根据进气量而设定的最大允许每次供油量。如果载荷的增加达到了以上限制，则 PID 本身的调整功能就无法实现目标转速了。应记录此时的工作转矩和每次供油量，这属于电控柴油机的急速性能指标。

在此后如果继续增加载荷，PID 的调节功能可能将失去实际作用。由于转矩无法升高，增加载荷将会造成转速的下降。但如果载荷特性遵循随转速下降而减小的规律（例如当柴油机带动水力测功器时，阻力矩与转速平方成正比），则仍可能维持住柴油机的稳定运行。应针对较低的转速进一步对 PID 参数做标定。

这时的工作状态是一种比较特殊的动态平衡：当转速降低时，阻力矩会随之减小，由 PID 控制实现的供油量将产生相对大一些的转矩，剩余转矩将使柴油机转速增加，但转速增加的结果会使阻力矩增大，转速又会随之下降。这种情况可能会造成柴油机的振荡，表现为转速的不稳定。通过对相应的 PID 参数的调整，这种不稳定能够得到一定的改善。

如果在调试过程中阻力特性并不存在以上的描述，即随转速下降，阻力矩仍大于柴油机输出转矩，则这种转速的下降趋势会一直持续，直到转速低于最小急速转速后返回到停止工况。这就是我们通常所说的"闷死"现象。

③ 急速下其他控制条件的调整。在急速条件下的每次供油量总是在不断地调整变化之中，这种变化使供油提前角脉谱（OilAngle）的调整变得比较困难，不易在台架试验中获得可靠的优化。通常的调整方式是当针对 PID 参数的调整使针对一个目标转速逐渐达到稳定后，将 OilAngle 脉谱中针对这一转速和对应的每次供油量（通过多次读取后计算获得的平均值）的供油提前角做出调整。

对于此调整的结果主要是通过排温和工作噪声等因素来判定，如果调整使得排温下降、工作噪声减小、烟度改善，则认为调整是有益的。如果调整引发了转速波动的增加，则返回去调整 PID 参数。经过这样几次反复，可以得到比较理想的综合结果。

在启动工况标定时涉及了供油提前角的冷却液温度修正脉谱（OiAnCoWa）的标定。其基本原则也适用于急速工况。

（4）急速工况与常规工况间过渡问题

急速工况下其油量控制要求比较复杂，而常规工况主要是依赖加速踏板位置来控制油量。当对急速 PID 过程已经有了一定程度的了解后，可以对两者间过渡的相关问题做深入点的讨论。

1）由急速工况向常规工况过渡

这种过渡的进程需要注意的问题是每次供油量的平滑衔接。急速工况是由 PID 控制确定每次供油量，而常规工况是由加速踏板脉谱和一些修订条件来确定供油量。如何做到工况过渡时每次供油量的平稳变化，涉及具体的工况状态。例如：当在急速下已经由于一些原因（空调机开启、附属机械打开、车辆在急速下开动等）有了负载时，由于 PID 控制机制的原因，每次供油量会增加。但当踩下加速踏板使控制进入常规工况时，由于加速踏板开度较小，对应的加速踏板油量也会较小。小加速踏板开度下的油量主要是考虑应该与空载下的急速工况相衔接，否则会造成空载时加速动作的突变。但在急速存在载荷的情况下，如果小加速踏板开度对应的每次供油量小于当前急速供油量，就使踩加速踏板成为一种"减油量"操作。显然这与我们的控制愿望不一致。

为了针对性地解决这一问题，可以设置更复杂一些的控制逻辑。以下是一种处理方法：

① 传递当前每次供油量。当从急速工况向常规工况转移时，将急速工况下当前每次供油量的值作为参数传递。常规工况利用这一数据完成后续处置。

② 确定加速踏板偏移量。进入常规工况后，将原每次供油量与根据当前加速踏板位置查找脉谱并进行各种补偿和修正最终获得的油量做一比较，如后者大于前者，则可按我们已了解的常规工况控制逻辑来实施控制，不需要做特殊处理；但如前者大于后者则要按以下的方法做出处理。

③ 虚加速踏板设置。将原来的每次供油量减去额外载荷补偿油量，根据剩余值通过加速踏板脉谱的查找获得与剩余值对应的加速踏板开度，将这一开度称为虚加速踏板开度。将这一开度作为当前加速踏板值实施油量控制。

④ 虚加速踏板设置的取消。当实际加速踏板开度值低于虚加速踏板开度时，按照虚加速踏板开度进行油量控制；当实际加速踏板开度值高于虚加速踏板开度时，将虚加速踏板设置完全取消，按照实际加速踏板开度值进行控制。此后，控制权完全回到实际加速踏板。

以上控制过程可以通过控制程序来实现，但这涉及较细致的程序设计。

2）由常规工况向急速工况过渡

与上述问题相对应，当由常规工况向急速工况过渡时也会有油量的衔接问题。如果柴油机没有额外载荷，则当加速踏板开度逐渐减小时，会与急速时的实际供油量正常衔接。但如果有较多的额外载荷，则当控制转向急速时会将当时的实际供油量作为急速 PID 控制的当前量，后续的控制则由急速 PID 接管。

5.4.4 常规工况标定

常规工况是柴油机正常工作时的主要工况。这一工况的基本特征是通过操作加速踏板来调整每次供油量，达到带动外界负荷的工作目标。

对于常规工况的要求是：使柴油机在整个常规工况的工作区域内实现正常运转，并具有满意的动力性、经济性指标和符合标准的排放指标。常规工况标定过程的基本工作与传统柴油机的外特性测试工作有大致的对应关系。首先是明确柴油机的最大转矩线（或最大功率线），它们与急速转速、额定转速和最小转矩线（或最小功率线）之间的范围即为柴油机的可用工作区域。

对常规工况的标定主要是为了测试柴油机在可用工作区域内不同位置时控制参数的最优取值。将这些数据写入对应的脉谱，就能实现柴油机在整个工作区域内的优化控制。

对常规工况的标定与追求的目标有关。目前主要的柴油机性能指标有动力性、经济性和排放性能三个方面。按常规，我们总是先根据动力性和经济性的目标，实现较理想的标定。然后根据排放的要求增加新的控制项目（如 EGR 控制等），常常是通过适当地放弃一定的动力性和经济性而获得所追求的排放效果。由于涉及更为广泛、细致和深入的内容，本书不对排放目标的标定做讨论。

针对追求最佳的动力性和经济性指标，常规工况的标定按如下方式进行：先根据转速和转矩确定一个工况点，在这一工况点下使柴油机稳定运行，然后针对供油提前角做修订，针对产生的改变调整每次供油量，使工况点保持稳定。在调整过程中主要观察烟度指标、排气温度、燃油消耗率三个指标的变化，以得到最理想的综合效果。

（1）确定数据的初始值

① 限速转速（A_LimS）。这一转速确定了由常规工况向限速工况转变的界限，它一般应比柴油机额定转速（A_NeSp）高 100～250r/min，具体高多少与转速控制的稳定性有关。如果额定转速下波动较小，则可设置 A_LimS 与 A_NeSp 的差值小一些。但如果转速波动较大，则 A_LimS 与 A_NeSp 差值过小会造成柴油机难以达到额定转速。例如：当额定转速为 3000r/min 时，可以将 A_LimS 设定在 3200r/min。

② 共轨系统供油特性脉谱（OilMPT）。在燃油系统泵台试验中已确定。

③ 供油脉宽电源电压修正脉谱（OiAnpoVo）。在燃油系统泵台试验中已确定。

④ 加速踏板油量脉谱（PadOil）。当柴油机与车辆或其他设备配套运行时，这一脉谱对于设备操纵特性影响会很大，因此到了那个阶段，一般都需要对这一脉谱重新做标定。在柴油机台架标定时，可以基本按照每次供油量与加速踏板开度成正比的原则来设定 PadOil 脉谱。可暂不考虑转速对每次供油量的影响。如图 5-57 所示，当加速踏板开度增加时，每次供油量 q 随之成正比增加，而转速的变化并不会引起 q 的改变。

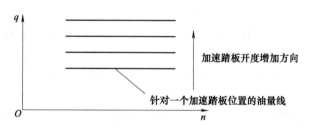

图 5-57　加速踏板油量脉谱示意图

这种加速踏板特性在做柴油机台架试验时，不会引发转速的稳定性问题，而且设置起来比较容易。对于每次供油量 q 与加速踏板开度 Od 的关系值，可用下式确定：

$$q = q_0 + Od \times (Q_{max} - q_0)/100$$

式中　q_0——无载荷怠速运行时的平均每次供油量；

Q_{max}——希望在 100％加速踏板开度时实现的每次供油量，如果试验前难以准确确定这一参数值，可以使它适当大一点，然后通过试验来做调整。

依据上式按加速踏板开度一定间隔取值计算出对应的 q 值，按计算结果将加速踏板开度值和对应计算结果填入 PadOil（每列值都相同）即可。需要注意的是，脉谱 PadOil 要同时为常规工况和限速工况提供脉谱数据，转速的覆盖范围较大。在常规工况范围内，一般要提供 12～15 个转速节点。而在限速范围内，尽管涉及的转速范围较小，但需要的转速切分更细一些。一般控制在不少于 5 个节点。

⑤ 最小空燃比脉谱（AirOilSc）。按怠速工况标定时介绍的方法确定 AirOilSc 脉谱。

⑥ 最大油量脉谱（SpMaxOil）。将这一脉谱都填入较大的量值，使得调试过程不受到最大油量限制。在本工况调试完成后，将会根据工程上对产品的需要，将这一脉谱做确定。有些技术人员将这种做法按习惯称为封外特性。

⑦ 供油提前角脉谱（OilAngle）。在常规工况中，转速和每次供油量的变化范围很大。可以说，对供油提前角的调整是标定工作中最重要的内容。在没有初始数据的情况下，可以先将供油提前角统一定为 8°～10°。如果针对一款已经有了可以类比的试验数据的机型，则可以将这些数据作为初始量填入 OilAngle。这样往往能较多地节省标定时间。

⑧ 供油提前角的冷却液温度修正脉谱（OiAnCoWa）。这一脉谱的初始值也可都设为 100，即先不考虑冷却液温度补偿。

（2）外特性标定

外特性是衡量柴油机工作能力的基本指标。机械燃油泵柴油机的外特性一般是指当柱塞式油泵供油行程固定时，输出转矩或功率相对转速的变化情况。在电控系统中，每循环供油量由电控实现，不存在传统定义中的基本条件。

为避免发生歧义，在此先给出对电控柴油机额定外特性的定义：在柴油机的工作转速区域内，针对每一转速，柴油机能够实现的最大转矩点形成的轨迹。这一定义与传统的外特性定义有些不同，但它能够真正表达柴油机的最大工作能力。通过标定过程获得柴油机外特性的步骤为：

① 转速节点切分。将从怠速到额定转速分为 15 个左右的节点。例如对于怠速转速为 750r/min，额定转速为 3000r/min 的柴油机，可将转速节点按以下值划分：1000r/min、1200r/min、1300r/min、1400r/min、1500r/min、1600r/min、1700r/min、1800r/min、1900r/min、2000r/min、2200r/min、2400r/min、2600r/min、2800r/min、3000r/min。

一般在柴油机最大转矩转速以上的区域内，转矩变化较平缓。设置的节点间隔也可以大一点。

② 最大外特性点的确认。从较低转速开始试验。例如：自怠速工作点开始增加加速踏板开度，同时适当调整测功器负荷，使转速稳定在 1200r/min。将测功器设置在定转速模式，增加负荷（对负荷的增加不能超出柴油机的设计强度允许的最大转矩）使加速踏板开度增加，同时注意排气温度的升高和烟度的变化。当排气温度或排气烟度达到持续运行所允许的上限时，通过调整供油提前角，力争使有效耗油率、排气温度、排气烟度得以改善。

重复以上操作，使在本转速下获得转矩的最大值。减小负载转矩 5%，并对这一点做优化调整，运行稳定后，将这一工况状态点的参数（转速、每次供油量、供油提前角、轨压）和相关的运行参数记录下来。可以将这一工况状态点认作当转速为 1200r/min 时的外特性工作点。

造成对外特性工作点的功率限制的原因，除了柴油机结构上的机械强度和热强度限制外，主要的限制是每次向气缸的供气量。增压器的性能会对供气能力造成主要影响。如果进气压力较高（即增压度较高），就有条件增加供油量，从而获得更大的输出转矩。

但是在增压器设备性能已经确定之后，每次供油量就受到了限定，这也相当于限定了最大外特性点。

③ 最大外特性线的确认。按以上方法，在每一设定的转速节点进行试验，会得到针对每一转速节点的最大外特性点。这些点形成的轨迹就是最大外特性线，它反映了在不同转速下柴油机工作能力的上限。

④ 加速踏板油量脉谱（PadOil）的修订。利用最大外特性线的测试结果，对加速踏板油量脉谱（PadOil）做修订：针对不同转速，根据最大外特性线所确定的每次可用供油量上限进行修订，对于高于这个上限的踏板值高区，将供油量改为等于这一上限。

做了这种修订的 PadOil 将保证了使用加速踏板的安全性，可以较随意地让加速踏板进入踏板值高区而不再需要顾及供油量超限的问题。

⑤ 供油提前角脉谱（OilAngle）的修订。利用最大外特性线的测试结果，对供油提前角脉谱（OilAngle）做修订。将与最大外特性点对应的转速与每次供油量作为参考，将相关的 OilAngle 数据（供油提前角）做出修订。但如果油量与脉谱中原有节点油量不对应，则可暂不修订本脉谱。等到通过部分外特性试验得到更多同转速下的油量数据后，通过线性插值获得节点上的脉谱值。

（3）可用工作区标定

柴油机可用工作区的脉谱标定，是针对柴油机可用工作区范围进行的试验。这部分试验与传统柴油机的部分外特性试验有些相似。但由于电控柴油机的这部分试验工作都是为了对控制脉谱做标定，因此将试验节点与脉谱的节点设定重合，可以直接利用试验数值填写脉谱，这会加快工作进度。为了顺利地完成这一标定工作，需要针对柴油机的有效工作区做一定的网格划分。如图 5-58 所示，这种工作点网格针对转速可按上述的转速节点设置。

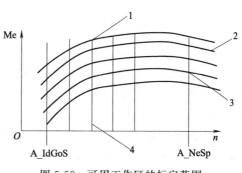

图 5-58　可用工作区的标定范围
1—最大转矩线；2—等油量线；
3—试验工况点；4—等转速线

这种设置可以应用到其他与转速相关的脉谱中；而针对每次供油量的设置应选择等油量 A_IdGoS 线，具体的油量节点可与涉及每次供油量坐标的其他脉谱相一致（常使用 4～5mg 为间隔）。执行时按以下步骤：

① 使柴油机稳定运行在某节点转速上的外特性工作点。

② 减小每次供油量，同时降低负荷使转速保持不变，使每次供油量达到某油量节点。例如：如果油量节点为 0mg、5mg、10mg、15mg、20mg、25mg、30mg、35mg、40mg、45mg、50mg，而在当前转速的外特性点上，每次供油量 38mg。则可将每次供油依次下调到 35mg、30mg、25mg、20mg……每调整一次进行一组试验，每一组试验包含了在对应转速、对应每次供油量下的标定调整工作。主要的试验目标是在保证转速和每次供油量不变的条件下，通过调整供油提前角，获得最大的输出转矩。由于在部分负荷下排气烟度和排气温度都不会高于同转速上的外特性工况点，因此可以将输出转矩作为主要的评价指标，试验遵循由低速向高速，同转速下从高负荷向低负荷的工作过程。当全部完成以上网格点的标定后，将对应数据写入供油提前角脉谱（OilAngle）的对应单元中，对于可用工作区的标定就基本完成了。

（4）最大转矩限定

对同转速最大油量脉谱（SpMaxOil）的标定更多的是为了面向实际工程需求。例如，某种车辆或机械安装了某型柴油机来驱动，但受限于其传动系统和执行系统的机械强度，针对一定转速只能接受一定的转矩。对于一款已经完成了外特性和可用工作区标定的柴油机来说，如果对最大转矩的要求对应于不同转速点都低于柴油机的外特性点输出转矩，就需要对柴油机输出转矩能力做一定限制。这一限制由同转速最大油量脉谱（SpMaxOil）来完成。

SpMaxOil 是一个一维脉谱，它针对不同转速给出了允许每次供油量的上限。可将它的转速坐标节点设置得与 OilAngle 脉谱相同，然后从较低的转速节点开始标定。针对某一节点转速，增加油量并同时增加负荷使转速保持稳定。通过试验台上对转矩的监测，掌握转矩值的变化。当转矩值达到希望限制的最大转矩值时，记录此时的每次供油量。将这一油量写入 SpMaxOil 脉谱中相对于本转速节点的单元中，即完成了这一转速节点的标定工作，可转至下一转速节点。

当所有转速节点都标定完成后，就完成了针对最大转矩限定的标定。此时，柴油机已经在其主要的工作范围内能够满足应用环境的需求。但我们仍需要对其做进一步的标定，使其在高速区获得所需要的控制特性。

5.4.5　限速和超速工况标定

限速工况是一种辅助工况，它是为了实现柴油机的高速区性能而设置的。在这一区域内，转速已经达到并超过了柴油机的额定转速，对控制的要求只是希望对转速的上升进行限制，使柴油机失去继续加速的能力，并能具有稳定在额定转速的动态趋势。对于限速工况的标定主要是针对每次供油量的控制，即加速踏板油量脉谱（PadOil）的标定，此时的转速高于常规工况的转速，因此需要标定的区域处在转速的高区，主要位于额定转速之上与限速转速的前后。这就是说，限速标定并不是开始于限速工况之后，而是从额定转速后就开始相关了。

（1）转速波动对限速标定的影响

在常规工况下，转速升高达到额定转速时，这一转速依赖一定的每次供油量来维持。但在柴油机实际运转中，转速有一些正常的波动，因此，如果在高于额定转速时设定脉谱油量数据使每次供油量明显下降，则由于转速波动的影响，会造成额定转速时油量供应的不足，这将使柴油机转速难以达到额定转速。我们通过一个例子来具体说明这种情况：设额定转速为 3000r/min，而转速波动为 ±30r/min。如果我们设定当转速大于额定转速后，每次供油量有较多下降，则由于转速波动的影响，会使在平均转速达到额定值后，在向上波动时，供油量就会有较多下降。这会造成转速根本无法达到 3000r/min。因此，在设置与额定转速相邻的更高转速节点的 PadOil 脉谱值时，应通过试验切实保证额定转速的运行性能。要做到这一点，必须实现当柴油机运行在额定转速时，在转速波动范围内，每次供油量没有明显下降。

（2）限速节点的设置和相关标定原则

针对 PadPos 脉谱中的额定转速 A_NeSp 节点，设置一个高于它的转速节点，它与 A_NeSp 的间隔应略大于柴油机在 A_NeSp 转速下运行时向高速方向的波动量。例如：针对 3000r/min 的额定转速 A_NeSp 节点，如果此时的转速波动为单向 50～70r/min，则可以将 PadPos 脉谱下一个节点转速设为 3080r/min，而在这个速度节点上将针对每一个加速踏板开度的每次供油量设为与额定转速时相同。但在这一节点后，每次供油量设置要有稍多一些的下降。

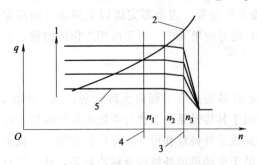

图 5-59　限速工况标定示意图

1—加速踏板开度增加方向；2—负荷曲线；

3—限速转速；4—额定转速；

5—针对一个加速踏板位置的油量线

如图 5-59 所示，我们讨论当转速在 n_1、n_2、n_3 这三条转速线范围内加速踏板油量的标定设置。其中 n_1 代表额定转速，n_3 代表限速转速，n_2 代表高于额定转速波动上限的转速节点。我们的控制目标是：

① 在转速 n_1 时，对于各加速踏板开度，只要实现负载的平稳，柴油机能够稳定运行即可。

② 在转速 n_1 时，如果加速踏板没有踩到底，即油门开度小于 100％，继续下踩加速踏板会造成转速的少量上升，但无法高于转速 n_2。

为了实现控制效果，我们主要控制三个阶段的加速踏板油量标定。

1）由转速 n_1 至转速 n_2 的设置

从好的控制效果方面提要求，我们当然希望最大转速能够稳定在额定转速。但是，柴油机转速的控制很难做到精确稳定，都会有一定的波动（如 3％～5％）。在这种情况下，我们只能希望按照柴油机工作的转速稳定程度，将其最大转速尽可能控制得靠近额定转速。可以通过以下试验方法确定转速 n_2。

① 固定在某加速踏板开度使柴油机运行在额定转速 n_1。

② 设定较大的转速 n_2 节点（如高于额定转速 200r/min），并设定 PadOil 脉谱中对应每次供油量都与转速 n_1 时相同。在 PadOil 脉谱中转速 n_2 之上设定转速 n_3 节点，将转速 n_3 对应的油量都设为较低值。

③ 尝试将 n_2 的值逐渐改小，使它向 n_1 靠拢。当发现当前转速开始减小时，即将转速 n_2 退回到不影响到转速的取值。

④ 针对不同加速踏板开度值（可选择大、中、小三个值试验），确定转速 n_2 的合理取值，最终选择其中的最大值作为转速 n_2 的值。

由转速 n_1 到转速 n_2 的油量设置主要是为了保证额定转速的稳定实现，因此，PadOil 脉谱中针对转速 n_2 节点设置的每次供油量即使比转速 n_1 有减少，也不应减少太多，必须保证能够实现额定转速的稳定运行。

2）由转速 n_2 到转速 n_3 的设置

为了探测转速 n_2 的合理取值，我们将转速 n_3 的油量设置下调到较低值。但真正对转速 n_3 的油量做标定时不能这样简单取值。我们仔细讨论一下这一问题。

当柴油机转速有少量超过额定转速时，由于转速的波动，使其向转速高区波动时进入转速 n_2 之上，如果这一区间的每次供油量设置突然变低，柴油机会很大程度上失去动力，转速会突然下降到额定转速以下。在这里，柴油机会重新获得较大的供油量，转速会开始上升，直到再次超过额定转速，减速会再次发生。柴油机可能进入振荡工作状态。

为了避免上述情况发生，对于转速 n_3 即限速节点上每次供油量值的确定，必须综合满足两方面的需求：一方面必须保证供油量的减小；另一方面要让这种减小不会使柴油机进入明显的工作振荡。从图 5-59 中可看出，对于负荷曲线会随转速上升而增加，而转速 n_2 与转速 n_3 之间的供油量下降趋势会造成柴油机输出转矩下降。如果两种作用的共同结果会造成转速无法继续上升，从而使转速稳定在转速 n_1 和转速 n_2 之间的区间内，则我们的控制目的就达到了。可针对转速 n_3 即限速转速的取值和在转速 n_3 节点上的每次供油量做调整，通过试验确定在这一节点上对油量合理的下拉量。

3）转速 n_3 以上的每次供油量设置

转速 n_3 以上，是实际的主动运行无法到达的区域，但在被拖动的情况下，柴油机可能进入这一区域。在这一区域中，应将供油量尽快降到急速的水准（见图 5-59 中转速 n_3 右边的油量设置），本意是只要维持燃烧不造成熄火即可。此时柴油机实际输出动力会大大下降，将促使其转速降下来。但这种运行已经属于异常状态了，一般是不会出现的。

（3）限速性能标定过程

按上述工作方法，我们通过以下步骤来完成限速工况的标定。

① 确定转速 n_2 和转速 n_3 节点。柴油机运行在额定转速下，通过调整负荷使柴油机稳定在选定的大、中、小三个加速踏板开度，用前面说的方法确定转速 n_2 节点。

在转速 n_2 节点的基础上增加 20r/min 作为转速 n_3（即限速转速）节点。

将加速踏板油量脉谱（PadOil）中转速 n_2 节点下的各加速踏板开度对应的每次供油量值设定为比额定转速时的值（是在常规工况标定时确定的）略低。

将加速踏板油量脉谱（PadOil）中限速转速节点下的各加速踏板开度对应的每次供油量值设定为比转速 n_2 时的值低 20%。

② 针对不同加速踏板开度进行试验。可以将加速踏板开度固定在较低的节点，通过减少测功器负荷使柴油机运行在额定转速。然后继续减小负荷，观察转速的上升情况。

如果转速少量上升（不超过转速 n_2）后即停止上升，则可接受当前的设定。

如果转速上升大于转速 n_2，则需要适当下调在限速转速节点上设定的对应加速踏板开度上的油量值。

如果转速上升后出现失速现象，柴油机将出现时快时慢的振荡式运行，则需要适当上调在限速转速节点上设定的对应加速踏板开度上的油量值，增加加速踏板开度到较大的节点，重复以上试验。

③ 增设转速节点并完成标定。在 PadOil 脉谱限速转速右侧增设 1 个转速节点，间隔为 100r/min。将这个节点的所有加速踏板开度供油量设为怠速时的平均供油量（5mg 左右）。对于比这一速度节点更高转速的供油量，按照取边缘值的原则，都保持为怠速时的平均供油量。

（4）超速性能测试

柴油机在正常运行时一般是不会进入超速工况的。设置这一工况只是为了给转速的上限增加一层保护。对于额定转速为 3000r/min 的柴油机，可将超速转速 A_OverS 设为 3400～3500r/min。对于超速工况的测试试验可以采用降低转速设置的方式做模拟，即将 A_OverS 的值设为一较低的值，例如设为 3100r/min，则会造成运行状况很容易进入超速工况，这会对超速工况的功能做出检验。如果这时操作加速踏板使转速上升超过超速转速，则由于超速工况处理逻辑造成的断油，会出现柴油机熄火现象，柴油机转速随之下降。这又会使柴油机回到常规工况，供油的恢复会使柴油机重新点火并使转速再次上升。这将表现为柴油机运动状态的较强烈的振荡，出现这种情况则说明超速停油机制已在发生作用了，将超速转速 A_OverS 改回原值即可。

5.4.6 对环境要素的调控

在以上的标定工作中，我们没有提到两个重要的油量补偿脉谱的标定。这就是冷却液温度补偿修正脉谱（CWTemCo）和供油提前角的冷却液温度修正脉谱（OiAnCoWa）。冷却液温度反映了气缸内的温度环境。这种温度环境对于燃油的雾化过程和燃烧过程会有影响，我们一般可采用少量调节每次供油量的方法来应对，即当冷却液温度较低时，我们适当多供应一点燃油，且供油提前角也可取得比原来大一点。以此对策来实现与原液温相同的效果。

如果在柴油机冷却液出口安装节温器，柴油机在较大负荷运行一段时间后，出口液温可以稳定在 80℃ 左右。我们一般以此作为一个标准的温度值来完成各类标定，将这一温度点的补偿系数设为 100％。通过采用专用设备对冷却液温度进行调整控制，如果我们能够将冷却液温度控制在 50～110℃ 之间的任一个节点上，我们就可以对 CWTemCo 和 OiAnCoWa 做出标定设置。对于冷却液温度节点的设置不易太多，可每隔 5～7℃ 设一个。即使这样，由于涉及的试验量非常大，等于每针对一个节点要重复一遍前面的所有试验。因此要完整地实现标定试验，时间周期就会较长，成本也会较高。目前在难以实现完整试验的情况下，一般采用少量试验点试验与根据经验和分析的方法来综合确定补偿量值。

如果能够具有对环境更强有力的调控能力，则还可以针对温度、压力、湿度等多种环境因素做调整，从而确定对应参数所需的补偿功能。

例如：使用低温试验室能够完成真正的柴油机低温冷启动试验。当环境温度降到 -30℃ 时，需要借助于特殊设备提供启动补偿功能。目前常用的设备有采用气缸内加热的电热塞和采用对进气进行燃烧加热的启动补偿装置。针对这些低温冷启动设备也需要建立可行的控制策略。

使用对进气状态进行调控的专用设备，通过对进气温度和压力的预置可以实现对高温、高原环境的模拟。在模拟环境下，通过对运行效果的试验验证，可以对柴油机在高温、高原环境的工作质量给出较可靠的结论。

5.4.7　标定工作完成后的数据处理

对某台柴油机的标定工作完成后，最终确定的脉谱和其他数据除了需要保存在 ECU 的存储器中，还需要利用调试与标定软件的功能，另外制成数据文件。在企业生产中，这种文件一方面要用于技术存档，另一方面要用于返回到 ECU 的源程序文件中，并用于再次生成新的执行代码写入 ECU。这种 ECU 可以最终作为所标定柴油机批量生产的部件。

针对一款电控柴油机生成的最终标定数据，实际上是电控柴油机不可缺少的技术构成，也就是柴油机软件中的数据部分。它不仅具有重要的应用价值，还对应着很大的研发成本，是宝贵的技术资源。对这些标定数据的保存、积累、分析和综合，能够对以后此类工作的进行具有很多指导意义。而且，随着标定数据积累的增加，这种指导意义会变得逐渐明确，最终可使标定工作变得有章可循和步骤明确。这对于柴油机制造商而言，无疑具有重要意义。

5.4.8　电控柴油机车辆（初步）标定

对于配装车辆的柴油机而言，都存在柴油机与车辆的配合问题，即根据车辆的行驶阻力特性来调整加速踏板对油量调节的性能，使车辆获得良好的操纵性能。这种动力性能配合方面的标定工作，即使对于传统的柴油机，也是柴油机配装车辆的一项重要工作。

针对柴油机与车辆和车辆相关设备进行的配合调整工作可称为柴油机的车辆标定。当柴油机和车辆设备发展到电控阶段，柴油机的车辆标定涉及了越来越多的项目和越来越深入的内容。本节我们只讨论柴油机车辆标定最基本的部分。

电控柴油机车辆标定的方式与对柴油机做标定时类似。但由于是随车作业，一般使用便携式电脑来连接 ECU，用车上的直流电源通过逆变器为电脑提供电力。

（1）电控柴油机车辆标定概述

由于电控柴油机在国内生产和应用的历史还较短，尽管有的企业已经制定了一些技术规程，但各厂商针对电控柴油机车辆标定的基本范畴还没有统一的规范。我们可根据实际工作中已经面对和处理的问题，对电控柴油机车辆标定工作的内容和目标做出一些描述。

1）电控柴油机与车辆行驶载荷的配合

这一部分的标定工作在传统柴油机中也存在。其主要方法是通过调节柴油机加速踏板特性来使车辆获得较好的操纵性、动力性、经济性。但对于电控柴油机车辆，由于调节的方法变得灵活、自如和全面，因此也更利于获得更细致、更理想的工作性能。

具体地说，所谓操纵性是使车辆便于操纵。例如：当车辆在低速、小载荷时对于油量的变化较为敏感，相对较小的油量改变就会造成运动状态较大的相对改变。这一阶段，一般应该使较大的加速踏板动作对应较小的供油量转变。这样可以改善车辆在启动、低速下的操纵性。所谓动力性是使柴油机能够针对车辆负载充分地发挥自身的动力潜力，而又不至于使车辆构件超负荷。所谓经济性是指能够使车辆在正常使用过程中油耗最低，降低使用成本。

这里有一定标定技巧。例如：同样是某车辆行驶速度，由于变速器挡位不同使柴油机的转速不同，但其中有的转速经济性更好些。可以通过人为限制经济性较差转速点供油量的方式，使驾驶员感觉到经济性更好（这无法直接感受到）的点动力性较好，从而总是习惯性地在该车辆一定行驶速度下使用经济性较好的挡位。

2）电控柴油机与外围设备的配合

ECU 对某些外围设备进行控制。这些外围设备，有的几乎可以认作是柴油机的组成部分（如 EGR 阀、冷却风扇），有的则确切无疑是车辆设备（空调等）。它们中有的设备的运行控制会与车辆的运行情况有关，因此，对于细致的控制策略，就需要考虑这些设备的控制逻辑与车辆运行状态之间的关系。这种与车辆运行相关的控制策略，必须在车辆标定阶段加以实现。以下通过两个实例具体做一下说明。

① 对于 ECR 阀的控制。由于国家针对载重车辆排放指标的限制主要是针对车辆的行驶状态来确定的，因此，在排放指标的控制上，针对一些特定的行驶状态通过调整 EGR 阀开度来追求对排放效果的控制，对于车辆通过国家排放标准的检测具有很实际的意义。因此，对 EGR 的标定是针对车辆的排放标定过程中的重要内容。

② 对于空气压缩机、空调机的控制。这两种设备工作时都伴随着强烈的热交换，这种热交换的强度会对其工作效率造成影响，从而影响其能量消耗。当车辆行驶速度加快时，空气流动的加快会造成热交换强度的变化，从而使由它们工作而引发的额外供油需求量也会有变化。如果对于车辆的这些设备做细致的油量补偿，则应该在车辆运行时通过试验来确定针对不同运行状态下的合理补偿量。这类标定过程对于性能要求较高的车辆很有意义。

3）电控柴油机与其他车辆设备的配合

随着电控柴油机技术的发展和应用，其他的车辆电控设备也在飞速地发展。许多新型的车辆设备日新月异地出现和得到广泛应用。这其中我们所关心的自然是与柴油机控制相关的设备。这些设备无论大小，几乎都代表了现代车辆的主要特征。

电控自动变速器是已经得到广泛使用的车辆设备，常见的有自动（auto tearbox，AT）型和手自动一体（auto manual gearbox，AMT）型两种。电控自动变速器一般都有自己的 ECU 设备。变速器 ECU 工作时必须与柴油机实现互动配合，因此变速器 ECU 与柴油机 ECU 依靠信息通信来保证协调。近年来，柴油机的应用越来越多地与电控自动变速器捆绑到了一起，特别是针对柴油机在轿车上的应用，有观点认为由柴油机和变速器构成的动力总成系统的总体性能才反映了车辆动力系统的质量。

因此，对电控柴油机与自动变速器做出联合性能调整标定，是实现车辆整体动力性能的必要保证。随着由电控柴油机和自动变速器共同实现的动力系统在应用上的增多，这种动力总成标定工作也会有更多的需求。

安全气囊系统是一种对车辆驾驶员和车辆乘员做安全保护的装置，它拥有独立的控制系统。当车辆遭遇碰撞时，其加速度的突然变化使气囊快速充气，人员得到保护。但同时安全气囊控制系统也应将这一信号传递给柴油机 ECU，控制柴油机立即减速并停车。这种过程执行的可靠性也是需要通过车辆运行标定来保证的。

混合动力装置是一种新型的车辆动力设备。它的主要技术意义在于：将柴油机与发电机、蓄电池、电动机构成一个完整的动力系统，可以使柴油机只运行在最佳的工况下。或者说，只需要重点保证柴油机在额定转速下的工作质量为最好。这当然比全工况条件下优化难度要小得多。但是，协调混合动力系统各组成部分的工作配合需要较复杂的控制逻辑，对于混合动力系统在各种车辆行驶条件下的调整是使混合动力系统能够发挥出最大工作效益的关键环节，这也只能通过对电控系统的标定来完成。

（2）加速踏板油量标定

对加速踏板油量的标定可以说是电控柴油机车辆最基本的标定工作，每一种柴油机在配装一种车辆时都要经历这样的标定过程。我们已经了解，电控柴油机的供油量与加速踏板的位置没有固定的联系，只是通过人为设定加速踏板与供油量的相对关系（即加速踏板油量脉谱），来实现实际的供油量调整。

① 具有稳速机制的供油线。柴油机每次供油量是柴油机发出动力大小的基本指标。可以将每次供油量设为加速踏板位置的单值函数，较大的加速踏板开度对应较大的每次供油量。在前面我们对柴油机做台架标定时就是这样做的。但是这样一来，在道路阻力不太稳定的时候，即使加速踏板开度保持不变，车辆的行驶速度仍然会发生波动。例如：阻力越小车辆行驶速度会越快。因为有这种因素，可以设定二维的加速踏板油量脉谱（PadOil）。考虑以下的供油线：图 5-60 中 n 为转速，q 为每次供油量。当油量曲线具有如图所示的变化趋势时，油量的确定不仅仅与加速踏板的位置有关，而是同时与柴油机转速有关。油量线总体上随柴油机转速的上升而呈一种下降的趋势。在图中，为了看得更清楚，将下降的趋势绘制

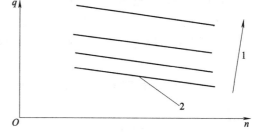

图 5-60　在车辆上使用的油量脉谱示意图
1—加速踏板开度增加方向；
2—针对一个加速踏板位置的油量线

得较明显。这种油量控制策略将使柴油机得到一种特殊的动力控制性能，即稳速性能。我们对此做一下讨论。

当加速踏板位置不动时，如果因为偶然的干扰因素使转速上升，则供油性能会沿一条油量线向右下方移动，每次供油量会减少，柴油机动力输出也会减少。这就会使偶然的因素对转速增加的影响受到扼制使转速不会上升得太多；同样，如果偶然性的因素造成转速下降，则会造成每次供油量的上升，这也会对阻止转速下降起到制约作用。无论哪一种干扰，当干扰消失后，由于动力与负载的平衡作用，工作点都会回到原来的位置。以上是在加速踏板位置不动时自动完成的控制过程，是图 5-60 中所表示的供油特性所带来的控制效果。我们将这种供油特性称为自稳式供油特性。在道路行驶车辆中，自稳式供油特性能够提供较稳定的操作性能。

② 供油规律的确定。在使用自稳式供油特性时要注意两方面的问题：一是供油线与水平线的夹角大小要合适。过小无法产生明显的稳速效果，过大反而会造成转速的振荡。供油线与横坐标最适宜的夹角要在车辆标定中通过试验来确定。针对不同的道路状况，这种试验的结果是有差异的，因此必须根据车辆的实际使用条件做出取舍。二是沿加速踏板开度增加方向的供油等增量线之间的距离。如图 5-60 中所示，等增量线距离一般都不是常数，而是呈一种递增的变化。这种递增变化可以达到 3 次方到 4 次方的效果，即当转速不变时，可以有：

$$A\_InjOilMo \approx C_1 + C_2 \times A\_Pedal^{3\sim4}$$

式中，C_1 和 C_2 都是常数。

这种油量与加速踏板开度间的关系具有很大的实用意义：踏板开度较小时，对应的是车辆在低速下的操作，这时我们需要的是对供油增量更细致的调整功能，即较大的操作动作幅度对应较小的改变量。这种关系使得车辆低速下的操作变得比较容易，对于高速区的加速性也会有很好的表现。

（3）其他的车辆标定问题

电控柴油机车辆标定还涉及许多其他范畴。只对其中较常规的部分做简单介绍。

① 排放标定。电控柴油机车辆排放标定主要是为了使车辆能够通过国家关于车辆排放的标准检验。因此，柴油机排放标定必须满足国家现阶段的排放要求。

在排放标定过程，通过针对工况状态对某些控制参数做出调整，可以对排放状况造成影响。对于类似实例中的柴油机，主要的调节参数是供油正时和 EGR 阀开启目标位置。通过对供油正时的调节，可以影响排气的烟度、一氧化碳和氮氧化物的含量等，也会影响到燃油消耗。而对 EGR 阀开启目标位置主要会影响氮氧化物的含量和排气的烟度等。通过调整和标定，可以找到最佳控制量的标定值。

② 车辆的"三高"标定。我国地域辽阔，气候状态针对不同地域差异很大。为了使车辆能够有更大的地域适应性，必须选择各种极端的气候条件对车辆进行试验和标定，以使车辆能够满足广泛的市场要求。

"三高"试验是指高寒、高温、高原条件下进行的试验，在这些试验中对柴油机的控制参数做出标定的过程就是"三高"标定工作。从柴油机工作的环境影响因素来看，高寒、高温主要影响的都是柴油机的进气温度，在同一海拔高度下，当然也会影响到进气量，但其主要影响的还是气缸工作时的物理环境。

高温、高寒也会影响柴油机的燃烧室工作温度。当气缸温度过低或过高时，会对燃油的汽化、扩散、混合、自燃起火和火焰扩散过程都造成影响，这种影响使在常温下确定的一些柴油机工作控制参数（如供油提前角等）显得不能适应。另外，高寒条件会对柴油机启动性能造成影响，因此，高寒试验一般都包括柴油机低温冷启动的内容；而高原条件下主要表现是空气稀薄，进气压力（这里说的进气压力是指压气机进气口的压力）较低，影响的是实际进气量，这也会对启动和运行效果造成影响。

由于"三高"条件在普通试验室中难以实现或成本较高，因此生产厂商常常不选择试验室方式。目前国内车辆的"三高"试验往往在一些特殊地区进行。有些地区（如新疆吐鲁番、青海昆仑山口、黑龙江黑河等）由于具备典型试验气候条件，甚至会出现试验队伍云集的现象。无论是试验室中试验还是"三高"地域现场试验都是为了创造特殊的环境条件，以完成车辆的控制参数标定和运行试验。

从这种意义上说，在"三高"试验中需要完成的工作都是根据输入参数（进气温度、压力、冷却液温度等）调节控制参数（主要是供油正时、空燃比脉谱、启动油量等），来实现最优的控制效果。当然，如果发现现有设备在其性能范围内无法满足需求，则应考虑更换设备。例如：如果在高原条件下发现涡轮增压器无法提供柴油机正常工作需要的基本供气量，则需要选择更合适的涡轮增压器。

对于柴油机电控系统而言，"三高"标定只是能够设法找到当前设备在极端条件下的最佳控制参数。如果实现的最优效果仍无法满足产品性能需求，则只能从改进设备固有性能的技术策略上想办法。这是任何控制系统影响工作性能时都会受到的一个基本制约：只能将工作潜力开发或发挥出来，却不能直接增加任何基本工作能力。在对电控系统调整时应切记这一点。

第 6 章

电控柴油机使用与
维护保养要点

随着柴油机电控技术日益发展，电控柴油机的适用范围越来越广泛，与传统的机械喷油柴油机相比，电控柴油机使用与保养更具有特殊性和复杂性，这给电控柴油机的使用者、维修保养者带来了很多新的课题。因此，对电控柴油机的使用维修人员而言，掌握一些电控柴油机的使用维修保养知识是必要的，且也是必需的。

6.1　电控柴油机的使用保养要求

6.1.1　柴油机使用维修的基本原则

柴油机的使用保养是柴油机运行过程中必不可少的工作。无论是过去的机械喷油柴油机，还是电控柴油机，保养工作的好与坏，都直接关系到柴油机的运行可靠性及使用寿命。不同的型号的或不同厂家生产的柴油机，由于其设计理念和使用状态的不同，对使用保养的要求也有所不同，但下列一些基本原则是通用的。

（1）树立"三分质量、七分保养"的观念

这是柴油机使用者应该拥有的基本理念，无论什么质量的柴油机，如果保养工作不到位，柴油机就不可能发挥其应有的作用，有时还可能成为使用者的累赘。

（2）机油质量等级优先原则

柴油机使用的机油，具有润滑、散热、清洁、密封等多项功能，如果质量不好，不仅不能起到这些作用，而且还可能造成柴油机的异常损坏。柴油机机油选用的一般原则是：

① 机油质量等级。根据该柴油机使用说明的要求选用相应质量等级的机油，可以选用比说明书要求的质量等级更高级别的机油，但通常情况下绝对不能选用低于该级别的机油，也就是说：如果柴油机使用说明书规定为 CG 质量等级的机油，就只能选用 CG 级以上的机油（比如 CH、CH-4、CI 等等），但绝对不能选用 CF（或 CE、CD）级的机油，这一点尤为重要。机油的质量等级是表示机油是否"高级"的最主要的指标。

② 增压柴油机。增压柴油机应该选择更高一级的机油。

③ 机油黏度等级。根据柴油机使用的环境温度选用机油的黏度等级，如在环境温度变化范围在 $-15\sim+40℃$ 内，可以选用高低温混合用机油（比如 15W/40）。

特别提示　　机油的黏度等级只是表示机油适应的环境温度，与柴油机的增压或非增压没有必然联系，这个指标也不代表机油是否高级。

④ 合成机油与矿物机油。至于是选用合成机油还是矿物机油或半合成机油，没有明确规定，只要机油的质量等级满足使用要求，就可以随意选用，通常是矿物机油的换油周期要比合成机油的换油周期更短一些。

特别提示　　不同品牌的机油可以互换使用，但一定不能混合使用。

（3）"三滤"质量优先并定期更换的原则

柴油机的三滤（空气滤清器、机油滤清器、柴油滤清器）是柴油机的综合过滤器，只要其中一项出现问题，就会给柴油机带来不良后果。

① 空气滤清器。如果空气滤芯质量不好，会造成柴油机缸套活塞的早期磨损，其损失远远大于更换几个空气滤芯的费用。

② 柴油滤清器。很多人认为，柴油是很干净的，用不着太好的过滤装置。这种观点是非常错误的，殊不知柴油中含有大量粉尘、杂质，如果使用了劣质柴油滤芯，就可能过滤不掉这些粉尘和杂质，就会对柴油机的供油系统精密偶件（如电控喷油器等）造成严重损坏。

柴油滤芯的质量对于单体泵及共轨系统等高压喷油系统来讲更是致命的。因此，选用质量上乘的柴油滤芯是非常必要的。

特别提示　柴油中的另一项不利成分就是水分，虽然总体含量不高，但久而久之，其危害也不可小视。目前，柴油机一般都安装有可以分离水分的柴油滤清器（也称为油水分离器），由于其价格相对较高，很多使用者都将其弃之不用，这样做的结果可能就是该柴油机的供油系统（特别是高压系统）经常损坏。

因此，如果一台柴油机的供油系统精密偶件（如电控喷油器）经常损坏，就到了应该仔细检查一下柴油滤芯质量的时候了。

③ 机油滤清器。机油滤清器的质量也是非常重要的，劣质机油滤芯可能导致机油过滤不干净、机油滤芯爆裂、机油滤清器外壳被吸瘪等故障，轻者造成轴瓦、缸套活塞拉伤，重者可能导致烧瓦抱轴（抱缸）等严重故障，甚至可能造成柴油机报废的严重后果。

（4）柴油的使用

电控柴油机对柴油的清洁性要求很高。因此，在使用过程中尽可能使用符合国家标准的柴油，绝对不能贪图价格便宜而去一些无名加油站加油。这方面的教训很多及非常深刻。有些车辆就因为一次加油不慎而导致所有电控喷油器损坏。

（5）坚持柴油机定期维护保养的原则

柴油机生产制造商一般都对柴油机的使用保养要求规定了最低标准，作为柴油机使用者来讲，应该无条件地予以执行。条件许可时，还应提高使用保养的标准，这些做法对柴油机只有好处而没有坏处。

综上所述，柴油机的使用及日常保养工作非常重要，只要真正做到"三分质量、七分保养"，柴油机就会为我们创造最大的财富和更多的经济效益。

6.1.2　电控柴油机使用保养的一般要求

（1）电控单元的日常维护注意要点

柴油机电控元件和线束一定要保持干燥、无水、无油和无尘。电喷共轨柴油机的日常维护应注意以下几点：

① 拔插线束及其与传感器或执行器连接的插件之前，切记应首先关掉点火开关、电源总开关，然后才可以进行柴油机电器部分的日常维护操作。

② 关闭之前，应首先关闭点火开关。因为电子控制单元（ECU）在点火开关断开后，需要一段时间存储柴油机的运行状态参数，建议在关闭点火开关 10s 后再断开电源总开关；接通电源和点火开关时，应先接通电源总开关，然后再接通点火开关。

③ 电控燃油喷射系统的正常工作电压范围是 18～34V，但蓄电池电压应尽量保持在 22～26V 之间。

④ 严禁用水直接冲洗柴油机电控部分的零部件，当电器部分意外进水后，例如控制单元（ECU）或线束被水淋湿或浸泡，应首先切断电源总开关，并立即通知维修人员处理，不要自行运转柴油机。

⑤ 定期用清洁软布擦拭柴油机线束上积累的油污与灰尘，保持线束及其与传感器或者执行器的连接部分的干燥清洁；对国Ⅲ机维修后，例如更换高压油管或排净空气后，应立即将油泵接插件上溅到的油用软布吸干。

⑥ 所有的接插件都是塑料材料，安装或拔出时禁止野蛮操作，一定要确保锁紧定位装置插到位，插口中无异物。

⑦ 注意维护整车电路，发现线束老化、接触不良或外层剥落时要及时维修更换。但对于传感器本身出现损坏时，一定要有专业的维修人员进行整体更换，不能自行在车上简单对接或维修。进行电焊作业时，一定要关闭总电源并拔掉 ECU 上所有插头。

（2）燃油系统的日常维护注意要点

① 相对传统的机械式燃油系统而言，电控共轨燃油系统对燃油的清洁度与含水量有很高要求。不清洁的燃油会使共轨产生穴蚀，也会使泵油元件和喷油偶件因受到磨损而缩短使用寿命。因此对电控燃油系统维护保养时要特别注意操作现场的清洁。

② 在日常的维护保养中要定期更换燃油滤清器及油水分离器。

③ 不要加注不符合国标的燃油，应该到正规的加油站进行加油。由于国内油品整体水平不高，水分和杂质较多，用户应该定期放出油水分离器中的水分。

④ 所有的燃油系统管路在拆装过程中要妥善保管，避免脏污。严禁在柴油机运转时拆卸高压油管，因为此时高压油管中的油压很高，所以一定要停机静置 15min 以上才能拆卸油管，以确保安全。

⑤ 磨合期保养及以后保养必须使用柴油机生产厂家认可的国Ⅲ机型专用柴油滤清器滤芯，否则容易造成高压泵、喷油器及共轨损坏。

⑥ 柴油滤芯更换周期：每运行 15000km 或累计运行 300h 更换一次。更换滤芯的方法：用专用工具将滤芯（筒）从柴油滤清器支座上拧下，用力要均匀，以免挤压变形；检查新滤芯的密封圈是否完好；不允许往新滤芯中灌注柴油；更换柴油滤芯后要按用户手册的要求打手油泵排空。

（3）带油水分离器功能的柴油粗滤器的使用要求

柴油机电控高压共轨系统部件对燃油的含水量比较敏感，这是因为：

① 燃油中含水量太多可能造成燃油系统零部件的锈蚀。

② 燃油中含水太多可能造成润滑不良而导致精密偶件磨损。因此，必须在油路系统的油箱至输油泵之间安装带油水分离装置的燃油粗滤器（如图 6-1 所示），并定期维护保养。

对带油水分离功能的燃油粗滤器的基本要求如下：

① 对含水 2％的乳状燃油，在最大流量工况时的分离效率要达到或高于 93％；

② 自带手油泵；

③ 滤清器的储水能力取决于燃油消耗量和燃油质量，最低容量不低于 200mL；

④ 流量必须大于 370L/h；

⑤ 更换里程或时间：10000～12000km 或 200～250h，以先到为准；

⑥ 燃油精滤器必须具有过滤 $5\mu m$ 的颗粒达到 95％的能力；

⑦ 必须定期对油水分离器的放水阀进行排水工作，如图 6-2 所示。

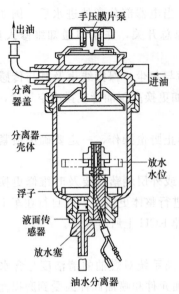

图 6-1　带油水分离的燃油粗滤器

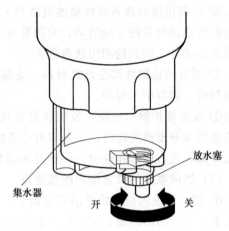

图 6-2　油水分离器放水

6.1.3　电控共轨柴油机使用操作要求

（1）柴油机的启动要求

① 启动柴油机前请检查油箱是否缺少燃油，否则会损坏燃油输送泵。

② 启动柴油机时，请不要踩加速踏板或反复踩加速踏板，否则会使柴油机无法启动。

③ 启动时，将钥匙转到第二挡接通 ECU 电源，ECU 将自动对所有传感器、喷射通道等进行检测，时间约为 6s，此时故障指示灯会点亮，在此期间不要启动柴油机，若检测没有发现故障则故障指示灯熄灭，可以正常启动。

④ 行车过程注意各种仪表、指示灯是否正常，故障指示灯常亮时，说明柴油机处于故障运行状态，请及时就近修理，否则会造成更大故障。

⑤ 启动后冷却液温度低于 60℃时，ECU 会限制柴油机的最大负荷，此时动力不足属正常现象，车辆起步前建议先进行怠速预热。

（2）电控系统的保养与维护

① 电控系统的一般检修禁止擅自拆卸与 ECU 连接的电器、连接插座、与 ECU 冷却器连接的油管及与 ECU 冷却器连接的传感器。当 ECU 出现故障时，应及时与当地福田公司服务站联系，禁止私自拆卸、维修、更换。

② 禁止开启 ECU 盖板，否则易造成 ECU 损坏，ECU 内没有可修复的零件。

③ ECU 应通风良好、远离热源，严禁有覆盖物，避免出现长时间积灰现象；否则会影响 ECU 的散热。

④ ECU 应避免行车中的泥水飞溅、砂石撞击；避免腐蚀性液体接触 ECU 以及控制线束。

⑤ 使用无线电发射设备时请远离 ECU，车辆在电磁波密集区域可能会运行不正常（如电视信号发射塔附近），此种情况极少发生，远离该区域即可解决。

⑥ 拆卸导线连接器时，要松开锁卡或按下锁卡，装复导线连接器时，应插到底并锁止。

⑦ 在进行车辆检查时，应防止撞击、拉扯、磨损、划伤传感器、喷油器电磁阀等电子

元器件,严禁浸水、浸油等,不要敲打、磕碰共轨系统各部件。

⑧ 禁止打开线束的保护波纹管,应防止拉扯、划伤以及过度弯曲线束等,禁止对电器线路进行一切非法改装。

⑨ 电控柴油机在使用中常出现的故障往往是线路接触不良、脱落引起的,所以要保持各接线头、接线柱的清洁和接触可靠。

⑩ 其他要求。对共轨柴油机而言,除了上述的使用维修要点外,还应注意以下几点:

a. 对燃油系统进行维护前,应拆去蓄电池搭铁线,以免损坏机件。

b. 由于电器线路复杂,检查、排除故障切勿粗心大意,没把握不要轻易拆卸,否则可能造成新的故障。

c. 保养柴油机时,若拆卸电喷系统各电线接头、检查电子控制系统、拆卸 ECU 及各类传感器和拔插各类插头,应该先将点火开关关闭,不允许在点火开关接通或柴油机运转的情况下,随意断开蓄电池和控制电路中的任何一根连线,否则会出现人为故障码而影响使用,且极易造成 ECU 烧毁。

d. 不允许在不装蓄电池的情况下,用外接启动设备启动柴油机,以免使电控系统损坏。

e. 给车辆蓄电池充电时,需拆下蓄电池,安装更换蓄电池时请注意正、负极并确保点火开关或其他用电设备处于关闭状态,否则会损坏电控系统。

f. 在车身上实施电弧焊作业时,应该先断开蓄电池的正负两个电极线接头,防止感应脉冲电压损坏电子元器件。

g. 用本车蓄电池帮助其他车辆启动时,一定确保点火开关处于关闭状态或拆开蓄电池两个电极线接头,否则会因瞬时电压过高造成本车 ECU 损坏。

h. 严禁用水冲洗柴油机和电控元件。

i. 电控系统的任何一根线束不得加装其他用电设备。

j. 在蓄电池亏电或电源断路的情况下,禁止使用反拖的方法启动车辆。

6.1.4　电控柴油机的综合使用注意事项

① 请到正规的加油站加注符合标准的清洁柴油,绝对不能贪图便宜加注劣质柴油,一次加油不当就可能使柴油机燃油系统出现异常损坏,结果往往是得不偿失。因为劣质柴油中的杂质和水分会造成柴油机燃油系统精密部件(如电控喷油器等)的锈蚀、划伤和损坏,造成不必要的损失和麻烦。

② 在柴油机运行过程中,共轨系统中的柴油压力可达 160.0～200.0MPa,此时,不要随意拆卸高压油管或共轨管上的相关零部件,以免造成人体伤害。

③ 应该定期检查油水分离器并清除积水,防止其进入共轨系统中。

④ 喷油器回油管接头为塑料件,易断裂,车辆使用维修过程中不要碰撞或拉扯回油管。

⑤ 为防止空气进入燃油管路,燃油箱内燃油不能用空后再补充,若燃油管路有空气应通过油水分离器处放气螺栓进行油路放气,不得采用拆开共轨系统的方法放气。

⑥ 非专业人员不得拆卸高压泵与喷油器之间的高压油路部件,拆卸不当会造成连接件螺纹密封不严,使零件报废。

⑦ 带涡轮增压系统的电控柴油机,以下五项操作在车辆使用过程中必须严格执行,否

则可能会对柴油机的增压系统造成异常损坏。

    a. 柴油机启动后应怠速运行 1~3min；

    b. 柴油机不能启动后立即加速或轰车；

    c. 柴油机熄火前，必须怠速空转 1~3min，怠速空转时间不宜过长，非紧急情况严禁高转速熄火；

    d. 增压器系统属于精密产品，严禁私自拆卸，出现故障应到专业维修站维修；

    e. 严禁采用"加速-熄火-空挡滑行"的操作方法。

6.1.5 燃油系统排空（气）方法

    燃油系统排空前要对油路整体流向有所了解，以下是电控柴油机常用的燃油系统排空方法（如图 6-3 所示）。

    （1）电控单体泵系统

    在燃油油路中的燃油被抽空，或需更换燃油滤清器、预滤器或油管等情况下，有空气进入油路时，必须将空气完全排出，否则柴油机难以启动。排空步骤和注意事项如下：

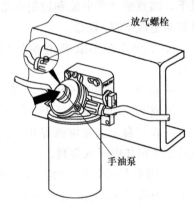

图 6-3　燃油系统手油泵及放气螺栓

    ① 将燃油滤清器顶部的放气螺栓拧松，用粗滤器上的手油泵排空（如图 6-3 所示），直至燃油滤清器内充满燃油，放气螺栓流出的燃油不再带有气泡为止，然后上紧放气螺栓。

    ② 将单体泵泵室顶部的放气螺栓松开，用手泵排空，直到将单体泵泵室充满燃油，没有气泡冒出再上紧放气螺栓。

    ③ 将各缸高压油管连接喷油器的接头松开，以手泵将高压油管中的空气排出，直至燃油流出再上紧接头。

    ④ 排空完成后，将流在柴油机和车架上的燃油擦拭干净后才能启动柴油机。

特别提示

            禁止以启动电机拖动柴油机的方法来排空。

    在排空的过程中应避免燃油溅到排气管、启动电机、线束（特别是接插件）上，若不小心溅到，则须将燃油擦拭干净。在排空操作的过程中必须保证燃油免受污染。

    严禁在柴油机运转时拆卸柴油机的高压油管，由于高压油管内的压力高达 180.0MPa，同时高压油管内的压力有一个保压延时，因此要在停机 30s 后才能进行拆卸油管的操作，确保安全。

    （2）共轨系统

    将柴油精滤器的出口过油螺栓清洗干净，拧松该过油螺栓至有油流出（不要拧掉），按压手油泵，至拧松的精滤器出口过油螺栓处不再有气泡冒出为止，然后扭紧该过油螺栓即可。最后注意清理排空时流到柴油机和车架上的燃油。

    注意：请关掉柴油机电源后再排空，不允许拧松高压油管螺母进行排空，高压部分的排空是高压油泵运行时自动将空气排回油箱内。

6.1.6　新柴油机的磨合要求

无论是机械喷油柴油机还是电控柴油机，也无论是新的还是大修后的柴油机，在正式使用前须经 50～60h 磨合运行，方可投入全负荷使用，以改善柴油机各运动部件的工作状况，提高柴油机的运行可靠性和使用寿命。

磨合应视柴油机的用途和使用环境的不同，来考虑具体磨合方案。原则上随着磨合时间的增加阶段逐步提高柴油机的转速和负载，在整个磨合期内负荷以 12h 标定功率的 50%～80%、转速不大于标定转速的 80% 为好。但在磨合的开始阶段空运转或过小负载情况下的运转时间不宜太长。当更换缸套、活塞、活塞环、连杆轴瓦和主轴瓦等部件后也需要进行适当的磨合运行。

(1) 柴油机的磨合要求

柴油机新机投入使用后，在一段时间内必须按照使用说明书或厂家的要求，对柴油机进行磨合运行。柴油机的磨合时间与柴油机型号、用途和使用环境有直接关系。厂家给出的磨合要求一般是在理想状态下的最低要求。因此，在实际使用过程中，用户可以根据厂家的最低要求自我制订磨合时间。柴油机使用初期磨合到位，不仅可以有效延长柴油机的使用寿命，而且还可以有效地降低柴油机的机油和燃油消耗。车用柴油机的磨合参考时间见表 6-1。

表 6-1　车用柴油机的磨合要求［某些（R425）电控柴油机数据］

行驶里程/km	载荷	柴油机转速/(r/min)
0～200	空载	不超过额定转速的 50%
200～800	不超过额定载荷的 50%	不超过额定转速的 50%
800～1500	不超过额定载荷的 75%	不超过额定转速的 75%
1500～2500	满载	不超过额定转速

(2) 柴油机磨合注意事项

① 首保要求。汽车行驶 3000km 或一个月时（里程表读数或月数，以先到达者为准），必须更换机油，并更换机油滤芯总成。不进行首保，将会严重影响柴油机使用寿命或导致柴油机早期损坏。

② 在柴油机的磨合期内，要严格按照柴油机使用说明书的规定进行维护保养，定期更换润滑机油，检查紧固螺母的锁紧状况，检查和排除漏油、漏气等现象。对柴油机的工作状况、有无异响、烟色有无异常、润滑机油是否变质和短缺、各种仪表指示是否正常等等都应仔细观察和注意，发现异常情况必须立刻排除。

③ 柴油机运转过程中常常会因为一些小的故障未能及时排除而酿成较大的机械损毁事故。因此，必须随时观察和排除柴油机运行过程出现的问题，防患于未然。

④ 柴油机的磨合运行很重要，如果磨合运行不到位，柴油机在今后的运行中，将不可避免地出现早期损坏、油耗高、动力不足、冒黑烟等严重故障。因此，柴油机的磨合运行期是非常重要的，绝对不是可有可无的，必须认真对待和严格执行。

⑤ 柴油机装在汽车上磨合运行时，应在一、二级公路上行驶，尽可能不在条件差的路面（尤其是在沙滩或灰尘较大的区域）上行驶。

6.1.7　电控柴油机油料的选用要求

电控柴油机与传统柴油机相比，对油品的使用要求更为严格。简要介绍如下。

（1）柴油的选用

柴油含硫量的高低直接影响柴油机的排放，柴油机使用的柴油含硫量应低于 0.05%；柴油机使用的柴油应根据环境温度情况来确定牌号，在冬季气温低的环境下，应使用低凝固点的柴油，夏季则反之。柴油机加注燃油时应特别注意，可按表 6-2 的推荐选用（例如：环境温度为 −27℃ 时，应选用 −35 号柴油）。

表 6-2　电控柴油机燃油的选用要求

柴油牌号	0#	−10#	−20#	−30#
十六烷值	50	50	45	43
凝固点/℃	0	−10	−20	−35
使用气温（环境温度）/℃	>4	>−5	>−14	>−29

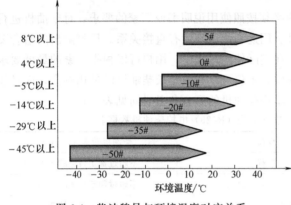

图 6-4　柴油牌号与环境温度对应关系

注意：柴油必须保持高度的清洁，不被灰尘杂质所污染，柴油注入燃油箱前应静置 72h 以上并取用上层柴油，这对防止喷油泵柱塞早期磨损极为重要。

（2）机油的选用

为确保柴油机的正常运行和寿命，改善柴油机的排放，柴油机、增压器采用的机油应为专用的 CF-4 以上级别的机油。根据气温情况选用以下牌号柴油机机油（如图 6-4 所示）：

使用地区	寒冷地区（全年）	一般地区（全年）
机油牌号	SAE5W/30	SAE15W/40

合适的机油黏度等级是根据柴油机冷态时最低的外界温度和柴油机运转时最高的外界温度来确定的。

使用表 6-3 中最低温度栏的数据，以确定启动一台"冷透"的柴油机所需的机油黏度。使用表 6-3 中最高温度栏的数据，以选择预期最高的运转温度的机油黏度。

表 6-3　润滑油适用工作温度范围的选择

API CF-4、CG-4、CH-4	环境温度/℃	
	最低	最高
SAE0W/20	−40	10
SAE0W/40	−40	40
SAE5W/40	−30	40
SAE10W/30	−20	40
SAE15W/40	−10	40
SAE20W/50	0	50

6.2　电控单体泵柴油机的使用保养要求

电控单体泵柴油机的使用保养大同小异，现以某型（CA6DE3）电控单体泵柴油机为例，简要说明如下。

6.2.1　电控单体泵柴油机的操作要点

（1）启动前的准备

① 检查柴油机各部分是否正常，各附件连接是否可靠，并排除不正常的现象。

② 检查电启动系统：重点检查电路接线是否正常，蓄电池电量是否充足等。

③ 检查油底壳和喷油泵总成内的机油面高度，油面不应低于油标尺上下限标记的中线。

④ 检查燃油箱中的存油量并打开燃油箱开关，使柴油流向输油泵；必要时利用输油泵排尽燃油系统中的空气。

⑤ 检查冷却系统：重点检查风扇皮带的张紧度和冷却液是否充足，必要时加注冷却液和更换风扇驱动皮带。

⑥ 带有动力助力泵的柴油机，应检查助力泵是否有足够的循环油量，切不可空转，助力泵进油口处的吸油真空度不得高于 0.02MPa，吸油管路不允许漏气。

⑦ 对新机或停放 5 天以上未用的柴油机，启动前应先点动启动开关而使柴油机曲轴转动 3～5 转（圈）。

⑧ 对于平时停放作为应急用的柴油机，为便于在急用时能迅速启动运行，在停放期内，每隔 3～5 天应启动试运行一次，至水、油温度达到 60℃以上为止。

（2）柴油机的启动

启动前的准备工作完成并确认符合要求后，才可以启动，启动时离合器应脱开，启动步骤如下。

① 转动锁式点火开关（如图 6-5 所示），启动柴油机。

正常启动：

0 位——无工作电压；

1 位——充电指示灯①、油压指示灯②亮；

2 位——起动机开始工作。

冬季启动：

0 位——无工作电压；

1 位——指示灯①～③亮，柴油机预热，直到预热指示灯③闪烁（最长 30s），启动准备就绪；

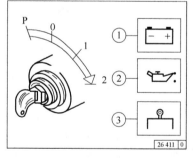

图 6-5　柴油机点火启动开关

2 位——启动。

注意： 每次接通时间不应超过 5s，以保护起动机的蓄电池；每次启动失败后，应停 60s 再行启动。如果连续 3 次失败，应查明原因排除故障后再行启动。柴油机一经启动，应立即将锁式开关转回原位。

对于增压柴油机，由于采用增压器，所以每次启动后要怠速 3～5min，使机油泵工作正常并建立必要的机油压力。

② 柴油机启动后，应立即通过仪表板上的油压报警灯和机油压力表检查机油压力，如有异常，必须查明原因，排除故障后才能继续运行或投入工作。

③ 柴油机启动后，怠速运行 3～5min，严禁启动后立即加速或轰车。

④ 冬季启动，可按动空气预热按钮预热进气系统，但不得超过 40s。

（3）柴油机的冷启动

① 低温启动装置功能介绍。目前生产的"低温启动型"系列柴油机主要采用进气预热的方式提高柴油机的低温启动性能。某型（CA6DE3）电控单体泵柴油机所采用的进气预热方式有2种：

a. 点燃柴油对进入柴油机进气管的冷空气进行加热（火焰预热器加热）；

b. 采用电加热的方式对进气预热（PTC空气加热器加热）。

现将2种加热器的使用方法简要介绍如下：

a. 火焰预热装置　火焰预热装置通过点燃喷入进气道的柴油对进气进行加热。当柴油机内冷却水的温度低于0℃时，本装置即自动启动。驾驶员在启动柴油机的过程中，先把点火钥匙置于预热挡，约26s后，预热指示灯关闭，驾驶员就可以启动柴油机了。

b. PTC空气加热器　PTC空气加热器是将电能产生的热量事先储存于加热器中，启动时热空气首先进入气缸，使柴油机顺利启动。当驾驶员要启动柴油机的时候，先按下预热开关，6min后，蜂鸣器开始鸣叫，说明预热器加热完毕，驾驶员就可以把预热开关复位，然后开始启动了。

② 冷启动相关配置件说明。某型（CA6DE3）电控单体泵柴油机安装有空气加热器。为保证低温启动性能，要求整车机油、柴油以及蓄电池等备品按相关要求配置。具体要求见表6-4。

表6-4　某型（CA6DE3）电控单体泵柴油机冷启动相关配置说明

配置件	技术状态
火焰预热塞	额定电压24V,额定电流10～11A;油耗12～16mL/min(0.05MPa);加热26s热管头部温度950℃;柴油机水温低于0℃时进入工作状态
PTC空气加热器	额定电压24V,功率6kW;可选择开关式工作状态
启动电机	输出扭矩≥56N·m/(850r/min),电流≤700A;输出扭矩≥47N·m/(1200r/min),电流≤600A;额定功率6.0kW;形式为直联电动机
蓄电池	135A·h低温蓄电池或180A·h常温蓄电池
机油	5W/30,CF级柴油机油
柴油	应使用−35♯或更高牌号的柴油

特别提示　表6-4所示的配置是保证柴油机可以在−30℃环境下顺利启动的关键因素，所以使用者及维修人员在更换相关配件时，必须按原机状态购买正品配件并正确安装使用。在加注柴油和更换机油时，必须满足表6-4要求，同时还需保证蓄电池电量的充足。

③ 注意事项。

a. 火焰预热器上的火焰预热塞为易损件，正常使用400～500次，即2年左右。所以望广大用户定期检查预热塞的工作状态。如启动过程中预热塞正常工作，则其外露部分温度应明显高于其周围零部件温度（凭手感）。如出现异常情况，可能是热管电阻丝熔断，可更换预热塞。

b. 每次启动后要注意给蓄电池充足电，以备下次顺利启动。

c. 在柴油机较长时间（24h以上）未启动的情况下低温启动时，启动前应用输油泵手动泵油若干次，同时要把柴油滤清器滤罐内残留空气放出，使油路通畅，以便顺利启动。

④ 柴油机的运转。

　　a. 柴油机启动后，不应立即进行全负荷运转，应当依次使柴油机在低速和中速时空载运转加热。

　　b. 运转时，应经常注意机油压力和冷却水温度。当水温 60℃ 以上，机油温度 65℃ 以上时，方可满负荷运转。正常工作时，机油压力应在 0.2～0.5MPa，冷却水出口温度控制在 95℃ 以内。

　　c. 经常倾听柴油机运转时有无不正常响声，如发现，应立即停车检查，找出原因后允许再次启动和运转。

　　d. 经常注意各油路、水路连接处的密封情况；如有泄漏，应立即处理，以防浪费和污染环境，同时应及时补充油或水。

　　e. 新机或大修后的柴油机，需中、低速轻载磨合运行 2000km 后，才允许全负荷使用。

　　f. 喷油泵在柴油机出厂前已调整并对各限位螺钉进行了铅封，用户使用中不得随意拆除铅封进行调整。在运行中，严禁加速—熄火—滑行—挂挡后用离合器启动柴油机。

　　⑤ 柴油机的停机。电控柴油机停机运行时，应注意以下几点：

　　a. 柴油机停车时，必须逐渐降负荷、降速至怠速，空转 5min 再行停机，不是紧急情况严禁高速停车，以防涡轮机的高温传至浮动轴承和压气机密封圈，引起增压器故障。同时应注意怠速时间不宜过长（一般不超过 20min），过长则容易造成漏油。

　　b. 在气温低于 5℃ 时，若不使用防冻剂，应及时放净冷却水，以防冻裂机件。

　　c. 每次停机后，必须及时排除在运转期间发现的故障，并进行必要的检查。

　　d. 柴油机如长期不使用，必须做好清洁工作，并进行必要的油封，以防生锈。

　　⑥ 柴油机的磨合。新的或大修后的柴油机，必须经磨合后，方允许全速全负荷运行。在汽车上磨合的行驶里程为 2500km。

　　其中：0～200km，空车运行，时速不得大于 40km/h；200～1500km，载荷不大于 3t，时速不超 60km/h；1500～2500km，载荷不大于 3t。

　　磨合期间应在行驶至 500km、1000km 及 2500km 时，分别更换一次机油，并清理空气滤清器的滤芯和灰盘。

　　磨合期结束时，应重点进行下列相关工作：

　　a. 清洗柴油机油底壳和机油收集器（油底壳内）滤网，更换机油和机油滤清器；

　　b. 检查气门间隙，必要时予以调整；

　　c. 检查进气系统（包括进气管、空气滤芯等）的密封、清洁状况及相关螺栓、接头的紧固状况，必要时予以修复；

　　d. 检查各驱动皮带（如风扇驱动皮带、发电机驱动皮带等）的松紧程度，并适当调整；

　　e. 检查排气系统，重点检查涡轮增压器、排气歧管等相关密封部位的密封性和螺钉、螺母的紧固性，如有密封不严或松动情况，应予以紧固或更换密封垫。

6.2.2　电控单体泵柴油机的维护要求

　　（1）严禁在使用中拆除节温器

　　柴油机在使用过程中，如果没有节温器，将可能出现下列两种情况：一是当需要冷却液做大循环时，由于部分冷却液进入小循环，导致柴油机过热运行；二是当需要冷却液做小循环时，由于部分冷却液进入大循环，会使柴油机升温过慢或过冷运行。两者对柴油机的使用寿命极为不利。

（2）检查燃油电磁阀是否正常

如果该电磁阀损坏，则电磁阀处于关闭状态，柴油机将无法启动。当确认燃油电磁阀损坏后，如不能马上找到新的电磁阀更换，作为临时措施，可拆下电磁阀后取出电磁阀内的柱塞阀和弹簧，再将电磁阀外壳安装到原位置上，柴油机可以继续（短时）运行。

特别提示　在操作过程中用压缩空气吹净电磁阀周围的异物，没有柱塞阀和弹簧的电磁阀安装到位后，不能接电源。

（3）柴油机冬季使用技术保养

在温度低于5℃时，柴油机的使用必须给予特别维护：

① 必须使用冬季用机油和燃油，并特别注意燃油中含水量，以免堵塞油路。

② 冷却系统最好加注防冻液，否则停车后应待水温降至40～50℃时将冷却水放掉。

③ 在严寒季节和地区，车辆最好不要露天停放，否则启动时须将冷却水加热以预热机体，并使用空气加热器。若这些工作做好，则柴油机在一般严寒地区才能启动。

（4）启动电机的安装与调整

启动电机电压24V，功率6kW，启动方式为电磁控制，机械驱动。启动时接通点火开关，按下按钮开关，柴油机随即启动，必须等启动电机齿轮退回原来静止位置后，才可进行第2次启动。

① 起动机使用前，应对柴油机、启动系统电路和蓄电池的充电状况进行检查。

② 在正常情况下，柴油机第1次就能启动，每次启动的运转时间不应超过5s，第2次启动时间间隔不少于60s；绝不允许在柴油机及起动机尚未停止转动时，就按下启动按钮，否则将引起齿轮与齿圈之间剧烈的撞击而损坏。柴油机开始工作后应立即松开按钮，使启动机齿轮回到原位。

③ 当柴油机连续几次不能启动时，应排除故障后再启动。如果利用起动机长时间频繁泵油，对起动机和蓄电池都是十分有害的。

（5）发电机的安装与调整

① 发电机转动时，不要断开接线柱上的接线；认清正负极，不要搞混。

② 长时间使用后，应用压缩空气清除发电机内部的尘土；在对零部件改装焊接时，应切断发电机的接线，并把焊机的接地线直接接在被焊物附近。

（6）综合注意事项

柴油机使用过程中，还应注意以下几点：

① 柴油机只能在设计的应用范围内使用，不得随意更改柴油机的规格及应用范围。如车用柴油机就不能在车用工况下当作船机使用。

② 柴油机运行过程中，不得向油箱加注燃油。加注润滑油或调整柴油机时，必须由专业人员进行。当柴油机或附件运行时，操作人员必须保持在安全距离之外。穿宽松衣服和留有长发的人员不得接近运动部件。柴油机运行时应远离运动部件。

③ 柴油机运转中，维修或操作人员不要靠近柴油机相关运动部件（如飞轮、皮带轮风扇叶片等）和高温区域（如排气管、增压器和散热器），避免不必要的伤害。对于某些有安全护罩的特殊部位，如果安全护罩被拆卸，一般不要启动运行柴油机。

特别提示　特别不推荐未经专业认证就自行将非增压柴油机改装为增压柴油机。加装一个增压器似乎很容易，但随意加装则可能适得其反。不仅柴油机功率没有增加，而且还可能造成原机主要零部件的损坏。所以，可以对车辆整台柴油机进行非换增（只要车管所认可），但绝对不能在原非增压机上加装一个增压器。

（7）柴油机保养项目

某型（CA6DE3）电控单体泵柴油机保养项目见表 6-5。

表 6-5　电控单体泵柴油机保养项目表

保养类型	保养项目
每日保养	①检查油底壳中机油油面高度 ②检查水箱冷却水 ③检查柴油机油、水及气路各连接处的密封性 ④做好清洁工作 ⑤排除所发现的故障和不正常现象 ⑥拆下空气滤清器的积尘盘盖，清除尘土
一级保养（累计工作 50h 或汽车行驶 1500～2000km）	同"每日保养" 检查风扇皮带的张紧度
二级保养（累计工作 150h 或汽车行驶 6000～8000km）	①同"一级保养" ②更换机油，清洗油底壳及机油收集器 ③更换机油、燃油滤清器 ④清洗柴油箱和柴油油管 ⑤调整气门间隙并检查气门弹簧 ⑥缸盖螺栓预紧力检查 ⑦检查喷油器的喷油压力和雾化效果
三级保养（累计工作 900h 或汽车行驶 45000km）	①同"二级保养" ②清洗机油冷却器 ③检查缸盖螺栓、主轴承盖螺栓和连杆螺栓的扭矩，酌情恢复

6.3　电控高压共轨柴油机使用维修注意事项

如前所述，对于高压共轨柴油机而言，其使用维修要求与电控单体泵柴油机同样具有相同之处。下面以两类电控高压共轨柴油机为例简要说明。

6.3.1　进口（合资）电控共轨柴油机

以某型（DCi11）电控共轨柴油机为例，简要叙述如下。

DCi11 电控共轨柴油机采用 Bosch 公司 MS6.3 电控共轨式燃油喷射系统，如图 6-6 所示。

（1）柴油机的使用及注意事项

1）柴油机的启动

① 气温在−15℃以上时，可以不使用启动辅助装置（如进气预热器等）；气温在−15℃以下时，须使用进气预热器或其他启动辅助装置。

图 6-6　DCi11 电控共轨柴油机外形结构示意图

② 每天首次启动前要检查冷却液面、机油液位。

③ 起动机启动时间不能超过 30s，连续启动要至少间隔 2min。连续启动 3 次不成功，应检查处理后再启动。

④ 启动成功后 15s 内，注意机油压力报警灯的变化。

⑤ 气温较低时，首次启动后，应暖机 2min 才能起步。某些电控柴油机具有自动快速暖机功能，暖机时，不需要加油门。

⑥ 如果燃油系统中有气，可能导致启动困难。可以用燃油滤清器上的排气螺钉进行排气。

该型电控柴油机燃油系统排气方法如下：如图 6-7 所示，松开排气螺钉 1，然后旋开并驱动手油泵 2 直到燃油中没有气泡，并且驱动手油泵很费劲。启动柴油机之前要旋紧手油泵控制推杆。

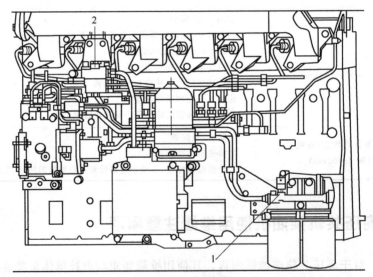

图 6-7　燃油系统的排气方法
1—排气螺钉；2—手油泵

特别提示　不要使用以起动机拖动柴油机运转的方法进行燃油系统的排气，也不要使用拧松高压油管接头的方法进行系统排气。

2）柴油机预热和怠速

柴油机启动后（特别是冬天冷启动后）应注意：

① 冷机时禁止大油门运转柴油机，低温启动时应逐渐提高柴油机转速。

② 柴油机怠速不要超过 10min。柴油机怠速时间过长，易形成积炭阻塞油嘴喷孔，并

引起活塞环和气门的胶着。

3）柴油机停机要求

经过长时间高速或大负荷运转，停机前应至少怠速 2min，否则容易引起柴油机局部过热而损坏增压器轴承。

4）正确加注冷却液

加注冷却液时应注意以下几点：

① 加注冷却液不要过急，否则，柴油机水套中的气体不易排出；

② 加注后，怠速运行 1min 后检查膨胀水箱液位，补充至上限；

③ 冷却液加注完成后，必须拧紧膨胀水箱盖；

④ 按周期更换冷却液时也要更换膨胀水箱盖；

⑤ 必须使用指定的统一型号的冷却液。

5）其他操作注意事项

① 经常观察水温表，若冷却液持续低于 60℃或高于 100℃，应尽快查找原因；

② 经常观察机油压力表，禁止在机油压力过低时运转柴油机；

③ 热机时机油压力：怠速时不低于 0.18MPa，额定转速时不低于 0.38MPa；

④ 经常检查机油和冷却液液位；

⑤ 避免柴油机带故障运行，注意柴油机性能、声音及可预兆的变化，若不正常应停机检查。

6）燃油、机油与冷却液的使用

① 燃油的选择与使用。必须使用满足国家相关标准所规定的合格车用柴油，使用不合格柴油将对柴油机造成严重损害。用户可根据本地区的环境温度条件按表 6-6 使用不同牌号的合格车用柴油。

表 6-6　柴油的使用要求

环境温度/℃	≥4	≥−5	−5～−14 以上	−14～−29 以上	−29～−44 以上
柴油牌号	0#	−10#	−20#	−35#	−50#

特别提示　　　　燃油中的水分含量过高将造成高压泵的严重损坏，注意经常对油水分离器进行放水。

② 机油的选择与使用。机油的使用对柴油机的可靠性和使用寿命有重要影响，用户应使用电控（DCi11）柴油机专用机油或其他相同质量的机油。使用该电控柴油机专用机油时，换油里程或时间见表 6-7。

表 6-7　机油的换油里程或时间

机油牌号	车辆使用情况		
	标准使用状态	恶劣使用状态	固定使用状态
DFL-L20	20000km	10000km	250h
DFL-L40	40000km	20000km	500h
使用状态	恶劣使用状态与固定使用状态以外的使用状态，均属标准使用状态	①柴油中硫含量大于 0.3%。②频繁启动条件，如城市公交等。③长期在山区恶劣环境下工作，如灰尘大、路况差等地区	长期在固定条件下工作，如起重机、发电机、矿山机械等

用户可以根据环境温度使用不同黏度等级的指定型号机油。具体如表 6-8 所示。

表 6-8　机油黏度等级的选用

适用温度/℃	−20~40	−25~30	−30~30	−45~10
黏度等级	15W/40	10W/30	5W/30	0W/30

注意：特殊情况下如果使用其他 CF-4 级的机油，换油里程在 DFL-L20 基础上减半；使用其他 CH-4 级的机油，换油里程在 DFL-L40 基础上减半。

③ 冷却液的使用要求。用户必须使用 DFL-C 冷却液；更换周期为 2 年或者 300000km（以先到者为准）。专用冷却液的使用环境温度：−20$^{\#}$ 冷却液 −20℃；−40$^{\#}$ 冷却液 −40℃。

不使用规定的冷却液或混用其他冷却液，可能会造成柴油机气缸套严重穴蚀，继而引起柴油机的损坏。

7）柴油机保养要求。

① 新机检查项目。

a. 检查机油、燃油、冷却液有无泄漏痕迹；b. 检查高低压油管与其他部件之间有无挤压、摩擦以及磕碰划伤现象；c. 检查线束以及传感器的插接有无松动；d. 检查各机械连接处有无松动；e. 检查各处软垫有无撕裂现象；f. 检查柴油机的声音有无异常。

② 每日检查项目。每日首次启动前，检查下列项目，如有不正常应及时修理。

a. 检查各部位是否正常，附件连接是否可靠，各管路有无破损或磨损。b. 检查机油油面高度及泄漏情况：将车停在比较平坦的路面上，在整车热机停机 10min 后检查油面高度，取出机油标尺，用干净抹布擦干后插入到极限位置，然后再次拉出，观察其油面位置，油位必须在机油标尺上下刻线之间，高于上刻线时应放掉部分机油，低于下刻线时要添加机油，且尽可能使油位接近上刻线，上下刻线间机油量约 3L。c. 检查燃油泄漏情况。d. 检查冷却液有无泄漏，重点检查水泵水封泄水孔处的冷却液渗漏情况。

③ 每 5000km 保养项目。执行每日检查项目并加做下列各项：

a. 检查电控系统线束是否有外皮破损，线卡是否松脱；b. 检查皮带磨损情况；c. 检查皮带张紧轮轴承以及惰轮的转动是否正常；d. 检查并紧固进排气系统的连接螺栓和螺母，并检查密封衬垫是否完好。

④ 每 20000km 保养项目。执行 5000km 保养项目并加做下列各项：

a. 更换机油（根据选用机油型号及柴油机使用条件按要求延长或缩短换油周期）；b. 更换选装式机油滤清器及密封垫；c. 更换离心式机油滤清器转子总成及密封圈，并清洗外壳；d. 更换燃油滤清器总成；e. 更换燃油预滤器。

⑤ 每 60000km 保养项目。

a. 检查调整气门间隙；b. 检查调整柴油机制动调整螺钉间隙；c. 清理曲轴箱通风管；d. 检查气缸盖、摇臂轴、减振器轮毂螺栓的拧紧力矩；e. 检查增压器工作情况；f. 检查减振器外观；g. 在检查和更换周期之前出现报警信号，应及时调整或更换。

⑥ 其他重要说明。

a. 新车行驶 10000km 时，必须进行第④项保养项目；b. 新车首保后，按每日、每 5000km、每 20000km、每 60000km 保养项目要求进行保养；c. ①~③项保养项目，用户可按操作规程自己进行，④、⑤两项保养项目必须到服务中心由专业维修人员进行；d. 在任何情况下都不允许用高压水冲洗或用水槽浸泡清洗柴油机。

（2）主要总成的维护和调整

1）皮带及皮带张紧轮检查

①拆下驱动皮带，检查皮带损坏情况；

②风扇轮毂应自由旋转，没有过大的轴向窜动；

③检查皮带张紧轮轴承，在手压下，应自由旋转，没有发卡现象且检查该轴承的润滑脂是否有析出现象，若有应及时更换。

DCi11 电控柴油机皮带驱动系统如图 6-8 所示。

2）更换机油要求

新车行驶 10000km 时，必须进行机油的首次更换，之后，每正常行驶 20000km（根据所选用机油型号的不同延长或缩短换油周期）时，必须更换机油。更换前要预热柴油机。按规定量加注机油（约 34L）。

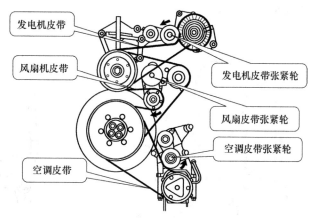

图 6-8　DCi11 电控柴油机皮带驱动系统

加完机油后，急速运转柴油机，观察机油滤清器和放油螺塞有无泄漏。停机后等 5min，待机内机油流回油底壳中，再用机油标尺检查油位，油位必须在机油标尺上下刻线之间，高于上刻线应放掉，低于下刻线要添加，且尽可能使油位达到上刻线。如图 6-9 所示。

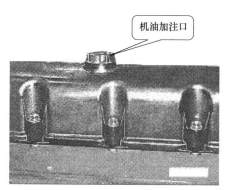

图 6-9　DCi11 柴油机机油加注与放出
1—油底壳；2—放油口

3）更换机油滤清器

更换机油的同时必须更换机油滤清器。更换时要用清洁的机油加满新机油滤清器，加满后要等一下，如有不足时应补充。在安装滤清器前，用少量机油涂在密封圈表面。安装时，用手拧紧至密封圈接触后再拧 3/4 圈。过紧则容易导致螺纹或密封圈的损坏。

4）更换离心式机油滤清器

更换机油时，必须更换离心式机油滤清器内的转子总成和密封圈（如图 6-10 所示）。拆卸时，按顺时针方向松开压紧螺母，取下壳体，更换转子总成及密封圈，然后反向装配。装配时，在新密封圈外侧涂抹润滑油，而后按逆时针方向拧紧压紧螺母，拧紧力矩 30N·m。

5）更换燃油滤清器

新车行驶 10000km 时，必须进行燃油滤清器的首次更换，之后，每正常行驶 20000km，必须更换燃油滤清器。安装新燃油滤清器前检查包装有无破损，若有破损则不能使用。安装前用少量燃油涂在密封圈表面。安装时，用手拧至密封圈接触后再拧 3/4 圈。安装完成后，用手油泵进行排气。

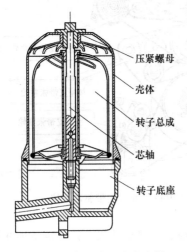

压紧螺母
壳体
转子总成
芯轴
转子底座

图 6-10　离心式机油滤清器

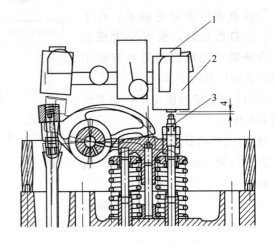

图 6-11　气门间隙的调整位置
1—锁紧螺母；2—制动器柱塞；3—调整螺栓；4—气门间隙

特别提示　　由于高压共轨系统对燃油的污染非常敏感，因此，严禁安装柴油滤芯前给柴油滤筒内加注未经过滤的柴油。

6）气门间隙的调整

调整气门间隙实际上调整的是摇臂与气门杆之间的间隙。调整气门间隙很重要，对于该电控柴油机，可按下列方法和要求对气门间隙进行调整（可采用二次调整法进行调整）。参考图 6-11，步骤如下：

① 松开制动器上的锁紧螺母（仅针对带制动器的柴油机）。

② 在制动器柱塞和调整螺栓之间插入厚度为（3.05±0.05）mm 的垫块。

③ 拧紧制动器柱塞，直到柱塞与垫块完全接触。

④ 拧紧锁紧螺母至 40N·m。

⑤ 柴油机冷态气阀间隙调整值：排气门 0.70mm；进气门 0.40mm。

⑥ 转动飞轮，使 1 缸处于压缩行程上止点；从后向前依次调整表 6-9 所示的气门间隙。

⑦ 调整完成后，将调整螺栓、锁紧螺母拧紧至 40N·m。

表 6-9　调整气门间隙顺序（一）

进	排	进	排	进	排
1	2	3	6	7	10

顺时针转动曲轴 360°，从后向前依次调整表 6-10 所示的气门间隙。

表 6-10　调整气门间隙顺序（二）

排	进	排	进	进	排
4	5	8	9	11	12

7）扭振减振器检查

检查是否存在如下缺陷：

① 磕碰痕迹和安装孔锥形、裂纹、撞击点（坑）或零件外表起皱；

② 零件外表扭曲变形、零件外表凸起；

③ 摇动扭振减振器时的响声；

④ 在减振器侧面任意选取 4 个点，去除两侧的油漆后，测量减振器的厚度，各测量点的厚度差应小于 0.25mm。

特别提示　　　　**如果存在以上任一缺陷，则需要更换减振器。**

8）节温器的检查

将节温器（也称为温控阀、调温器）浸泡在装有清水的烧杯中，逐渐加热、搅拌，检查节温器的开启温度。测量温度为 90℃ 的开启尺寸应不小于 9.5mm，如有问题，更换节温器。如图 6-12 所示。

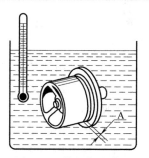

图 6-12　节温器的检查

9）增压系统的保养

增压器与进、排气管的连接必须严密，不能漏气，如果排气管和涡轮之间漏气，增压器效率将大大降低，柴油机排气温度将急剧升高，从而损坏气阀和增压器；如果进气管路泄漏，将造成柴油机的严重磨损或故障。

凡更换机油、机油滤清器、增压器或使用长期停放的柴油机，首次启动前必须通过增压器进油管对增压器注满清洁机油，以保证柴油机启动时，增压器轴承就能得到润滑。

在停机前，应在急速下运转 2min，使增压器转速下降、温度降低，并监听增压器运转声音。如发现异常应停机检查，如增压器转子转动不灵活、有卡滞或磨损声等，必须由专业维修人员进行维修。

（3）柴油机制动及操作注意事项

① 柴油机制动靠的是辅助制动装置，主要用于重载连续下长坡道时的辅助制动。柴油机制动可大大减少行车制动（刹车）的使用，从而减少蹄片磨损，大大降低蹄片连续制动过热导致的行车安全风险。

② 柴油机制动不能代替行车制动或用于紧急制动，也不能用于驻车制动。

③ 使用柴油机制动可以同时使用行车制动。

a. 柴油机制动功能起作用必须具备以下全部条件：柴油机转速高于 1020r/min；加速踏板处于零位；变速箱挡位处于非空挡；离合器必须处于啮合状态；制动请求开关处于 ON。

b. 使用柴油机制动应注意的问题：

• 柴油机转速区间 1600～2200r/min 是柴油机制动的高效区域，为提高制动效率，用户在使用柴油机制动时要选择合适的变速箱挡位（一般而言下坡制动时采用上坡相应的挡位）；

柴油机转速低于该区间制动效率将逐步下降，柴油机转速低于980r/min时，制动功能将马上退出；用户要避免柴油机持续运转在2300r/min以上。

• 在一定的坡道、一定的负载情况下，如果驾驶员想采用比稳定车速（仅使用柴油机制动及排气制动能够实现的最快的稳定下坡车速）更快的车速下坡，可以在较高挡位下使用柴油机制动，同时必须间歇地使用行车制动以防止柴油机超速并使车辆保持在安全速度下行驶；如果驾驶员想选择比稳定车速更低的车速下坡，必须选择更低的挡位并配合行车制动的使用才能获取所需的较低车速和防止柴油机超速。

• 柴油机制动模式下，喷油器停止喷油，用户不必再考虑柴油机经济转速区的问题。

• 在冰雪路面要禁止使用柴油机制动，在湿滑路面要慎用柴油机制动。

（4）其他注意事项

电控共轨（DCi11）柴油机使用过程中，还应注意以下事项：

① 柴油机气缸从飞轮端至前端依次定义为1缸、2缸、…、6缸，气门顺序依次为1～12号。也就是说，此柴油机的气缸顺序是从飞轮端开始的。

特别提示　　　　　　　这个必须记住，因为气门间隙的调整顺序需要按这个顺序进行。

② 柴油机燃油系统的维修（包括高压泵总成、电控喷油器、共轨管等重要部件的检修）工作必须由专业维修人员进行。这类元件拆卸后，无论是否损坏，所有密封件必须予以更换且必须使用原厂正品配件。

③ 禁止拧松高压管路接头进行排气。特殊情况下需要更换高压油管时，要待完全停机3min后，缓慢地松开喷油器端的高压油管紧固螺母，使高压油路压力完全释放后再更换油管。禁止使用起动机拖动柴油机进行燃油系统排气。

④ 柴油机在经过长时间高速或大负荷运转后，停机前应怠速2min，否则易引起柴油机局部过热，并损坏增压器轴承。

⑤ 冷却液加注完成后，必须拧紧膨胀水箱盖。按周期更换冷却液时更换膨胀水箱盖。必须使用指定的同一型号的冷却液。

⑥ 冷却系统节温器的检查、调试和更换必须由专业维修人员进行。

特别提示　　　　　　　车辆冬季运行时绝对禁止拆卸节温器。

⑦ 安装滤清器（柴油滤清器和机油滤清器）时不允许用扳手拧紧滤清器。否则，容易使螺纹和滤清器损坏。装用新的滤清器时，请注意是否与该柴油机机型要求装用的型号相符。由于共轨系统对柴油的污染较敏感，因此，严禁安装前给新柴油滤清器加注未经过滤的柴油。

⑧ 更换机油时，必须更换离心式机油滤清器转子总成和密封圈（图6-10）。拆卸时，按顺时针方向松开压紧螺母，取下壳体，更换转子总成及密封圈。装配时，在新密封圈外侧涂润滑油，然后按逆时针方向拧紧压紧螺母至30N·m。

⑨ 注意经常从柴油滤清器的放水阀放水。因为如果柴油中水分含量过高，将造成高压泵和电控喷油器的严重损坏。

⑩ 在车辆行驶过程中，如果柴油机仪表盘上出现下列现象，必须及时处理：

a. 如果柴油机停机报警指示灯点亮，表示柴油机电控系统有重大故障，此时应及时停车并设法查明报警原因，必要时联系专业维修人员予以处理。

b. 如果柴油机维护报警指示灯点亮，表示柴油机电控系统存在重大故障，此时柴油机仍可工作，但电控系统一般会依据故障程度调整柴油机的功率、转速等运行参数，使柴油机进入故障保护状态——"跛行回家"，此时应及时将车辆运行到就近的维修服务站对柴油机进行专业检查和相应的维修。

⑪ 在更换柴油机的机油时，油底壳放油螺塞的拧紧力矩为 (70 ± 14) N·m，维修人员应注意控制在此范围内，否则容易造成油底壳放油孔处的螺纹变形或断裂。

（5）柴油机常见故障的检查与排除

表 6-11 列出了 DCi11 电控共轨柴油机中易于被用户识别并能够处理的常见故障，请参考该表进行故障的诊断与排除。如果使用者在使用该柴油机的过程中遇到较为复杂且不能自行准确判断的故障，请与该电控柴油机的专业维修人员联系。

表 6-11 DCi11 电控共轨柴油机常见故障

可能出现的故障		故障原因分析	排除方法
柴油机启动困难或不能启动	供油系统故障	燃油系统中有空气	①检查燃油系统液面高度及燃油是否充足 ②检查各油管接头是否密封,密封后用手油泵排气 ③检查 EECU 冷却板出油管是否有焊缝,更换处理
		燃油系统内有水	检查柴油质量和油水分离器功能
		燃油粗滤器堵塞	更换燃油粗滤器
	电气系统故障	启动电机故障	针对具体故障酌情处理
		EECU 供电故障	检查保险装置
		EECU 损坏	更换 EECU
	其他原因	转速传感器损坏	更换转速传感器
		蓄电池电压不足	充电,确保蓄电池电压充足
		燃油冻结	使用符合环境要求的储油
		车辆油箱盖不通风	更换油箱盖
		燃油计量室低压溢流阀卡死	清洗溢流阀
		环境温度过低	启用冷启动辅助装置
		变速箱不在空挡位置	调整挡位
柴油机可以启动,但运转不稳,或不能控制		燃油系统中有空气	检查各油管接头是否密封,密封后用手油泵排气
		燃油系统中有水	检查排除
		燃油滤清器堵塞	检查更换
		燃油太脏	更换燃油
柴油机动力不足,功率下降		空气滤芯堵塞	检查或更换空气滤芯
		空气滤清器至增压器胶管被吸瘪	检查、加固或更换胶管

可能出现的故障		故障原因分析	排除方法
柴油机动力不足,功率下降		压气机至进气歧管间漏气	检查并酌情处理
		燃油系统堵塞或有空气	检查并疏通燃油系统
		排气管路堵塞	检查并疏通排气管路,注意排气制动器和消声器
		涡轮进气口处漏气	检查并更换密封垫片
		喷油器堵塞	清理并更换喷油器
		大气压力传感器损坏	更换大气压力传感器
		增压器损坏	更换增压器
		柴油机过热	检查冷却系统
柴油机烟色不正常	排气冒蓝烟	增压器漏油	维修或更换增压器
		机油油位太高,窜机油	检查调整
		柴油机呼吸器堵塞	清洗疏通管路
		怠速运行时间过长	减少怠速运行时间
	排气冒白烟	燃油中有水	检查排除
		环境温度过低	使用进气预热
	排气冒黑烟	喷油器线束松脱	检查处理
		飞轮信号盘损坏	检查或更换
		空气滤清器堵塞	检查并清理
		排气制动阀卡死	检查处理
柴油机过热		冷却液液面过低	加注冷却液并排漏
		节温器没有打开	检查更换
		水泵损坏	检查或更换水泵
		风扇皮带损坏	检查或更换
		风扇离合器失效	检查或更换
		风扇皮带张紧轮失效	检查更换
		散热器太脏	检查并清洁
机油压力低		机油油位太低	检查是否有渗漏,加足机油
		机油质量等级或黏度不对	检查机油质量,并注意是否被稀释
柴油机温度不能升高		风扇离合器故障	检查更换
		节温器故障	检查更换
整车仪表盘显示"停机开关对地导通或断裂"		停机开关损坏	更换停机开关
机油压力始终为 0.6MPa 或整车仪表盘显示"机油压力传感器对地导通或断路"		机油压力传感器损坏	更换机油压力传感器
整车仪表盘显示"EECU 与 VECU 通讯故障"或"VECU 或 EECU 之间 CAN 通讯故障"		EECU 损坏或 EECU 接插件进尘或进水	更换 EECU 或柴油机线束

可能出现的故障	故障原因分析	排除方法
柴油机水温始终为98℃或整车仪表盘显示"水温传感器对地导通或断路"	水温传感器损坏	更换水温传感器
整车仪表盘显示"CP泵燃油压力过高或过低"	油箱滤清器或柴油机燃油滤清器堵塞	更换相关滤清器
整车仪表盘显示"柴油机压缩电磁阀开路或短路"	排气制动阀卡死，或排气制动电磁阀接插件未接好	更换电磁阀或插好接插件
整车仪表盘显示"风扇离合器转速传感器对地导通或短路"	风扇离合器转速传感器损坏或接插件接触不良	更换转速传感器或调整接插件
在空压机与储气筒之间的管接头有机油渗出	空压机窜机油所致	更换空压机
整车仪表盘显示"喷油器短路或开路"	喷油器接线柱松脱或喷油器损坏	拧紧接线柱或更换喷油器
整车仪表盘显示"增压压力传感器开路或短路到地"	增压压力传感器损坏	更换增压压力传感器
整车仪表盘显示"曲轴转速传感器故障"	曲轴转速传感器损坏	更换曲轴转速传感器
机油油耗太高	机油泄漏	检查并排除漏油
	机油油位太高	检查并降低至规定油位
	呼吸器堵塞	清洗或疏通呼吸器管路
	空压机窜机油	检查维修空压机
	机油质量等级或黏度不对	更换合格的机油

6.3.2　国产电控共轨柴油机使用要求

以某厂（6DM）电控共轨柴油机为例，国产电控共轨柴油机的日常使用维护规范详见表6-12。

表6-12　6DM电控共轨柴油机使用维护规范

保养类型	序号	保养内容
磨合期结束（2000km或40h）	1	放净油底壳内机油,仔细清洗油底壳,更换机油
	2	清洗机油机滤器滤网
	3	检查排气管紧固螺栓拧紧力矩
	4	检查、调整气门间隙
	5	更换柴油滤清器和机油滤清器,清洁空气滤清器滤芯
	6	检查相关皮带的张紧度
	7	检查悬置软垫是否有裂纹、螺母是否松动
日常保养	8	检查机油液面高度
	9	检查冷却液液面
	10	检查机油油路、冷却水路及气路各连接处的密封性,排除不正常现象

保养类型	序号	保养内容
每3个月或300h 或1.5万千米	8~10	同日常保养
	11	检查进气系统
	12	检查空气滤清器
	13	更换机油
	14	更换所有机油滤清器总成
每6个月或600h 或3万千米	8~14	同3个月保养内容
	15	更换柴油滤清器
	16	检查并调整气门间隙
	17	检查皮带的张紧情况
	18	检查排气管螺栓
每2年或2400h 或12万千米	8~18	同6个月保养内容
	19	更换冷却液

（1）日常使用维护保养注意事项

① 空气滤清器、柴油滤清器和机油滤清器对保证柴油机的使用寿命至关重要，滤芯必须选用原机厂家产品以保证质量；

② 检查机油液面高度时，汽车应停在平地上；

③ 应在热机状态下更换机油；

④ 应在冷机的状态下调整气门间隙。

（2）电控系统使用注意事项

与其他的电控共轨柴油机一样，某型（6DM）共轨柴油机的电控系统的部件主要由ECU（电控单元）、线束、传感器以及执行器等组成。其使用注意事项如下：

① 注意防水、防潮、防尘、防磁场干扰；严禁碰撞、冲击，严禁使用任何液体清洗。

② 请勿用手触摸电控单元接插器的端子，请勿使异物进入ECU接插口。

③ 拔插线束及其传感器或执行器连接的插件之前，切记应首先关掉点火开关、电源开关。应小心插拔柴油机线束上的各类接插件，防止损坏接插件；进行各类传感器及执行器的接插件的插拔时，不可用力拽拉柴油机线束，防止线束被拉断。

④ 定期用清洁软布擦拭柴油机线束上积累的油污与灰尘，保持线束及其与传感器或执行器的连接部分的干燥清洁。

⑤ 柴油机线束的接插件不能有水或油。当对电控柴油机维修后（例如：更换高压油管或排空气），应立即将油泵接插件上溅到的油用软布吸干。

⑥ 所有的接插件安装或拔出时禁止野蛮操作，一定要确保锁紧定位装置插到位，插口中无异物。

⑦ 进行电焊作业时，一定要关闭总电源并拔掉ECU上所有插头。

⑧ 经常检查各接插件是否有松动虚接情况，并及时排除；注意维护整车线路，发现有线束老化、接触不良或外层剥落时要及时维修更换。但对于传感器本身出现损坏时，一定要有专业的维修人员进行整体更换，不能自行在车上简单对接或维修。

⑨ 更换安装要密封，保持清洁，勿沾油污；高压部分的传感器（如轨压传感器）不得

自行拆卸；所有电控部件严禁私自拆卸；柴油机运行过程中，严禁拆卸高压油路部件，以免造成人员伤害。

⑩ 计量单元接口注意防止水、油污和杂物进入；阀体部分避免碰撞损坏。

（3）排气制动的操作要点

① 必须全部满足下面操作条件，柴油机制动才能正常工作：

a. 组合开关右手柄处于如图 6-13 所示二挡位置；b. 脚完全脱开离合器踏板和加速踏板；c. 柴油机转速大于 1000r/min（仅用于 CA6DN 电控柴油机）。

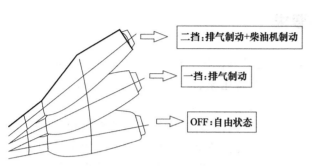

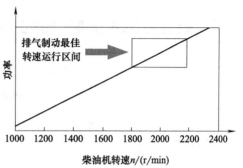

图 6-13　柴油机制动器的操作　　　　图 6-14　柴油机最佳制动转速范围

注意：当组合开关处于一挡位置时，仅排气制动工作，当组合开关处于二挡位置时，柴油机制动和排气制动同时工作，仪表辅助制动指示灯亮。

② 满足下面操作之一时，柴油机制动会自动解除：

a. 当组合开关右手柄处于 OFF 或一挡位置；b. 踩加速踏板；c. 踩离合器踏板；d. 防抱死系统（ABS）起作用时；e. 柴油机转速小于 1000r/min（仅用于 CA6DN 电控柴油机）。

注意：柴油机制动或排气制动解除时，仪表辅助制动指示灯熄灭。

（4）排气制动的正确使用

① 柴油机转速在 1800～2200r/min 范围时（如图 6-14 箭头所指区域），柴油机制动效果为最佳。② 当柴油机转速低于 1500r/min 时，柴油机制动功率小，效果不明显，不建议使用。

建议：使用柴油机制动应根据坡度和车速选择相应变速箱挡位及制动挡位，使柴油机转速尽量控制在 1800～2200r/min 推荐区域以发挥柴油机制动最大效能。

特别提示

对于 6DM 电控柴油机的车型应特别注意：

① 柴油机排气制动器是一种汽车辅助制动装置，它不是汽车停车装置，不能替代汽车的行车制动系统（即刹车）；

② 柴油机制动器工作时，严禁换挡时不踩离合器；

③ 柴油机制动器工作时不能挂空挡行驶；

④ 下长坡行驶时，要预先控制好车速，以安全的车速和挡位下坡，在任何情况下柴油机转速不允许超过 2300r/min，行驶中要随时注意柴油机转速的变化，可间歇使用行车制动系统（刹车）以防止柴油机转速超出使用限值；

⑤ 在没有柴油机制动器使用经验时，不要在潮湿或冰雪路面上使用柴油机制动器；

⑥ 在整车空载的情况下，不要在潮湿或冰雪路面上使用柴油机制动器；

⑦ 在潮湿或冰雪路面上使用柴油机制动器时，当出现驱动轮打滑及摆尾等不正常现象时，应立即关闭柴油机制动器；

⑧ 柴油机制动器工作时，柴油机喷油泵自动断油，没有燃油消耗；

⑨ 使用柴油机制动器时，柴油机转速在 1800~2200r/min 范围内，不会对柴油机产生额外不利影响。

6.4　燃油系统主要部件的安装要求

众所周知，电控柴油机燃油系统一般由低压油路和高压油路两大部分组成。其主要部件有高压泵、电控喷油器、共轨管总成等。如图 6-15 所示。

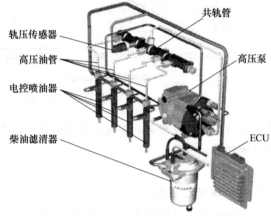

图 6-15　电控柴油机燃油系统的主要部件

电控共轨柴油机燃油系统相关零部件的安装是使用维修过程中较为常见的工作之一。如果维修人员对相关部件的安装和使用要求一无所知，则这类工作最好由专业人员进行。下列一些安装要求是可以借鉴和使用的。

6.4.1　低压油路油管的安装要求

为保证输油泵的进口压力，克服节流损失和流程损失，共轨柴油机低压油路的油管必须满足柴油机最低燃油流量的通过要求。因此，所有与低压油路油管有关的直径必须经过仔细设计计算和在整车道路极限条件下通过实验认证。维修更换这些油管时，必须保证其最小管径的尺寸要求，电控柴油机低压油路油管最小直径要求见表 6-13。

表 6-13　电控柴油机低压油路油管最小直径要求

油管位置	油管内径/mm	油管许用长度/m	允许压力/MPa
油箱进油管	≥10	≤3	0.05~0.1
	≥11	≤6	
	≥12	≤9	
油箱回油管	≥9	≤6	≤0.12
	≥10	≤9	

6.4.2　高压油泵的安装要求

以 CP3.3 共轨高压油泵为例，简要说明如下：

（1）高压油泵驱动齿轮的安装

与传统的柴油机高压油泵的安装要求不一样，电控共轨柴油机高压油泵的安装具有如下特点（见图 6-16）：

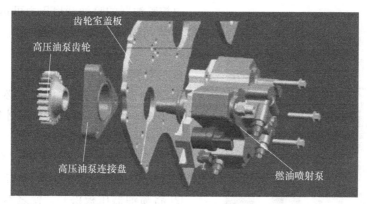

图 6-16　CP3.3 高压油泵组件的安装

① 高压油泵齿轮安装没有正时要求；

② 通过齿轮室盖板，用三根螺栓将高压油泵固定到高压油泵连接盘上；

③ 高压油泵紧固螺栓拧紧力矩：25～35N·m；

④ 高压油泵驱动齿轮拧紧力矩：100～110N·m。

（2）高压油泵安装与拆卸注意事项

① 首先必须谨慎小心地从包装盒中取出高压油泵，不要握住高低压连接口（MPROP）等低强度部件，而只能握住高压油泵的泵体。

② 安装过程中，非必要时，不能去除高压油泵上的各种防护套（罩）；在高压油泵已经安装到柴油机上，且需要连接低压油管时才允许去掉油泵上的相关防护套。

③ 将高压油泵安装到柴油机上时，最好按拧紧力矩同时或多次均匀拧紧 3 根紧固螺栓。

④ 安装连接高压油管时才允许去掉高压出油口的防护套，并应立即安装好高压油管。

⑤ 高压油泵不允许"干转"，转动前必须注入 60mL 的柴油且排除泵内空气。

⑥ 完成机械安装后才可以进行电气接口的安装。

⑦ 拆除高压油泵上的相关油管时，必须立即用原有的防护套罩住已拆接口。

⑧ 拆卸高压油管时，注意用专用工具保持油泵高压油出口接头，防止该接头因拆卸高压油管时可能的松动。

（3）高压油泵系统初始充油与排空

① 在对高压油泵初次充油时，由于其齿轮式输油泵内有空气而导致供油不足，之前应用附加的输油泵对其进行预先供油。

② 附加输油泵可以是：a. 加装在车架上的一个启动辅助输油泵；b. 加装在低压油路系统中的一个手油泵；c. 其他形式的辅助输油泵。

③ 在所有的运行环境压力中，高压油泵（CP3/ZP）所需的最小供油压力为 0.2MPa，最大供油压力为 0.6MPa（CP3/ZP18.1 或 ZP18/3）或 0.4MPa（CP3/ZP18.4 或 ZP18.5 或 ZP20）。这是选择滤清器自带手油泵的依据。

④ 车上排空建议方法：松开柴油滤清器出口油管，压动手油泵直到柴油滤清器出油口流出没有气泡的燃油为止。

6.4.3　喷油器的拆卸与安装

（1）电控喷油器

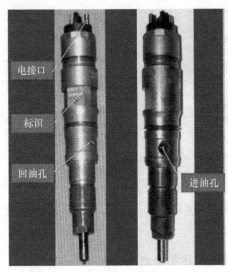

图 6-17　电控喷油器的外形示意图

电控喷油器的喷油开启压力可达 160.0MPa，且通常为多孔喷油嘴。电控喷油器的外形如图 6-17 所示。

（2）对喷油器洁净度的要求

① 喷油器对杂质非常敏感，必须保持洁净；

② 所有防护套必须在装配前才能去掉。

（3）喷油器安装五步法

① 将喷油器装入气缸孔中，要求准确对中，无特别阻力，推荐导入力为 1～2kN。

② 将喷油器压板松开，使之不受力。

③ 将高压连接管装入，预紧至 3.5～8N·m。

④ 拧紧喷油器紧固螺母，拧紧至规定的拧紧力矩（压紧螺母的拧紧力矩为 47～55N·m）。

注意：任何情况下的拧紧力度都不得超过 15kN。

⑤ 拧紧高压连接管，拧紧力矩为 12～22N·m。

（4）喷油器拆装注意事项

① 不能使电磁阀部分受力，以免损坏电磁阀。相关安装要求请参考本书第七章相关故障排除案例。

注意：如果喷油器的电磁阀损坏，必须更换喷油器总成。

② 电控喷油器上的 O 形密封圈只能使用一次，且不能有任何损伤。也就是说，只要拆卸一次喷油器，无论该喷油器上的 O 形密封圈是否损坏，都必须更换 O 形密封圈。

6.4.4　高压共轨的拆卸与安装

（1）共轨管的安装要求

共轨管属于高精度部件，安装时必须注意：

① 共轨管必须小心轻放，安装前出现任何损伤后均不能继续使用；

② 安装引起的最大允许轴向力为 22kN；

③ "跛行回家"期间燃油温度将升高 50℃（与共轨管内温度相比），附近零部件设计应能承受此温度；

④ 连接共轨管的回油管长度应不小于 200mm。

（2）共轨管的拆卸要求

① 柴油机运行时不允许拆卸共轨管上的任何接头；

② 待共轨管内的压力降至环境压力时才允许拆卸相关接头；

③ 拆卸后必须换装新的密封垫片或密封部件；

④ 共轨管安装法兰在拆装过程中的最大受载力为 120N·m。

（3）共轨管的安装顺序

首先将各缸喷油器安装并拧紧到规定扭矩，然后安装共轨管：

① 用手拧紧共轨管安装法兰至 2～3N·m；

② 用手将各缸高压油管拧紧至（3±1）N·m；

③ 将共轨管拧紧至规定力矩；

④ 将各缸高压油管喷油器端螺母拧紧至规定力矩；

⑤ 将各缸高压油管共轨管端螺母拧紧至规定力矩；

⑥ 安装高压油管至共轨管的油管，并分 2 次拧紧至规定力矩；

⑦ 注意使用专用扳手（如图 6-18 所示）辅助紧固相关接头。

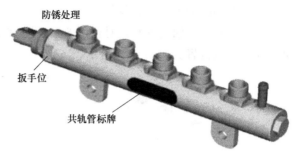

图 6-18　共轨管辅助扳手位置

6.4.5　ECU 使用注意事项

（1）DENSO 电控单元（ECU）注意事项

① DENSO 的 ECU 为车厢安装，不防水、不防尘。因此，必须选择较好的安装位置（防尘、防水），如驾驶室副驾驶位置，且必须设有 20A 的熔断丝保护。

② ECU 接插件必须向下，防止水顺着线束流到 ECU 内部而损伤 ECU。

③ 如果对柴油机检修，必须首先要给 ECU 断电后再进行其他操作，且必须先断开 ECU 的负极。

④ 不要用手或手指触摸电控单元的接插件端子，防止有静电放出而损坏其内部元件。

⑤ ECU 接插件部分线束必须留有一定量的宽裕度，不能太紧（如图 6-19 所示）。

图 6-19　ECU 线束的接插要求

（2）Bosch 电控单元（ECU）注意事项

① ECU 供电回路必须直接与整车蓄电池相连，不能由钥匙开关控制，即停机不断电，否则将影响 ECU 的 "afterrun" 功能。

② ECU 必须有 30A 的熔断丝保护。

③ 如果对柴油机进行检修，必须首先要给 ECU 断电后再进行其他操作，且必须先断开 ECU 的负极。

④ 必须要将 ECU 彻底断电后才能在车上进行整车焊接工作。

⑤ 在拆卸时应小心操作，避免电控单元受到任何伤害。

⑥ 不要用手或手指触摸电控单元的接插件端子，防止有静电放出而损坏其内部元件。

6.5　电控柴油机气门间隙的检查与调整

柴油机气门间隙的检查与调整，是柴油机使用保养工作中的一个重要内容。气门间隙是指气门驱动摇臂与气门杆顶部之间的间隙，如图 6-20 所示。

气门间隙不正确，可能会导致柴油机出现下列不正常现象：声音异常（配气机构异响），动力不足，排气冒黑烟，油耗增大等等。

电控柴油机气门间隙的检查与调整的基本方法和传统柴油机一样，本节以某型 2.8TC 电控共轨柴油机为例简要说明如下。

（1）气门间隙的检查调整步骤

第一步：转动曲轴皮带轮，对正图 6-21 所示的正时标记"1"和"2"，保证 1 缸、4 缸活塞位于上止点位置。如图 6-21 所示。

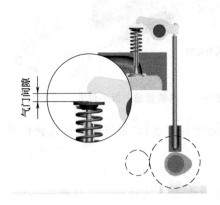

图 6-20　气门间隙的位置

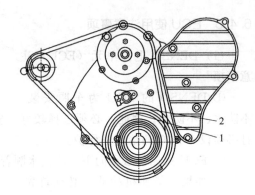

图 6-21　正时标记的核对

第二步：检查此时 1 缸进、排气门是否有间隙，如果有间隙，则为 1 缸压缩上止点。否则，转动曲轴一周。如图 6-22 所示。

第三步：当 1 缸的活塞位于压缩上止点时，检查并调整如图 6-23 所示的 1 气门、2 气门、3 气门、6 气门的气门间隙。

注意：该电控柴油机的冷态气门间隙为（0.4±0.05）mm。

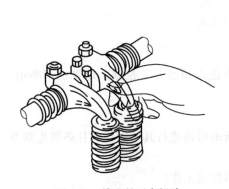

图 6-22　检查是否有间隙

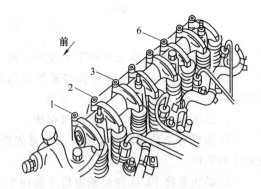

图 6-23　可调气门位置示意图（Ⅰ）

调整方法：在摇臂和气门杆端之间插入标准间隙厚度的塞尺，松开气门调整螺钉的锁紧螺母，转动气门调整螺钉直到塞尺上感到有一点阻力，拧紧气门调整螺钉的锁紧螺母。见图 6-24。

第四步：转动曲轴一圈，对正曲轴皮带轮和正时盖上的正时标记，按照第三步方法，检查调整如图 6-25 所示的 4 气门、5 气门、7 气门、8 气门的气门间隙。调整完毕后，重新检查所有气门的气门间隙，如不合格重新进行调整，直至气门间隙正确为止。

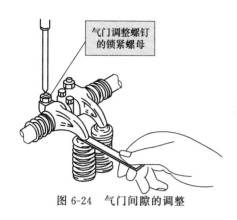

图 6-24 气门间隙的调整

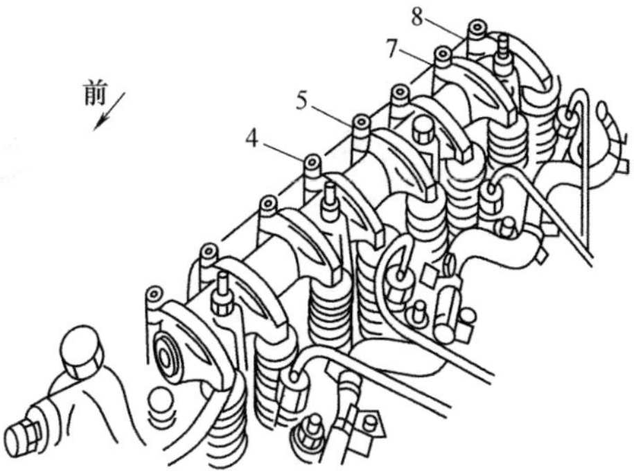

图 6-25 可调气门位置示意图（Ⅱ）

（2）部分电控柴油机的气门间隙

部分电控柴油机的气门间隙见表 6-14。

表 6-14 部分电控柴油机的气门间隙

机型	气门间隙/mm		机型	气门间隙/mm	
	进气门	排气门		进气门	排气门
长城 2.8TC	0.4±0.05	0.4±0.05	道依茨 BFM1013	0.35	0.55
雷诺 Dci11	0.40	0.70	道依茨 BFM2012	0.30	0.50
云内 4D 系列	0.30～0.35	0.35～0.40	道依茨 TCD2015	0.25	0.35
4JB1	0.40	0.40	锡柴 CA6DM	0.30	3.00
上柴 8DK/9DK	0.30	0.50	奔驰 OM442	0.40	0.60
WP12	0.30	0.40	依维柯 8140	0.50	0.50
WD615(EGR)	0.30	0.40	朝柴 4012	0.30	0.40
潍柴 WP6	0.20	0.30	玉柴 YC6M	0.25～0.35	0.35～0.45
潍柴 D12	0.4±0.03	0.5±0.03			

第7章

电控柴油机故障
排除与案例分析

电控柴油机故障的诊断更是一门需要众多专业技术知识的系统工程。对柴油机的结构原理、零部件功能及电控系统不甚了解的人是不可能成为柴油机故障诊断的行家里手的。因此，熟悉并精确掌握柴油机各种知识和数据（包括故障码等）是诊断和排除柴油机各类故障的前提。

7.1　电控柴油机故障诊断步骤与技巧

电控柴油机的故障诊断与传统的柴油机一样，必须由有使用维修经验的专业人员进行。其一般方法和步骤及要求如下。

7.1.1　柴油机故障诊断的基本步骤

（1）首先确定柴油机是否存在故障

柴油机在实际运行中，随着行驶里程的增加，其技术状况必然要发生一定的变化。哪些变化是正常变化？哪些变化为故障现象？这是正确进行柴油机故障诊断首先要解决的问题。

电控柴油机故障中，有些故障的现象较为明显，有些却并不是很明显。对于现象明显的故障，通常不需要进行专门的试验或测试就可以确定柴油机存在故障，例如柴油机无法运转、车辆行驶无力等故障现象。而对另外一些故障，如燃油消耗量大、排气污染超标等，其现象不大明显，必须通过专门的试验甚至是测试方可确定。

（2）其次进行故障性质的确定

当电控柴油机存在故障时，首先观察柴油机电控系统自诊断故障指示灯的状况。如果设备故障灯在柴油机运转过程中点亮，则说明电控柴油机存在故障自诊断系统能够监测到的故障，故障一般与电控系统有关，此时可通过一定方法调取电脑内存储的故障代码，根据故障代码查找故障原因。

如果柴油机确实存在故障，而仪表板上的柴油机故障指示灯在柴油机运转时并未点亮，则说明柴油机故障为电控单元自诊断系统不能辨识的故障，此时应根据柴油机的故障现象，做出初步诊断结果，并分析可能出现的故障原因，按照由外向内、由简到繁的原则进行故障诊断和排除。

特别提示　当不能确定柴油机故障位置和原因时，不能随意对柴油机的电控系统进行乱拆乱卸。只有当确定柴油机故障是由电控系统因素造成时，才可以检查电控系统相关元器件，否则均应从其他部分开始检查。

（3）进行直观检查

为了减少排除故障的工作量，尽量避免弄巧成拙，避免把问题复杂化，应本着先简后繁、由表及里、先易后难的原则进行检查、分析、判断。为此，应先从检查各导线插头是否松动、接触不良、断路、短路入手，然后观察各进气管路、真空管路、油路是否有漏气、漏油现象，在进行了这些检查后，再进行下一步检查工作。

（4）区分故障所在的系统

为减少故障排除的工作量，当柴油机出现异常反应后，可用筛选法把怀疑的对象缩小到尽可能小的范围之内。首先确认是油路系统故障、电控系统故障还是机械故障。除了机械故障外，柴油机的故障绝大部分是由油路或者是电控系统因素造成的。因此，当柴油机出现故障后，首先快速确定是油路系统故障还是电控系统故障，这样就可以将精力集中在某个较为确定的范围内，避免东一榔头西一棒的工作处理模式。

（5）确定故障码

电控柴油机（电控系统）出现故障后，一般都会出现相应的故障码，至少会出现仪表盘上的故障指示灯（闪码灯）点亮现象。

① 当柴油机出现故障后，可以通过整车仪表盘上的闪码灯读出闪码，参照闪码表初步判断故障原因。车辆故障诊断开关及闪码灯位置如图 7-1 所示。

图 7-1　故障诊断开关和闪码灯

② 闪码读取操作说明：

a. 点火钥匙开关处于接通位置；

b. 按下松开故障诊断请求开关；

c. 闪码灯将报出闪码；

d. 每一次操作只闪烁一个闪码（如 3、2、4），直至循环至第一个为止；

e. 闪码由三位组成。

闪码 3、2、4 读取方法如图 7-2 所示。

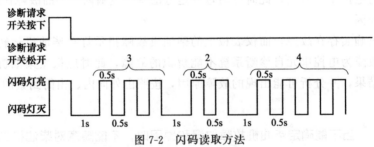

图 7-2　闪码读取方法

闪码闪烁时间和间隔时间可以由柴油机厂自行定义。

③ 当读出闪码后，进一步使用专用故障诊断仪进行进一步的故障判断和确认。

④ 特别说明：

a. 判断柴油机故障形成的原因是一项很仔细的工作，在未基本弄清原因之前，对柴油机不得乱拆乱卸，否则不仅不能消除故障，反而会因拆卸后装配不当造成更严重的故障。

b. 对高压油泵、增压器等关键零部件，维修检查不仅要用专用的仪器设备，还需要具有一定经验的人员，因此没有经验和条件的客户不要对其随意进行拆卸调整。

c. 对于电控柴油机的故障检测，不能随心所欲地对线束接插件、各传感器的接插件等拔出和插入。也不能使用测试仪器随意测量接插件针脚。

⑤ 故障闪码的确认方法：

a. 将点火开关由"OFF"旋转到"ON"位置，不要启动柴油机。这时驾驶室仪表盘上的故障指示灯应点亮（参考图 7-1）。

　　b. 这时电控系统进行自检，如果电控系统无当前故障和历史故障，柴油机故障指示灯将长亮而不闪烁，即可正常启动柴油机。

　　c. 如果电控系统发现系统存在当前故障或历史故障，柴油机故障指示灯将不断闪烁，这时打开故障诊断开关，故障指示灯就以闪码的形式显示。驾驶员必须排除当前的故障，如果是历史故障，驾驶员必须确认故障已经排除，才可以正常启动柴油机。

　　d. 柴油机无故障正常启动后，故障指示灯应熄灭。

7.1.2　柴油机故障诊断注意事项

　　① 不论柴油机是否在运转，只要点火开关接通（ON），就绝不可断开 ECU、传感器及执行器，因为任一线圈的自感作用，都会产生很高的瞬时电压，使 ECU 及传感器严重受损。不能断开的部分电气装置如下：蓄电池的任一线缆、电脑的 PROM、任何电脑的导线等。

　　② 不可在柴油机运转或 ON 挡时，拔下任何传感器的导线插头（连接器），因为这样会使 ECU 中出现人为的故障代码（假码的一种），影响维修人员正确地判断和排除故障。

　　③ 在对装有电控系统的车辆或设备进行电弧焊时，应断开 ECU 供电电源线，避免电弧焊接时的高压电造成 ECU 的损坏。

　　④ 在靠近电控单元（ECU）或相关传感器的部位进行车身或设备部件修理作业时，应注意保护这些电子元件（ECU 和各传感器）。

　　⑤ 拆开任何油路部分，应首先对燃油系统进行卸压。检修油路系统时，注意防火。

　　⑥ 拆下蓄电池负极搭铁线后，ECU 内所储存的所有故障信息（代码）都会被清除掉。因此，如有必要，应在拆下蓄电池负极搭铁线前，读取电脑内的故障信息。

　　⑦ 在对蓄电池进行拆卸与安装时，必须使点火开关和其他用电设备开关处于关断位置。

　　⑧ 切记电控车辆所采用的供电系统均为负极搭铁。因此，在安装蓄电池时，正、负极绝对不可接反。

　　⑨ 车辆设备不宜安装功率超过 8W 的无线电台。必须安装时，天线应尽量远离 ECU，否则会损坏 ECU 中的电路和部件。

　　⑩ 在安装或拆下 ECU 时，操作人员应先使自己搭铁（清除自身静电），避免身体上的静电损坏 ECU 的电路。

　　⑪ 对电控系统进行检修时，应避免电控系统由于过载而损坏。电控系统中，ECU 与传感器的工作电流通常都比较小，因此，与之相应的电路元器件的负载能力也比较小。在对其进行故障检查时，若使用输入阻抗较小的检测工具，则可能会因检测工具的使用，造成元器件超载而损坏，为此应注意以下几点：

　　a. 不能使用试灯对电控系统的传感器部分和 ECU 进行检查（包括对其接线端子的检查）；

　　b. 除了某些车辆的测试程序中有特殊说明外，一般不能用指针式万用表检查电控系统部分的电阻，而应该用高阻抗的数字式万用表或电控系统专用检测仪表；

　　c. 在装有电子控制系统的车辆设备上，禁止用搭铁试火或拆线刮火对电路进行检查。

　　⑫ 切记不可用清水冲洗电脑控制单元和其他电子装置，并注意电脑控制系统的保护，避免其因受潮而引起 ECU 电路板、电子元器件、集成电路和传感器的工作失常。

　　⑬ 一般情况下，不要打开 ECU 盖板，因为电控柴油机的故障大部分是外部设备故障，

ECU 故障相对较少，即使是 ECU 有故障，也应由专业人员对其进行测试和维修。

⑭ 用万用表检查连接器时，对防水型导线连接器，应小心取下防水套；检查导通时，万用表测笔插入时不可对端子用力过大。

7.1.3 柴油机故障诊断技巧

柴油机和汽车故障的多样性和复杂性决定了没有万能的故障排查步骤和技巧，特别是对机械系统的故障排查。对电子控制系统的故障排查，却存在一些基本的检查手段和共性技巧。当进行电路和控制系统的故障排查时，通常会进行下列五个方面的基本检查。

（1）供电电源的检查

正确的电源供应是电子控制系统元件正常工作的必备前提。没有电源供应或者错误的电源供应都会导致系统不能工作或工作异常。在整个控制系统中，ECU 由蓄电池供电，其他大部分元件由 ECU 提供工作电源。输入设备一般由 ECU 提供 5V 的工作电压，输出设备的工作电压也由 ECU 提供。常见的电源故障包括由于插头损坏等造成的电路虚接、熔丝熔断和错误的接线等。

（2）导通性检查

导通性检查是电子控制系统最常用的检查项目。导通性检查测量两点之间的电阻值，用于确认这两点之间是否导通，这是将实际的电路连接和电路图进行对比的有效手段。对导通性的要求是两点之间的电阻值小于 10Ω。

（3）对地短路性检查

柴油机和汽车的电路连接一般采用负极搭铁的形式，即存在一个公共的负极，所有需要回路负极的元件的负极都接入这一公共负极，这样可以大大简化系统接线的复杂程度。蓄电池的负极和这一公共的负极相连，形成回路。对柴油机而言，这一公共负极是缸体缸盖；对整车而言，公共的负极为大梁（骨架）。

对地短路是指电路上的某点按电路设计要求不应该接地而实际电路已经接地的故障。火线（电源正极）的对地短路会引起熔丝熔断等故障。对开路（不短路）的要求是两点之间的电阻大于 $100\mathrm{k}\Omega$。

（4）线与线短路检查

与对地短路相似，线与线之间短路是指两点之间按照电路设计的要求不应该导通而实际导通的故障。和对地短路的技术规范一样，两点之间开路的要求是之间的电阻大于 $100\mathrm{k}\Omega$。

（5）元件功能检查

由于电路元件的多样性，元件的功能检查需要根据实际的元件采取不同的方法。如温度传感器可采取测量其电阻的办法；压力传感器需要专用的测试导线在其工作时测量其输出的信号电压；对电磁阀可以通过诊断仪测试。

在无法对元件的功能作出正确判断时，一个通用的办法是更换一个确认功能正常的元件，观察柴油机电控系统的工作状况，从而确定该元件是否存在问题。

特别提示　以上电控柴油机故障诊断的方法和步骤仅仅是一些最基本的方法和手段，（电控）柴油机故障千变万化，没有一个万能的和统一的故障诊断和排除方法。维修人员只能根据故障诊断仪的故障诊断情况和实际操作经验，找出该柴油机故障的真正原因和准确位置。因此，（电控）柴油机故障的诊断与排除是非常专业的工作，必须需要由有经验且熟悉柴油机故障的专业维修人员来进行。

7.2　电控柴油机传感器故障的诊断与处理

　　柴油机电控系统传感器故障是电控柴油机较为常见的故障，任何一个传感器出现问题（不一定是损坏），都可能对柴油机的运转产生负面影响。因此，对一个专业的电控柴油机维修服务人员来讲，掌握并熟悉电控柴油机各传感器的功能和用途及出现问题的相关故障码是必要的和必需的。

7.2.1　电控柴油机传感器常见故障的故障码

　　以车用柴油机使用较为广泛的柴油机电控系统（Denso 系统）相关传感器为例进行简要说明。电控柴油机（电装系统）相关传感器元器件的常见故障码及其故障位置见表 7-1。

表 7-1　电控柴油机故障码及其含义

故障码	故障位置	故障码	故障位置
P0117/P0118	冷却液温度传感器故障	P0850	空挡开关异常
P0112/P0113	进气温度传感器故障	P0541/P0542	预热继电器故障
P0237/P0238	进气压力传感器异常	P1681/P1682	排气制动继电器故障
P0122/P0123	1#加速踏板传感器故障	P0628/P0629	PCV1 电路故障
P0222/P0223	2#加速踏板传感器故障	P2633/P2634	PCV2 电路故障
P0182/P0183	燃油温度传感器故障	P0201～P0206	喷油器线束开路
P0192/P0193	油轨压力传感器故障	P2146/P2149	喷油器驱动回路开路
P0337	曲轴转速传感器故障	P2147/P2150	喷油器驱动回路接地短路
P0342	凸轮轴传感器故障	P2148/P2151	喷油器驱动回路电源短路
P0686	主继电器异常	P0562/P0563	蓄电池电压异常
P0704	离合器开关异常	—	—

7.2.2　冷却液温度传感器故障诊断

　　当柴油机电控系统显示故障码 P0117/P0118 后，根据冷却液温度传感器相关电路图（如图 7-3 所示），采取下列步骤进行故障诊断及检修。

　　① 将钥匙开关转至 OFF 挡，拔下 ECU 一侧的连接器，测量连接器一侧 155 号端子和 55 号端子之间的电阻。根据实际温度的不同，电阻值的大致范围见表 7-2。

　　② 如果上一步检查没有问题，重新连接 ECU 连接器，拔下冷却液温度传感器连接器，测量 ECU 一侧 155 号端子和 55 号端子之间的电压，标准值为 5V 左右。

　　如果检查正常，说明是 ECU 连接器故障或线束短路；如果电压值异常，在确认其他传感器没有接地短路的故障后，就是 ECU 本身故障，更换 ECU。

　　③ 如果第一步检查发现传感器的电阻值不正常，拔下冷却液温度传感器的连接器，测量 1 号端子和 2 号端子之间的电阻，电阻值应该在表 7-2 所列范围内。如果电阻值不在此范围内，就是传感器的问题，更换该传感器。如果所测得的电阻值正常，则问题可能出现在线束或连接器上，需要进一步的检查和维修。

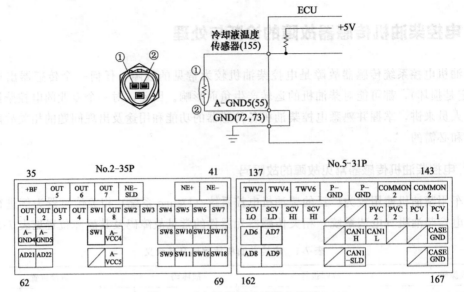

图 7-3　冷却液温度传感器电路图

表 7-2　冷却液温度传感器不同温度时的电阻值

温度/℃	电阻值/kΩ	温度/℃	电阻值/kΩ
20	2.45	60	0.584
40	1.15	80	0.318

7.2.3　进气温度传感器故障诊断

当柴油机电控系统显示故障码 P0112/P0113 后，根据进气温度传感器相关电路图（如图 7-4 所示），采取下列步骤进行故障诊断及检修。

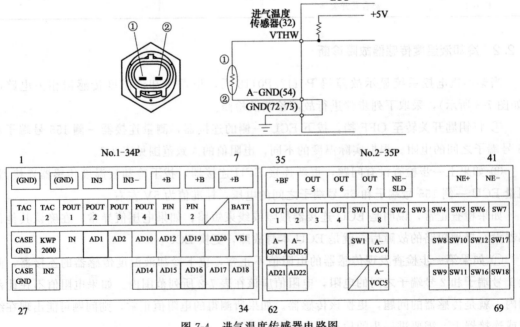

图 7-4　进气温度传感器电路图

① 将钥匙开关转至 OFF 挡，拔下 ECU 一侧的连接器，测量连接器一侧 32 号端子和 54 号端子之间的电阻。根据实际温度的不同，电阻值的大致范围如表 7-3 所示。

② 如果上一步检查没有问题，重新连接 ECU 连接器，拔下冷却液温度传感器连接器，测量 ECU 一侧 32 号端子和 54 号端子之间的电压，标准值为 5V 左右。

如果检查正常，说明是 ECU 连接器故障或线束短路；如果电压值异常，在确认其他传感器没有接地短路的故障后，就是 ECU 本身故障，更换 ECU。

③ 如果第一步检查发现传感器的电阻值不正常，拔下冷却液温度传感器的连接器，测量 1 号端子和 2 号端子之间的电阻，电阻值应该在表 7-3 所列范围内。如果电阻值不在此范围内，就是传感器的问题，更换该传感器。如果所测得的电阻值正常，则问题可能出现在线束或连接器上，需要进一步的检查和维修。

表 7-3　进气温度传感器不同温度时的电阻值

温度/℃	电阻值/kΩ	温度/℃	电阻值/kΩ
−10	9.11	60	0.58(±8%)
20	2.43(±9%)	—	—

7.2.4　进气压力传感器异常诊断

当柴油机电控系统显示故障码 P0237/P0238 后，根据进气压力传感器相关电路图（如图 7-5 所示），采取下列步骤进行故障诊断及检修。

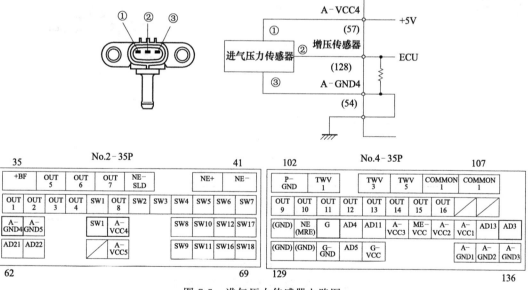

图 7-5　进气压力传感器电路图

① 将钥匙开关转至 ON 挡，测量 ECU 侧 128 号端子和 54 号端子之间的电压（传感器输出电压），正常值在 1.4V 左右；启动柴油机，踩下加速踏板，电压值应随柴油机速度增加而增大，电压值应在 1.4～4.5V 之间。

② 如果上一步的检查电压值正常，则检查线束连接器和 ECU 相关引脚。如果是线束连接器的问题，更换或修理线束连接器；如果是 ECU 引脚问题，更换 ECU；如果线束连接器及 ECU 引脚都没有异常，那就是 ECU 内部问题，更换 ECU。

③ 如果第一步检查电压值不正常，在钥匙开关 ON 的状态下测量线束一侧进气压力传感器 2 号端子和 3 号端子之间的电压，正常值在 0.9～1.1V 之间；踩下加速踏板，电压值应随柴油机转速的增加而增大，在 1.4～4.5V 之间；如果电压正常，说明是线束（ECU 128 号端子与传感器 2 号端子之间）故障，酌情检查和修理。

④ 如果上一步检查电压值异常，将钥匙开关转至 OFF 位置，拔下进气压力传感器，再将钥匙开关转到 ON 位置，测量进气压力传感器接头（线束侧）1 号端子和 3 号端子之间的电压，其数值应该在 5V 左右；如果正常，检查线束连接器以及传感器引脚，线束故障就修理或更换线束，否则就更换进气压力传感器。

⑤ 如果上一步检查传感器电压异常，则打开钥匙开关测量 ECU 57 号端子和 54 端子之间的电压，标准值在 5V 左右；如果电压值正常，检查修理 ECU 的连接器；如果电压值异常，则更换 ECU。

7.2.5　加速踏板（1$^{\#}$、2$^{\#}$）传感器故障诊断

当柴油机电控系统显示故障码 P0122/P0123、P0222/P0223 后，根据加速踏板传感器相关电路图（如图 7-6 所示），采用下述方法与步骤进行故障诊断与检修。

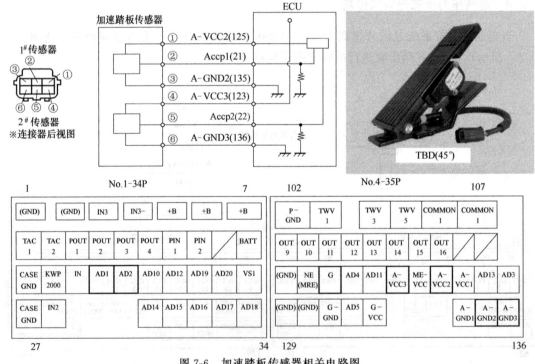

图 7-6　加速踏板传感器相关电路图

（1）加速信号 1 的检查

① 将钥匙开关转至 OFF 位置，拆下加速踏板传感器连接器，再将钥匙开关转至 ON 位置，测量加速踏板传感器连接器（整车线束侧）1 号端子和 2 号端子之间的电压，数值应在 5V 左右。

② 如果上一步检查的电压异常，测量 ECU 125 号端子和 135 号端子之间的电压，数值在 5V 左右；如果正常，说明是加速踏板上的线束故障，修理或更换；如果电压值异常，检查 ECU 连接器，如果是连接器问题，修理连接器；如果不是连接器问题，则更换 ECU。

③ 如果第一步检查时电压值正常，关闭钥匙开关，连接加速踏板传感器，再打开钥匙开关，测量 ECU 21 号端子和 135 号端子之间的电压。正常值：不踩踏板 0.7～0.95V；踏板踩到底 4.1～4.25V。

如果电压正常，检查 ECU 连接器，如果连接器问题修理连接器，反之则更换 ECU。

如果电压值异常，不拆加速踏板传感器连接器，测量加速踏板传感器连接器整车线束侧 2 号端子和 3 号端子之间的电压，正常值为：不踩踏板 0.7～0.95V；踏板踩到底 4.1～4.25V。如果电压正常，线束开路或短路；如果异常，则更换加速踏板。

（2）加速信号 2 的检查

① 将钥匙开关转至 OFF 位置，拆下加速踏板传感器连接器，再将钥匙开关转至 ON 位置，测量加速踏板传感器连接器（整车线束侧）4 号端子和 6 号端子之间的电压，数值在 5V 左右。

② 如果上一步检查的电压异常，测量 ECU 125 号端子和 135 号端子之间的电压，数值在 5V 左右。如果正常，说明是加速踏板上的线束故障，修理或更换；如果电压值异常，检查 ECU 连接器，如果是连接器问题，修理连接器；如果不是连接器问题，则更换 ECU。

③ 如果第一步检查时电压值正常，关闭钥匙开关，连接加速踏板传感器，再打开钥匙开关，测量 ECU 22 号端子和 136 号端子之间的电压，正常值：不踩踏板 0.3～0.4V；踏板踩到底 2.0～2.2V。

如果电压正常，检查 ECU 连接器，如果是连接器问题修理连接器，反之则更换 ECU。如果电压值异常，不拆加速踏板传感器连接器，测量加速踏板传感器连接器整车线束侧 2 号端子和 3 号端子之间的电压，正常值为：不踩踏板 0.3～0.4V；踏板踩到底 2.0～2.2V。如果电压正常，线束开路或短路；如果异常，则更换加速踏板。

7.2.6　燃油温度传感器故障诊断

当柴油机电控系统显示故障码 P0182/P0183 后，根据燃油温度传感器相关电路图（如图 7-7 所示），采用下述方法与步骤进行故障诊断与检修。

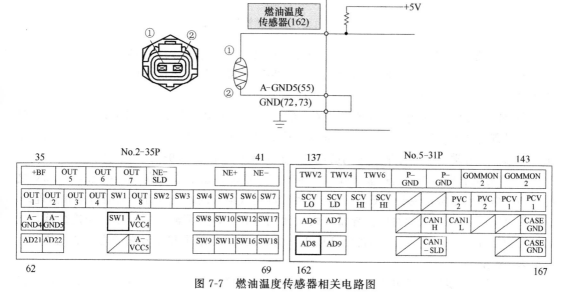

图 7-7　燃油温度传感器相关电路图

① 将钥匙开关转至 OFF 挡，拔下 ECU 一侧的连接器，测量连接器一侧 162 号端子和 55 号端子之间的电阻。根据实际温度的不同，电阻值的大致范围见表 7-4。

② 如果上一步检查没有问题，重新连接 ECU 连接器，拔下燃油温度传感器连接器，测量 ECU 一侧 162 号端子和 55 号端子之间的电压，标准值为 5V 左右。如果检查正常，说明是 ECU 连接器故障或线束短路；如果电压值异常，在确认其他传感器没有接地短路的故障后，就是 ECU 本身故障，更换 ECU。

③ 如果第一步检查发现传感器的电阻值不正常，拔下燃油温度传感器的连接器，测量 1 号端子和 2 号端子之间的电阻，电阻值应该在表 7-4 所列范围内。如果电阻值不在此范围内，就是传感器的问题，更换该传感器。如果所测得的电阻值正常，则问题可能出现在线束或连接器上（线束开路或连接器故障），需要进一步的检查和维修。

表 7-4　燃油温度传感器不同温度时的电阻值

温度/℃	电阻值/kΩ	温度/℃	电阻值/kΩ
20	2.45	60	0.584
40	1.15	80	0.318

7.2.7　油轨压力传感器故障诊断

当柴油机电控系统显示故障码 P0192/P0193 后，根据油轨压力传感器相关电路图（如图 7-8 所示），采用下述方法与步骤进行故障诊断与检修。

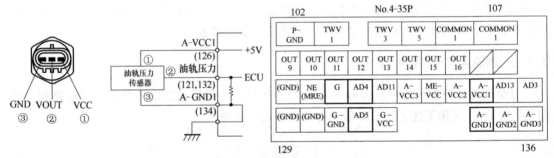

图 7-8　油轨压力传感器相关电路图

① 将钥匙开关从关闭到打开，测量 ECU 121/132 号端子和 134 号端子之间的电压，正常范围应该在 0.9～1.1V 之间。启动柴油机，踩下加速踏板，确认电压相应的变化，正常范围在 1.4～3.5V 之间。

② 如果前面的测量电压值正常，检查 ECU 连接器及相关引脚，有问题时进行修理，没有问题时则更换 ECU；如果前面的测量电压值异常，则打开钥匙开关，测量线束一侧油轨压力传感器 2 号端子和 3 号端子之间的电压，正常范围应该在 0.9～1.1V 之间。

③ 启动柴油机，踩加速踏板，确认电压的变化情况，正常范围应该是在 1.4～3.5V 之间；如果电压值正常，说明是 ECU 到传感器之间的线束有问题，进行相应的检查和修理。

④ 如果上一步测量的对应值异常，则关闭钥匙开关，拔下油轨压力传感器连接器，然后打开钥匙开关，测量油轨压力传感器接头（线束侧）1 号端子和 3 号端子之间的电压，标准值为 5V 左右。

⑤ 如果上一步的测量电压值正常，检查传感器连接器线束，如有问题进行修理；如没

有问题，则是传感器故障，更换油轨压力传感器。

⑥ 如果上一步的测量电压值异常，将钥匙开关由关闭到打开，测量 ECU 126 号端子和 134 号端子之间的电压，标准值应该为 5V 左右。如果电压值异常，更换 ECU；如果电压值正常，则检查修理线束。

7.2.8　曲轴转速传感器故障诊断

当系统显示故障码 P0337 后，根据曲轴转速传感器相关电路图（如图 7-9 所示），采用下述方法与步骤进行故障诊断与检修。

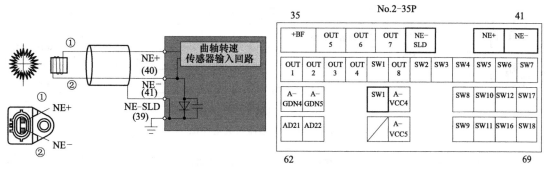

图 7-9　曲轴转速传感器相关电路图

① 启动柴油机，用示波器测量 ECU 40 号端子和 1、2 号端子的转速传感器波形，柴油机怠速时的正常波形如图 7-10 所示。

② 关闭钥匙开关，拔下 ECU 一侧连接器，测量 ECU 40 号端子和 41 号端子之间的电阻值，正常电阻值为（125.5±17）Ω（温度 20℃时）。

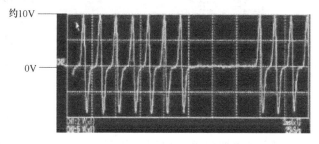

图 7-10　柴油机怠速时的正常波形

③ 如果上一步测量电阻值正常，连接 ECU 连接器，清除故障码后再次诊断是否故障码重现，如果重现，在确认不是连接器接触不良及线束开路或短路等问题后，更换 ECU。

如果上一步测量的电阻值异常，拔下曲轴转速传感器连接器，测量传感器一侧两个端子之间的电阻值，正常值为（125.5±17）Ω（温度 20℃时）。如果电阻值异常，更换传感器；如果电阻值正常，则进一步检修线束及连接器。

7.2.9　凸轮轴传感器故障诊断

当系统显示故障码 P0342 后，根据凸轮轴传感器相关电路图（如图 7-11 所示），采用下述方法与步骤进行故障诊断与检修。

① 启动柴油机，用示波器测量 ECU 120 号端子和 131 号端子的转速传感器波形，柴油机怠速时的正常波形如图 7-12 所示。

② 关闭钥匙开关，拔下 ECU 一侧的凸轮轴传感器连接器，打开钥匙开关，测量传感器线束侧 VCC 和 GDN 端子之间的电压值，标准数值应该在 5V 左右。

如果测量的电压值正常，检查传感器线束连接器是否接触不良，酌情修理；如果接触良好，则检查传感器 G 端子与 ECU 之间是否存在开路或短路情况，有则酌情修理，没有则是传感器故障，更换传感器。

③ 如果第二步测量的对应值异常，关闭钥匙开关，拔下 ECU 相关连接器，再打开钥匙开关，测量 ECU 131 号端子和 133 号端子之间的电压，正常值应该是 5V 左右，如果异常，则需要更换 ECU。

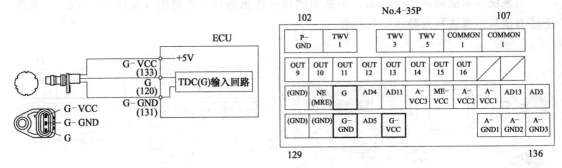

图 7-11　凸轮轴传感器相关电路图

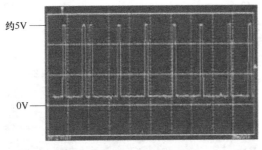

图 7-12　凸轮轴传感器怠速波形

④ 如果上一步测量的电压值正常，检查 ECU 连接器是否存在接触不良的情况，有则修理，没有则检查 131 号端子和 133 号端子之间的相关线束是否存在开路或短路情况，并酌情修理。如果上述检查均正常，则可能是外部环境干扰所致。

7.2.10　主继电器异常故障检测

当柴油机电控系统显示故障码 P0686后，根据主继电器相关电路图（如图 7-13 所示），采用下述方法与步骤进行故障诊断与检修。

① 关闭钥匙开关，测量 ECU 5～7 号端子与接地之间的电压值，标准值为 0V。

② 如果上一步的测量电压值正常，则进行故障再确认；如果电压值异常，则关闭钥匙开关，测量 56 号端子的电压值，标准值为 0V，即不带电；如果带电则检查并排除点火开关线路常电问题。

③ 如果第二步测量时 56 号端子不带电，打开钥匙开关测量 74、75 号端子与接地之间的电压，应该为 20V，如果电压正常，检查继电器两端的接线并修理。

④ 如果第三步测量的电压正常，关闭钥匙开关，拔下主继电器，测量继电器 1 号端子和 2 号端子及 3 号端子和 4 号端子之间的电阻值，正常值：1 号端子和 2 号端子之间无穷大；3 号端子和 4 号端子之间为继电器线圈电阻值。如果电阻值异常，则是继电器故障，需要更换继电器。

7.2.11　离合器开关故障诊断

如果柴油机电控系统出现 P0704 故障码，根据离合器开关相关电路图（如图 7-14 所

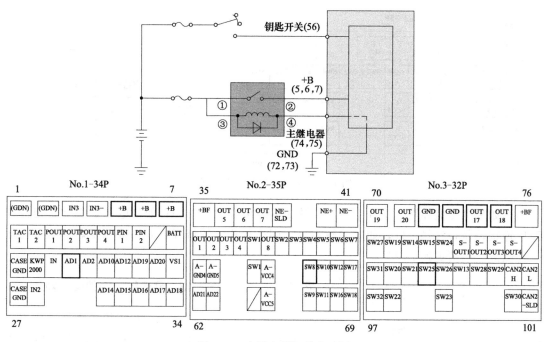

图 7-13　主继电器相关电路图

示），采用下述方法与步骤进行故障诊断与检修。

① 拆下 ECU 一侧连接器，打开钥匙开关，测量线束一侧 ECU 77 号端子的电压值，标准值应该为：不踩离合器 0V；踩下离合器为蓄电池电压。

② 如果电压值异常，检查离合器开关及相关线束并酌情修理；如果电压值正常，则检查 ECU 连接器是否接触良好，如果接触不良，则进行相关的修理，如果接触良好，则可能是 ECU 故障，酌情更换 ECU。

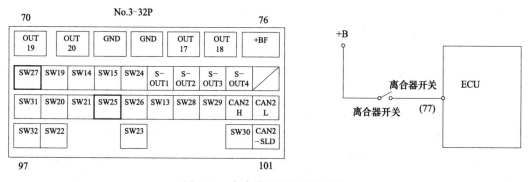

图 7-14　离合器开关相关电路图

7.2.12　空挡开关异常故障诊断

如果柴油机电控系统显示 P0850 故障码，则根据空挡开关相关电路图（如图 7-15 所示），采用下述方法与步骤进行故障诊断与检修。

① 拆下 ECU 一侧连接器，打开钥匙开关，测量线束一侧 ECU 66 号端子的电压值，标准值应该为：挂挡 0V；空挡为蓄电池电压。

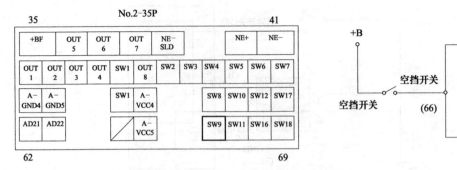

图 7-15　空挡开关相关电路图

② 如果电压值异常，检查空挡开关及相关线束并酌情修理；如果电压值正常，则检查ECU连接器是否接触良好，如果接触不良，则进行相关的修理，如果接触良好，则可能是ECU故障，酌情更换ECU。

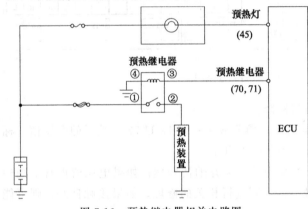

图 7-16　预热继电器相关电路图

7.2.13　预热继电器故障诊断

如果柴油机电控系统显示故障码P0541/P0542，则根据预热继电器相关电路图（如图7-16所示），采用下述方法与步骤进行故障诊断与检修。

① 将钥匙开关由关闭转到打开，测量ECU 70、71号端子与接地之间的电压值，标准值为：OFF→ON时，蓄电池电压；打开一定时间内，由蓄电池电压降低到0V。

注意： 如果冷却液温度高，有可能测不出蓄电池电压。

② 如果上一步测量电压值异常，先检查ECU连接器是否接触不良，如果是则酌情修理；如果不是，则可能是ECU自身故障，更换ECU。

③ 如果第一步测量的电压值正常，关闭钥匙开关，拔下ECU连接器，测量连接器一侧70、71号端子与接地之间的电阻值，正常值为预热继电器线圈端子电阻加1.5Ω。

④ 如果上一步测量的电阻值正常，说明预热继电器故障，酌情更换；如果电阻值异常，拆下预热继电器，测量继电器3号端子和4号端子之间的电阻值，正常值为继电器线圈电阻值。

⑤ 如果上一步测量的电阻值正常，就是ECU与继电器之间的线束故障或继电器连接器故障，继续进行相关检查和修理；如果测量的电阻值异常，说明继电器有问题，酌情更换。

7.2.14　排气制动继电器故障诊断

当系统出现故障码P1681/P1682后，根据排气制动继电器电路图（如图7-17所示），采用下述方法与步骤进行故障诊断与检修。

① 通过主动测试，使用排气制动开关，测量ECU36号端子与接地之间的电压，标准值为：OFF时，蓄电池电压；ON时，0V。

如果电压一直是蓄电池电压，则需要检查ECU连接器接触是否良好或36号端子到继电器 2 号端子的线束是否短路，并酌情修理；如果两者都不是，则说明 ECU 有故障，需要更换 ECU。

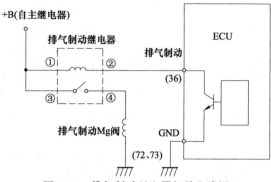

② 如果第一步测量的电压值一直是 0V，拔下 ECU 连接器，测量连接器一侧 36 号端子与接地之间的电压，正常值为蓄电池电压。

③ 如果上一步测量的电压值正常，说明是 ECU 故障，需要更换 ECU；如果电压值异常，先不装 ECU 连接器，再测量排气制动继电器 1 号端子的电压，正常值为蓄电池电压。

图 7-17　排气制动继电器相关电路图

如果测量的电压值正常，说明是排气制动继电器故障，予以更换；如果电压值异常，说明是排气制动继电器 1 号端子与主继电器之间的线束或连接器故障，酌情检查并修复。

④ 通过主动测试，使用排气制动开关，测量排气制动继电器 4 号端子与接地之间的电压，正常值为：OFF 时，0V；ON 时，蓄电池电压。

如果电压值正常，检查排气制动阀和线束并修理；如果电压值异常，拆下排气制动继电器，测量继电器 1 号端子和 2 号端子以及 3 号端子和 4 号端子之间的电阻值。正常值为：1 号端子和 2 号端子之间，线圈电阻值；3 号端子和 4 号端子之间，无穷大。

如电阻值正常，说明是排气制动继电器 3 号端子与主继电器之间的线束故障，检查并修理；如电阻值异常，则说明是排气制动继电器故障，予以更换。

7.2.15　PCV1、PCV2 电路故障诊断

当柴油机电控系统出现故障码 P0628/P0629、P2633/P2634 后，根据 PCV1、PCV2 相关电路图（如图 7-18 所示），采用下述方法与步骤进行故障诊断与检修。

① 关闭钥匙开关，拔下 ECU 5 号连接器，打开钥匙开关，测量 ECU 152 号端子、153 号端子和 140 号端子、141 号端子之间的电压，正常值为高于 19V。

如果测量的电压值正常，请关闭钥匙开关，装上 ECU 连接器后打开钥匙开关，清除过去的故障码，重新读取，如果无故障码，说明正常。如果故障码依然存在，则是 ECU 故障。

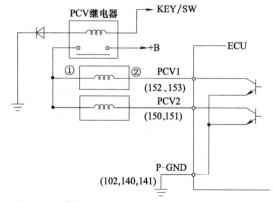

图 7-18　PCV1、PCV2 的相关电路图

② 如果第一步测量的电压值异常，关闭钥匙开关，拔下 PCV1 连接器，测量 PCV1 连接器 1 号端子与 2 号端子之间的电阻值，正常值为 3～3.5Ω。

③ 如果上一步测量的电阻值异常，说明是 PCV1 故障，更换油泵；如果测量的电阻值正常，打开钥匙开关，不要插上 PCV1 连接器，测量 PCV1 连接器 1 号端子与接地之间水温电压值，正常值应高于 19V。

④ 如果上一步测量的电压值正常，说明 PCV1 的 2 号端子与 ECU 152 号、153 号端子

之间的线束故障或 ECU5 号连接器接触不良，需要进行相应的检查和修理。

⑤ 如果第三步测量的电压值异常，关闭钥匙开关，拆下 PCV 继电器，打开钥匙开关，测量 PCV 继电器连接器蓄电池、点火开关一侧端子的电压，正常值应高于 19V。如果电压值异常，说明是点火开关/主继电器与 PCV 继电器之间的线路故障，酌情检查并修理；如果电压值正常，则检查 PCV 继电器的接地是否正常，如果接地异常，请修理，如果接地正常，关闭钥匙开关，装上 PCV 继电器，打开钥匙开关，测量 PCV 继电器 PCV 侧端子的电压值，应高于 19V。

⑥ 如果上一步测量的电压正常，检查修理 PCV 继电器和 PCV 之间的线路；如果测量的电压异常，说明是 PCV 继电器故障，酌情更换。

⑦ PCV2 电路故障的检查诊断方法与 PCV1 基本相同，参照进行即可。

7.2.16 喷油器线束开路故障诊断

当柴油机电控系统出现故障码 P0201～P0206 后，根据喷油器的相关电路图（如图 7-19 所示），采用下述方法与步骤进行故障诊断与检修。

① 关闭钥匙开关，拔下 ECU 一侧的连接器，测量线束侧各端子之间的电阻值（见表 7-5），正常电阻值为低于 1.5Ω。

② 如果上一步测量的电阻值正常，装上 ECU 连接器，启动柴油机，清除过去的故障码，再次读取故障码，如果无故障码，说明系统正常；如果故障码仍然存在，则关闭钥匙开关，检查喷油器线束（103—107、137—139、142—143）连接器、ECU 引脚是否存在变形、接触不良的情况，如果有则酌情修理；如果没有则检查喷油器接地（ECU 102、140、141）线束、连接器。

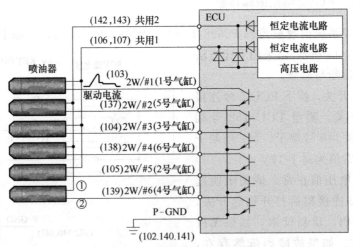

图 7-19 喷油器相关电路图

表 7-5 喷油器线束端子测量表

DTC	故障部位 （柴油机气缸/TWV）	测量端子	DTC	故障部位 （柴油机气缸/TWV）	测量端子
P0201	1 号气缸/TWV1	106—107→103	P0204	4 号气缸/TWV4	142—103→139
P0202	2 号气缸/TWV2	106—107→105	P0205	5 号气缸/TWV5	142—103→137
P0203	3 号气缸/TWV3	106—107→104	P0206	6 号气缸/TWV6	142—103→138

③ 拆下故障码所表示的气缸喷油器连接器，测量喷油器 1 号端子和 2 号端子之间的电阻值，正常值应该在 0.35～0.50Ω 之间。

如果电阻值正常，说明是连接器接触不良或线束的问题，可检查修复连接器（接插件）或线束；如果电阻值异常，说明是喷油器的故障，需要更换喷油器。

注意： 更换喷油器后需要将新喷油器的 QR 码写入电控单元（ECU）。

7.2.17　喷油器驱动回路开路故障诊断

当柴油机电控系统出现故障码 P2146/P2149 后，根据喷油器相关电路图（如图 7-20 所示），采用下述方法与步骤进行故障诊断与检修。

① 如果故障码 P2146/P2149 同时存在，关闭钥匙开关，拔下 ECU 4 号、5 号连接器，测量线束侧 ECU 102 号、140 号、141 号各端子与底盘接地之间的电阻值，正常值应低于 0.5Ω。

② 如果上一步测量的电阻值异常，可检查喷油器接地线束并修理；如果上一步测量的电阻值正常，则关闭钥匙开关，拆下 ECU 4 号、5 号连接器，检查连接器、ECU 引脚是否存在接触不良或变形的情况，

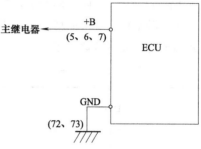

图 7-20　电控系统相关电路图

如果有则检查并修复。如果没有，根据表 7-6 测量连接器各端子之间的电阻值，正常值应在 3Ω 以下。

表 7-6　ECU 测量端子

	DTC	连接器		测量 ECU 端子
1 号共轨系统	P2146	4	106 107	1 号气缸 103
				3 号气缸 104
				2 号气缸 105
2 号共轨系统	P2149	5	142 143	5 号气缸 137
				6 号气缸 138
				4 号气缸 139

③ 如果上一步测量的电阻值有异常，则检查相应的 ECU 端子和喷油器端子之间的线束，酌情修理；如果上一步测量的电阻值正常，请检查 ECU 连接器和 ECU 端子是否存在变形或接触不良的情况，如果有接触不良的情况，可进行修理或更换，如果没有，则关闭钥匙开关，装好连接器，清除以前的故障码，重新读取并确认故障。

④ 如果第一步的检测只检测到一个故障码，关闭钥匙开关，根据故障码拆下相应的 ECU 连接器，检查连接器、ECU 引脚是否存在接触不良或变形的情况，如果有则修理或更换；如果没有，根据表 7-6 测量连接器各端子之间的电阻值，正常值应小于 3Ω。

⑤ 如果上一步测量的电阻值有异常，则检查相应的 ECU 端子和喷油器端子之间的线束，并修理；如果上一步测量的电阻值正常，则检查 ECU 连接器和 ECU 端子是否存在变形或接触不良的情况，如果有则进行相应的修理或更换；如果没有，则关闭钥匙开关装好连接器，清除以前的故障码，重新读取并确认故障。

7.2.18 喷油器驱动回路接地短路或电源短路故障诊断

当柴油机电控系统出现故障码 P2147/P2150、P2148/P2151 后，根据喷油器相关电路图（参考图 7-20），采用下述方法与步骤进行故障诊断与检修。

① 如果故障码 P2147、P2150 或 P2148、P2151 同时存在，关闭钥匙开关，拔下 ECU 4号、5号连接器，测量线束侧 ECU 102 号、140 号、141 号各端子与接地间的电阻值，正常值应低于 1.5Ω。

② 如果上一步测量的电阻值异常，请检查喷油器接地线束并酌情修理；如果上一步测量的电阻值正常，关闭钥匙开关，拆下 ECU 4号、5号连接器，检查连接器、ECU 端子是否存在接触不良或变形的情况，如果有请修理或更换，如果没有，根据表 7-7 测量 ECU 各公共端子与喷油器接地端子之间的电压，正常值为蓄电池电压的一半±3V。

表 7-7   ECU 各公共端子与喷油器接地端子的测量

DTC		连接器	测量 ECU 端子	
			＋侧	—侧
1号共轨系统	P2147	4	106	102
	P2150		107	140
2号共轨系统	P2148	5	142	141
	P2151		143	

③ 如果上一步测量的电压值正常，请关闭钥匙开关，装好连接器，清除以前的故障码，重新确认故障。如果没有故障码，说明一切正常；如果故障码依然存在，则是 ECU 故障，需要更换 ECU。如果上一步测量的电阻值异常，关闭钥匙开关，拆下连接器后打开钥匙开关，根据表 7-8 测量 ECU 侧公共端子和线束侧喷油器接地端子之间的电压值，正常值为蓄电池电压的一半±3V。

表 7-8   ECU 公共端子与线束接地端子的测量

DTC		拆下的连接器	测量端子	
			ECU 侧引脚（＋侧）	ECU 侧引脚（—侧）
1号共轨系统	P2147/P2150	4	4号连接器 106、107	5号连接器 142、143
2号共轨系统	P2148/P2151	5	5号连接器 140、141	4号连接器 102

④ 如果上一步测量的电压存在异常，说明是 ECU 故障，予以更换；如果电压值正常，则按表 7-9 确认线束电源线一侧至接地点短路的原因（故障部位），酌情修理。

表 7-9   ECU 电源线束的测量

DTC	系统	相关的 ECU 端子	短路一侧
P2147	1号共轨系统	106 或 107(103/104/105 同时)	接地
P2150	2号共轨系统	142 或 143(137/138/139 同时)	电源
P2148	1号共轨系统	106 或 107(103/104/105 同时)	接地
P2151	2号共轨系统	142 或 143(137/138/139 同时)	电压

注意：如果故障码为 P2147/P2150 时，需要检查喷油器本体的绝缘状态，测量喷油器端子与接地之间的电阻值，正常值应该在 10MΩ 以上。如果电阻值异常，则需要更换喷油器；如果电阻值正常，则需要进一步查找原因。

如果第一步检测到的故障码只有一组，请从第二步起开始往下检测。

7.2.19　蓄电池电压异常故障诊断

当柴油机电控系统出现故障码 P0562/P0563 后，根据电控系统相关电路图（如图 7-20 所示），采用下述方法与步骤进行故障诊断与检修。

① 测量蓄电池正负极两端的电压，正常值应该在 24V 左右，如果低于 20V，需要给蓄电池充电；如果蓄电池的电压正常，启动柴油机，测量 ECU 5/6/7 号端子与 72/73 号端子之间的电压值，正常值应该是：启动前高于 20V，启动后低于 32V。

② 如果上一步启动后测量的电压值正常，请检查线束连接器、ECU 端子是否存在接触不良或变形等情况，如果有则进行相应的修理或更换；如果没有，则说明是 ECU 故障，予以更换。

③ 如果第一步启动后测量的电压值异常，则测量 ECU 72 号和 73 号端子与底盘接地之间的电压，并改变工况，在不同工况下多次测量，正常值应低于 0.5V。如果电压值正常，则检查充电系统、蓄电池和电源线是否完好并再次检查确认故障码；如果电压值异常，则检查 ECU 72 号、73 号端子与底盘接地之间的线束并酌情修理。

以上根据故障码诊断电控柴油机控制系统故障的方法，虽然只是锡柴电控柴油机的诊断方法，但具有一定的参考价值或普遍意义，读者可以灵活掌握和运用。

7.3　电控单体泵柴油机故障的排除与案例分析

电控单体泵燃油系统是目前车用柴油机较为常见的电控柴油机之一，本节主要介绍电控单体泵燃油系统常见故障的诊断与处理。

注意：相关传感器的检测请参考电控单体泵柴油机的相关电路图。电控单体泵柴油机相关传感器的技术参数见表 7-10。

表 7-10　电控单体泵相关传感器（EDC16 系统）的技术参数

传感器	端子/参数		传感器	端子/参数	
冷却液温度传感器	端子	柴油机插头：A58(信号)，A41(地)	曲轴转速传感器	端子	A27(信号)，A12(−)，A07(屏蔽)
	测量范围	−40～128℃		测量范围	50～4000r/min
进气温度压力传感器	端子	电源：A14(+)，A40(信号)，A23(−)，A53(温度)	机油压力传感器	端子	A13(+)，A51(−)，A56(信号)
	测量范围	0.05～0.4MPa		测量范围	0.0～1.0MPa
	输出信号	0.5～4.5V		输出信号	0.5～4.5V
燃油温度传感器	端子	柴油机插头 A52(信号)，A39(地)	加速踏板传感器	端子	K08(−)，K30(−)，K22(+)，K46(+)，K09(信号 1)，K31(信号 2)
	测量范围	−40～128℃			
凸轮轴位置传感器	端子	A10(信号)，A50(−)，A20(屏蔽)		输出信号 1	0.75～3.84V
	测量范围	50～4000r/min		输出信号 2	0.375～1.92V

7.3.1 电控单元（ECU）故障的检测

当电控单体泵柴油机出现 ECU 故障时，不能对 ECU 进行任何修理或检修，只能直接更换 ECU 总成，并重新刷写数据。通常情况下，ECU 自身故障多数是软件系统故障。一般而言，ECU 发生硬件故障的概率非常小。所以，ECU 出现故障后，基本都是以换件修复为主。电控单体泵柴油机 ECU 故障码及相关含义见表 7-11。

表 7-11 电控柴油机 ECU 故障码及其含义

故障码	故障描述	故障原因	故障处理	ECU 保护措施
P060B	电控单元内部电路故障，ADC 模数转换硬件故障	ECU 故障	更换 ECU	故障灯亮，柴油机进入怠速状态，并且怠速提升到 1200r/min
P1650	ECU 内部故障，对电源短路	ECU 故障	更换 ECU	
P1651	ECU 内部故障，对地短路	ECU 故障	更换 ECU	
P060A	CJ940 的通信错误	ECU 故障	更换 ECU	
P062B	CY33X 内部复位/时钟丢失/电压低引起停机	ECU 故障	更换 ECU	
	CY33X 未被锁定/CY33X 开关错误引起停机	ECU 故障	更换 ECU	

7.3.2 柴油机电控单体泵故障的检测

电控单体泵故障可能的原因有两个：电控单体泵自身故障（柱塞磨损、电磁阀损坏或失效）和线束故障（接插不良、断线等）。

ECU 发出脉冲信号来控制电控单体泵电磁阀的开启，因此无法使用万用表来检测 A47 与 A16 端子的电压值，只能通过示波器来读取脉冲信号。

当没有示波器情况下，可分别检查单体泵侧的线束插片与 48 针接插器之间、单体泵侧的线束插片与柴油机线束端对应端子之间导线是否导通，标准为电阻值小于 10Ω。

单体泵电磁阀的线圈电阻值在 0.9Ω 左右，当电阻值小于 0.4Ω 时，说明线圈短路或者断路，需要更换单体泵电磁阀。

电控单体泵柴油机故障码：以第 1 缸为例，电控单体泵柴油机故障码见表 7-12。

7.3.3 电控单体泵柴油机位置传感器检测

所谓电控（单体泵）柴油机的位置传感器，这里主要是曲轴转速（位置）传感器和凸轮轴转速（位置）传感器。这类传感器主要用于柴油机供油正时和供油量调节。

① 凸轮轴位置传感器和曲轴转速传感器属于信号发生传感器，检测主要是看它们能否正确地发出信号，还有它们发出的信号是否同步。

为使传感器信号相位正确，必须保证传感器的机械安装精度以及传感器与信号盘的间隙在技术要求范围内。检查曲轴传感器间隙是否为 (0.6 ± 0.1) mm，凸轮轴间隙是否为 $0.3\sim1.2$mm，如条件允许可使用信号示波器看两个信号是否同步。

② 测量凸轮轴位置传感器 1（A10）脚与 2（A50）脚和曲轴转速传感器 1（A27）脚与 2（A12）脚间的阻值应在 $1k\Omega$ 左右，若阻值过小，则传感器内部电磁线圈可能短路。

表 7-12　电控单体泵柴油机故障码及其含义（EDC16 电控系统数据）

故障码	故障现象	可能原因	故障处理	ECU 自保措施
P0262	1 缸低端对电源短路,单体泵线路电压太高引起停机	线束或单体泵故障	仔细检查,酌情更换柴油机线束、过渡线束或单体泵	故障灯亮,动力不足
P0263	1 缸单体泵电阻超标引起停机			
P0261	1 缸低端对高端短路,单体泵线路电压太低引起停机			
P0263	1 缸运转不良引起停机			
P1213	1 缸特殊警告			
P1214	取决于应用			
P0201	1 缸单体泵信号开路			
P1215	1 缸电流值错误			

电控单体泵外形

上述两个传感器属于磁电式传感器,内部有永久磁铁,如果取下存放时要避免在铁质货架上存放,可以在木质货架上保存以避免消磁。另外,传感器还容易吸附铁屑,要及时清除以免影响传感器的精度。

③ 如果两个传感器同时出现故障,则柴油机无法着火。如果只是凸轮轴位置传感器失效,则 ECU 会自动判别缸序,启动时可能会感觉柴油机启动较慢并有轻微抖动,但启动之后柴油机的运转将恢复正常。如果只是曲轴转速传感器失效,不会影响柴油机点火,但会降低柴油机正常运转时的平稳性。

④ 故障诊断。当上述两个传感器出现故障后,会产生相应的故障码,具体见表 7-13（EDC16 系统参数）。

表 7-13　电控单体泵柴油机位置传感器故障码及其含义

故障码	故障现象	故障原因	故障处理	ECU 自保措施
P0008	BackUp 模式激活,只有与凸轮轴一起运行信号激活时,设置该故障通道	①线束故障 ②凸轮轴和曲轴传感器故障	①检查或更换线束 ②更换传感器	故障灯亮,启动困难或无法正常工作
P0340	没有凸轮轴传感器信号	①凸轮轴传感器线束故障 ②凸轮轴传感器故障	①检查线束是否断路 ②更换传感器	
P0341	错误的凸轮轴传感器信号		①检查线束 ②更换传感器	
P0335	没有曲轴传感器信号	①曲轴传感器线束故障 ②曲轴传感器故障	①检查线束是否断路 ②更换传感器	
P0336	错误的曲轴传感器信号		①检查线束 ②更换传感器	
P0016	凸轮轴与曲轴传感器信号相位出现偏差	①凸轮轴或曲轴传感器线束存在干扰源 ②凸轮轴与曲轴相位故障 ③ECU 故障	①检查相关线束周围有无干扰源 ②检查相位 ③更换 ECU	柴油机不能正常工作,柴油机停机

7.3.4 加速踏板传感器故障的检测

加速踏板传感器的检测方法如下：

① 点火开关打到"OFF"，拔下与加速踏板对接的线束插件，分别检查 K22（与 A 脚对应）和 K46（与 D 脚对应）与搭铁之间的电压是否为 4.5V 左右，K30（与 C 脚对应）和 K08（与 F 脚对应）与搭铁之间是否导通。若实测值有偏差，则应检查 ECU 输出电压或线束是否正常连通。

② 当加速踏板传感器失效时，ECU 会自动执行"跛行功能"，怠速稳定在 1200r/min 左右，保证驾驶员将车开到维修服务区域或专业维修站点。

③ 加速踏板传感器故障的检测详见表 7-14（EDC16 系统参数）。

表 7-14　电控单体泵柴油机加速踏板传感器故障码及其含义

故障码	故障现象	故障原因	故障处理	ECU 保护措施
P0123	加速踏板传感器 1 电压高于上限	①加速踏板线束故障,加速踏板信号 1 对电源短路 ②加速踏板故障	①检查加速踏板线束 1 ②更换加速踏板	
P0122	加速踏板传感器 1 电压低于下限	①加速踏板线束故障,加速踏板信号 1 断路或对地短路 ②加速踏板故障		
P2135	加速踏板传感器 1 与加速踏板传感器 2 校验不正确	①加速踏板线束故障 ②加速踏板故障	①检查加速踏板线束 ②更换加速踏板	故障灯亮,退出巡航,加速踏板失效,怠速提升到 1200r/min
P0223	加速踏板传感器 2 电压高于上限	①加速踏板线束故障,加速踏板信号 2 对电源短路 ②加速踏板故障	①检查加速踏板线束 2 ②更换加速踏板	
P0222	加速踏板传感器 2 电压低于下限	①加速踏板线束故障,加速踏板信号 2 断路或对地短路 ②加速踏板故障		
P2135	加速踏板传感器 2 与加速踏板传感器 1 校验不正确	①加速踏板线束故障 ②加速踏板故障	①检查加速踏板线束 ②更换加速踏板	
P1540	加速踏板 1 工作周期高于上限			
P1541	加速踏板 1 工作周期低于下限	①线束故障 ②加速踏板传感器故障	①检查整车线束中加速踏板信号线 ②更换加速踏板	故障灯亮
P1542	加速踏板 1 PWM 信号错误			
P1543	加速踏板传感器信号或大或小			
P1544	加速踏板 1 频率高于上限			
P1545	加速踏板 1 频率低于下限			

续表

故障码	故障现象	故障原因	故障处理	ECU 保护措施
P2299	加速踏板信号可能不可信	①刹车信号故障 ②加速踏板不能回零位 ③加速踏板传感器故障	①检查刹车开关是否不动作，更换刹车开关 ②检查加速踏板传感器是否卡死 ③更换加速踏板传感器	故障灯亮,加速踏板无效,转速保持在 1200r/min,退出巡航

7.3.5　进气压力温度传感器的检测

进气压力温度传感器的检测要求如下：

① 当怀疑进气压力温度传感器有问题时，首先检查传感器的电源（3 脚）、地（1 脚）是否正常。方法是：先将点火开关打到"OFF"，拔下进气压力温度传感器接插件，再将点火开关打到"ON"，测量线束接插件的 3 脚和 1 脚间的电压是否正常（大约 4.5V），若电压不正常，则需将点火开关打到"OFF"，拔下 ECU 上 A 端接插件，检查从 A 端到进气压力温度传感器接插件的对应导线是否正常导通。

② 对于进气压力温度传感器的检测可以分成对温度传感器检测和对压力传感器检测两部分。温度传感器的主要组成部分是负温度系数电阻，可以先测量传感器 1 脚、2 脚间的电阻，然后查表得出温度值，若与当时的实际温度值偏差较大，则温度传感器发生故障。

③ 对于传感器压力部分的检测，由于传感器内部集成了整形补偿电路，所以不能用万用表测量 4 脚与其他脚间的电阻值。因为用万用表测量电阻时，万用表本身会对被测电路施加一个电压，有可能将传感器内部的整形补偿电路击穿，造成传感器损坏。

④ 进气压力温度传感器故障的检测详见表 7-15。

表 7-15　进气压力温度传感器故障码及其含义

故障码	故障描述	故障原因	故障处理	ECU 保护措施
P0098	进气温度传感器电压高于上限	①进气温度传感器线束故障，进气温度传感器信号对电源短路 ②进气温度传感器故障	①检查进气温度传感器线束 ②更换进气温度传感器	故障灯亮
P0097	进气温度传感器电压低于下限	①进气温度传感器线束故障，进气温度传感器信号对地短路 ②进气温度传感器故障	①检查进气温度传感器线束 ②更换进气温度传感器	
P0099	进气温度 CAN 信号错误			
P0238	增压压力传感器电压高于上限	①进气温度压力传感器中进气温度传感器信号对电源开路 ②进气温度压力传感器故障	①检查线束 ②更换进气温度压力传感器	故障灯亮;限制功率;默认增压压力为 1.4kPa
P0237	增压压力传感器电压低于下限	①进气温度压力传感器中进气温度传感器信号对电源短路 ②进气温度压力传感器故障	①检查线束 ②更换进气温度压力传感器	
P0235	增压压力传感器没有 CAN 信号	①进气温度压力传感器线束故障 ②进气温度压力传感器故障	①检查线束 ②更换进气温度压力传感器	
P0236	增压压力传感器信号不可信	①进气温度压力传感器线束故障 ②进气温度压力传感器故障	①检查线束 ②更换进气温度压力传感器	

7.3.6 机油压力传感器（CAN仪表）的检测

机油压力传感器的检测方法如下：

① 机油压力传感器压力与输出电压成线性关系，压力从 0～0.10MPa，输出电压从 0.5～4.5V。判定故障方法：先将点火开关打到"OFF"，拔下机油压力传感器线束插头，再将点火开关打到"ON"，测定其插头的 1 脚（A13）与搭铁（A51）间电压是否为输入电压（大约为 4.5V），2 脚（A56）与搭铁（A51）间的电压是否为零，如果测量结果偏差较大，则说明线束状态有问题，或是 ECU 的输出电压有问题。

② 因为传感器内部集成了信号处理电路，所以不能用万用表测量传感器的电阻，以防万用表对电路施加的电压将传感器信号处理电路击穿。

③ 机油压力传感器的故障码及其含义详见表 7-16。

表 7-16 机油压力传感器故障码及其含义

故障码	故障描述	故障原因	故障处理	ECU 保护措施
P167B	机油报警灯功率级与电源短路	仪表或线束故障	检查仪表或线束	故障灯亮
P167C	机油报警灯功率级与地短路			
P176D	机油报警灯功率级没有负载			
P167E	机油报警灯功率级温度过高			

V_V_5VOPS — A13
I_A_OPS — A56
G_R_OPS — A51

机油压力传感器端子

7.3.7 大气压力传感器的故障检测

电控柴油机大气压力传感器的故障码及其含义见表 7-17。

表 7-17 大气压力传感器故障码及其含义

故障码	故障描述	故障原因	故障处理	ECU 保护措施
P2229	大气压力传感器电压高于上限	ECU 故障	更换 ECU	故障灯亮 限制功率 默认大气压力 为 0.85kPa
P2228	大气压力传感器电压低于下限			
P2227	与增压压力传感器信号相比不可信			

7.3.8 冷却液温度传感器的故障检测

当电控单体泵柴油机的冷却液温度传感器出现故障或其他异常现象后，其故障码及其含义见表 7-18。

表 7-18 冷却液温度传感器故障码及其含义

故障码	故障描述	故障原因	故障处理	ECU 保护措施
P0118	冷却液温度传感器电压高于上限	①冷却液温度传感器信号线对电源开路或对电源短路 ②冷却液温度传感器损坏	①检查冷却液温度传感器线束 ②更换冷却液温度传感器	默认冷却液温度为 0.04℃（冷态）或 89.96℃（暖机）

故障码	故障描述	故障原因	故障处理	ECU 保护措施
P0117	冷却液温度传感器电压低于下限	①冷却液温度传感器信号线对地短路 ②冷却液温度传感器损坏	①检查冷却液温度传感器线束 ②更换冷却液温度传感器	默认冷却液温度为 0.04℃（冷态）或 89.96℃（暖机）
P0115	冷却水温度 CAN 报文错误			
P0116	冷却液温度传感器油温水温校验故障			

7.3.9　燃油温度传感器的故障检测

燃油温度传感器故障码及其含义见表 7-19。

表 7-19　燃油温度传感器故障码及其含义

故障码	故障描述	故障原因	故障处理	ECU 保护措施
P0183	燃油温度传感器电压高于上限	①燃油温度传感器信号线对电源开路或对电源短路 ②燃油温度传感器损坏	①检查燃油温度传感器线束 ②更换燃油温度传感器	故障灯亮
P0182	燃油温度传感器电压低于下限	①燃油温度传感器信号线对地短路 ②燃油温度传感器损坏	①检查燃油温度传感器线束 ②更换燃油温度传感器	

7.3.10　车速信号的故障检测

车速信号故障码及其含义见表 7-20。

表 7-20　车速信号故障码及其含义

故障码	故障描述	故障原因	故障处理	ECU 保护措施
P0501	超过最大车速	①车速传感器 1 故障 ②线束故障	检查线束或更换车速传感器	①最大车速限制失效 ②巡航功能失效
P1510	距离条件没有识别			
P0500	车速传感器 HW 信号无效			
P0504	与喷油量和柴油机速度相比较，车速传感器信号是不可信的			
P2158	电压监控信号范围检测最大值	①车速传感器 2 故障 ②线束故障	检查线束或更换车速传感器	
P2160	电压监控信号范围检测最小值			
P2157	从 CAN 来的车速信号无效			
P2159	电压监控信号范围检测不可信			

7.3.11　电控单体泵柴油机故障案例

故障案例 1：柴油机抖动

【故障现象】　某型 6 缸电控单体泵柴油机，使用中出现故障灯点亮，柴油机抖动的故障现象。故障代码为：P0206——6 缸单体泵信号开路。

【故障诊断】　根据故障码，初步判断是 6 缸单体泵线束故障，用万用表测量 6 缸单体泵线束端子与 48 芯接插器的第 3 和第 32 号端子之间线路，线路导通。重新插好 48 芯接插器，测量单体泵线束端子与过渡线束 A27、A39 之间线路，线路导通。

【故障排除】 重新连接好线束，故障消失。

【故障总结】 此次故障的可能原因是单体泵上电磁阀的连接线束接插器或端子接触不良，导致该缸单体泵线束开路，喷油器喷油不正常，所以柴油机抖动，故障灯点亮。

故障案例 2：柴油机启动困难

【故障现象】 某型 6 缸电控单体泵柴油机在使用过程中，出现了启动困难且故障灯点亮的故障现象。

【故障诊断】 此时的故障码为 P0265，表示第 2 缸低端对电源短路，单体泵线路电压太高引起停机。用万用表测量第 2 缸单体泵线束电阻，发现电阻值为 0，判断单体泵电磁阀线圈断路。

【故障排除】 更换第 2 缸的电控单体泵总成后故障排除。

故障案例 3：柴油机不能提速且自动熄火

【故障现象】 柴油机突然不能提速，随之熄火，经检查泵油后可以启动，但有进空气的嘎嘎响声，加不起油，约 1~2min 后熄火，检查低压油路正常，从油箱另接油管无效。

【故障诊断】 自检得到两个故障码：

P0306——6 缸可识别到的不点火事件次数超过限值；

P0341——错误的凸轮轴传感器信号。

检查柴油机线束和过渡线束，又检查柴油机线路，拆下工作台查线，检查柴油机及过渡线束均正常，又重新逐步查找低压油路发现燃油输油泵卡滞不转，经拆检，输油泵盖与齿轮之间拉伤，引起输油泵轴无法转动。

【故障排除】 经修磨后，齿轮输油泵转动正常，安装复位后启动运行恢复正常。

故障案例 4：故障灯点亮

【故障现象】 一台重型车，动力为某型 6 缸电控单体泵柴油机。在使用过程中，出现故障灯点亮现象，但柴油机可以启动，故障码可以消除。柴油机启动后，初期运行正常，无故障。但车辆运行一段时间后，故障灯再次点亮。

【故障诊断】 自检获得两个故障码：

P0008——BackUp 模式激活，只有与凸轮轴一起运行信号激活时，设置该故障通道；

P0335——没有曲轴传感器信号。

上述故障现象和故障代码说明：该机故障可能是线束或接插件处接触不牢固或者线束有破损所致。

【故障排除】 经检查发现，风扇将柴油机线束（过渡线束）磨断，造成故障。连接好破损的线束后，故障排除。

故障案例 5：车辆转速受限、加速无效

【故障现象】 一台重型汽车（电控单体泵柴油机）在行驶中，经常出现柴油机转速维持在 1200r/min，踏加速踏板无反应。熄火后，过大约 20min 再启动，正常。行驶大约 50~80km 反复出现。

【故障诊断】 自检获得故障码 P2299——加速踏板信号不可信。

经拆检，发现加速踏板信号不可信，更换加速踏板后故障仍没解决。再检查驾驶室线束，用万用表检测发现搭铁回路不好。

【故障排除】 最后发现变速器与车架的搭铁线接触不良、松动。经重新处理紧固后故障排除。试车正常。

故障案例 6：故障灯点亮、转速仅为 1200r/min

【故障现象】 一台重型运输汽车（其动力为电控单体泵柴油机）在运行过程中，出现柴油机转速只能达到 1200r/min，加油不起作用且故障灯点亮的故障现象。

【故障诊断】 诊断仪检测故障码是：

P0122——加速踏板传感器 1 电压低于下限；

P0222——加速踏板传感器 2 电压低于下限；

P0504——车速传感器信号不可信；

P0306——6 缸可识别到的不点火事件次数超过限值；

P0501——超过最大车速；

根据上述故障码，逐项检查后确认故障来自加速踏板传感器，认为加速踏板传感器失效。但更换加速踏板传感器后，柴油机运行数天故障再次发生。

进一步检查发现：柴油机启动后，在原地转动方向盘时，柴油机转速会自动由怠速升高到 1200r/min，几分钟后又会自动降下来。

仔细检查发现，该车的转向助力油管与电控系统线束固定在一起，转动方向盘时，助力油管因压力变化窜动而造成线束来回摆动，线束有破损现象。

【故障排除】 用万用表测量，发现加速踏板传感器上的白色信号 2 线断路，接固该线束后，该车故障得以排除。

故障案例 7：电控单体泵柴油机的故障灯长亮，车辆不能行驶

【故障现象】 某型电控单体泵（CA4DF3）柴油机，采用国产电控单体泵，电控系统为 FEUP。该柴油机在使用中出现故障灯长亮的现象。启动柴油机，转速始终在 1500r/min，加速不起作用。经初步判断，该车目前处于"跛行功能"状态，是一种当柴油机电控元件损坏后，电控系统的一种自保护功能。

【故障诊断】 使用某型（车用）专用故障诊断仪，读取故障信息，发现存在三个故障码。分别是：

P0223——加速踏板传感器 2 电压高于上限故障；

P2135——加速踏板传感器 2 校验不正确故障；

P0335——没有曲轴信号。

结合该车的故障码，重点检查了加速踏板线路。该车安装的是采用六线制的双传感器型的踏板，6 根线分别对应了两个传感器上的电源（5V）信号和搭铁。经测量，加速踏板传感器 2 的供电电压仅为 3V，严重低于标准值，这便是故障产生的原因。

从原理上进行分析检查，该电控单体泵柴油机上使用 5V 电压的都是传感器，而当某个传感器内部轻微短路后，将会使得和该传感器共用电源的传感器供电失常。

由于没有该型柴油机电控系统的电路图，就将该车上使用 5V 电源的所有传感器插头逐一拔除试车，当拔去机油压力传感器的插头后，柴油机工作正常，由此判断该机的机油压力传感器存在故障或已经损坏。

【故障排除】 更换机油压力传感器后，故障得以排除。

【故障总结】 该机安装的机油压力传感器是一种三线制的传感器，分别对应了 5V 电源、信号和搭铁。当传感器内部短路后，系统供给的 5V 电压严重衰减，造成加速踏板传感器 2 的供电电压过低，系统判断传感器损坏而进入保护模式。另外，该机油压力传感器内部集成了信号处理电路，在维修中不允许使用万用表进行测量电阻，否则将可能烧毁传感器。

故障案例 8：ECU 不上电导致柴油机不能启动故障

【故障现象】 有一辆以电控单体泵柴油机（CA6DE3）为动力的车辆，在行驶途中突然熄火，再次启动时柴油机不能启动，该车的总行使里程仅有 2247km。

【故障诊断】 打开点火开关，柴油机故障灯点亮，说明该机电控系统线路似乎有故障。维修人员用手油泵泵油时感觉很费劲，可以排除柴油机低压油路故障。

维修人员根据仪表柴油机故障指示灯不亮及汽车在打开点火开关时柴油机 ECU 没有工作的声音，初步判断柴油机 ECU 没有获得工作电源。随即打开蓄电池旁边主继电器盒，用万用表测量内部保险，发现没有断路现象，拔下 ECU 主继电器，检查发现主继电器没有断路现象。维修人员打算拆下主继电器盒检查线束到 ECU 之间线路通断情况，在拆下主继电器盒后发现有一根线束插头松脱，此插头正是 ECU 主继电器电源线插头。

【故障排除】 重新安装接好 ECU 主继电器插头后，故障排除。

【故障总结】 电控系统故障的发生可能是油路与电路故障同时发生，也可能由机械故障及电路综合原因造成。因此在日常维修电控系统过程中，不但要熟悉仪器的使用，对电控系统熟悉掌握，更要掌握汽车基础知识（包括油路、电路、机械等相关部位的知识）。

7.4 电控共轨柴油机高压油路元件的故障诊断

电控共轨柴油机的高压供油系统的主要部件有高压油泵、共轨管、电控喷油器、电控单元（ECU）、燃油计量单元、轨压传感器、轨压调节阀等。如图 7-21 所示。

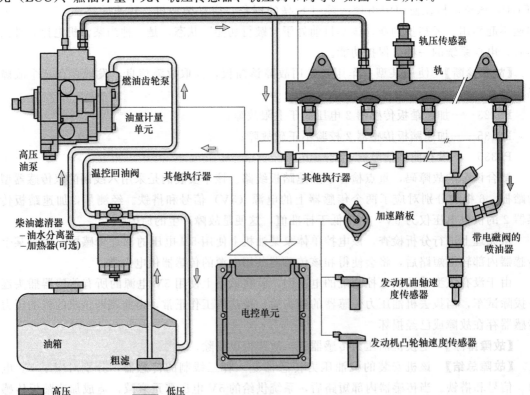

图 7-21 电控共轨柴油机高压共轨系统

7.4.1　电控喷油器检测、维修及故障案例

喷油始点和喷油量用电子控制的喷油器调整，它替代了普通喷油系统中的喷油嘴和喷油器总成。与机械直喷式柴油机中的喷油器体相似，喷油器装在气缸盖中。喷油器在柴油机中的安装不需要气缸盖在结构上有很大改变。电控喷油器的外形结构如图 7-22 所示。

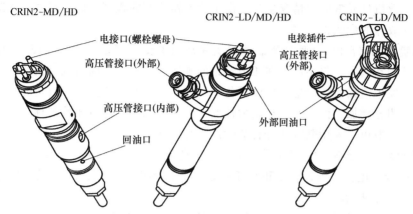

图 7-22　电控柴油机电控喷油器外形

（1）喷油器拆装要求

电控喷油器的拆装，请特别注意下列要点：

① 拆卸或安装过程中，不能使电磁阀受力，以免损坏电磁阀。

② 喷油器上的 O 形密封圈只能使用一次，且不能有任何损伤。

特别提示　　　　　在安装电控喷油器时，一定要使用一个 15mm（或其他合适的工具）的开口扳手将喷油器上部卡住（电磁驱动线圈上部），另用一个 17mm（或其他合适的工具）的扳手按规定力矩拧紧高压油管螺母（如图 7-23 所示），这样就不会给电控喷油器腰部过大的力矩，也就不会造成喷油器因安装不当而损坏。

（2）电控喷油器常见故障

电控燃油喷射系统喷油器易损故障可分为机械故障和电路故障两类。

① 机械故障。机械故障表现为喷油器（主要是喷油嘴）由于黏滞、堵塞、泄漏而引起机械动作失效，造成柴油机的运转出现损坏性工况，严重影响汽车的正常使用。

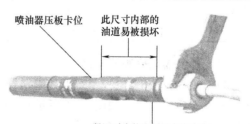

图 7-23　喷油器的安装要求

a. 喷油嘴黏滞。该故障是在柴油机 ECU 发出喷油信号后，由于喷油嘴针阀与阀座的间隙被残存的粘胶物阻塞，致使驱动柱塞升起的动作发涩，达不到规定的针阀开启速度，影响正常的喷油量。

喷油嘴发生黏滞故障后，柴油机出现急速不稳、启动困难、加速性能变差等症状。产生喷油器黏滞的主要原因是使用了劣质柴油。劣质柴油中的石蜡和胶质，将会短期内引起喷油器黏滞，造成柴油机早期故障发生。

b. 喷油嘴堵塞。该故障可分为内部堵塞和外部堵塞两种状况。

内部堵塞原因是柴油中混入杂质和污物堵塞喷油器内部的运动间隙，使喷油器机械动作失效。

外部堵塞原因是喷油器外部的喷射口被积炭和污物堵塞，造成喷油器喷射工作失效。喷油器发生堵塞故障后，柴油机启动困难、运转不稳、急速熄火、加速性能变差，甚至造成柴油机喘抖，导致机件异常磨损情况恶化。由于喷油器堵塞的程度不同，堵塞的状况不同，柴油机出现早期故障的症状也不同。

c. 喷油嘴滴油（泄漏）。喷油嘴滴油（泄漏）的主要原因是喷油嘴在使用中出现磨损，造成喷油嘴针阀和阀座密封不严，在压力油路的施压状态下，不断向气缸内泄漏柴油。

当喷油器发生泄漏后，会造成燃油雾化不良，混合气燃烧不完全，直接导致柴油运转不平稳、耗油量明显增加，而且柴油机动力性变差，排气黑烟严重且排放超标。

机械故障一般可以采用断缸法进行故障诊断与处理。

② 电路故障。电控喷油器的电路故障主要表现为线束故障或电磁阀故障。

a. 线束故障：电控喷油器的线束由于振动、磨损等原因，连接断开或直接搭在缸盖上与地短接。ECU会报错。

b. 电磁阀故障：电磁阀出现故障后，相应气缸会出现异常现象（如缺火等）。此时，ECU会报错并出现相应的故障码。

③ 故障诊断。电控柴油机喷油器出现故障后，柴油机会出现急速不稳、声音异常等故障现象；此时，可以使用断缸法或高压油管触感法判断故障缸或直接使用故障诊断仪做加速测试判断并获取故障码。

④ 故障处理。根据上述诊断结果及相关故障码（见表7-21）酌情修复。

表 7-21　某型柴油机电控喷油器故障的诊断与处理

故障现象	故障原因及提示	相关维修建议
某缸不工作，整机功率、扭矩不足，运行不稳，冒黑烟、油耗高	①控制器喷射驱动模块/驱动线路/喷油器电磁阀本身故障导致相关的喷油器停喷 ②诊断仪中相关故障码：P1203、P1204、P1209、P120B、P120C、P1211、P0261、P0262、P0201、P0264、P0265、P0202、P0267、P0268、P0203、P0270、P0271、P0204 等 ③相应故障闪码为 322、323、324、332、334、335 等	①检查喷油器驱动线路是否有开路/短路情况 ②检查喷油器电磁阀特性，是否满足静态电阻230 mΩ ③排除上述情况后，表明故障可能出现在控制器内部

（3）喷油器电磁阀的检修

以某型（Bosch）电控系统电控喷油器为例，分析喷油器电磁阀的检修。每个喷油器电磁阀有2个接线端子（如图7-24所示），每个端子与ECU的对应端子相连，每个喷油器都有唯一的IQA码（如图7-25所示）。

① 外线路检查。参考图7-24，用万用表的电阻挡分别测量各喷油器电磁阀与ECU对应端子之间的电阻值，来判断外线路是否存在短路及断路故障。

② 电磁阀电阻值测量。关闭点火开关，分别拔下各喷油器电磁阀插头，测量各电磁阀侧1号与2号端子间的电阻，正常情况下，两端子间的电阻值应在 $0.2 \sim 0.4 \Omega$ 左右。

③ 电磁阀工作电流检查。柴油机工作时喷油器的峰值电流为18A左右，保持电流为12A左右（使用 KTS 或其他诊断仪及接钳式电流表来检测喷油器工作电流波形，非常方便）。

④ 电磁阀工作电压检查。启动柴油机，喷油器电磁阀端子处应有 5V 脉冲电压输入；或用试灯（须串联 300Ω 左右的电阻）连接喷油器电磁阀两个端子，启动时试灯应时亮时灭。

⑤ 数据流检测。使用某型（如 X-431）故障诊断仪可以读取系统预设喷油量、当前系统喷油量、主喷修正量等 3 个参数的数据流。

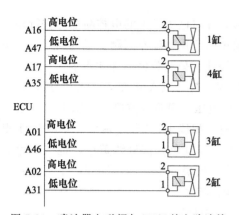

图 7-24　喷油器电磁阀与 ECU 的电路连接

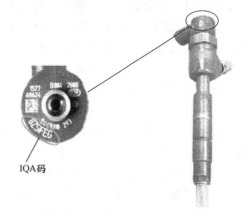

图 7-25　电控喷油器 IQA 码的位置

（4）喷油器电磁阀失效模式

当喷油器电磁阀失效后，根据不同品牌的柴油机和电控系统，其失效模式也有所不同。且同一电控系统用于不同品牌柴油机时其故障模式也可能不一样。例如 Bosch 电控系统：

① 用于长城（GW2.8TC）电控高压共轨柴油机，会出现下列现象：

a. 柴油机无法启动：当燃油中的杂质过多，若有 2 个及以上的喷油器堵塞时，喷油器回油量过大，导致柴油机轨压在建立后出现回落现象，引起柴油机无法启动；

b. 柴油机抖动：若有一只喷油器堵塞，或者喷油器电磁阀线路破损搭铁，或者某缸喷油器电磁阀与 ECU 连接断路，都会造成柴油机抖动且出现"N 缸喷油器无效应信号"故障码；

c. 柴油机飞车（极少）：若燃油中杂质过多导致喷孔堵塞，柴油机高速运转时，燃油压力将喷油头压掉，大量燃油进入燃烧室，而导致柴油机出现飞车故障。

② 用于玉柴电控高压共轨柴油机，喷油器电磁阀失效后，即当某缸喷油器出现驱动模块、驱动线路或电磁阀本身故障时，会出现下列现象：

a. 故障灯亮；

b. 某缸不工作，柴油机功率下降且扭矩不足；

c. 产生相应的故障码（见表 7-21）。

特别提示　当电控喷油器的电磁阀失效后，必须更换整个电控喷油器总成而不可以仅更换电磁阀。而当电控柴油机更换喷油器后，必须在 ECU 中同时更新 IQA 码。否则，柴油机将不能正常工作。

（5）电控喷油器故障检修案例

故障案例 1：电控喷油器异常损坏

【故障现象】　一辆客车用电控共轨柴油机的电控喷油器出现了连续损坏的故障，该车的柴油机为 YC4F115-30 电控共轨柴油机，采用德尔福（Delphi）电控系统。

该车在行驶过程中，感觉柴油机动力下降，加速无力。就近到普通修理厂检修，发现电控喷油器已损坏，更换了燃油滤清器和 4 个电控喷油器后，启动柴油机运转基本正常。但仅仅行驶 2km 左右，又感觉柴油机的动力下降，似乎有"缺缸"现象。此时，听见柴油机内出现"嘎、嘎"敲击声，随后排气管冒了一股黑烟，柴油机随即熄火。之后，多次启动柴油机，虽能达到启动转速，但柴油机就是不能启动。

【故障诊断】　根据上述现象，对柴油机进行初检，并对已更换下的电控喷油器进行外表检查。发现喷油嘴处的积炭较多，喷孔堵塞。此现象说明所用燃油有问题。经询问得知，该用户加注的不是车辆要求的国Ⅲ柴油，燃油箱内柴油混浊，呈深黄色，含杂质多。

随后清洁油箱并更换燃油滤清器。进一步检测发现，打开点火开关至"ON"挡，故障灯长亮，用数字万用表直流电压挡测水温传感器有 5V 电压，说明电控单元（ECU）有电。

将故障诊断仪与诊断接口线束插座（该诊断接口有 3 根线束，1 根电源线 12.39V，1 根信号线 11.05V，1 根地线）及诊断模块 3 线连接（电源线红色，信号线黄色，地线白色对接）。此时需注意，此 3 根线不能错接，否则会损坏诊断模块或诊断通信连接不上。正确连接后诊断模块电源灯亮起，诊断模块另一端与笔记本电脑连接。

连接完毕后，进入德尔福柴油机共轨诊断程序，读取故障码：

① 水温传感器信号故障——超高短路；

② 预热驱动故障——开路；

③ 轨压信号故障——超高；

④ 进气质量流量信号故障——超低。

对于出现的历史故障码，视情况检查故障码对应传感器的接插件的接触情况，并测量相应传感器的阻值。检查完毕，消除历史故障码，再打开点火开关，故障指示灯显示正常，检测故障码，没有新的故障码。观察柴油机与启动相关的数据显示：柴油机转速 230r/min，标定轨压 31.5MPa，实际轨压 31.0～31.8MPa，初始轨压 31.0～31.8MPa，凸轮信号同步 0，曲轴信号同步 0。根据以上检测到的数据，该机已具备启动运转的先决条件，但仍然不能启动运转。

观察柴油机排气管，启动时，没有烟雾排出，将电控喷油器回油胶管拆下，观看启动时回油状况，发现无回油流出，用手触摸高压油管无脉动油流感觉，说明燃油未进入缸内。因此，观察电控喷油器回油状况，也能帮助分析发动机各缸喷油器工作是否正常。

① 喷油器正常工作的回油状况是有油珠断续喷出。

② 喷油器喷嘴卡死堵塞时，回油管回油长流不断。

③ 喷油器电磁驱动线圈或壳体变形损坏，则无燃油流出。

根据上述现象分析，电控喷油器损坏的可能性很大。为此，将第 4 缸喷油器的高压油管拆下，用起动机拖动柴油机运转，观察该高压油管有燃油喷涌流出，说明通往喷油器的高压油路通畅。外接备用喷油器，喷油嘴处有喷出油雾，证明该机喷油器已损坏。

【故障分析】　观察所有电控喷油器均为正规产品，排除了劣质喷油器的可能。因此，查找喷油器损坏的原因就成为排除该机故障的关键。除非外力或安装所致，喷油器不可能在如此短的时间内全部损坏。询问用户得知，安装该喷油器的高压油管时，没有使用专用工具且未按拧紧力矩要求紧固高压油管，而是用紧固机械泵柴油机的方法大力拧紧喷油器端的高压油管，这可能给电控喷油器中间部位（腰部）一个很大的旋转力矩，导致其内部油道或电磁阀损坏。

【故障排除】　找到故障原因后，更换了 4 个新的电控喷油器，但启动柴油机时仍无启动迹象。用诊断仪再次检测启动工况时各项数据正常。但观察电控喷油器回油管，同样无油流出。此现象应该是油路系统存在空气所致。为排除油路系统中的空气，在起动机拖动柴油机运转的过程中，维修人员使用 15mm 扳手固定住喷油器电磁驱动线圈尾部（参考图 7-23），再用 17mm 扳手松开高压油管，高压油管接头处相继有燃油涌出，再将喷油器端的高压油管拧紧，柴油机即刻顺利启动。之后，该柴油机运转状况良好，故障得以排除。

【故障总结】　该机出现电控喷油器连续损坏故障的原因是安装高压油管时用力过度。因此，在安装电控喷油器高压油管时，应按技术要求紧固到位即可，绝对不能使用蛮力越紧越好。

故障案例 2：喷油器球阀损坏故障

【故障现象】　一台重型柴油车在行驶过程中突然出现加不上速、冒黑烟、行驶无力等故障。该车动力为康明斯柴油机，博世高压共轨燃油系统。

【故障诊断】　在诊断高压共轨系统的故障时，首先要用车辆诊断仪读取柴油机 ECU 的故障码和数据流。然后根据 ECU 中存储的相关故障码，结合故障现象先初步分析引起故障的可能原因，然后重点筛查数据流中各项数据值。以下是对该车的诊断过程。

将诊断仪插入车辆的诊断接口，启动柴油机使之怠速运转。经观察该车在怠速时不冒烟，加速时冒黑烟严重，并伴随严重缺缸现象。读取故障码时发现只有历史故障，其内容为"燃油计量单元流量超过上限值"。根据我们的维修经验，读数据流时，重点查看了计量单元的"开度"和"占空比""实际轨压""目标轨压"等项数据。结果发现"实际轨压"与"目标轨压"相差 2.0MPa。通过诊断仪的"断缸"功能对柴油机进行断缸测试，发现在断开第 4 缸时，柴油机转速与断缸前变化没有其他缸明显，由此断定可能是 4 缺喷油器有故障。为此将共轨喷油器从车上拆下，在试验台上进行测试检查。

首先，将喷油器外观清洗干净，在专用试验台（CPS200）上检测，记录数据见表 7-22。

表 7-22　维修前电控喷油器试验数据

喷油器型号：0445120106		标定工况	校正工况	怠速工况
1	喷油量/(mL/1000st[①])	240	70	6.4
	回油量/(mL/1000st)	47	22	8.0
2	喷油量/(mL/1000st)	240	72	7.0
	回油量/(mL/1000st)	54	25	8.4
3	喷油量/(mL/1000st)	242	70	7.0
	回油量/(mL/1000st)	49	27	9.0
4	喷油量/(mL/1000st)	240	72	7.0
	回油量/(mL/1000st)	150	90	22.0
5	喷油量/(mL/1000st)	236	70	7.0
	回油量/(mL/1000st)	54	28	9.2
6	喷油量/(mL/1000st)	244	69	7.0
	回油量/(mL/1000st)	51	29	9.0

①st 代表循环，即 1000 次的喷油量。

通过比较发现第 4 缸喷油器回油量严重超标，不符合性能要求，于是将其分解检查，发现阀组件及球座钢球严重磨损。

【故障排除】 更换该喷油器的阀组件及钢球，并按先后顺序组装好，按规定力矩拧紧阀组件，压帽及电磁阀组件在 CPS200 试验台上检测得到的数据见表 7-23。

表 7-23　修理后第 4 个喷油器试验数据

喷油器型号:0445120106	标定工况	校正工况	怠速工况
喷油量/(mL/1000st)	240	70	6.4
回油量/(mL/1000st)	47	22	8.0

通过确认，这只喷油器各项指标符合规定，可以使用。然后将 6 只电控喷油器安装到柴油机上。安装时要注意：

① 将气缸盖的喷油器安装孔内部清洗干净；

② 将电控喷油器按照安装方向要求装入气缸盖上的喷油器安装孔中；

③ 将喷油器的供油导杆放入气缸盖中，用套筒拧紧连接杆固定螺母；

④ 连接喷油器顶端电磁阀连接线并拧紧螺母，盖上气门室盖，安装并拧紧气门室盖螺钉，连接高压油管，更换柴油滤清器后，用手压泵泵油排气，直到高压油轨接口出油为止，用扳手拧紧高压油管；

⑤ 启动柴油机，使用专用检测仪（KT670）对柴油机进行监测，清除故障码，显示系统正常，加速，测试发现原来的故障现象消失，柴油机运转正常。

【故障总结】 电控喷油器的主要故障有喷油量过大、回油量过大、喷油器不喷油、喷油器漏油等，这需要在专用的试验台（CPS200）上才能检测出来。造成电控喷油器故障的原因主要是：a. 喷油器阀组件磨损；b. 喷油器密封球座磨损；c. 喷油嘴偶件磨损；d. 喷油器电磁阀失效；e. 喷油嘴及喷油器阀组件卡滞。

出现上述故障时，主要清洗零部件、更换零配件、调节喷油器的喷油量和回油量以达到喷油器的最佳性能。

故障案例 3：新机电控喷油器异常损坏故障

【故障现象】 在实际使用过程中，经常出现 WP10 柴油机电控喷油器损坏故障，基本现象是柴油机在正常行驶下突然降转速到 1000～1500r/min 左右，类似"跛行回家"状态，停车后再次启动时，柴油机不能启动。

【故障诊断】 检查故障灯没有故障码，接诊断仪检查没有故障码。检查油路系统没有问题，油箱油位较满，油路没有气泡及漏气现象（排空时发现燃油内有水），用手压泵压油，感觉不重，连续多次启动柴油机均没有着火迹象。

接诊断仪检查，诊断仪报轨压泄漏无法建立轨压，检查轨压传感器、限压阀没有问题后，拆全部喷油器回油管螺钉，用手压泵压油，检查发现喷油器回油管有漏油现象，用起动机拖动柴油机运转时，喷油器回油管有大量柴油喷出。由此说明该机电控喷油器的内部元件已经损坏（主要是机械损坏，所以 ECU 没有相应的故障码）。

【故障排除】 此类故障出现后，必须更换电控喷油器总成。

【故障原因】 造成电控喷油器异常损坏的主要原因是车辆在行驶途中，油箱中的柴油有水（可能是加注了含水量较大的劣质柴油），且车辆长时间的停放导致喷油器内部生锈，针阀偶件（或其他精密偶件）卡涩或铁锈脱落而造成喷油器（针阀偶件）卡死或损坏，进而引起柴油机运行故障的产生。

7.4.2　燃油计量单元（电磁阀）的检测与维修

（1）燃油计量单元（电磁阀）的功用

控制进入柱塞的燃油量，从而控制共轨管压力；其安装位置如图 7-26 所示。燃油计量单元（电磁阀）的主要技术参数如下（Bosch 电控系统）：

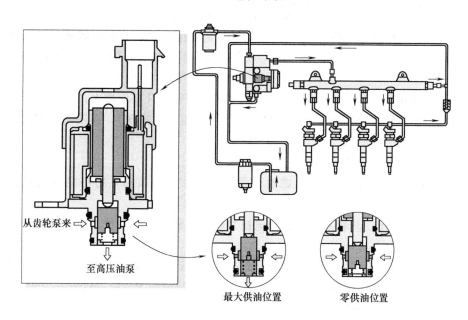

图 7-26　Bosch 共轨系统的燃油计量单元（电磁阀）

a. PWM 控制（165～195Hz）；

b. 线圈电阻 2.6～3.15Ω；

c. 最大电流 1.8A；

d. 缺省状态：全开时进入跛行回家（limp home）状态。

（2）失效策略

当燃油计量电磁阀失效（例如，拔掉其插头）时，柴油机能否打着火，不能一概而定，应视具体机型而考虑，即使采用了同一个电控系统（如 Bosch 的 CRS2.0），有的车型可以打着火，有的车型不能，主要取决于系统的控制策略，下面具体举例说明。

① 对于采用 Bosch 电控系统的长城 GW2.8TC 型增压共轨柴油机，当燃油计量电磁阀失效时，柴油机无法启动及运行。

当燃油计量电磁阀失效（如卡滞，无法打开）时，会导致高压燃油无法进入油轨，出现此类故障现象多为燃油中含有杂质造成的，可对燃油计量电磁阀进行清洗；燃油计量电磁阀与 ECU 连接线路断路，会导致 ECU 无法对燃油计量电磁阀进行控制，因此，柴油机熄火或无法启动。

说明：该机采用的燃油计量电磁阀为常闭式。

② 对于采用 Bosch 共轨系统的玉柴及潍柴电控共轨柴油机，采用常开式的燃油计量电磁阀（缺省状态全开），其供油特性如图 7-27 所示。当燃油计量电磁阀失效时，柴油机可以正常启动及运行（跛行回家）。

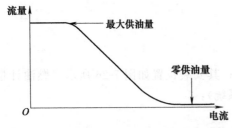

图 7-27　常开式燃油计量电磁阀的供油特性

当 ECU 判断出燃油计量电磁阀的驱动失效（计量阀损坏、驱动线路开路及短路）时，ECU 采取系列处理措施如下：

　　a. 点亮故障灯；

　　b. 产生故障码 P0251、P0252、P0253、P0254、P025C、P025D；

　　c. 燃油压力超高、限压阀被冲开（用手分别放在回油管及共轨上，能明显感觉到 50℃ 左右的温度差）；

　　d. 诊断仪显示轨压位于 70.0～76.0MPa 范围，随转速升高而增大；

　　e. 限制柴油机转速（1700r/min 左右，通过控制喷油量实现），在限制范围内，加速踏板仍然起作用；

　　f. 关闭点火开关后，燃油压力泄放阀关闭，恢复正常；

　　g. 如柴油机启动过程已进入（燃油计量电磁阀失效）策略，则仍能启动且没有明显感觉。

　　③ 对于采用 Delphi 共轨系统的玉柴电控共轨柴油机，当燃油计量电磁阀失效时，柴油机无法启动及运行。

　　当 ECU 判断燃油计量电磁阀驱动失效（如进油计量阀损坏、驱动线路开路及短路）时，ECU 采取系列处理措施：停机或无法启动并产生故障码 P0251、P0253、P0255。

　　（3）燃油计量电磁阀的检修

　　以某型 GW2.8TC 电控共轨柴油机为例，燃油计量电磁阀有 2 个接线端子（如图 7-28 所示）：1 号端子接 ECU 的 A49 端子（低电位）、2 号端子接 ECU 的 A19 端子（高电位）。

图 7-28　GW2.8TC 柴油机的燃油计量电磁阀电路图

　　① 外线路检查。参考图 7-28，用万用表的电阻挡分别测量 1 号端子与 A49 端子、2 号端子与 A19 端子之间的电阻值，来判断外线路是否存在短路及断路故障。

　　② 传感器电阻值测量。关闭点火开关，拔下燃油计量电磁阀插头，测量传感器侧 1 号与 2 号端子间的电阻，20℃ 情况下，两端子间的电阻值应在 3Ω 左右。

　　③ 听声音判断工作是否异常。燃油计量电磁阀在断电时关闭，切断低压油路与高压油路的联系，在通电时则打开。因此，点火开关 ON 时，应能听到燃油计量电磁阀发出连续不断的嗡鸣声，且把手放上应能够感到明显震动。

　　④ 数据流检测。用 X-431 故障诊断仪可以读取油量计量单元供油设定值、油量计量单元输出占空比和轨压控制器供油预控值等 3 个参数的数据流。

　　（4）故障的诊断与处理

　　燃油计量电磁阀失效时故障的诊断与处理见表 7-24。

表 7-24 燃油计量电磁阀失效情况及判断

故障现象	故障原因及提示	相关维修建议
功率不足、转速受限在 1700r/min 以内	①燃油计量阀故障；驱动线路故障 ②诊断仪中出现相关故障码 P0251、P0252、P0253、P0254、P025C、P025D ③相应故障灯闪码是 354、355、356、353	①检查燃油计量电磁阀的驱动线路是否有开路或短路情况；正常的情况下驱动线路上的电压应该是 24V ②检查燃油计量电磁阀线路电阻是否符合物理特性 2.6～3.15Ω，并判断是否损坏

注意：燃油计量电磁阀失效后，必须更换整个高压油泵，不允许自行更换燃油计量电磁阀。

7.4.3 共轨压力传感器的检修

以某型（GW2.8TC）电控共轨柴油机的共轨压力传感器为例。共轨压力传感器为压敏效应式，有 3 个接线端子，1 号端子为搭铁，2 号端子为信号，3 号端子为电源（5V）。如图 7-29 所示。

（1）外线路检查

参考图 7-29，用万用表的电阻挡分别测量 1 号端子与 A08 端子、2 号端子与 A43 端子、3 号端子与 A28 端子之间的电阻值，来判断外线路是否存在短路及断路故障。

（2）传感器电压值测量

关闭点火开关，拔下共轨压力传感器插头，打开点火开关，测量传感器侧插头 3 号端子与搭铁间的电压应为 5V，2 号端子与搭铁间的电压应为 0.5V 左右，1 号端子与搭铁间的电压为 0。

（3）数据流检测

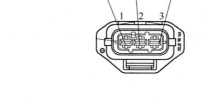

图 7-29 共轨压力传感器的电路图

用专用故障诊断仪（如 X-431）读取柴油机系统数据流，涉及共轨压力的数据流共有 4 个：燃油系统轨压、轨压设定值、实际轨压最大值、轨压传感器输出电压。

当柴油机水温达到 80℃、怠速运转时，轨压传感器输出电压应为 1V 左右，燃油系统轨压及轨压设定值均为 25.00MPa 左右，轨压设定值与燃油系统轨压数值十分接近。

当逐渐踩加速踏板，提高柴油机转速时，上述 4 个数据流逐渐增加，燃油系统轨压、轨压设定值、实际轨压最大值等最大数值为 145.00MPa，轨压传感器输出电压的最大值为 4.5V。实测的数据流（部分）见表 7-25。

表 7-25 实测共轨压力及共轨压力传感器输出电压数据流

数据流/状态	点火开关打开	怠速	加速 1	加速 2
燃油系统轨压/MPa	0.65	25	33.6	70.3
轨压传感器输出电压/V	0.45	1.06	1.24	2.06

（4）失效模式分析

当共轨压力传感器失效（例如，拔掉CRPS插头）时，柴油机能否打着火，不能一概而定，应视具体机型而考虑，即使采用了同一个电控系统（如 Bosch 的 CRS2.0），有的车型可以启动，有的车型则不能，主要取决于系统的控制策略。下面举例说明。

① 对于使用 Bosch CRS2.0 共轨系统的长城 GW2.8TC 型增压共轨柴油机而言，当共轨压力传感器失效时，柴油机无法启动及运行。具体分析如下。

启动时，ECU 以共轨的压力为参量来控制喷油器的动作，在共轨压力已知的前提下，ECU 通过控制喷油器的开启、关闭的时刻来控制进入气缸的喷油量，如果失去了共轨压力信号，ECU 便失去了燃油喷射控制的重要参量，此时，ECU 便控制柴油机不能启动。同理，如果在柴油机运转时突然失去了共轨压力信号，柴油机会立即熄火。

② 对于使用 Bosch CRS2.0 共轨系统的玉柴及潍柴电控共轨柴油机而言，当共轨压力传感器失效时，柴油机可以正常启动及运行（跛行回家——Limp Home）。

当 ECU 判断出共轨压力传感器信号失效、共轨压力传感器本身损坏、信号线损坏（开路或短路）等故障时，ECU 采取下列措施：

a. 点亮故障灯，产生故障码 P0193、P0192；

b. 控制器将加大高压泵的供油量；

c. 燃油压力超高、限压阀被冲开；

d. 实际轨压维持在 70.0～76.0MPa 范围内（诊断仪读数 72.0MPa 左右）；

e. 限制柴油机转速（小于 1700r/min，通过控制喷油量实现），在限制范围内，加速踏板仍然起作用。

③ 对于使用 Delphi 共轨系统的玉柴 4F 及 4W 电控共轨柴油机而言，当共轨压力传感器失效（丢失）时，柴油机无法启动及运行，系统将会产生故障码 P0192、P0193；当共轨压力传感器失效（漂移）时，柴油机功率不足（减扭矩模式），会产生故障码 P1912、P1192、P1193。

（5）共轨压力传感器常见故障的诊断与处理

共轨压力传感器常见故障的诊断与处理见表 7-26。

表 7-26　共轨压力传感器常见故障的诊断与处理

故障现象	故障原因及提示	相关维修建议
功率不足，转速受限，1700r/min 以内（或者进入跛行回家模式）。难启动，冒黑烟	①传感器信号丢失 ②诊断仪中出现相关故障码 P0192、P0193 ③相应故障灯闪码是 441 ④诊断仪显示系统进入油轨压力信号跛行回家模式	①检查信号线路是否开路或短路；在正常通电的情况下插接件上三条线中两两之间应是 5V 左右电压 ②参考压力特性，检查传感器，决定是否更换 ③更换传感器
	①传感器信号漂移 ②诊断仪中出现相关故障码 P0191 ③相应故障灯闪码是 442	

7.5　电控柴油机典型故障案例

7.5.1　柴油机启动困难故障案例与分析

电控柴油机启动故障（启动困难或不能启动）比较常见，但是故障原因复杂，机型不同、电控系统不同，导致故障产生的原因也各不相同。本节以 Bosch（博世）电控共轨燃油系统为例，分析故障产生的原因、故障的诊断与排除方法及部分故障案例。

（1）电控共轨燃油系统启动故障的诊断与处理

电控柴油机出现启动故障后，首先检查柴油机的启动系统是否存在故障。对于起动机受 ECU 控制的整车启动，ECU 首先检查空挡信号，然后输出一个电流驱动启动继电器，继电器接通后蓄电池带动起动机旋转而启动柴油机。当柴油机出现启动故障后，首先应检查表 7-27 所示的位置或部位。

表 7-27　电控共轨柴油机启动故障的可能部位、故障特征及处理方法

序号	可能的故障部位及特征	故障的检查处理
1	防盗系统故障	检查防盗系统
2	电源电压不正确	检查电压
3	主继电器不能闭合	检查主继电器
4	熔丝、导线连接或插头不良	检查熔丝、导线连接或插头连接是否牢固
5	曲轴位置传感器损坏	检查曲轴位置传感器
6	凸轮轴位置传感器损坏	检查凸轮轴位置传感器
7	共轨压力传感器损坏	检查共轨压力传感器
8	没有燃油或燃油牌号不正确	按规定牌号添加燃油
9	燃油系统有空气	排除燃油系统空气
10	低压油路堵塞或漏气	检查低压油路
11	预热电路(冬季)故障	检查预热电路
12	高压油泵或燃油计量电磁阀故障 (不能建立高压)	检查高压油泵或燃油计量电磁阀
13	ECU 故障	检查或更换 ECU
14	喷油器电磁阀故障	检查喷油器电磁阀，更换喷油器或 ECU 时，须将喷油器的 IQA 码输入 ECU，进行匹配

电控柴油机出现驱动故障后，首先要判断柴油机启动系统自身是否正常，如果柴油机启动系统自身（蓄电池电压、接线等）正常，则电控共轨柴油机出现启动困难或不能启动故障时，应按下列步骤逐项诊断和检修。

1）电控单元（ECU）没有通电。当 ECU 没有通电时，柴油机不能启动。

【故障诊断】　出现下列现象：

① 点火开关打开时，故障灯不亮（应通电自检亮 2s 后熄灭），诊断仪无法通信；

② 加速踏板位置传感器没有 5V 电压或断电（也可能是冷却水温度、进气温度等传感器没有 5V 电压或断电）。

【故障处理】　参照该柴油机的电路图，用万用表检查电控系统线束、熔丝、继电器、电源总开关、点火开关等。根据检查情况酌情修复。

2）蓄电池电压不足。电控系统对蓄电池电压有正常工作范围要求，当蓄电池的电压低于一定数值而启动时，起动机能运转，但 ECU 将关闭喷油器的控制电路，柴油机不能启动。

【故障诊断】　故障诊断时，诊断仪将显示蓄电池电压过低。

【故障处理】 当检测发现蓄电池电压过低时，应对蓄电池充电或更换蓄电池。

3）无法建立工作时序。此现象说明凸轮轴位置传感器与曲轴转速传感器不同步，造成柴油机启动困难或不能启动。

【故障诊断】 诊断时，出现下列现象：

① 诊断仪显示不同步故障（故障代码P0016）；

② 示波器显示曲轴转速传感器与凸轮轴位置传感器波形相对关系错误。

【故障处理】 ①检查曲轴与凸轮轴位置传感器的插头、线路（短路与断路）、阻值、电源、信号是否正常（用万用表）；②检查曲轴与凸轮轴位置传感器的信号盘是否损坏及脏污，检查传感器与信号盘的间隙是否符合规定；③若维修时进行过信号盘等组件的拆装，则检查相位是否正确。

4）柴油机预热不足。高寒工况下，没有等到冷启动指示灯熄灭就启动。

【故障诊断】 万用表或诊断仪显示预热过程中，蓄电池电压波动不正常。

【故障处理】 ①检查启动预热线路是否正常；②检查预热塞或预热栅格阻值是否正常；③检查蓄电池容量是否充足。

5）ECU软、硬件或高压系统故障。ECU软、硬件或高压系统出现故障后柴油机将出现启动困难或不能启动故障。

【故障诊断】 此时，诊断仪将显示下列故障现象：①监视器故障；②A/D模数转换错误；③多缸停喷；④ECU计时处理单元错误；⑤点火开关信号丢失；⑥轨压超高，泄压阀不能开启；⑦EEPROM错误；⑧共轨压力持续超高（例如轨压持续2s超过160.0MPa）。

【故障处理】 当柴油机出现上述故障现象时，应更换电控单元（ECU）或对电控系统进行专业检测和维修。

6）喷油器不喷油。当电控柴油机个别喷油器不喷油（缺缸运行）时，柴油机可能出现启动故障。

【故障诊断】 此时，柴油机会出现下列故障现象：①急速抖动较大；②高压油管无脉动；③诊断仪显示急速油量增高；④诊断仪显示喷油器驱动线路故障。

【故障处理】 当柴油机出现喷油器不喷油现象时，应重点检查处理下列部位：①检查喷油驱动线路（含接插件）是否损坏（开路或短路）；②检查高压油管是否泄漏；③检查喷油器是否损坏或积炭。

7）共轨压力难以建立。当电控共轨柴油机共轨压力过低或轨压难以建立时，柴油机将不能启动。此故障是共轨柴油机较为常见的故障。

【故障诊断】 共轨燃油系统对燃油油路要求较高，低压油路（油箱、燃油粗滤器、燃油精滤器、输油泵、进油管及回油管）、高压油路（高压油泵、共轨、高压油管、喷油器）都要保证密闭。任何一个环节出了问题，轨压都不能正常建立。此时，请认真进行下列项目的检查。

① 检查油箱油位是否过低并检查手压泵是否工作正常。

② 检查低压油路是否有气，并排净空气（有时低压油路泄漏不明显，需要仔细检查）。排气方法：主要排除燃油粗滤器里面的空气。松开粗滤器上的放气螺栓，用手压动粗滤器上的手压泵，直至放气螺栓处持续出油为止；低压油路空气排净后仍不能启动柴油机，则判断为高压油路有空气，也需要排出高压油路的空气（油路系统空气的排空方法请参考本书第六章相关章节）。

③ 检查高压油路有无泄漏。

④ 检查油路是否通畅，检查柴油滤清器是否堵塞，建议及时更换柴油滤芯。检查方法：松开精滤器出口螺栓，用启动电机带动柴油机运转，看是否有柴油喷出或流出，若只有少量柴油流出，则可以判定滤芯堵塞。

⑤ 检查轨压传感器初始电压值是否在500mV左右，或设定轨压是否为30.0～50.0MPa（用 KTS 故障诊断仪），若不正常首先检查接插件是否牢靠。若无检查设备，可以拔掉轨压传感器接插件尝试再启动。

⑥ 检查流量计量单元是否完好，拔掉接插件尝试再启动。

⑦ 检查进油管及回油管是否有弯曲折弯处。

【故障处理】 根据上述检查诊断结果，酌情修复。

8）共轨压力持续超高。共轨压力过低，柴油机会启动困难。但并不是共轨压力越高越好，共轨压力过高，柴油机同样会出现启动故障。

【故障诊断】 用诊断仪诊断故障时，诊断仪显示轨压持续2s高于160.0MPa。

【故障处理】 共轨柴油机出现此类故障现象后，应重点检查：①燃油计量阀是否损坏；②共轨压力限压阀是否卡滞。并根据检测结果酌情处理。

9）机械故障。本章前述的导致非电控柴油机启动故障的所有机械因素，都可能造成电控柴油机的启动故障，其故障的诊断与处理方法均可参考。这里不再叙述。

（2）电控柴油机启动故障检修案例

电控共轨柴油机启动故障相对非电控柴油机而言，除了影响柴油机启动性能的所有原因外，又多了一个电控系统的影响因素。这方面的故障案例屡见不鲜。举例简要说明如下。

故障案例1：ECU烧毁引起不能启动故障

【故障现象】 有一辆宇通客车（WP6 共轨柴油机），出现了无法启动故障。并报出 6.A 错误。根据报出的 6.A 错误，可判断 ECU 内部芯片烧坏，需更换 ECU。

【故障排除】 该柴油机出厂时 ECU 就已经烧坏过一次（报 6.A 错误，为 ECU 内部电压值过高、故障闪码灯长亮、ECU 不自检）。制造厂随即给换上了一个新的 ECU，刷新数据后启动，但柴油机仍不能启动，调出故障码时发现 ECU 再次被烧坏。调出柴油机基础数据，仔细查看，未发现数据有任何错误。再次换上一个新的 ECU，在换件之前将发电机和蓄电池的接线拆下，换上 ECU 后再将发电机和蓄电池的接线柱接上，然后刷新数据，柴油机顺利启动，之后试车再未出现异常现象，问题解决。

【故障总结】 ECU 会连续烧坏的原因有：

① 在换 ECU 时，没有断开发电机，发电机内还存有一定电压致使 ECU 烧坏。

② 在换上 ECU 上电后，车上的某个用电器在打开或关闭时产生的瞬时大电流或电压被 ECU 所消耗，致使供给 ECU 的电流瞬间增大导致 ECU 烧坏。

故障案例2：轨压无法建立引起不能启动故障

【故障现象】 一台 WP6.240 电控共轨柴油机在运行中突然熄火，之后再也无法启动。

【故障诊断】 读取故障码，为主继电器 2 对地短路。参考电路图，查 V2（1.04 端子）和 V4（2.03 端子）有对地短路的故障存在，检查是由排气制动电磁阀所引起，排除该故障后重新启动柴油机，柴油机仍然无法启动。在柴油机启动过程中，监测轨压最高只能到4.0MPa，明显偏低，但同步信号正确。所以确定柴油机无法启动是由轨压无法建立所引起的，喷油器必须要达到 16.0MPa 的压力才可以喷油。

低压油路检查：确定故障原因后，先从低压油路开始查起，分段检查了油箱、粗滤器、低压齿轮泵、精滤器和高压油泵进油口，使用起动机带动，明显能够看到压力还是很大的。所以判断问题还是出在高压油路上。

高压油路检查：再分段检查高压油泵和各缸的进油管，看到高压油泵的出油和各缸高压油管的出油量也很大，处于正常状态。因此怀疑喷油器出现了问题。

将各缸喷油器回油管依次松开观察回油情况，经对比观察发现，除了第3缸喷油器回油量很大以外，其他各缸喷油器都基本没有回油。因此，判断第3缸喷油器出现故障，可能是回油电磁阀泄漏所致。

【故障排除】 因为该款喷油器电磁阀一般不能修复，所以决定更换第3缸的喷油器总成，完成相关更换工作后，重新启动，柴油机顺利启动。

【故障总结】 喷油器出现泄漏主要表现为柴油机跛行、无法启动。简单来看，喷油器的泄漏量如果过大则可能导致柴油机无法启动，而泄漏量较小则可能会引起"跛行回家"。

故障案例3：高压油泵回油阀堵塞导致柴油机不能启动

【故障现象】 一台电控共轨（MS6.3系统）柴油机出现了启动困难的故障现象。

【故障诊断】 检查发现该机油路系统的回油量很大，导致高压泵泵油压力不足，轨压不能建立，所以柴油机启动困难。检查共轨限压阀等没有发现问题。

根据上述情况和故障现象，认真分析后认为，可能是高压泵回油阀（如图7-30所示）关闭不严所致。该阀可能损坏，也可能阀内有铁屑或异物，导致回油阀处于常开的状态。因此，大量的燃油通过回油管直接流回油箱，使高压泵无法建立油压。

图7-30　高压泵回油阀的位置

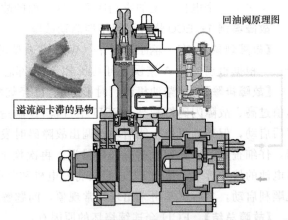

回油阀原理图

溢流阀卡滞的异物

图7-31　回油阀内的异物

【故障排除】 打开回油阀检查，果然发现阀体内存有大量的异物（如图7-31所示），将异物清除干净安装复位后，柴油机启动正常。

温馨提示：该机出现此类故障的原因应该是柴油不洁或使用了劣质柴油滤清器。因此，为避免不必要的损坏，一定要使用满足电控柴油机使用要求的清洁柴油，且柴油的过滤效果格外重要。所以，一定要使用满足电控柴油机技术要求的柴油滤清器滤芯并定期检测和更换。

故障案例4：正时错误导致柴油机启动困难故障

【故障现象】 一台WP6-240电控共轨柴油机大修后，出现了启动困难的故障现象。基本现象是：如果将曲轴位置传感器拔出，则柴油机可以启动，但排气白烟较为严重，柴油机运转不正常；而如果将凸轮轴位置传感器拔出，则柴油机可以启动，排气烟色较为正常，但柴油机不能提速；如果两个传感器全部装上，则柴油机就不能启动。

【故障诊断】　根据上述故障现象，很明显问题是这两个传感器的信号不同步。经故障检测仪检测，显示故障为正时错误。由此可见，该柴油机的启动故障是因为正时齿轮的安装出现了误差或错误。

【故障排除】　根据经验判断，该机不能启动故障的原因是喷油时间过早，也就是说喷油提前角过大。据此，维修人员就机进行了如下调整：

第一步：将喷油泵的驱动齿轮在原安装位置顺时针方向前移了 1 个齿，此时，柴油机可以启动，但运转仍然不平稳。

第二步：维修人员将该齿轮在现在的位置上又前移了 1 个齿，紧固后启动试机，效果明显好于第一步，但运转情况仍然不理想。

第三步：维修人员继续将该齿轮在现有的位置上再前移了 1 个齿，之后启动试机，柴油机启动良好，运转平稳，排气烟色正常。至此，排除了该机大修后启动困难故障。

【故障分析】　之所以出现齿轮安装错位的错误，其原因应该是维修人员在安装喷油泵齿轮时，虽然按照技术要求的定位方法进行安装，但又按传统的安装方法进行了齿轮的对位安装，此时不可避免地转动了曲轴。所以造成了喷油泵齿轮的安装位置错误，导致了故障的产生。虽然经过现场错齿调整，纠正了安装错位，但也造成了不必要的麻烦。

特别提示　　该型柴油机喷油器齿轮安装时，是通过一个 φ4mm 工艺定位销插入齿轮室（图 7-32 左图所示）与齿轮上对应的孔（图 7-32 右图所示）中，将喷油泵组件安装到位并紧固后拔出定位销，安装工作才算完成。

定位销孔

对准销孔

图 7-32　喷油泵齿轮安装位置示意图

故障案例 5：柴油机启动困难（正时错误）

【故障现象】　一辆客车（WP6 共轨柴油机）出现了启动困难故障，每次启动一般都要连续启动 3 次以上，才能启动成功。启动时还伴有明显的"铛、铛、铛"的敲击声。但柴油机一旦启动成功，正常运行过程中就没有任何异响声音。

【故障诊断】　上车读取故障闪码，相关故障码见表 7-28。

表 7-28　WP6 柴油机启动困难故障闪码表

故障闪码	故障原因	故障闪码	故障原因
334	油中有水灯或报警灯错误	135	流量计量单元错误
113	凸轮轴/曲轴转速传感器错误	225	加速与制动可信检测错误
134	共轨泄压阀问题		

根据上述故障闪码，检查相关部件没有发现异常，将闪码 334 屏蔽，并清除闪码。除 113 码以外，全部可以清除，说明除 113 以外的其他故障为历史故障。

造成柴油机启动困难的原因可以判定为转速传感器或信号故障。连接故障诊断仪，并做启动故障信息测试，检测出转速同步错误。为此，分别检查了凸轮轴转速传感器和线束通断均正常，怀疑机械安装造成了喷油正时不正确，拆掉齿轮室上的高压油泵齿轮盖板，检查高压油泵此类齿数及标记均正确。

在第 1 气缸压缩至上止点时，高压油泵齿轮键槽应该水平偏下，但发现实际情况与安装要求略有偏差。如图 7-33 所示。

图 7-33　WP6 柴油机正时齿轮安装调整

【故障排除】　拆下高压油泵齿轮，沿逆时针方向调一个齿，之后柴油机启动顺利。故障得以排除。

故障案例 6：凸轮轴信号轮缺陷导致柴油机启动异常故障

【故障现象】　有一台 WP12 共轨柴油机，每次第一次启动时，柴油机均不能启动，随后再次立即启动，即可正常启动。初步判断为同步信号问题或者线束问题。

【故障诊断】　每次启动柴油机时，柴油机大概爆发 3s 左右，并伴有"突突"的爆缸声，排气管冒出一股黑烟，转速 400～500r/min，然后柴油机就自动熄火。但紧接着再次启动柴油机，就可以很顺利地完成启动，且启动时间不超过 1s。

如果断电时间过长，首次启动又会出现自动熄火现象。在启动过程中，闪码灯长亮，报 5-4-1 闪码（错误路径 3.6），属同步信号问题。

图 7-34　凸轮轴位置传感器安装位置

【故障排除】　检查凸轮轴相位传感器和曲轴转速传感器接插件，检查传感器线束，均正常。后经采集、分析数据，最后判定为凸轮轴位置传感器故障，但更换凸轮轴位置传感器后故障现象并未消除。由此认定故障原因应该在内部判缸信号轮上，因该信号轮安装在高压油泵内部（如图 7-34 所示），故更换高压油泵，问题解决，上述故障现象消失。之后拆检高压油泵发现，故障为高压油泵内部判缸信号齿轮加工不合格所致。

故障案例 7：ECU 损坏导致不能启动故障

【故障现象】　一台陕汽（动力为 WP12.439 共轨柴油机）重型载重汽车，在运行过程中出现了起动机不工作，柴油机无法启动的故障现象。

【故障诊断】　该车柴油机无法正常启动，而且无法实现信息通信，检查发现当钥匙开关打开后柴油机的电控单元（ECU）无自检，启动电机没有反应，初步怀疑是蓄电池给 ECU供电的 8 根电源线短路，但是当拆下整车线束测量电压后发现这 8 根电源线还是接通的，都是 24V 电压，检查 T15 开关后电压正常，整车 K 线电压也正常。检查到此，很有可能是 ECU内部烧毁，当拆下整车线束插头后发现整车 89口接插件的 1.70 孔有烧焦痕迹；再查看 ECU 的针脚发现 1.70 针脚已经被烧断，详见图 7-35。

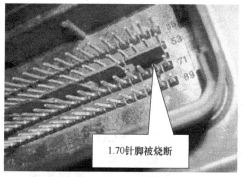

1.70 针脚被烧断

【故障排除】　根据此现象，判断 ECU 已经损坏，更换 ECU 后正常。

图 7-35　ECU 1.70 针脚被烧断

7.5.2　电控柴油机功率不足故障案例与分析

（1）电控系统自保护运行模式

在很多情况下，电控柴油机因某些传感器元件故障或接触不良，会使柴油机出现自保护而进入自保护运行模式——热保护模式和失效保护模式。两种模式下柴油机只能在某一个较大的转速下运行，即"跛行回家"运行模式。基本状态都是动力不足，不能加速。

① 热保护运行模式。在很多情况下，当电控柴油机因某些原因出现过热现象（不一定是故障）时，电控柴油机的电控单元（ECU）会对柴油机采取诸如限制柴油机动力和转速等保护措施。电控柴油机因热保护而导致动力不足时，其故障现象、诊断与排除方法见表 7-29。

表 7-29　电控柴油机热保护时的故障检修

故障现象及原因	诊断与排除
①冷却液温度过高	①检查柴油机冷却系统
②进气温度过高	②检查柴油机空气进气系统气路
③燃油温度过高	③检查柴油机的燃油系统相关部件
④冷却液温度传感器线路故障（如断路）	④检查进气温度传感器或信号线路是否损坏
⑤进气温度传感器线路故障（如断路）	⑤检查进气温度传感器或信号线路是否损坏
⑥燃油温度传感器线路故障（如断路）	⑥检查燃油温度传感器或信号线路是否损坏

② 失效保护运行模式。电控柴油机因某些原因进入失效保护模式（跛行回家）时，其故障现象、诊断与排除方法见表 7-30。

表 7-30　电控柴油机进入失效保护模式时故障诊断

故障现象及原因	诊断与排除
①轨压传感器损坏或线路故障	①如果故障诊断仪显示轨压固定于 72.0MPa，则可能为轨压传感器或线路损坏
②燃油计量阀驱动故障，阀损坏或线路故障	②如果故障诊断仪显示轨压位于 70.0～76.0MPa 左右，随转速升高而升高，则可能是燃油计量阀或驱动线路损坏
③柴油机最高转速被限制在 1700～1800r/min 左右	③故障诊断仪显示加速踏板无法达到全开状态等
④高原修正导致	④回油管温度明显升高

续表

故障现象及原因	诊断与排除
⑤共轨压力传感器信号漂移	⑤共轨压力信号漂移,检查物理特性或更换共轨
⑥高压油泵闭环控制类故障	⑥高压油泵闭环控制类故障,首先检查高压油路是否异常,否则更换高压泵
⑦增压压力传感器损坏或线路故障	⑦更换增压压力传感器或修复线路
⑧诊断仪显示凸轮轴信号丢失(仅靠曲轴信号运行,对启动时间的影响不是很明显)	⑧检查凸轮轴传感器信号线路、凸轮轴传感器是否损坏,检查凸轮轴信号盘是否损坏或有污物附着
⑨诊断仪显示曲轴信号丢失(仅靠凸轮轴信号运行,启动时间较长)	⑨检查曲轴传感器信号线路、曲轴传感器是否损坏,检查曲轴信号盘是否损坏或有污物附着

特别提示　电控柴油机普遍采用热保护装置,当柴油机温度值超过设定的预设值范围后, ECU会控制喷油器减少喷油量,使柴油机输出扭矩减小、转速降低和功率下降。因此,当电控柴油机出现动力不足现象时,并不一定是供油系统出现问题。需要根据综合因素(如故障码、故障现象)等进行分析与排除。

(2) 机械系统原因导致的动力不足故障

故障现象及原因:①进排气路阻塞,冒烟限制起作用;②增压后管路泄漏,冒烟限制起作用;③油路阻塞或泄漏;④增压器损坏(例如旁通阀常开);⑤低压油路有空气或压力不足;⑥ 进排气门调整错误;⑦喷油器雾化不良、卡滞等;⑧机械阻力过大;⑨其他机械原因。

故障诊断与检测部位:①检查高压/低压燃油管路;②检查进排气系统;③检查喷油器;④参照机械维修经验进行检修。

故障处理与排除:以长城GW2.8TC柴油机Bosch共轨系统为例,共轨柴油机动力不足故障的部位、特征及排除方法见表7-31。

表7-31　电控柴油机动力不足故障部位、特征及排除方法

可能的故障部位及特征	故障排除方法
空气滤清器滤芯堵塞	保养或更换空气滤清器滤芯
燃油牌号不正确	按规定牌号更换燃油
废气涡轮增压器失效	维修或更换废气涡轮增压器
EGR系统故障(EGR率过大)	检查EGR系统
低压油路供油不畅或压力过低	检查低压油路
加速踏板位置传感器故障	检查加速踏板位置传感器
冷却液温度传感器故障(指示值过高)	检查冷却液温度传感器
共轨压力传感器故障	检查共轨压力传感器
高压油泵及进油电磁阀(高压压力低)	检查测试高压油泵及进油电磁阀

(3) 电控柴油机功率不足故障诊断与排除

① 喷油器故障。电控喷油器出现故障,一般分为机械故障和线束故障。

a. 机械故障:主要是喷油嘴偶件针阀卡死,由于柴油中污物较多或进水腐蚀,针阀卡死在喷油器内，不能动作（注意：喷油器机械故障时，ECU 可能不报错）。

b. 线束故障：线束由于振动、磨损等原因，连接断开或直接搭在缸盖上与地短接。线束故障时，ECU 会报错。

喷油器出现故障后，主要有下列三种诊断方法：

a. 怠速不稳，听柴油机声音是否异常；

b. 利用断缸法或高压油管触感法判断；

c. 利用故障诊断仪做加速测试判断。

② 传感器异常故障。冷却液温度、机油温度、进气温度过高时，ECU 会进入过热保护功能，限制柴油机功率。详见电控系统自保护运行模式。

图 7-36 流量计量单元位置

③ 燃油流量计量单元故障。流量计量单元（如图 7-36 所示）是控制轨压的执行机构，安装在高压油泵上。燃油流量计量单元出现问题以后，高压油泵会以最大的能力向共轨管供油，此时共轨管上的泄压阀一般会打开，柴油机会有"咔咔"的噪声。轨压传感器出现问题也会有类似的现象。

④ 轨压异常波动。在车辆运行过程中，可能会有车速不稳，车向前一窜一窜的现象出现，感觉加油时有时无。简单判断：首先断电 1min 后重新启动柴油机，若问题仍然存在则检查燃油管路密封性并排除。

⑤ 传感器故障。进气压力传感器是 ECU 用来估算进气量的传感器（安装在进气管上），水温传感器是用来判断柴油机热负荷的传感器（安装在出水管上），轨压传感器是用来检测共轨管燃油压力（安装在共轨管上）的传感器。

（4）电控柴油机动力不足故障案例与分析

故障案例 1：水温过高导致柴油机功率不足

【故障现象】 某型公共汽车在连续行驶 4～5km 后就会出现动力不足、加不上油的故障现象。此时如果停机熄火几分钟后再次启动柴油机，车辆又可以继续行驶 4～5km。之后又会重复出现动力不足、加不上油的故障。当柴油机出现上述故障现象时，该柴油机（WP6 电控柴油机）抖动较大，有时会熄火。

【故障诊断】 连接诊断仪，读出故障，记录后，进行"删除故障存储器的故障记忆"操作，进行路试操作，在路试途中故障再次出现：车辆突然动力下降、加不上油，即便加速踏板踩到底，车速也很慢。并且柴油机抖动厉害，甚至自动熄火。读取故障码为：

P0475——车速传感器 CAN 故障；

P1683——CAN 通信数据传输错误；

P0580——电容器电压，列 1 故障。

停车检查喷油器线束，发现除了 1 缸、3 缸中各有一条线连接有所松动外，其他各缸线路无异常，拧紧 1 缸、3 缸喷油器导线后，柴油机原有故障现象并未消除。

【故障原因】 此车的散热器风扇是电磁吸合式的，在驾驶室内有一个三挡控制按钮控制

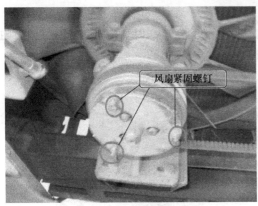

风扇紧固螺钉

图 7-37 风扇紧固螺钉位置

风扇的转速。路试前接通按钮发现风扇转速很慢，途中出现故障时此风扇已经不转，所以确定故障是由风扇转动过慢或停转等原因导致柴油机冷却系统温度过高，触发柴油机热保护，ECU 限制了柴油机运行功率。

【故障排除】 拔掉风扇的控制线，拧紧三个紧固螺钉（如图 7-37 所示），让风扇以全速运转。然后进行了数次路试，每次行驶路程均超过 15km，并模拟公交车停靠站点的行驶状况，没有出现故障，确定故障得以排除。

特别提示

此车原有故障应该是电磁吸合式风扇控制器（或离合器）故障（吸合不严）引起的，严格意义上讲应该检修或更换电磁吸合式风扇控制器（或离合器）。上述故障排除方法仅仅作为应急方法。待条件成熟时，应该恢复风扇的电磁控制。

故障案例 2：回油不畅引起柴油机功率不足故障

【故障现象】 一台重型车辆在行驶过程中，突然出现了动力不足、转速下降、行驶缓慢的故障现象，驾驶员将加速踏板踩到底，柴油机（WP10 电控柴油机）的最高转速只能达到 1500r/min 左右。

【故障诊断】 打开点火开关，先读取闪码，并连接 KTS 诊断仪读取故障，读取的闪码及故障码见表 7-32。上述故障码，在点火开关 ON 位置时，可以全部清除这些故障码。

表 7-32 WP10 电控柴油机动力不足故障码及闪码表

故障闪码	OBD-Ⅱ故障码	闪码及故障码的含义
221	P0251/P0237	加速踏板位置传感器 1/加速踏板位置传感器 2 错误
322	P1381	进气加热继电器错误
324	P1651	车速传感器故障
244	P0362	机油温度传感器故障/机油温度过高
254	P1123	高/低压油路有泄漏
134	P1709	共轨泄压阀故障

启动柴油机，怠速运行一段时间，重新读取故障码（闪码为 134）。待柴油机温度正常时，读取数据流见表 7-33。

表 7-33 WP10 电控柴油机动力不足数据流

数据流项目	柴油机转速 602r/min	柴油机转速 1465r/min
加速踏板位置信号 1	0.73V	3.77V
加速踏板位置信号 2	0.37V	1.88V
额定共轨压力	50.0MPa	74.1MPa
实际共轨压力	74.9MPa	82.1MPa
共轨压力传感器电压	2.16V	2.33V

从表 7-33 可以看出加速踏板位置传感器信号 1 的输出电压为信号 2 输出电压的 2 倍，说明加速踏板位置传感器正常；另外，可以看出实际共轨压力在怠速及 1465r/min 时都明显高于额定共轨压力，偏差太大。

初步怀疑是燃油计量单元有故障，用故障诊断仪做"配量单元"测试，显示燃油计量单元正常。

怠速运转，并监测实际值，发现轨压一直升高，最后达到 174.3MPa，此时仪表盘故障灯亮，即泄压阀打开（用手分别放在回油管及共轨上，能明显感觉到温度差，回油管温度明显高）。再踩加速踏板，出现最高转速为 1500r/min 故障。重复几次都是如此。

柴油机停机，检查柴油机油路，听见高压油泵处有"嗞、嗞"的响声，以为油路有漏气的地方，松开高压油泵进回油管后，排气并拧紧，"嗞、嗞"声并没有消除。

关掉蓄电池，发现"嗞、嗞"声消失，之后再未出现过。

启动柴油机，此时检查柴油机油路，发现高压油泵回油管有鼓胀现象，怀疑回油管路堵塞，检查后发现回油管被车架压扁（如图 7-38 所示）。

图 7-38 电控柴油机回油管被压扁

【故障排除】 将被压扁的回油管重新安装到位并确保不再被挤压或被压扁后，启动柴油机，运转正常。原有故障现象消失。

【故障原因】 由于该柴油机的回油管被压扁，导致回油量减少，轨压持续上高，ECU 判断为轨压故障（轨压过高），因此，ECU 就会减少供油量并限制在某个转速下运行，避免对柴油机造成更大的损坏。

故障案例 3：轨压不足引起功率不足

【故障现象】 有一台重型运输车辆在行驶过程中，突然出现动力下降、转速降低，只能慢速前行的故障现象。无论驾驶员如何操作，即便将加速踏板踩到底，柴油机（WP10.336 电控柴油机）最高转速也只能达到 1700r/min 左右。

【故障诊断】 现场经过多次启动柴油机试验，发现在柴油机的转速达到 1700r/min 后，就会出现燃油的设定流量值大于标定流量值的情况。由此初步判断是燃油系统出现的不正常的油量现象。

据此，首先检查低压油路的问题，检查两个滤清器有没有堵塞或泄漏现象。为了排除滤清器对该问题的影响，现场将两个滤清器短路，将进油管直接接到低压齿轮输油泵进油口，将低压齿轮输油泵出油口直接接到高压油泵上，但试验结果依然如前。根据对低压油路的试验和整车的启动性能来看，基本排除了低压油路中存在问题的可能。最终确认是高压油路存在问题。

【故障排除】 对于高压油路的检查，利用某型（KTS）故障诊断仪进行高压测试，得到在柴油机 2200r/min 时，实际轨压值只有 90.0MPa（标准值应为 130MPa），这表明该柴油机燃油高压系统存在泄漏现象。因为没有发现共轨或其他部分存在泄漏现象，因此主要怀疑电控喷油器存在泄漏现象，用断缸法测试检查各缸喷油器工作状况，断缸测试结果表明第6缸喷油器工作能力差，存在泄漏现象。更换后，故障得以排除。

故障案例 4：无曲轴转速（位置）传感器信号引起功率不足

【故障现象】 一台柴油机（WP10.270 电控柴油机）可以启动，但启动时间较长，且启动后的最高转速只能达到 1500r/min，同时用故障诊断仪检查后，报告出只有凸轮轴转速（位置）传感器信号，无曲轴转速（位置）传感器信号。

【故障诊断】 该机可以启动但启动时间较长。柴油机启动后将加速踏板踩到底，转速只能达到 1500r/min，柴油机进入"跛行回家"状态，用诊断仪检查后报告出只有凸轮轴转速（位置）传感器信号，没有曲轴（转速）位置传感器信号。毫无疑问，这说明曲轴转速（位置）传感器或其线路存在问题，首先要从曲轴转速（位置）传感器及其相关线路开始排查，经过检查发现曲轴转速（位置）传感器上没有线束接插，原有线束掉线。

【故障排除】 当重新插接时，发现该接插接头和进气管固定支架干涉（因事故造成），接插不严。将进气管固定支架修复后将线束接插到位并固定，启动柴油机运行，柴油机起动机运行正常，故障得以排除。

【故障总结】 此故障是由曲轴转速位置传感器没有信号造成的。根据控制理念的不同，有些电控柴油机利用曲轴转速（位置）传感器和凸轮轴转速（位置）传感器判别活塞位置，当其中一个传感器出现故障后，另一个传感器仍然可以判别气缸活塞位置，只是慢了半拍，所以柴油机可以启动，但启动后柴油机只能处于"跛行回家"状态。但也有一些电控柴油机需要两个传感器全部正常时，柴油机才能启动。所以不同电控系统的柴油机，即便是同一传感器出现了故障，其反映到柴油机运行上的结果也可能是千差万别的。

故障案例 5：空气滤芯导致柴油机动力不足

【故障现象】 一台电控共轨（Denso 系统）柴油机，在平坦道路重载行驶正常，但爬坡时柴油机的转速降低到怠速状态，加速无效。此时，如果停机一段时间后重新启动，则柴油机工作一切正常，但行驶一段时间后故障重现。

【故障诊断】 根据上述故障现象，初步判断故障在油路和气路方面。为此，进行了下列相关检查：

① 首先对低压油路进行仔细的排查，未发现异常。

② 使用故障诊断仪与 ECU 连接，读取故障代码：车速传感器异常。

观察数据流的相关数值（柴油机转速、加速踏板位置电压 1.2V、目标轨压与实际轨压、增压压力等）时，发现增压压力最高升至 0.126MPa，没有达到最大增压压力。检查增压压力传感器的电压为 5V，用万用表测量增压压力传感器 57 针与 128 针，观察电压变化范围在 1.26～1.96V 之内，证明传感器无故障。初步判断故障可能在空气滤清器内部，将空气滤清器拆下分解检查发现，空气外滤芯集尘严重。

③ 拆除空气滤芯后，再次用诊断仪观察数据流里的增压压力传感器的压力，由原来的 0.126MPa 升到 0.139MPa；同时用万用表对 ECU 的 57 针和 128 针进行电压检测，电压为 1.26～1.94V，证明两组数据都处于正常状态。

【故障排除】 根据上述检测结果分析，该机故障是由空气滤芯通过量不足引起的，柴油机在大负载运行时，因进气负压太大而进气不足，导致柴油机动力不足。更换空气滤芯后，柴油机动力恢复正常，故障现象消失。

故障案例 6：冷却液传感器信号失效导致柴油机动力不足

【故障现象】 一辆豪华客车，其动力为某型（D2866LOH23）电控柴油机，在运行过程中，出现了冷却液温度偏低现象。车辆正常行驶过程中，冷却液温度一直低于 80℃。

【故障分析】 根据经验，柴油机冷却液温度低的一般原因如下：

① 节温器常开，不能自动控制冷却液温度。

② 冷却风扇离合器长期处于高速运转状态。其原因是：

a. 硅油离合器内的硅油不能正常返回储油腔（该车柴油机没有安装硅油离合器，故该问题不存在）；b. 电磁冷却风扇离合器的轴承卡滞；c. 电磁冷却风扇离合器温度控制传感器失准或其导线连接器受腐蚀。

【故障诊断】 根据上述故障现象，检查柴油机冷却系统外部的零部件，情况正常。

拆检节温器，发现节温器的主阀门处在常开状态（低于 76℃ 时应关闭），于是换上主阀门开启温度为 83℃ 的节温器。再检测冷却风扇的工作电压、冷却液温度传感器的电阻和电磁冷却风扇离合器线圈的连接线，都正常。

进行路试时，仪表显示冷却液温度为 93℃，但实际测得的冷却液温度只有 76℃。停车后按照相关电路图（如图 7-39 所示）测量冷却液温度传感器的电阻，为 1.360Ω（该车冷却液温度传感器为正温度系数热敏电阻型传感器，其电阻随温度的升高而增大，当冷却液温度为 76℃ 时，其电阻应为 1.293Ω），明显偏大。

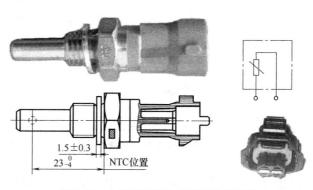

图 7-39 电控柴油机冷却液温度传感器

【故障原因】 检查冷却液温度传感器，发现其连接器端子被冷却液腐蚀，致使冷却液温度传感器的电阻增大。该车配置的是 3 速电磁吸合式冷却风扇离合器，ECU 根据冷却液温度调节冷却风扇的转速，从而控制柴油机冷却液的温度。由于冷却液温度传感器的电阻偏大，ECU 误认为是冷却液温度过高，因而提高了冷却风扇的转速，导致冷却液的温度持续偏低。

【故障排除】 清洁冷却液温度传感器连接器的接线端子后，该车冷却液温度恢复正常范围，原有故障得以排除。

故障案例 7：柴油机加不起油、自动降急速

【故障现象】 有一台云动 D19 共轨柴油机，启动后怠速慢慢下降（400r/min），然后熄火。踩加速踏板加不起速。

【故障诊断】 用诊断仪诊断无故障码。

起初认为是油路的问题，一直在检查低压油路。检查发现低压油路正常，更换油水分离器后，故障依旧。后面想到如果是低压油路有问题，肯定会报错。想想会不会是进气系统的原因。拔掉空气流量计后，不会降怠速，也可以加起速（提速有点慢）。

检查空气滤清器，发现滤芯太脏。将空气滤清器的滤芯吹干净，装好后试车，松加速踏板时会冒黑烟。然后不装空气滤清器滤芯试车，松加速踏板还是会冒黑烟。由此说明进气系统其他部件还有问题。

检查增压器以及 EGR 阀，均正常。

【故障排除】 检查进气系统时发现中冷器到进气管的管路完全脱落，装好连接管并拧紧卡箍带后问题解决。

【故障总结】 空气滤清器滤芯太脏，导致进气不足，空气流量计测得的进气流量少，ECU 限制油量。拔掉空气流量计后，ECU 采用空气流量的替代值进行喷油，可以加起速度。由于实际进气量少，提速缓慢。

故障案例 8：增压器故障导致车速低

【故障现象】 有一台载货车（D19 共轨柴油机），客户反映车辆时速超过 80km/h 就提速困难。

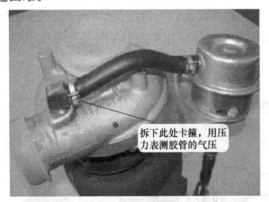

拆下此处卡箍，用压力表测胶管的气压

图 7-40 增压器旁通压力管测量点

【故障诊断】 经检查：进气系统无漏气；空气滤清器及进气管无堵塞；EGR 工作正常；燃油系统无泄漏和堵塞；并重新对燃油管路进行排气检查，对柴油滤芯进行清洗检查，确定以上均无故障；进一步检测排气系统无堵塞，排气通畅。

对涡轮增压器进行检测：启动柴油机前将气压表连接到涡轮增压器出气管上的旁通压力管（如图 7-40 所示）上，观察气压表读数；启动柴油机并提速到 3000r/min 以上，观察气压表读数，发现气压表读数较低（约 0.03MPa），由此证明涡轮增压器工作不正常。正常情况下此点的数值应该大于 0.05MPa。

【故障排除】 更换一台新的涡轮增压器后，故障排除。

故障案例 9：柴油机"跛行回家"

【故障现象】 柴油机启动后，首次踩加速踏板能达到额定转速，随即共轨限压阀开启，柴油机立即运行于 1500r/min "跛行回家"工况。初步怀疑油路有问题。

【故障诊断】 柴油机 1500r/min 跛行回家，但是通过检查柴油机的轨压传感器和高压油泵上的流量计量单元线束接插件及喷油器线束接插件后都正常，INCA 里只报出了"11.0"的故障。导致共轨系统限压阀打开的原因很多，经过几次重新启动后发现，当柴油机熄火几分钟后重新启动，运行的前几秒钟并没有报出"11.0"故障，随后故障开始出现，柴油机最高运行 1500r/min "跛行回家"。调出来实际运行轨压（RailCD _ pPeak）和轨压设定值

（Rail _ pSetpoint）两个轨压测量量后发现，柴油机在启动的几秒内实际运行轨压 RailCD _ pPeak 高出系统正常运行的设定轨压 Rail _ pSetpoint，最后决定从回油管路找原因。

实际轨压大于系统设定轨压说明系统进油管路畅通，系统回油就极有可能出现问题。该柴油机的回油共有三路：一路经过双重过滤的高压油泵自身回油；另一路是喷油器的回油；还有一路是高压共轨管的限压阀回油。这些都不可能出现堵塞现象，且回油管路比较平直，不存在弯曲和压扁情况。最后只有把焦点落在了油箱上，当松开油箱上回油管的接头螺栓时，只见燃油从螺栓缝隙里像喷泉一样涌出来。这说明油箱内的回油口可能存在堵塞现象。随即检查油箱底部，发现油箱回油管滤芯被堵塞。

【故障排除】　清洗该滤芯后，回油畅通，故障现象消失。

【故障总结】　回油管堵塞后，造成系统回油不畅而使轨压升高，共轨管内的压力超高太多，导致限压阀打开，柴油机 1500r/min 运行，系统"跛行回家"。

故障案例 10：车速不足、加速熄火

【故障现象】　有一台载货车（D19 共轨柴油机）当车速达到 70～80km/h 时，加速熄火。怠速猛踩加速踏板也会熄火。

【故障诊断】

① 用诊断仪读取故障码为：P1011，轨压控制器正偏差超过上限。

② 检查低压油路是否存在堵塞或进气现象，未发现异常。

③ 拆下喷油器回油管，在怠速时比较 4 个缸的喷油器回油量。明显发现第 1 缸的回油量比其他三个缸的大；由此认为第 1 缸的喷油器存在质量问题。

【故障排除】　更换第 1 缸的喷油器后，柴油机运行恢复正常。

【故障总结】　由于柴油过滤效果不佳，有杂质进入到高压油路，导致喷油器内部精密部件磨损（如图 7-41 所示）。

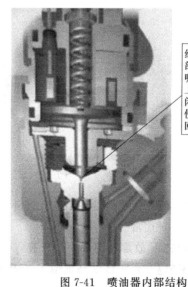

> 经检查，此部位有杂质吸附在钢球上，导致关闭不严，致使喷油器的回油量大

图 7-41　喷油器内部结构

7.5.3　电控柴油机其他故障案例与分析

故障案例 1：柴油机加速时冒黑烟

【故障现象】　有一台中通客车（WP6 共轨柴油机），加速时柴油机黑烟特别大，但怠速时并不明显。

【故障诊断】　上车读取故障码，发现有三个：

P0023——气缸 1 缺火；

P1694——第 3 缸故障灯对地短路；

P1688——故障灯对地短路。

但故障码可以全部清除，说明是原有故障。

首先检查气路系统，用诊断仪读取实际数值，增压压力为 0.15MPa，正常。此时怀疑增压压力传感器有问题，检查线束未发现异常，随即更换增压压力传感器，但增压压力仍为 0.15MPa，故障仍存在。

【故障排除】 采用手工断缸试验：把第1缸的喷油器接线头拔掉；启动柴油机并加速，柴油机黑烟故障没有出现，确定第1缸可能存在问题。但更换第1缸喷油器后，加速冒黑烟的故障依然存在。

经过仔细分析后认为，第1缸可能存在机械故障。然后拆下第1缸的气门室盖，发现进气门推杆弯曲，不能使进气门正常打开。这使得急速时进气还可以满足要求，但急加速时，由于喷油量增大而进气量就显得不足，所以，柴油机急加速时冒黑烟。

更换新的气门推杆后，柴油机急加速冒黑烟的故障现象消失。

故障案例2：进气压力温度传感器信号不准引起冒黑烟

【故障现象】 某型工程机械（动力为WP6.240柴油机）在加速运行时，柴油机烟度特别大，但怠速时不明显。

【故障诊断】 打开点火开关，读取闪码，无闪码报出。检查整车油路、气路没有发现有泄漏的地方。

用诊断仪读取数据流，发现进气压力参数异常：怠速时进气压力为0.1MPa左右，加速时进气压力略小于0.1MPa，进气温度也随转速上升而下降。

怀疑进气压力温度传感器有故障，拆下传感器，发现传感器接插件金属接头颜色异常，与机体颜色相同，怀疑喷漆时将油漆喷入（如图7-42所示），造成传感器信号不准确，从而造成冒烟故障。

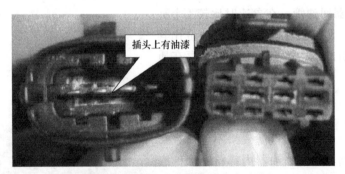

插头上有油漆

图7-42　进气压力传感器插头有油漆

【故障排除】 因为将油漆清洗干净不太可能，所以决定更换进气压力温度传感器，之后柴油机运行恢复正常。

故障案例3：故障（闪码）灯长亮

【故障现象】 有一台铁马重型车（WP6共轨柴油机）出现了故障（闪码）灯长亮现象，但柴油机运行正常。

巡航加减按钮

巡航开关正常状态

CRUISE

SET

巡航"关/复位"按钮

图7-43　巡航"关/复位"按钮的位置

【故障诊断】 连接故障诊断仪，读取故障码并记录，然后清除故障码。重新启动柴油机运行一段时间，再次读取故障码为 1608，表示驱动速度控制开关状态位置异常。

根据故障码的提示，初步判断巡航开关有问题。检查巡航"关/复位"按钮（如图 7-43 所示），发现处于接通状态。手动复位开关到正常状态，故障清除，故障灯熄灭，故障排除。

提示：对于一些重要的不能自动回位的开关，用后一定要恢复到正常状态。

故障案例 4：车速传感器损坏引起怠速不稳

【故障现象】 一辆苏州金龙客车（动力为 WP10.290 电控柴油机）在行驶过程中，出现柴油机怠速不稳，柴油机启动后怠速无规律地不停改变的故障现象。

【故障诊断】 柴油机可以正常启动，连接仪器读取车速信号，在车辆静止状态下，发现车速信号存在，并且在 0～7km/h 左右不停上下变化。

【故障排除】 既然车辆不需要车速信号，可考虑将与 ECU 连接的车速信号线去掉，看车辆有没有起步怠速提升要求，如没有要求，可将起步怠速提升值改为车辆怠速值。

故障案例 5：油路堵塞引起怠速不稳甚至熄火

【故障现象】 一辆公交车（动力为 YC6G240-30 电控柴油机）在车辆行驶时，柴油机有时怠速不稳，运行一段时间后，一加速就熄火，停车一段时间后，再次启动正常，为间歇性故障。

【故障诊断】 连接诊断仪，读取故障码：

P0113——进气温度传感器值过高，1 次；

P0016——同步信号出错，7 次；

P0181——燃油温度不合理，172 次；

P0336——曲轴信号高频错误，9 次；

根据上述故障码，采取下列措施：

① 怀疑曲轴位置传感器与凸轮轴位置传感器粘污，影响传感器信号，将两传感器拆下清洁。

② 燃油温度过高，导致 ECU 采取保护措施，将水温传感器与燃油温度传感器调换，启动后，无故障码，随车跑一圈（大约 20km），无故障产生，测试油温、水温正常，所以判断燃油温度传感器无故障。

③ 再次采集数据，发现实际油量比加速踏板油量小很多，而且在空车踩加速踏板时油温升得很快，在柴油机维持在最高转速运行 10min 时油温达到 93℃，认为油路有堵塞现象。

【故障排除】 最后检测发现，柴油滤清器滤芯通过性不好，造成油路堵塞。更换柴油滤清器后故障排除。

故障案例 6：油管内径太细引起怠速不稳甚至熄火

【故障现象】 一台公交车（动力为 YC6J220-30 电控柴油机）启动时正常，车辆行驶时，柴油机有时怠速不稳，运行一段时间后，加大油门运行 2min 后就熄火。

【故障诊断】 连上诊断仪后，发现历史故障码：

P1011——轨压闭环控制模式故障；

P1010——轨压低于目标值。

检查油路，没有出现打折、堵塞等现象。

【故障排除】 最后检查发现，低压油路的油管内径太小，只有约 5mm，更换管径大于 8mm 的油管后，故障排除。

故障案例 7：共轨柴油机高压油泵

【故障现象】 一台依维柯共轨柴油机出现下列故障现象：当柴油机转速达到 3500r/min 时，加速踏板就发软，柴油机转速就加不上去了。同时故障灯闪亮，偶尔能达到 4000r/min，当转速下降后，故障灯自动熄灭，同时柴油机恢复正常。

【故障诊断】 用诊断仪读故障码为负油压偏差，这说明高压油泵产生的实际共轨油压与电脑标定的理论油压偏差过大，已无法跟踪。这种情况一般有两种可能：高压油泵故障或喷油器故障。这两个元件一个是对共轨蓄压，一个可以认为是泄压元件，两者在 ECU 的控制下可以实现柴油机各种工况下的最佳共轨燃油压力，所以两者任何一个出现故障都可能造成高压油泵产生的实际共轨油压与电脑标定的理论油压偏差过大，共轨油压不稳。

用诊断仪观察数据流，在故障出现的柴油机转速 3500r/min 以下时，共轨燃油压力数值始终跟随共轨压力目标值；而当柴油机转速超过 3500r/min 时，共轨燃油压力数值明显低于共轨压力目标值，当达到 46.0MPa 时就难以继续提高了，这时柴油机故障灯也立刻闪亮，因此可以判断该车故障是 ECU 发现共轨燃油压力无法控制了。同时由于故障出现时共轨燃油压力偏低，导致喷入气缸内的燃油减少，柴油机转速就加不上去，此时加速踏板自然发软。

【故障排除】 结合故障现象分析，如果是喷油器泄压导致的共轨压力数值低于共轨压力目标值（比如喷油器出现卡滞滴漏），则柴油机往往还伴随工作不平衡等现象，而该车故障发生时，柴油机并无缺缸、爆震、异响等运转不平衡现象，因此排除喷油器出现故障的可能。由此判断高压油泵出现故障的可能性较大，更换高压油泵后故障排除。

【故障总结】 在维修电控柴油机时，有时根据故障发生条件是否有规律性，可以作为准确判断故障的一个要点。比如在本例中高压油泵如果有故障，该车在 3500r/min 出现，其他车同样故障可能在另一个转速（如 2500r/min）时出现，但该故障共性是都在某一固定转速时出现，而柴油机的转速稳定。如果是喷油器故障，表现往往是伴随着柴油机转速的不平衡、缺缸、异响、爆震等，即故障往往伴随着无规律性的现象。

故障案例 8：电控柴油机自动熄火

【故障现象】 一辆动力电控柴油机的轻型载重汽车（柴油机为 8140.43S），已行驶约 100000km。该车在正常行驶中柴油机突然熄火。

【故障诊断】 据用户和维修人员交代，该车在行驶了 5000km 后进行了保养，且柴油滤清器更换不到 1 个月，检查发现柴油滤清器比较新，但油水分离器较旧。

经询问可能很久没有更换过，当时故障发生时，有故障码产生，人工读码为 8.1（即燃油压力控制故障），但后来用诊断仪清码后，电脑再没有出现任何故障码。

启动柴油机时观察数据流，发现共轨压力在 0.2～0.3MPa 之间，而电脑设定值在 26.0MPa 左右，油量调整阀（燃油计量单元）的调整百分比也有变化，说明电脑已经给出控制命令。根据上述情况判断该车故障基本出在油路上，首先断开高压油泵的回油管及断开油量调整阀接线端子。启动柴油机，发现有大量柴油从高压油泵回油口流出，说明柴油已进入高压油泵。

该车低压油路路径是：柴油从油箱被吸出，到油水分离器，到电动燃油泵，到柴油滤清器，最后到高压油泵进油口。经检查发现柴油滤清器出口压力为 0.17MPa，正常值为 0.17～0.2MPa，偏低但基本正常。

为确认是否是柴油滤清器总成故障，绕过柴油滤清器和油水分离器，直接把油箱出油口、燃油泵、外加的机械柴油机柴油滤清器、高压油泵进油口连起来，仍然无法启动柴油机。测得此时高压油泵进油口压力已高达 0.4MPa，这就基本排除柴油滤清器总成的故障。接着将油压表接入柴油滤清器回油管路，油压为 0.04MPa，压力不高，基本正常。

经过对进油和回油低压管路的检查，确定是高压油泵的故障，恢复油路系统，拆下高压油泵，并拆卸了其上的第三泵停油阀、共轨油压调整阀及高压出油接头，用清洗剂仔细清洗高压油泵及拆卸的各部件，并用大头针挑动油压调整阀内的针阀，排除因油压调整器内溢流阀卡滞造成的故障。

最后将高压油泵恢复，启动柴油机，观察共轨油压逐渐升高，直至柴油机顺利启动，但感觉动力偏软，并且有油压调整器故障码产生，但动力很快恢复正常，故障码可以清除并不再出现。经过几次重复启动，感觉柴油机启动时间较长，共轨油压蓄压困难。用诊断仪发现实际共轨油压不是很稳定。

【故障排除】　后来将高压油泵送 Bosch 高压油泵校验中心鉴定。该泵磨损严重，其实际供给流量只有标准的 2/3，换上新的高压油泵后，柴油机恢复正常。

【故障总结】

① 高压油泵进油口压力只要大于 0.17MPa，低压进油回路就基本正常。该车压力略微偏低可能是电动泵使用过久和油水分离器没有及时更换引起的。

② 该车的故障是由高压无法建立造成的，一方面该泵磨损流量不足，另一方面可能是油压调整阀中的溢流阀卡滞无法调整，使得其内部溢流阀不受电脑控制，始终处于打开状态，使得进入高压油泵的燃油溢流又回到了燃油箱。

③ 在检查油箱剩余燃油时发现，油色发黑、污浊，油品较差。经询问驾驶员，该车一般都在外地跑，经常在偏僻的小地方加油，使得柴油品质无法保证。尽管柴油机有滤清器，但油品太差，会影响过滤效果，这是该车高压油泵磨损过度的重要原因。

④ 了解到该用户的定程保养里程较短，在拆卸高压油泵时发现管路有明显的水锈痕迹，说明柴油有水。在维修过程中发现断开油水分离器和柴油滤清器的积水传感器，仪表均无相应警告提示（这两个传感器并联，任何一个起作用都可以将积水指示灯点亮），这就说明该部分电路有故障，用户不可能知道积水的存在，所以从来没有做过放水维护，以致高压油泵内部生锈，最终造成内部机件的过早磨损及卡滞，这是该车故障的根源。

⑤ 高压油泵是柴油机高压共轨的核心部件之一，对燃油的清洁要求很高。在维修中安装油管或更换柴油滤清器滤芯时，应保持清洁，防止灰尘进入共轨系统零部件中。拆卸高压油泵时，要将油管周围清理干净。目前国内燃油质量还不高，这就更要求尽量保证柴油机整个燃油系统的清洁，这在售后服务中对其故障的判定和维修非常重要。

故障案例 9：电控共轨柴油机线束破损

【故障现象】　一辆河北长鹿牌 HB6668 轻型公交车，配置的玉柴 YC4F100-30 电控共轨柴油机，行驶了 3250km 时，突然柴油机加速不灵，出现异常熄火。

启动柴油机，柴油机启动运转正常瞬间有着火点燃迹象，但同时出现类似公鸡晨晓鸣叫的"咯儿、咯儿、咯儿"的嘶叫声，随之柴油机熄火，同时仪表盘上柴油机故障灯点亮闪烁。再次启动柴油机继续出现嘶叫且不能启动。

【故障分析】　玉柴 YC4F100-30 电控共轨柴油机的燃油系统采用的是美国德尔福高压共轨燃油喷射技术。该系统顺利启动应具备的条件是：① 保证 ECU 有正常的电源给其供电；② 保证油轨压力迅速建立，启动油压≥10.0MPa；③ 保证柴油机曲轴位置传感器、凸轮轴位置传感器相位同步；④保证柴油机未进入停机保护状态。

只有符合上述条件，ECU才会发出喷油指令，电控喷油器才能工作。透过啸叫故障现象，分析不能启动的根源所在。按照啸叫不能启动故障可能发生的部位零件的性质分，一般可分为机械部位故障和电控部位故障，有时也会同时产生两种故障。若电控系统发生了故障，一般柴油机故障灯会点亮。而此车将点火开关由"OFF"挡转到"ON"挡位置，不启动柴油机，观察柴油机仪表，故障灯已点亮并闪烁，打启动电机启动，在有着火迹象时即伴有啸叫声。用耳细听，该啸叫声可能来自高压油泵，排除了机械故障产生的响声，初步分析认定为电控系统故障。

【故障诊断】 根据德尔福电控高压共轨柴油机顺利启动具备的条件，来查找啸叫、不着车原因。首先，用数字万用表简单检查：拔掉水温传感器接插件，打开点火开关，在直流电压挡位测量水温传感器端子处有5V电压，说明ECU已工作，并证明ECU有正常的供电。连接A30CK故障诊断仪检测，其正确连接方式如下：在仪表台上找出诊断接口线束测量，用万用表直流电压挡位量取诊断接口端三线电压，一根为电源线12V或24V（蓄电池电压），一根为信号线11V或20V（信号电压），一根为地线为0V（接地电压）。

注意：电源线的电压一般等于蓄电池上的电源电压，信号线比电源线的电压稍偏低1～5V。打开电脑，出现诊断界面，进入德尔福柴油机共轨诊断程序（注意：玉柴共轨喷射系统使用了2个诊断程序：德国的博世系统、美国德尔福系统），读取故障码为：①轨压超高；②燃油计量阀故障。清除历史故障码，再次启动柴油机读取现行故障码，为"轨压超高故障"。读取柴油机状态数据流：轨压在40.0～184.6MPa之间波动。

测量燃油计量阀工作电压12V均正常。检测轨压传感器的工作电压5V、信号电压均正常。既然未检查到问题，那么是否是电控喷油器已损坏不工作，造成的轨压超高？检查发现电控喷油器只有1缸、4缸喷油，但油量很少，其他不工作，更换喷油器，故障现象不能排除，是否是轨压传感器出现了问题？更换轨压传感器，因轨压传感器和共轨管配套使用，故换共轨管，启动着车故障仍旧存在，读取柴油机状态数据流，轨压还是在40.0～184.6MPa之间波动。怀疑高压油泵燃油计量阀发卡，随即更换了高压油泵，启动困难故障依然如初，读取故障码时，轨压超高的故障码时有时无，读取柴油机状态数据流，轨压还在40.0～184.6MPa之间波动。怀疑的部件都进行了更换，但故障现象仍然没有出现根本性变化，是否是电控单元（ECU）出了问题？随即对ECU也进行了更换，但故障现象未变。

读取故障码，故障码为P0255、P1614、P1624。清除故障码，再次读取现行故障码为P0255，表示燃油计量阀驱动线路开路。

在故障排查中，已多次对燃油计量阀进行过检测，其驱动线路和工作电压均正常。但故障码解释得十分明确，再次将燃油计量阀接插件拔开，打开点火开关，用数字万用表直流电压挡检测计量阀端子的工作电压仍是12V，用电阻挡测量燃油计量阀驱动线圈无开路，检测并没有发现问题。

【故障排除】 在启动过程中，用万用表监测电压出现了无电压显示状态，随即产生啸叫声。启动停止，电压又恢复正常。由此断定故障为线束有断路处，为进一步验证判断的正确性，从电源继电器处另接了一根电源线，直接给燃油计量阀一个工作电压，这时启动柴油机，柴油机瞬间启动成功，而且异常啸叫声也消失了。再读取柴油机状态数据流均在正常值范围，试车加速性能良好，柴油机技术状况正常。

由此看来此故障就在ECU到柴油机电控元器件的线束上。启动柴油机时，柴油机产生摆动，附在柴油机上的线束跟随摆动出现断路，不启动时，柴油机在静态时，线束虽断路，但它还能处于接通状态，更换了该段线束后，故障随即排除。

故障案例10：电控柴油机启动后自动熄火

【故障现象】 一辆江淮 HK6103H3 型客车，装配潍柴生产的 WP.240 型直列 6 缸水冷增压直喷电控柴油机，该柴油机采用 Bosch 公司的电控高压共轨燃油系统。该车的故障现象为柴油机启动后抖动，转速上升到 540r/min 后立即下降，1~2s 后柴油机自动熄火。

【故障诊断】 根据电控柴油机的特点和维修经验，引起柴油机出现此类故障的原因可能是油路堵塞或线束故障。首先用闪码法读取柴油机故障码，结果无故障码输出。

连接 Bosch KTS 诊断仪，读取高压共轨系统的数据流。启动柴油机，检测到的数据流为：共轨压力上升到 44.0MPa 后回落到 28.0MPa，燃油在 28.0~32.0MPa 之间波动。根据此现象，初步诊断为低压油路或高压油路有泄漏，或是回油管可能被压扁。

【故障排除】 随即检查高、低压油路，没有发现泄漏现象。拆开喷油器及高压共轨油管（如图 7-44 所示）的回油管路，启动柴油机观察回油情况，发现当燃烧室有爆发声时，高压共轨的回油管路有油喷出，由此判断为高压共轨上的限压阀（如图 7-45 所示）损坏。更换该限压阀后，柴油机运行正常。

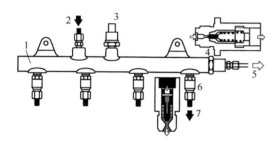

图 7-44 共轨柴油机的共轨油管
1—高压共轨油管；2—接高压油泵；3—共轨压力传感器；
4—限压阀；5—接回油管；6—流量限制阀；
7—接喷油器高压油管

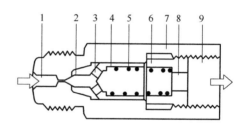

图 7-45 共轨限压阀的结构简图
1—高压接头；2—阀芯；3—通孔；4—活塞；
5—压力弹簧；6—限位套；7—阀座；
8—通孔；9—回油孔

【故障总结】 要使柴油机顺利启动，不仅需要大量的燃油充分雾化后喷入气缸，而且要求气缸内的压缩空气具有一定的温度和压力，这样才能使柴油自燃。本故障中柴油机的共轨压力只能达到 44.0MPa，低于设定的喷油器开启的最低压力，燃油无法通过喷油器喷入气缸，柴油机必然会自动熄火。导致共轨压力过低的原因是共轨油管上的限压阀损坏（可能是内部的压力弹簧折断），使得本应在共轨油管中的燃油压力过高（瞬时允许最大压力为系统额定压力＋5.0MPa）时才打开的限压阀在低压时就已打开，造成共轨压力较低，柴油机自动熄火。

参 考 文 献

[1] 李铁军. 柴油机电控技术实用教程. 2版. 北京：机械工业出版社，2013.
[2] 母忠林. 柴油机电控系统原理与故障检修. 北京：机械工业出版社，2011.
[3] 母忠林. 柴油机故障快速诊断与维修要点. 北京：化学工业出版社，2016.